大气遥感

李万彪　编著

北京大学出版社
PEKING UNIVERSITY PRESS

图书在版编目(CIP)数据

大气遥感/李万彪编著. —北京:北京大学出版社,2014.9
ISBN 978-7-301-24719-8

Ⅰ. ①大…　Ⅱ. ①李…　Ⅲ. ①大气遥感—卫星遥感—高等学校—教材　Ⅳ. ①P407

中国版本图书馆 CIP 数据核字(2014)第 198899 号

书　　名:大气遥感
著作责任者:李万彪　编著
责 任 编 辑:顾卫宇
标 准 书 号:ISBN 978-7-301-24719-8/P · 0088
出 版 发 行:北京大学出版社
地　　址:北京市海淀区成府路 205 号　100871
网　　址:http://www.pup.cn
新 浪 微 博:@北京大学出版社
电 子 信 箱:zpup@pup.cn
电　　话:邮购部 62752015　发行部 62750672　编辑部 62752038　出版部 62754962
印　刷　者:北京飞达印刷有限责任公司
经　销　者:新华书店
787mm×1092mm　16 开本　14.75 印张　360 千字
2014 年 9 月第 1 版　2014 年 9 月第 1 次印刷
定　　价:35.00 元

内容简介

本书较全面、系统地对卫星遥感算法作了总结和介绍.

全书共分十一章.前三章是对辐射传输、气象卫星、卫星资料预处理和卫星云图的介绍,是后八章卫星遥感反演算法的基础;后八章则就卫星遥感云、风、温度、湿度、气压、降雨、辐射和大气成分等的反演算法进行分述.

本书是为大气科学学科研究生专业基础课编写的,可供高等院校相关学科高年级本科生和研究生、从事大气科学工作的人员,以及涉及遥感研究和卫星应用领域研究的相关人员学习和参考.

前　言

大气遥感是20世纪60年代发展起来的大气科学的新兴学科分支.半个世纪以来,由于学科发展的需要,由于当代卫星、雷达和计算机等新技术的推动,大气遥感的新原理、新技术和新应用等取得了日新月异的发展.其中,卫星大气遥感是大气遥感的重要组成部分,具有非常广泛的用途,涉及大气环境监测、气候变化研究、地表生态状况调查和天气预报等诸多领域.

北京大学开设的"大气遥感"课程就是以讲授卫星大气遥感为主,是研究生大气物理学与大气环境专业的必修课之一.课程主要讲授气象卫星遥感手段对大气环境进行探测的原理方法和应用,介绍国内外大气遥感学科的发展和成果.从赵柏林院士开始讲授到目前作者讲授,已历经了二十多年与时俱进的教学.二十多年来,一些卫星遥感原理、技术和应用等经过不断改善达到成熟,在大气遥感定量化中的遥感反演算法尤其显著.这些成熟的东西,已经逐渐在课堂教学内容中固定下来.

近年来,编著者不但在北京大学为研究生讲授"大气遥感"课程,还在中国气象局卫星气象中心、上海市气象局等为北京大学在职研究生班人员系统讲授大气遥感的内容;此外,还多次在中国科学院计算技术研究所教育中心举办的培训课程中讲授大气遥感的内容."大气遥感"课程因为教学内容的不断更新变化,一直没有编写配套的教材.为提高教学效果和自学的连贯性,并能作为科学研究的参考书目,编写教材已成为教、学以及科研的迫切需要.这次编写的《大气遥感》教材,包含了课堂教学讲授的成熟和固定的内容,着重总结和介绍过去几十年来的卫星遥感大气参数等的反演算法,因为算法一直是大气遥感定量应用的重要一环.这部教材,可以说是国内一部较全面、系统地对卫星遥感算法总结和介绍的教科书.不仅适合大气科学学科研究生和高年级本科生使用,也对涉及遥感研究和卫星应用领域研究的相关人员具有参考价值.

全书共分十一章.前三章是对辐射传输、气象卫星、卫星资料预处理和卫星云图的介绍;后八章则全面就卫星遥感云、风、温度、湿度、气压、降雨、辐射和大气成分等的反演算法进行系统总结和介绍.第一章主要介绍大气遥感的基本原理,包括辐射的基本概念、辐射传输过程和辐射传输方程.第二章介绍气象卫星及其探测资料的预处理,主要涉及与大气遥感相关的遥感通道选择、卫星资料的定标和定位等.第三章介绍卫星云图原理和云图解译技术.第四章介绍卫星云图上云属特征、云检测和云参数的遥感算法.第五章是风的遥感,介绍了使用不同卫星和不同波段探测风的原理,此外还介绍了遥感在热带气旋强度探测中的应用.第六章介绍海面温度、地面温度和大气温度廓线的反演算法.第七章介绍大气中水汽、云中液态水和大气湿度廓线的反演算法,此外也介绍了土壤湿度的红外和微波遥感.第八章介绍了利用氧A带探测反演云顶气压和地面气压的算法.第九章是遥感降雨,介绍使用可见、红外和微波技术,进行降雨检测和地表雨率估计的卫星遥感算法.第十章介绍大气层顶和地球表面辐射收支各分量的遥感算法,还介绍了地表土壤热通量、潜热通量和感热通量的遥感算法.第十一章是遥感大气成分,只对大气臭氧和气溶胶的卫星探测进行了介绍,其他大气痕量成分的探测算法基本与大气臭氧的探测类似.全书最后是各章所有引用的参考文献表、英文缩略词表和计算涉及的物理常数表，其中参考文献表是依据《中华人民共和国标准(GB/T 7714-2005)》按“著者-出版年制”进行组织编排的.

由于大气遥感涉及的领域很广，内容丰富，受编著者的学识水平的局限，本书的错误、疏漏在所难免，请读者给予批评指正.

教材的编写得到了北京大学教务部、物理学院的支持，在此表示感谢. 编著者特别对出版社编辑表示深深谢意，从作者的前一部教材《大气物理——热力学与辐射基础》到这部教材的审订与出版，都凝聚了编辑的辛勤劳动和付出，在此一并致谢.

李万彪

2013 年 10 月

目　录

第一章 遥感辐射基础

大气遥感，是指在一定距离之外，用探测器对来自大气的发射、透射和散射辐射等进行探测，这里，探测器探测的辐射也包括可能来自目标物（例如海洋和陆地等）发射或散射，又经过大气透射的辐射；进而由探测器探测的辐射，获取大气及地球下垫面的物理特征和物理参数. 因此，辐射及其传输过程的基本理论是大气遥感的基础.

本章中的 1.1 节将介绍辐射基本概念和辐射定律；1.2 节介绍辐射与大气作用的三个过程，即吸收、发射和散射过程；1.3 节将介绍大气辐射传输方程；最后一节给出了大气的吸收和辐射光谱. 读者若需深入了解这一章内容，请阅读其他参考书（例如：李万彪，2010；Petty，2004）.

1.1 辐射基本概念和规律

在大气研究领域，辐射指的是电磁辐射，即以电磁波形式传播的能量. 任何物体，只要温度大于 0 K，都以电磁波形式向四周放射能量，同时也接收来自周围的电磁波. 太阳、地球及大气构成的系统就是在不停地通过辐射进行能量传递或交换. 大气中热力过程及大气状态的变化，其能量主要来源于太阳辐射.

1.1.1 辐射基本物理量

作为电磁辐射的载体的电磁波，其特性采用波长 λ、波数 ν、频率 f 和波速 c 四个量来描述. 这些量的关系为

$$\lambda \cdot f = c, \quad \nu = 1/\lambda = f/c, \tag{1.1.1}$$

其中，波长 λ 的单位常用 μm(10^{-6} m)，但在紫外和可见光波段也用 nm(10^{-9} m)；在红外波段习惯上用波数 ν 表示，其单位常用 cm^{-1}，表示在 1 cm 空间距离内有几个波动. 频率 f 的单位则用赫兹(Hz)等，表示 1 秒钟内振动的次数. 辐射在大气中传输时，其速度接近光速，一般按光速 c(＝$2.997\,93\times10^8$ m·s^{-1})处理. 按照波长排列的电磁辐射序列，包括波长最短的宇宙射线、γ 射线、X 射线、紫外辐射、可见光辐射、红外辐射、微波和全部的无线电波，称为电磁波谱.

电磁波传播时的能量场物理量包括辐射能、辐射通量（radiant flux）、辐射通量密度（radiant flux density）和辐射亮度（radiance）等. 这些物理量既可表示某一波长（或波数、频率）的辐射量，称为单色（或分光）辐射，也可表示为某一波段（如特定的两波长）内的辐射量，还可表示整个波段的辐射量，称为积分辐射或总辐射.

辐射能是某一表面以辐射形式发射或接收的能量，也表示以辐射形式通过空间某一表面传输的能量.

辐射通量是某一表面在单位时间内发射或接收的辐射能，或者通过空间某一表面单位时间内传输的辐射能，也称为辐射功率.

辐射通量密度是单位时间、离开（或照射到）某表面单位面积上的辐射能. 按照辐射能传输

方向的不同，辐射通量密度可分别命名为辐射出射度（辐出度，emittance）和辐射照度（辐照度，irradiance）．当辐射由某一发射面发出时，辐射通量密度称为辐射出射度；而当辐射到达某一接收面，辐射通量密度称为辐射照度．

辐射亮度是与辐射传输方向（以单位矢量 $\boldsymbol{\Omega}$ 表示）垂直的表面的单位面积上、单位时间、单位立体角所通过的辐射能，单位为 $\mathrm{W \cdot sr^{-1} \cdot m^{-2}}$．根据此定义，这个量表示一定方向的辐射流，具有强度的意义，所以它也被称为比强度（specific intensity）．通常，所谓强度，是限于对一束辐射而言的．以符号 I 表示辐射亮度，其定义式为

$$I = I(\boldsymbol{\Omega}) = \frac{\mathrm{d}^3 Q}{\cos\theta \mathrm{d}A \mathrm{d}t \mathrm{d}\Omega} = \frac{\mathrm{d}^3 Q}{\boldsymbol{n} \cdot \boldsymbol{\Omega} \mathrm{d}A \mathrm{d}t \mathrm{d}\Omega}, \tag{1.1.2}$$

其中，$\mathrm{d}^3 Q$ 是辐射能的三阶微分，θ 是表面面元 $\mathrm{d}A$ 法向（以单位矢量 $\boldsymbol{n}$ 表示）到辐射传输方向 $\boldsymbol{\Omega}$ 的角度，t 为时间，$\mathrm{d}\Omega$ 为微分立体角元，且 $\mathrm{d}\Omega = \mathrm{d}\Omega(\boldsymbol{\Omega})$．

立体角和辐射传输方向单位矢量，是与辐射亮度有关的物理量．任意物体对某 O 点所张的立体角，定义为以 O 点为顶点、包含该物体的锥体（锥体表面与该物体表面相切），在 O 点为球心的单位球面上的投影面积，其单位用球面度（sr）表示．立体角的计算通常采用球坐标（r, θ, ϕ），其中 r 为半径，θ 和 ϕ 分别表示球坐标系中的天顶角和方位角．微分立体角元表示为

$$\mathrm{d}\Omega = \frac{\mathrm{d}A}{r^2} = \sin\theta \mathrm{d}\theta \mathrm{d}\phi = -\mathrm{d}\mu \mathrm{d}\phi, \tag{1.1.3}$$

其中 $\mu = \cos\theta$，辐射传输方向可由 μ 和 ϕ 两个角度量确定．对应于 μ 和 ϕ，辐射传输方向单位矢量在笛卡尔坐标系中可表示为 $\boldsymbol{\Omega} = (\sin\theta\cos\phi, \sin\theta\sin\phi, \cos\theta)$．

辐射通量密度 F 与辐射亮度 I 的关系，可根据辐射亮度的定义（1.1.2）式得到，

$$F = \int_{2\pi} I(\boldsymbol{\Omega}) \boldsymbol{n} \cdot \boldsymbol{\Omega} \mathrm{d}\Omega. \tag{1.1.4}$$

在实际应用中，使用球面极坐标并使 z 轴垂直于表面，则向上和向下的辐射通量密度与对应的辐射亮度的关系可分别写为

$$F^{\uparrow} = \int_0^{2\pi} \int_0^{\pi/2} I^{\uparrow}(\theta, \phi) \cos\theta \sin\theta \mathrm{d}\theta \mathrm{d}\phi \tag{1.1.5}$$

和

$$F^{\downarrow} = -\int_0^{2\pi} \int_{\pi/2}^{\pi} I^{\downarrow}(\theta, \phi) \cos\theta \sin\theta \mathrm{d}\theta \mathrm{d}\phi, \tag{1.1.6}$$

式中因为 $I^{\uparrow}$ 和 $I^{\downarrow}$ 都是正值，因此从上面两式求出的 $F^{\uparrow}$ 和 $F^{\downarrow}$ 也是正值．

当一束辐射通量密度为 F 的辐射照射到某一介质上时，经过介质吸收、反射和透射的辐射分别为 F_a, F_r 和 F_t，能量守恒则 $F = F_a + F_r + F_t$，由此可定义吸收率为吸收辐射能与入射辐射能的比值，即 $a = F_a / F$；反射率为反射辐射能与入射辐射能的比值，$r = F_r / F$（也称为反照率），透过率为透过的辐射能与入射辐射能的比值，$t = F_t / F$（也称为透射率）．

根据吸收率的不同，可定义三种不同的辐射体．当物体吸收全部入射辐射时，此物体为绝对黑体（或黑体），如果物体仅对某一波长辐射全部吸收，则该物体对这一波长为黑体．当对所有辐射，吸收率小于 1 且为常数时，该物体称为灰体．若物体的吸收率随波长而变，则这物体就称为选择性辐射体．在自然界中绝大多数物体是选择性辐射体，例如，大气中各种气体成分具有选择吸收的特性，就是选择性辐射体．许多选择性辐射体在某些波段的吸收率随波长变化很小，可以近似看作灰体．在红外波段，许多物体的吸收率近似于 1，这些物体在这一波段可以近

似看成黑体.

根据反射率的不同,可定义两种理想的反射体,即镜面和朗伯反射体.镜面反射体的反射在某一固定方向,且反射角与入射角相同(斯涅耳定律),因此只能在固定方向才能接收到反射辐射.而朗伯反射体的反射在各个方向是均匀的,即向每个方向反射辐射亮度相同.实际表面因各自的组成不同,反射不会是特定的某一方向(镜面反射)或各向均匀反射(朗伯反射),总会与这两种理想反射有偏差.

任何物体都要放射辐射,即是发射体或辐射源.若发射体的几何尺度可以被忽略,则可视为点辐射源,其向外的辐照度与距点源距离的平方成反比.面辐射源,通常是大气空间中的任意一个面或地球任一表面,它可以向其一侧,即 2π 立体角中发射辐射能,涉及空间立体角积分.若面辐射源向所有方向以同一辐射亮度发射辐射(称为各向同性辐射),则此面辐射源称为朗伯源,辐射体称为朗伯体(朗伯面).在大气辐射和大气遥感研究中,朗伯体(朗伯面)是一个重要的概念,常常把太阳、陆地表面看作朗伯面.

1.1.2　辐射定律

任何物体放射或吸收的辐射与物体的特性有关,同时也与辐射的特性有关.当物体达到局地热力平衡时,物体的辐射特性才可用辐射定律(基尔霍夫定律和普朗克定律)表示.局地热力学平衡的概念是由施瓦兹希尔德(Schwarzschild)于 1906 年在他的行星大气的研究中首先提出的.

基尔霍夫定律是指,在热平衡条件下,任何物体在同一温度 T 和特定波长 λ,其辐射率(辐出度)$F_{\lambda,T}$ 与其吸收率 a_λ 成正比,比值只与 λ 和 T 有关,即

$$\frac{F_{\lambda,T}}{a_\lambda} = F_{\mathrm{B}}(\lambda,T), \tag{1.1.7}$$

其中,$F_{\lambda,T}=F(\lambda,T)$,$F_{\mathrm{B}}(\lambda,T)$是一个与物质无关的普适函数.当某一物体对该波长为黑体($a_\lambda=1$)时,其辐出度就等于 $F_{\mathrm{B}}(\lambda,T)$.因此,$F_{\mathrm{B}}(\lambda,T)$就是黑体的辐出度.通常定义物体的发射能力 $F_{\lambda,T}$ 和黑体的发射能力 $F_{\mathrm{B}}(\lambda,T)$之比为物体的发射率 ε_λ(也称比辐射率),则上述的基尔霍夫定律也可以写成 $\varepsilon_\lambda=a_\lambda$.

绝对黑体是现实中不存在的理想物体,根据基尔霍夫定律,黑体辐射可作为实际物体辐射的参考.因此,绝对黑体的辐射规律受到科学家的极大关注.黑体的辐射亮度可表示为

$$B_\lambda(T) = \frac{2hc^2}{\lambda^5}\,\frac{1}{\exp\dfrac{hc}{\lambda kT}-1}, \tag{1.1.8}$$

这个公式表示的黑体辐射完全与实验吻合,称为普朗克公式(或普朗克函数、普朗克定律).其中,普朗克常数 $h=6.6262\times10^{-34}\ \mathrm{J\cdot s}$,玻尔兹曼常数 $k=1.3806\times10^{-23}\ \mathrm{J\cdot K^{-1}}$.在许多应用中,也常常使用波数或频率替代波长作为变量来确定辐射亮度,其函数形式不是简单的变量替换,需要根据能量守恒的关系 $B_\lambda|\mathrm{d}\lambda|=B_\nu|\mathrm{d}\nu|=B_f|\mathrm{d}f|$ 得到.

根据普朗克公式(1.1.8)式,通过数学计算,可以得到斯特藩-玻尔兹曼定律和维恩定律.对(1.1.8)式全波段积分,得到黑体的积分辐出度

$$F = \sigma T^4. \tag{1.1.9}$$

这个公式称为斯特藩-玻尔兹曼定律.其中,F 为黑体积分辐出度,单位为 $\mathrm{W\cdot m^{-2}}$,σ 为斯特藩-玻尔兹曼常数,其值为 $5.6696\times10^{-8}\ \mathrm{W\cdot m^{-2}\cdot K^{-4}}$,$T$ 是黑体的绝对温度(单位 K).普朗克

公式有一极大值,(1.1.8)式对波长求导,可得到极值对应的波长与绝对温度成反比,即

$$\lambda_{\max} = b/T, \tag{1.1.10}$$

这是黑体辐射的维恩定律(也称为维恩位移定律).其中 $\lambda_{\max}$ 是黑体辐射最大值时对应的波长(μm);b 为常数,其值为 2897.9 μm·K.

有了黑体辐射的普朗克公式,黑体辐射的规律就全部确定了.对于非黑体,只要知道了它的温度与吸收率(或发射率),通过基尔霍夫定律,其辐射也就确定了.在大气辐射和大气遥感研究中,确定地球和大气的吸收率(或发射率)是重要研究领域之一.

黑体是理想的朗伯源之一,其向外辐射亮度与方向无关.按照辐射亮度的定义,在各向同性辐射情况下,朗伯源的辐射通量 Φ 依赖于方向角(面元法线与辐射方向的夹角)θ,即满足关系

$$\Phi \sim \cos\theta, \tag{1.1.11}$$

朗伯源因此也称为余弦发射体.余弦发射体的辐射通量与方向角的余弦成正比,这个关系称为朗伯余弦定律,此定律也适用于反射辐射.

1.1.3　卫星探测量

辐射测量应用中,辐射亮度是仪器容易测量的一个辐射量.如图 1.1 所示,遥感探测器位于具有一定长度的管筒后端,探测来自天顶角为 θ 的 ΔA 表面,立体角 $\Delta\Omega$ 内的辐射束能量.若来自 ΔA 的某一波长 λ 的辐射通量为 $\Delta\Phi$,则探测器获取的辐射亮度为

$$I_\lambda = \frac{\Delta\Phi}{\cos\theta\Delta A\Delta\Omega}. \tag{1.1.12}$$

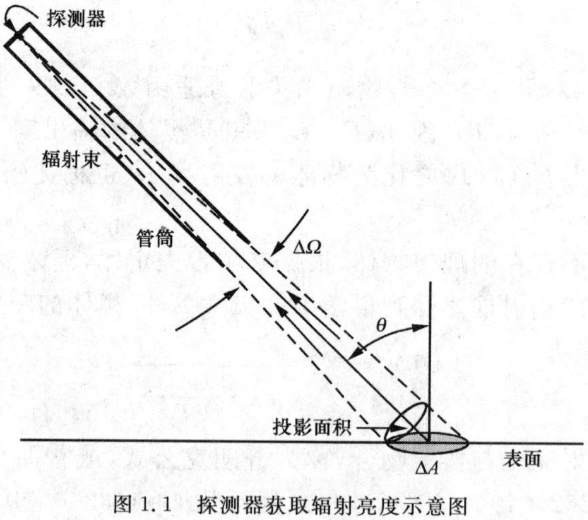

图 1.1　探测器获取辐射亮度示意图

卫星探测的长波辐射资料中,通常给出辐射亮度和亮度温度两个量.长波辐射一般是指波长大于 4 μm 的辐射,以来自地球和大气的红外和微波波段的辐射为主,因此也称为地球辐射.亮度温度是指将实际物体当作黑体时所应有的温度,是卫星遥感中的一个重要物理量.如果令 $I_\lambda = B_\lambda(T_b)$,并得到

$$T_b = B_\lambda^{-1}(T_b) = \frac{hc}{k\lambda\ln\left(\frac{2hc^2}{\lambda^5 I_\lambda}+1\right)}, \tag{1.1.13}$$

称为等效黑体温度(或亮度温度,简称亮温),这是对某一特定波长得到的.实际上卫星不可能测量某一波长的辐射,而只能测量某一波段 $\lambda_1 \sim \lambda_2$(满足 $\lambda_1 < \lambda_2$)之间的辐射,而且卫星探测器本身对辐射不是完全吸收,即仪器有一光谱响应函数,它表示探测器感应到的辐射份额,理想的光谱响应函数的值应该为1.因仪器光谱响应的关系,卫星观测到的波段辐射亮度为

$$I_{\Delta\lambda} = \int_{\lambda_1}^{\lambda_2} I_\lambda \psi(\lambda) \mathrm{d}\lambda, \tag{1.1.14}$$

其中,$\psi(\lambda)$为卫星探测器的光谱响应函数.此时,卫星看到的亮度温度 T_b 由下式获得

$$\int_{\lambda_1}^{\lambda_2} I_\lambda \psi(\lambda) \mathrm{d}\lambda = \int_{\lambda_1}^{\lambda_2} B_\lambda(T_b) \psi(\lambda) \mathrm{d}\lambda. \tag{1.1.15}$$

若给定波段 $\lambda_1 \sim \lambda_2$ 的辐射中心波长 λ_c,则亮度温度满足

$$B_{\lambda_c}(T_b) = \frac{\int_{\lambda_1}^{\lambda_2} I_\lambda \psi(\lambda) \mathrm{d}\lambda}{\int_{\lambda_1}^{\lambda_2} \psi(\lambda) \mathrm{d}\lambda}, \tag{1.1.16}$$

其中,中心波长为 $\lambda_c = \dfrac{\int_{\lambda_1}^{\lambda_2} \lambda I_\lambda \psi(\lambda) \mathrm{d}\lambda}{\int_{\lambda_1}^{\lambda_2} I_\lambda \psi(\lambda) \mathrm{d}\lambda}$.在短波辐射波段,求取中心波长通常是用大气层顶的太阳辐射代替 I_λ.

卫星探测的短波辐射资料中,通常给出反射的辐射亮度和反射率两个量.短波辐射探测中,反射辐射来自地气系统反射的太阳辐射,其辐射源为太阳.短波辐射一般是指波长小于 $4\ \mu\mathrm{m}$ 的辐射,来自太阳的辐射以短波辐射为主,因此也称为太阳辐射.在大气辐射和遥感研究中,常把来自太阳的直接辐射看作平行光.若计算地气系统某一水平面接收到的太阳辐射,设太阳的天顶角为 θ_0,则该处水平面上接收的太阳积分(所有波长)辐照度为

$$F' = F\cos\theta_0, \tag{1.1.17}$$

其中,F 为与日光垂直平面上接收的太阳积分辐照度.

假设地气系统反射为各向同性,探测器接收到的反射的辐射亮度为 I,则卫星看到的地气系统的反射率表示为

$$a = \frac{\pi I}{F_0'} = \frac{\pi I}{F_0 \cos\theta_0}, \tag{1.1.18}$$

其中,F_0' 为大气上界天顶角为 θ_0 的某一水平面的太阳辐照度,F_0 为垂直日光平面上的太阳辐照度.与红外探测类似,短波探测的反射辐射亮度也是一个波段上的积分量,相应的反射率也是波段反射率.(1.1.18)式定义的反射率也称为表观反射率(apparent reflectance).

需要指出的是,作为太阳直接辐射的平行光,辐亮度(即辐射亮度)的概念原则上不再适用.鉴于辐亮度在辐射传输和遥感应用中是常用的物理量,使用狄拉克 δ 函数可定义平行辐射的辐亮度为

$$\begin{aligned} I(\theta,\phi) &= F \cdot \delta(\boldsymbol{\Omega} - \boldsymbol{\Omega}_0) \\ &= F \cdot \delta(\mu - \mu_0)\delta(\phi - \phi_0), \end{aligned} \tag{1.1.19}$$

其中,辐射通量密度为 F 的平行光来自方向 $\boldsymbol{\Omega}_0(\mu_0, \phi_0)$,$I(\theta,\phi)$为空间某一方向 $\boldsymbol{\Omega}(\mu,\phi)$上的辐射亮度,$\delta(\boldsymbol{\Omega} - \boldsymbol{\Omega}_0)$和 $\delta(\mu - \mu_0)\delta(\phi - \phi_0)$的单位都是 sr^{-1}.

1.2　辐射传输过程

一束单色辐射亮度为 $I=I_\lambda$ 的定向辐射在吸收、发射和散射介质中传播，在传输路径上由于物质对辐射的吸收，以及物质对辐射向其他方向的散射，导致向前传输的辐射能将减少. 同时，在辐射传输路径上，物质放出红外辐射能量，将导致向前传输的辐射能增加. 此外，因为来自其他方向的辐射经过散射后，一部分能量会进入到传输方向，也将导致向前传输的辐射增加. 本节将给出吸收、发射和散射过程的有关物理量和辐射传输表达式.

1.2.1　吸收过程

所谓吸收，就是指投射到介质上面的辐射能中的一部分被转变为物质本身的内能或其他形式的能量. 辐射在通过吸收介质向前传输时，能量就会不断被削弱.

考虑一束单色辐射通过一层吸收气体介质，射入的辐射亮度 I 沿传播方向经过一段无限小距离 ds，由于吸收作用而使辐射亮度变为 $I+dI$，则有

$$dI=-\beta_a I ds=-\rho k_a I ds, \tag{1.2.1}$$

其中，ρ 是吸收气体的密度；β_a 是体积吸收系数，k_a 为质量吸收系数，单位分别为 m^{-1} 和 $m^2\cdot kg^{-1}$. 两个吸收系数的关系为 $\rho\cdot k_a=\beta_a$. 为了方便公式推导，(1.2.1)式中省略了带有波长符号的下标，需要注意，这里与辐射有关的量都是针对单色辐射的.

设 $s=s_1$ 处的辐亮度为 $I(s_1)$，对(1.2.1)式积分，可得到 $s=s_2(s_2>s_1)$ 处的辐亮度 $I(s_2)$ 为

$$I(s_2)=I(s_1)\exp\left(-\int_{s_1}^{s_2}\beta_a ds\right) \tag{1.2.2}$$

或

$$I(s_2)=I(s_1)\exp\left(-\int_{s_1}^{s_2}k_a\rho ds\right). \tag{1.2.3}$$

(1.2.2)和(1.2.3)式是仅适用于单色辐射的指数削弱规律，常称为布格-朗伯(Bouguer-Lambert)定律，也称为比尔(Beer)定律，这是辐射传输中最基本的定律.

从(1.2.2)式，定义吸收过程中的光学厚度为沿吸收介质中任一路径上，体积吸收系数的无量纲的线积分，它也依赖于辐射波长. 法向光学厚度是沿垂直路径的光学厚度. 任一倾斜路径 $s_1\sim s_2(s_2>s_1)$ 的吸收光学厚度表示为

$$\tau(s_1,s_2)=\int_{s_1}^{s_2}\beta_a ds=\int_{s_1}^{s_2}k_a\rho ds. \tag{1.2.4}$$

如果路径与垂直方向的夹角为 θ，在平面平行大气(大气水平一致，只允许大气参数等在垂直方向上变化)的条件下，s 与距地面高度 z 的关系为 $s=z/\cos\theta=z/\mu$. 则

$$\tau(s_1,s_2)=\frac{1}{\mu}\tau(z_1,z_2). \tag{1.2.5}$$

还可定义吸收气体的光学质量，是辐射束沿路径 $s_1\sim s_2(s_2>s_1)$ 传输时，在单位截面积的气柱中所包含的吸收气体的质量(单位常用 $kg\cdot m^{-2}$)，表示为

$$u(s_1,s_2)=\int_{s_1}^{s_2}\rho ds. \tag{1.2.6}$$

1.2.2 发射过程

辐射亮度通过气体介质时，因为气体吸收而使辐射削弱.同时，也可以由于相同波长上气层发射辐射而增强.同样，考虑一束单色辐射通过一层吸收气体介质，射入的辐射亮度 I 沿传播方向经过一段无限小距离 ds.按吸收率定义，根据(1.2.1)式，该厚度为 ds 的气层的吸收率应是

$$a=-\frac{(dI)_a}{I}=\frac{\beta_a I ds}{I}=\beta_a ds, \tag{1.2.7}$$

式中 $(dI)_a$ 是气层吸收导致的辐射衰减.在局地热力平衡的条件下，根据基尔霍夫定律，该气层的发射率等于吸收率，则气层的发射造成的传输路径上的辐射亮度的变化 $(dI)_e$ 为

$$(dI)_e=a\cdot B(T)=\beta_a B(T)ds, \tag{1.2.8}$$

其中，$B(T)$ 是薄气层温度为 T 对应的普朗克函数，它是发射辐射的源函数.

1.2.3 散射过程

电磁辐射在遇到大气中的气体分子、悬浮的尘埃、云滴、雨滴、冰粒和雪花等粒子时，会产生散射现象，使一部分入射辐射改变传输方向射向四面八方，而原方向的辐射被削弱.

如图1.2所示，在 O 点放置一个散射粒子，沿 z 轴方向入射一束单色辐射 I，在 D 点放置一个探测器，用以测量散射辐射的亮度.OD 之间的距离 r 要比粒子的尺度大很多，这样散射源可以看作是一个点源.z 轴(入射辐射方向)与 OD 组成的平面为散射平面.z 轴(入射辐射方向)到 OD 方向的角度 θ 为散射角，它从入射光的前进方向算起，$\theta<90°$ 为前向散射，$\theta>90°$ 时为后向散射.D' 为 D 在 x-y 平面上的投影，x 轴到 OD' 的角度 ϕ，也即 x 轴与散射平面的夹角，为方位角.

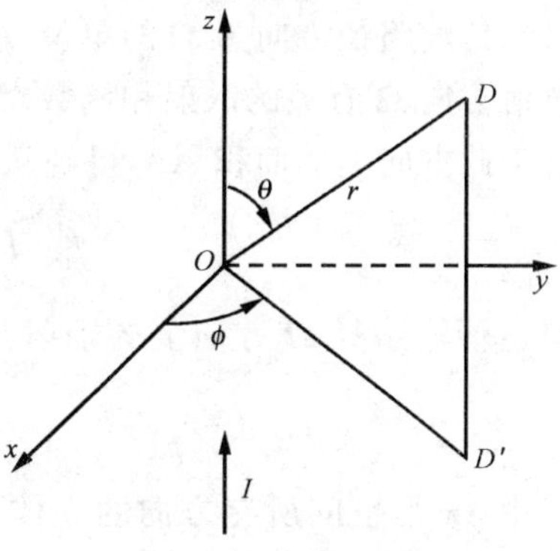

图1.2 散射过程的几何描述

如果探测器 D 在空间移动，所测到的散射辐射亮度 $I_s(r,\theta,\phi)$ 应与入射辐射亮度 I 成正比，与距离 r 平方成反比(因散射辐射是球面波)，另外还与方向角 θ 和 ϕ 有关，即

$$I_s(r,\theta,\phi)=\frac{I}{r^2}\sigma(\theta,\phi), \tag{1.2.9}$$

其中 $\sigma(\theta,\phi)$ 称为粒子的散射函数，其单位为 $m^2\cdot sr^{-1}$，是单位立体角时的散射面积，$\sigma(\theta,\phi)$ 也称为角散射截面.将 $\sigma(\theta,\phi)$ 对整个空间 4π 球面度的立体角积分，便可以算出当单位辐射强度入射时，一个粒子散射掉的总能量 σ_s，

$$\sigma_s=\int_{4\pi}\sigma(\theta,\phi)d\Omega. \tag{1.2.10}$$

σ_s 称为粒子的散射截面，是一个等效截面，反映了粒子总的散射本领.

定义相函数

$$P(\theta,\phi)=4\pi\sigma(\theta,\phi)/\sigma_s, \tag{1.2.11}$$

它是粒子在某个方向 $\boldsymbol{\Omega}(\theta,\phi)$ 的散射能力与平均散射能力之比，且满足归一化条件

$$\frac{1}{4\pi}\int_{4\pi}P(\theta,\phi)d\Omega\equiv 1. \tag{1.2.12}$$

还可以定义非对称因子，它是 $\cos\theta$ 以散射函数为权重的平均值，即

$$g = \frac{\int \sigma(\theta,\phi)\cos\theta \mathrm{d}\Omega}{\int \sigma(\theta,\phi)\mathrm{d}\Omega}, \tag{1.2.13}$$

它反映了粒子前向散射和后向散射的强弱. 若 $g>0$,则前向散射强于后向散射,若 $g=0$,则前后向散射相等. 非对称因子作为一个描述粒子散射特性的参数,被广泛使用.

考虑一束单色辐射通过一层散射气体介质,射入的辐射亮度 I 沿传播方向经过一段无限小距离 $\mathrm{d}s$,辐射亮度的变化为

$$\mathrm{d}I = -\beta_s I \mathrm{d}s + \beta_s I_s \mathrm{d}s, \tag{1.2.14}$$

其中,右边第一项为在传输方向因为散射造成的辐射衰减,第二项类似发射辐射(1.2.8)式,为各个方向的散射辐射进入传输路径造成的辐射增加;I_s 类似发射辐射的源函数 $B(T)$,它是散射辐射的源函数,β_s 是体积散射系数,类似体积吸收系数.

考虑从任意方向 $\boldsymbol{\Omega}'$ 射来的在一小立体角 $\Delta\Omega'$ 内的入射辐射通量密度 $I(\boldsymbol{\Omega}')\cdot\Delta\Omega'$(如图 1.3 所示),经过长方体中散射粒子的散射后,散射到所有方向上的辐射为

$$I(\boldsymbol{\Omega}')\Delta\Omega' \cdot n\Delta A\Delta s \cdot \sigma_s = I(\boldsymbol{\Omega}')\Delta\Omega' \cdot \Delta A\Delta s \cdot \beta_s, \tag{1.2.15}$$

其中,体积散射系数 β_s 是粒子数密度 n 与每个粒子的散射截面 σ_s 的乘积. 从 $\boldsymbol{\Omega}'$ 方向来的光子散射到传输路径方向为 $\boldsymbol{\Omega}$ 的单位立体角内的概率为 $P(\boldsymbol{\Omega}',\boldsymbol{\Omega})/(4\pi)$,$P(\boldsymbol{\Omega}',\boldsymbol{\Omega})$ 是与入射方向 $\boldsymbol{\Omega}'$ 和散射方向 $\boldsymbol{\Omega}$ 有关的散射相函数. 为了得到 $\boldsymbol{\Omega}$ 方向上的辐射,散射到 $\boldsymbol{\Omega}$ 方向上的辐射需要除以垂直于此方向上的面积 ΔA,得到从 $\boldsymbol{\Omega}'$ 方向来的光子散射到方向为 $\boldsymbol{\Omega}$ 的单位立体角内的辐射为

$$I(\boldsymbol{\Omega}')\Delta\Omega' \cdot \beta_s \cdot \frac{P(\boldsymbol{\Omega}',\boldsymbol{\Omega})}{4\pi} \cdot \Delta s, \tag{1.2.16}$$

到达传输路径 $\boldsymbol{\Omega}$ 方向上的辐射是所有 $\boldsymbol{\Omega}'$ 方向辐射散射的总和,即取积分

$$\mathrm{d}s \cdot \frac{\beta_s}{4\pi}\int_{4\pi} I(\boldsymbol{\Omega}')P(\boldsymbol{\Omega}',\boldsymbol{\Omega})\mathrm{d}\Omega', \tag{1.2.17}$$

其中 4π 是空间所有方向的立体角大小(即 4π 球面度). 由此得到

$$I_s(\boldsymbol{\Omega}) = \frac{1}{4}\int_{4\pi} I(\boldsymbol{\Omega}')P(\boldsymbol{\Omega}',\boldsymbol{\Omega})\mathrm{d}\Omega'. \tag{1.2.18}$$

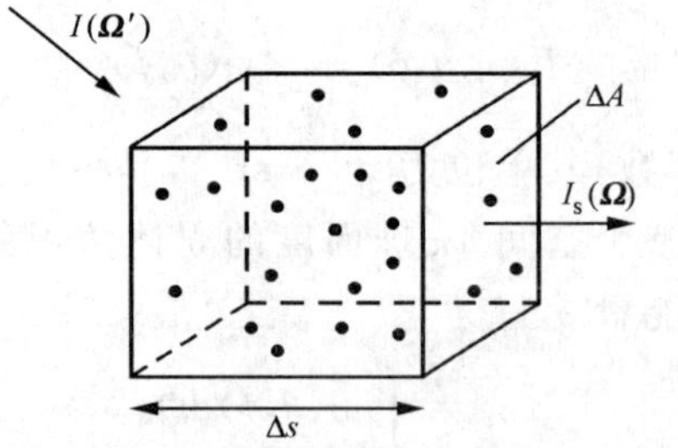

图 1.3　散射导致传输方向上辐射增加的示意图. 从 $\boldsymbol{\Omega}'$ 来的辐射射向体积为 $\Delta A\Delta s$ 中的散射粒子,散射到 $\boldsymbol{\Omega}$ 方向上的单位立体角内,导致 $\boldsymbol{\Omega}$ 方向上辐射的增加

1.3　辐射传输方程

在 1.2 节的讨论中,有四个过程对传输路径上的辐射造成影响:(1) 大气介质的吸收造成辐射束能量的衰减;(2) 大气发射辐射使得辐射束能量增加;(3) 传输辐射被大气散射到其他方向,使得辐射衰减;(4) 所有其他方向的多次散射进入辐射束使传输辐射增强. 其中,(1)和

(3)是辐射的损耗项,(2)和(4)是辐射的源项.

1.3.1 辐射传输方程的一般形式

根据(1.2.1),(1.2.8),(1.2.14)和(1.2.18)式,得到在传输方向 $\boldsymbol{\Omega}$ 上,辐射经过一段无限小距离 $\mathrm{d}s$ 的变化为

$$\frac{\mathrm{d}I(\boldsymbol{\Omega})}{\mathrm{d}s}=-\beta_{\mathrm{e}}I(\boldsymbol{\Omega})+\beta_{\mathrm{a}}B(T)+\frac{\beta_{\mathrm{s}}}{4\pi}\int_{4\pi}P(\boldsymbol{\Omega}',\boldsymbol{\Omega})I(\boldsymbol{\Omega}')\mathrm{d}\Omega', \tag{1.3.1}$$

其中,β_{e} 为体积消光系数,它是体积吸收系数 β_{a} 和散射系数 β_{s} 的和.定义包括吸收和散射的光学厚度为 $\tau(s)=\tau(s,s_2)=\int_s^{s_2}\beta_{\mathrm{e}}\mathrm{d}s=\int_s^{s_2}(\beta_{\mathrm{a}}+\beta_{\mathrm{s}})\mathrm{d}s$,则 $\mathrm{d}\tau=-\beta_{\mathrm{e}}\mathrm{d}s$,其中 s_2 为辐射传输路径的终点.引入单散射反照率 $\omega=\beta_{\mathrm{s}}/\beta_{\mathrm{e}}$,则(1.3.1)式变形为

$$\frac{\mathrm{d}I(\boldsymbol{\Omega})}{\mathrm{d}\tau}=I(\boldsymbol{\Omega})-(1-\omega)B-\frac{\omega}{4\pi}\int_{4\pi}P(\boldsymbol{\Omega}',\boldsymbol{\Omega})I(\boldsymbol{\Omega}')\mathrm{d}\Omega'. \tag{1.3.2}$$

这是完整的包含吸收、发射和散射过程的辐射传输方程的微分形式.其中,总的源函数为

$$J(\boldsymbol{\Omega})=(1-\omega)B+\frac{\omega}{4\pi}\int_{4\pi}P(\boldsymbol{\Omega}',\boldsymbol{\Omega})I(\boldsymbol{\Omega}')\mathrm{d}\Omega', \tag{1.3.3}$$

它是热辐射源函数与散射辐射源函数的加权平均.显然,当 $\omega=0$ 时,没有散射,则源函数就是普朗克函数 B,此时即可用于长波辐射的传输问题.

在平面平行大气情况下,在球坐标系中方程(1.3.2)表示为

$$\mu\frac{\mathrm{d}I(\mu,\phi)}{\mathrm{d}\tau}=I(\mu,\phi)-J(\mu,\phi), \tag{1.3.4}$$

其中,τ 为垂直方向的光学厚度,即 $\tau(z)=\tau(z,\infty)=\int_z^{\infty}\beta_{\mathrm{e}}\mathrm{d}s$.(1.3.4)式中包括发射和散射的源函数为

$$J(\mu,\phi)=(1-\omega)B+\frac{\omega}{4\pi}\int_0^{2\pi}\int_{-1}^{1}P(\mu,\phi;\mu',\phi')I(\mu',\phi')\mathrm{d}\mu'\mathrm{d}\phi'. \tag{1.3.5}$$

1.3.2 红外辐射传输

在局地热力平衡和各向同性条件下,考虑一束单色长波辐射通过大气介质.若只有大气的发射和吸收辐射过程,不考虑散射和传输过程中方位角的影响,辐射亮度 I 沿传播方向经过一段微小路径 $\mathrm{d}s$ 后,造成的辐射亮度的变化,可根据(1.3.1)式得到

$$\frac{\mathrm{d}I}{\mathrm{d}s}=\beta_{\mathrm{a}}(B-I), \tag{1.3.6}$$

上式称为施瓦兹希尔德(Schwarzschild)方程,是非散射介质辐射传输的基本方程.

在大气遥感应用中,通常以垂直方向的光学厚度作为坐标,则根据(1.3.4)式可得到施瓦兹希尔德方程的变形为

$$\mu\frac{\mathrm{d}I}{\mathrm{d}\tau}=I-B, \tag{1.3.7}$$

其中 τ 为在垂直方向上吸收过程的光学厚度,即 $\tau(z)=\tau(z,\infty)=\int_z^{\infty}\beta_{\mathrm{a}}\mathrm{d}z$.从地表 $z=0$(对应整层大气垂直光学厚度 τ_0)到大气上界 $z=\infty$(对应光学厚度为 0)对(1.3.7)式积分,得到晴空状态时辐射向上传输到达大气层顶的辐射亮度 $I=I(\tau=0)$为

$$I = I(\tau_0)\mathrm{e}^{-\tau_0/\mu} + \int_0^{\tau_0} B\mathrm{e}^{-\tau/\mu}\frac{\mathrm{d}\tau}{\mu}, \tag{1.3.8}$$

其中,$I(\tau_0)$为来自地表向上的辐射亮度,与地表的发射率和温度等因素有关.在红外波段,地表可以近似为黑体,因此它可以用地表温度 T_s 下的普朗克公式表示,即 $I(\tau_0)=B(T_s)$.

通常习惯研究垂直方向的辐射传输,而如果研究 $\mu=\cos\theta$ 方向的辐射传输,只需将光学厚度变化 $1/\mu$ 倍即可.当 $\mu=1$ 时,从(1.3.8)式得到在垂直方向上的红外辐射传输方程的积分形式为

$$I = I(\tau_0)\mathrm{e}^{-\tau_0} + \int_0^{\tau_0} B\mathrm{e}^{-\tau}\mathrm{d}\tau. \tag{1.3.9}$$

考虑到辐射传输时的透过率 $t(z)=\exp[-\tau(z)]$,则(1.3.9)式可表示为以透过率为积分变量的形式

$$I = I(\tau_0)t_0 + \int_{t_0}^{1} B\mathrm{d}t, \tag{1.3.10}$$

其中,t_0 为整层大气垂直透过率.因为气压是容易探测获得的气象要素,所以(1.3.10)可继续变形为

$$I = I(\tau_0)t_0 + \int_{p_s}^{0} BK(p)\mathrm{d}\ln p, \tag{1.3.11}$$

其中,$K(p)=\mathrm{d}t/\mathrm{d}\ln p$ 是辐射向上传输时的权重函数.(1.3.11)是常用的红外波段辐射传输方程的积分表达形式.

1.3.3 短波辐射传输

考虑针对太阳辐射的向上辐射传输,忽略大气分子和粒子的发射辐射,根据(1.3.4)式和(1.3.5)式,微分形式的辐射传输方程表示为

$$\mu\frac{\mathrm{d}I(\mu,\phi)}{\mathrm{d}\tau} = I(\mu,\phi) - \frac{\omega}{4\pi}\int_0^{2\pi}\int_{-1}^{1} P(\mu,\phi;\mu',\phi')I(\mu',\phi')\mathrm{d}\mu'\mathrm{d}\phi', \tag{1.3.12}$$

其中,等号右边第二积分项包含了来自入射方向为 $\boldsymbol{\Omega}_0(\mu_0,\phi_0)$ 的太阳直接辐射导致的散射,以及来自所有方向的漫射辐射(或多次散射).根据(1.1.19)式和比尔定律得到直接太阳辐射为

$$\begin{aligned} I(\mu',\phi') &= F_0\delta(\boldsymbol{\Omega}' - \boldsymbol{\Omega}_0)\mathrm{e}^{\tau/\mu_0} \\ &= F_0\delta(\mu' - \mu_0)\delta(\phi' - \phi_0)\mathrm{e}^{\tau/\mu_0}, \end{aligned} \tag{1.3.13}$$

其中,F_0 是大气上界与太阳辐射传输路径垂直平面上的太阳辐照度,μ_0 是太阳辐射向下传输方向相对天顶方向角度的余弦(也即太阳天顶角余弦函数的负值),$\mu_0<0$.若忽略漫射辐射,只考虑太阳直接辐射导致的散射,将(1.3.13)式代入(1.3.12)式的积分中,得到

$$\begin{aligned} &\int_0^{2\pi}\int_{-1}^{1} P(\mu,\phi;\mu',\phi')F_0\delta(\mu' - \mu_0)\delta(\phi' - \phi_0)\mathrm{e}^{\tau/\mu_0}\mathrm{d}\mu'\mathrm{d}\phi' \\ &= P(\mu,\phi;\mu_0,\phi_0)F_0\mathrm{e}^{\tau/\mu_0} = F_0P(\cos\Theta)\mathrm{e}^{\tau/\mu_0}, \end{aligned} \tag{1.3.14}$$

其中,$\cos\Theta=\boldsymbol{\Omega}\cdot\boldsymbol{\Omega}_0$ 是太阳光入射方向与辐射传输方向之间角度的余弦.将(1.3.14)式代入(1.3.12)式,得到

$$\mu\frac{\mathrm{d}I(\mu,\phi)}{\mathrm{d}\tau} = I(\mu,\phi) - \frac{F_0\omega}{4\pi}P(\cos\Theta)\mathrm{e}^{\tau/\mu_0}. \tag{1.3.15}$$

如果假设相函数和单次散射反照率与高度无关,则可对(1.3.15)式从地面 $\tau=\tau_0$ 到大气层顶 $\tau=0$ 积分,得到对于 $\boldsymbol{\Omega}(\mu,\phi)$ 方向的向上辐射传输($\mu>0$),到达上界的辐射亮度 $I=$

$I(0)$为

$$I = I(\tau_0)\mathrm{e}^{-\frac{\tau_0}{\mu}} + \frac{F_0\omega P(\cos\Theta)}{4\pi\mu\left(-\frac{1}{\mu_0}+\frac{1}{\mu}\right)}\left[1-\mathrm{e}^{\tau_0\left(\frac{1}{\mu_0}-\frac{1}{\mu}\right)}\right]. \tag{1.3.16}$$

这是包括了下垫面反射辐射(等号右边第一项)和散射太阳直接辐射的短波辐射传输方程.其中,$I(\tau_0)$为来自地表向上的短波辐射亮度,与地表的反射率有关.

在实际处理问题时,常常只关心散射辐射部分,而将下垫面反射辐射项从总辐射中预先扣除.在一次散射条件下,$\tau_0 \ll 1$,方程式(1.3.16)中的 e 指数可进行级数展开,并只取一阶近似.这样,对于向上的散射辐射,(1.3.16)式可简化为

$$I_{\mathrm{s}} = \frac{F_0\omega\tau_0}{4\pi\mu}P(\cos\Theta), \tag{1.3.17}$$

这个方程是卫星探测反演气溶胶光学厚度的基础.(1.3.17)式可改写为散射反射率

$$r = \frac{\pi I_{\mathrm{s}}}{|\mu_0| F_0} = \frac{\omega\tau_0}{4\mu|\mu_0|}P(\cos\Theta), \tag{1.3.18}$$

它可由卫星测定的反射率确定.由(1.3.18)式可见,光学厚度与散射反射率成正比,而与相函数成反比.光学厚度与相函数的关系,在利用散射的太阳光进行卫星遥感实践中,是一个很重要的问题.

1.3.4 微波辐射传输

在干土地表情况下,表面微波发射率接近 1,可以使用红外波段的辐射传输方程.

对于水面下垫面,可近似为镜面反射体,若水面发射率为 ε_{s},则水面的反射率为 $1-\varepsilon_{\mathrm{s}}$.此时,(1.3.8)式中

$$I(\tau_0) = \varepsilon_{\mathrm{s}}B(T_{\mathrm{s}}) + (1-\varepsilon_{\mathrm{s}})I^{\downarrow}(\tau_0), \tag{1.3.19}$$

其中,$I^{\downarrow}(\tau_0)$为向下传输到达地表的辐射亮度,根据施瓦兹希尔德方程得到

$$I^{\downarrow}(\tau_0) = B(T_{\mathrm{c}})\mathrm{e}^{-\tau_0/\mu} + \int_0^{\tau_0} B\mathrm{e}^{-(\tau_0-\tau)/\mu}\frac{\mathrm{d}\tau}{\mu}, \tag{1.3.20}$$

其中,T_{c} 为宇宙背景辐射(cosmic background radiation)对应的温度.宇宙背景辐射是一种充满整个宇宙的电磁辐射,产生于宇宙大爆炸之后的 38 万年,其温度从开始时超过 10^9(10 亿)℃,随宇宙的膨胀逐步冷却,到现在残留约 3 K 左右.现实生活中人们有时经历过:如果你的电视接收不到任何电视信号,就会在屏幕上看到雪花一样的锯齿形静电,这其中的噪声大约有 1%是由这种古老的大爆炸残留物造成的.

将(1.3.19)和(1.3.20)式合并,代入(1.3.8)式并进一步整理,得到向上传输到达大气层顶的微波辐射为

$$I = \varepsilon_{\mathrm{s}}B(T_{\mathrm{s}})t_0^{1/\mu} + (1-\varepsilon_{\mathrm{s}})B(T_{\mathrm{c}})t_0^{2/\mu} + \int_{p_{\mathrm{s}}}^{0} BK(p,\mu)\mathrm{d}\ln p, \tag{1.3.21}$$

其中,

$$K(p,\mu) = \left[1+(1-\varepsilon_{\mathrm{s}})\left(\frac{t_0}{t}\right)^{2/\mu}\right]\frac{\mathrm{d}t^{1/\mu}}{\mathrm{d}\ln p} \tag{1.3.22}$$

为通用的权重函数,当 $\varepsilon_{\mathrm{s}}=1$ 且 $\mu=1$ 时,就是(1.3.11)式中的权重函数,此时(1.3.21)式也简化为(1.3.11)式了.(1.3.11)式与(1.3.21)式的主要差异在于,因为下垫面的反射,后者辐射在大气中进行了两次传输,一次是下表面反射前,一次是在反射后.

此外，在微波波段，在地气系统温度条件下，$hc/(\lambda kT)\ll 1$，因此普朗克公式(1.1.8)式可变形为

$$B_\lambda(T) = 2kc\lambda^{-4}T, \tag{1.3.23}$$

称为瑞利-金斯近似. 在此条件下，方程(1.3.21)可转化为温度的方程，即

$$T_b = \varepsilon_s T_s t_0^{1/\mu} + (1-\varepsilon_s)T_c t_0^{2/\mu} + \int_{p_s}^{0} TK(p,\mu)\mathrm{d}\ln p, \tag{1.3.24}$$

这是在大气微波遥感中常用的辐射传输方程形式. 方程(1.3.24)式的意义是，卫星探测的辐射是由四项组成(见图 1.4)，即地面发射辐射、来自太空经地面反射的辐射、大气向上辐射和地面反射大气向下的辐射. 每一项辐射都经过大气的透射衰减后到达卫星.

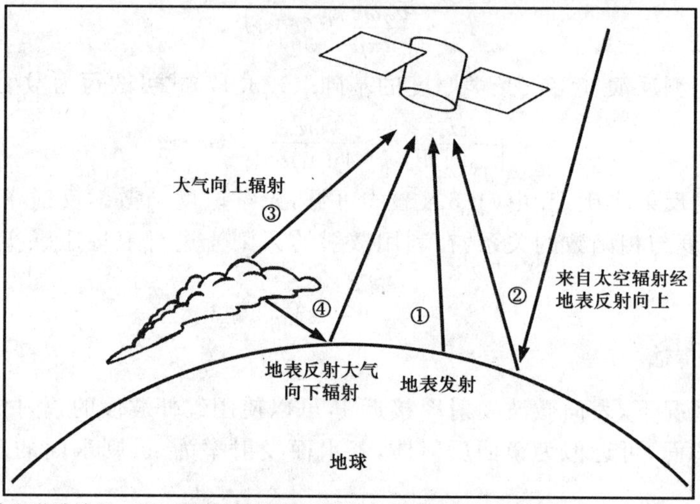

图 1.4 在红外和微波波段，对地观测卫星探测的辐射分量. ① 地表发射；② 来自太空的辐射经地表反射向上的辐射；③ 大气向上辐射；④ 地表反射大气向下的辐射.

以上讨论的红外、短波和微波辐射在大气中传输的辐射传输方程，是描述电磁波在大气中传播的基本方程. 大气遥感反演往往需要从这些方程中求取大气和地表参数，而这些参数又往往存在于方程的 e 指数中或积分中. 从形式上看，反演问题只是一个简单的数学离散化求解问题，事实上并非这么简单. 这是因为，辐射传输方程是非线性的积分方程，而反演问题是具有半边界条件的物理问题，除简单的二流或四流近似外还无法找到其分析解，只能用数值方法来逼近求得近似解. 随着计算机技术的发展，各种数值离散求解方法不断涌现出来并已得到应用.

1.4 大气吸收和辐射光谱

各种物体对不同波长的辐射具有不同的吸收率与发射率，构成了该物体的吸收光谱或辐射光谱. 吸收光谱可以用不同的关系来表达，除了使用吸收率随波长的变化关系外，还可使用吸收辐射(如辐射通量密度等)随波长(或频率、波数)的变化关系来表示吸收光谱，辐射光谱也类似. 如果把这些关系绘制成曲线，就是吸收光谱曲线和辐射光谱曲线.

1.4.1 大气吸收光谱

图 1.5 中给出了整层大气和大气各气体成分的吸收光谱. 由图可见，大气的吸收有显著的

选择性. 吸收太阳短波辐射的主要气体是 H_2O,其次是 O_2 和 O_3,CO_2 吸收的不多. 吸收长波辐射的主要是 H_2O,其次是 CO_2 和 O_3.

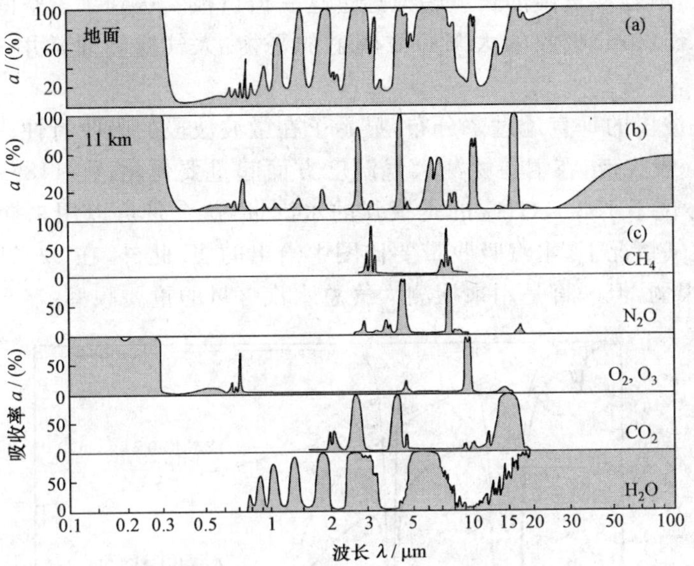

图 1.5 整层大气和各主要吸收气体吸收光谱示意图. (a) 整层大气的吸收谱;(b) 11 km 高度以上大气吸收谱;(c) 整层大气中不同气体成分的吸收谱

H_2O 的吸收带主要在红外区,不但吸收了约 20% 的太阳能量,使太阳光谱发生改变,而且几乎覆盖了大气和地面长波辐射的整个波段. H_2O 吸收作用最强的是 6.3 μm 振转带和大于 12 μm 的转动带. 大气中还有液态水(如云雾滴),其吸收带和水汽的吸收带相对应,但波段向长波方向移动. 液态水的吸收系数很大,但因液态水只有云雾时才有且一般含量不大,所以对太阳辐射的削弱并不多. 不过对于大气长波,100 m 厚的云就已相当于黑体,所以一般可把云体表面当成黑体表面.

O_3 对太阳辐射的吸收主要发生在平流层上部和中间层. 最强的 O_3 吸收带是哈特莱带(Hartley band),位于 0.2～0.3 μm. 在 0.3～0.36 μm 之间的 O_3 弱吸收带具有较复杂的结构,称为哈金斯带(Huggins band). 在约 0.44～1.18 μm 的可见和近红外区的 O_3 弱吸收带称为查普斯带(Chappuis band). 在红外区较强的 O_3 吸收带的中心分别是 4.7 μm, 9.6 μm 和 14.1 μm. 其中 9.6 μm 吸收带可用来遥感探测臭氧总量.

CO_2 主要在大于 2 μm 的红外区有吸收,比较强的是中心位于 2.7 μm, 4.3 μm 和 15 μm 的吸收带. 由于 2.7 μm 带与水汽的吸收带重叠,而太阳辐射在 4.3 μm 处已很弱,所以 CO_2 对太阳辐射的吸收一般不专门讨论. 对于长波辐射,以 15 μm 附近的 CO_2 吸收带最为重要.

从图 1.5(a)的整层大气吸收率可以看出,大气中的 O_2 和 O_3 把太阳辐射中小于 0.29 μm 的紫外辐射几乎全部吸收. 在可见光区,大气的吸收很少,只有不强的吸收带. 在红外区,主要是水汽的吸收,其次有 CO_2 和 CH_4 的吸收. 在 14 μm 以外,大气可以看成是近于黑体,地面发射的大于 14 μm 的红外辐射全部被吸收,不能透过大气传向空间.

在 8～12 μm 波段,大气的吸收很弱,被称为大气的透明窗或大气窗区. 这一区域中仅 9.6 μm 附近有一个较强的臭氧吸收带,而臭氧主要分布在高空,因此大气窗区对由大气上界向外的辐射有明显作用. 大气窗区对地气系统的辐射平衡有十分重要的意义. 地表的温度平均约 288 K，与此温度相对应的黑体辐射能量主要集中在 10 μm 附近波段，而大气对这一波段范围的辐射少有吸收，故地面发出的长波辐射透过这一窗口被发送到宇宙空间，维持了与通过可见光窗区（0.4～0.76 μm）吸收的太阳短波辐射的平衡. 大气窗区通常用来遥感地球下垫面状况.

图 1.6 是微波波段的垂直透过率分布，显示了在微波波段的吸收特性. 一个很强的中心是位于 60 GHz 的 O_2 吸收带，在卫星探测大气温度方面起重要作用. 在 118 GHz 附近也有很窄的 O_2 吸收带. 中心位于 183.3 GHz 的是很强的水汽带，这个带可以用来探测大气湿度廓线，但在非常干燥的大气情况下，水汽吸收带要比图中给出的弱. 此外，在 22 GHz 附近，有较弱的水汽吸收线. 尽管很弱，但一直是用来探测大气总水汽含量的重要频率.

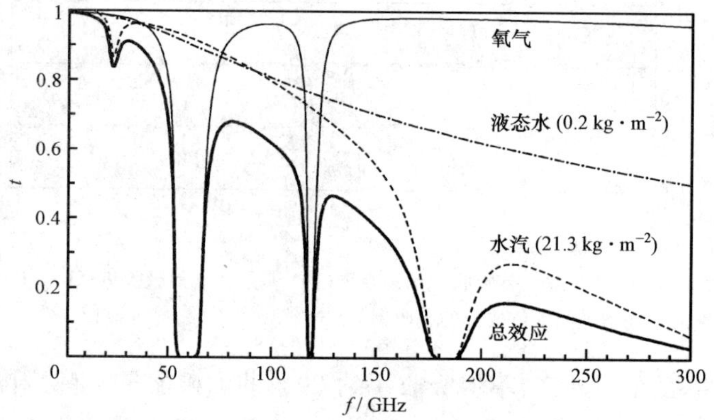

图 1.6　中纬度大气（包含了中等厚度的非降水云层）的微波波段垂直透过率 t 随频率 f 的变化（Petty，2004）

图 1.6 也显示，随着频率增大，大气越来越不透明（透过率降低）. 主要原因是水汽的连续吸收，因此高于 300 GHz 的频段除了可能探测很高的卷云外（在对流层主要水汽的上部），难以有其他的遥感应用.

类似大气窗区和可见光窗区，在微波波段，大体上视 0～20 GHz，25～50 GHz，70～110 GHz 和 120～170 GHz 这些区为微波窗区，其中低频段的窗区更透明. 如果没有云，微波辐射也和红外辐射一样，会通过窗区传向空间，对地表的降温起了很重要的作用.

1.4.2　大气辐射光谱

从高空向下，观测的辐射来自地面和大气. 其中大气每一气层的气体一方面吸收来自地表面及其下层大气放射的辐射，另一方面又依据它本身的温度放射出辐射. 同样，来自地表面和下层大气的辐射逐层向上传输. 因此，只需从大气的状况（例如温度和吸收气体的垂直分布），就可以判断辐射来自大气的哪些层或是地面，并不需要确切知道权重函数的分布. 例如，当大气较不透明时，卫星测到的辐射来自大气上层；当大气比较透明时，则可以观测到大气深处的气层；当大气非常透明时，地面辐射可以穿透大气向上传输. 因此卫星可以看到地面的发射和大气的吸收情况.

图 1.7 给出雨云 4 号卫星用红外干涉光谱仪在大气层外测出的地球-大气系统向外的长波辐射光谱，同时也绘制了不同温度的普朗克函数曲线（图中虚线，虚线上的温度为亮度温度）. 其中，低透过率的通道信号主要来自于大气高层，而高透过率的通道信号主要来自于大气低层.

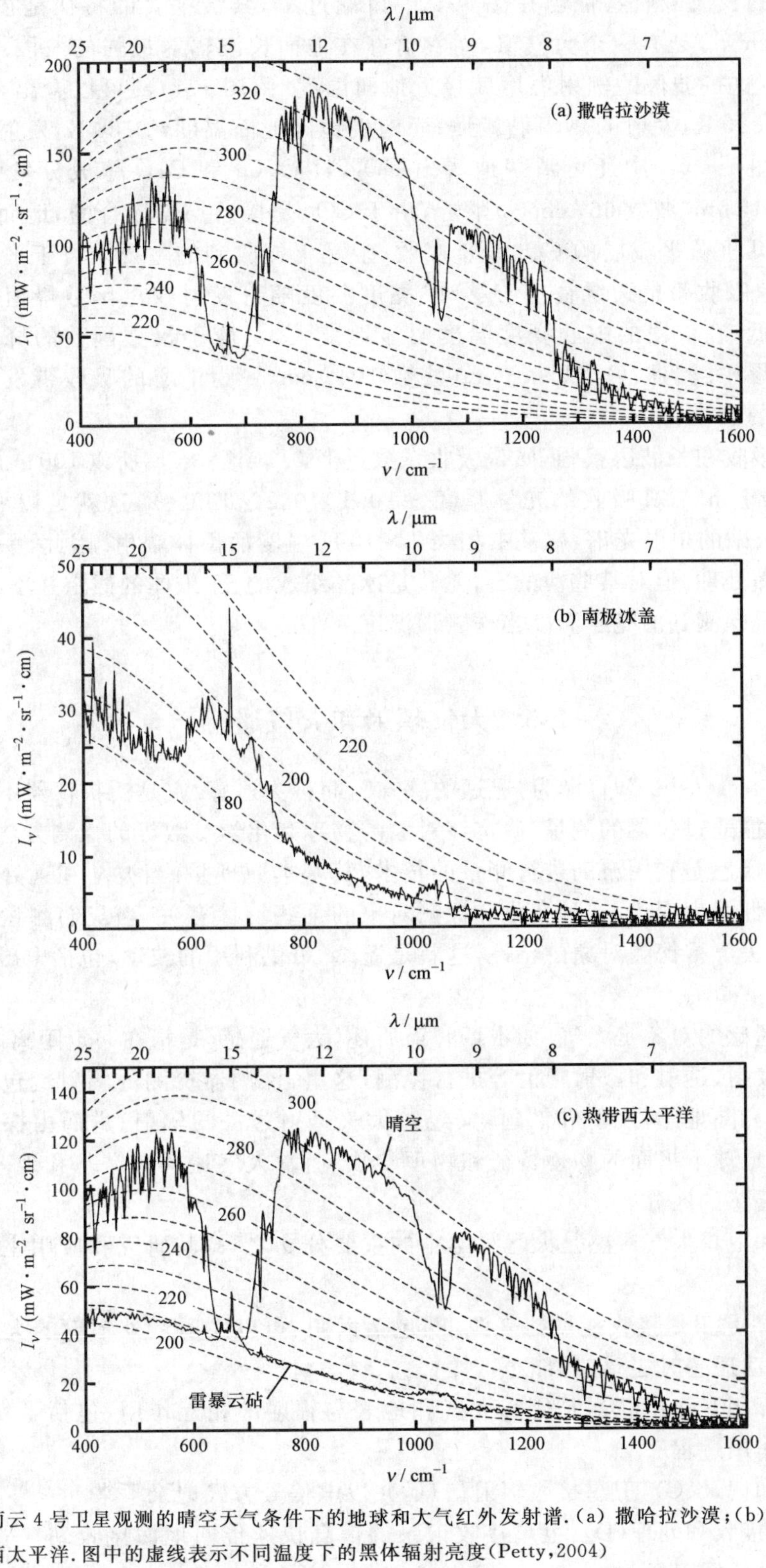

图 1.7 雨云 4 号卫星观测的晴空天气条件下的地球和大气红外发射谱.(a) 撒哈拉沙漠;(b) 南极冰盖;(c) 热带西太平洋.图中的虚线表示不同温度下的黑体辐射亮度(Petty,2004)

整层大气的长波吸收特性已在图 1.5 中讨论过了，其最主要的特征是在 8～12 μm(波数 1250～830 cm^{-1})处有一个大气窗，而它恰好在地面长波辐射最强的波段. 如果从卫星上看，"大气窗区"这一波段的辐射温度就接近地面温度. 由图 1.7(a)可以看出，撒哈拉沙漠的地面温度超过 320 K，发射的热辐射最强；而南极地区地面温度约 180 K，发射的热辐射最弱(图 1.7(b)). 图 1.7(a)中还可清楚地看出 CO_2，H_2O，O_3 和 CH_4 等成分发射的辐射. CO_2 的强吸收带在 15 μm(波数 667 cm^{-1})附近，由于 CO_2 是接近均匀混合的，地面和对流层大气发出的热辐射几乎被平流层的 CO_2 全部吸收，卫星上接收到的主要来自于平流层 CO_2 发来的辐射. 从 CO_2 吸收带的边缘往中心移动，亮度温度随着发射权重函数峰值在对流层中高度的升高而降低. 在波段的中心亮度温度明显地变大，对应于权重函数的峰值高度处于相对温暖的平流层中. 同样，O_3 以 9.6 μm(波数 1042 cm^{-1})为中心的吸收带发射的辐射反映了平流层上部的温度特征.

液体水的吸收在长波区很强，质量吸收系数近似 0.1 $m^2 \cdot g^{-1}$，所以 100 m 厚的云，若云的含水量为 0.2 $g \cdot m^{-3}$，其吸收的光学厚度 $\tau = 0.1 \times 0.2 \times 100 = 2$，这就足以相当于黑体. 图 1.7(c)的雷暴云砧的辐射光谱，就基本相当于 210 K 温度的黑体辐射. 因此，一般都可以把云体当作黑体表面处理. 但对某些薄的云，尤其是冰晶组成的云，黑体的假定并不满足，这时就不能简单地把卫星探测到的亮度温度当作云顶温度.

1.5 大气辐射和大气遥感

英语"remote sensing"，直译为"遥远的感知"，简称为遥感. 它是泛指仪器不直接同远处研究对象接触，但能通过仪器的测量，确定该对象的物理和化学参数等的探测方法和技术.

广义地讲，遥感是利用波动进行测量的技术. 其基本原理是：当波动和远处探测对象相互作用，波动的特性发生变化，这种变化和探测对象的某些特性有关. 当我们测量出波动的这些变化后，就可以去反推探测对象的特性，这就是遥感. 可供利用的波动，包括电磁波、声波、引力波、地震波等.

大气遥感遥感的对象是大气. 如本章开篇所述，大气遥感，是指在一定距离之外，用探测器对来自大气的发射、透射和散射辐射等进行探测，这里，探测器探测的辐射也包括可能来自目标物(例如海洋和陆地等)发射和散射，又经过大气透射过去的辐射；进而由探测器探测的辐射，获取大气及地球下垫面的物理特征和物理参数. 通常大气遥感有空基和地基遥感之说，也有主动和被动遥感的区分.

大气辐射和卫星大气遥感是大气科学中的重要分支之一，其研究和应用主要包括五个部分(见图 1.8).

能量源(A)，是卫星接收能量的来源，既包括太阳、可以发射红外辐射的大气和地面等辐射源，也包括主动遥感时遥感仪器的发射.

对象与目标相互作用(B)，是研究大气和地表与辐射的相互作用，包括了发射吸收、散射和反射等相互作用过程.

卫星接收和记录(C)，卫星接收辐射信息，并以电信号方式记录下来.

传输、地面接收和处理(D)，卫星接收记录的信息快速传回地面接收站，一般这些信息经地面站处理后再传回卫星.

用户解译分析、处理和应用(E),用户从地面站获取卫星资料或直接从卫星上接收地面站已经处理好的信息,然后对资料进行分析、处理和研究应用.

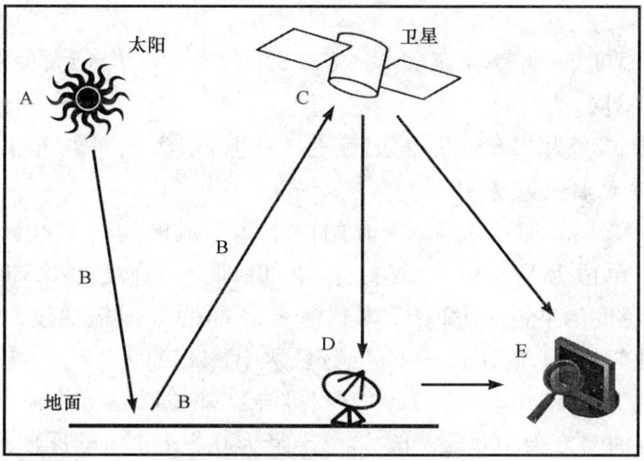

图 1.8　大气辐射与卫星遥感研究和应用中的各分支系统

能量源给出原始的辐射波动信息,这些信息包括辐射强度(波的振幅)、频率和极化等参数;随后辐射波与大气和地表等进行相互作用,包括吸收、发射和散射等过程,这些相互作用与大气状况有关,而大气状况则由大气的各种物理参数描述;经相互作用后的辐射波的个别波动特征发生了改变,例如强度、频率或极化方式的变化等,卫星上搭载的感应器正是要探测这些改变并接收记录下来.

大气辐射和大气遥感的研究可粗化为大气校正、大气遥感和大气辐射三个分支.若 X 表示辐射源的原始波动特征(例如图 1.8 中 A 的辐射波动特征),Y 表示辐射波与大气或地表的相互作用(图 1.8 中的 B 过程),Z 表示相互作用后改变的波动特征(图 1.8 中卫星接收的辐射信息),则可以简单地根据 X,Y 和 Z 的关系来说明这三个分支.

大气校正是根据变化后的电磁波特征,以及大气和波的相互作用,来研究原始波的特征,即 $Y+Z\longrightarrow X$.例如,卫星探测的反射率,经过大气校正后,可获得地面反射源的特征即地面实际反射率;而卫星探测的反射率,还包括了大气和辐射作用的反射信息.

大气遥感是根据探测的变化后的辐射波的特征,并结合原始波特征,来研究辐射波与大气或地表的相互作用,即 $Z+X\longrightarrow Y$,并由此相互作用来推求大气或地表物理参数.

大气辐射或大气辐射传输研究的是从已知的辐射波特征及辐射与大气的相互作用,来寻求相互作用后电磁波的变化特征,是要从 X 和 Y 出发,研究 Z,即 $X+Y\longrightarrow Z$,从遥感角度讲,即是所谓的正演,辐射传输方程是这一方面的最好描述.

总之,大气辐射与大气遥感就是研究 X(辐射源的原始波动特征)、Y(辐射波与大气或地表的相互作用)和 Z(相互作用后改变的波动特征)的相互作用和转换的问题.

习　题

1.1　关于立体角.(1) 就日-地、地-月平均距离时的情形,讨论看到日全食的可能性.(2) 从立体角定义的数学表达式导出:正四面体每个表面对体心所张立体角为 π,而立方体每个表面对体心所张的立体角为 $2\pi/3$.

1.2　若人体为 36 ℃的黑体，不考虑人体吸收外界的辐射，计算人体辐射亮度、辐射通量密度和辐射通量. 人体平均每天由食物提供的能量为 2500 kcal(1 cal＝4.184 J)，是否满足辐射耗能？为什么？

1.3　在 5776 K 温度下，普朗克函数 $B_\lambda(T)$，$B_\nu(T)$和 $B_f(T)$最大值对应的波长分别是多少？如果这三个波长不同，为什么？

1.4　若地球有效温度为 255 K，地面温度为 285 K，求大气对红外辐射的平均吸收率. 假设地面为黑体，大气对太阳辐射透明.

1.5　底部距地面 1 km，厚度也为 1 km 的由水滴组成的均匀层状云，太阳辐射垂直照射云顶时的辐照度为 F(单位为 $\mathrm{W \cdot m^{-2}}$)，在云的中部(即距地高度为 1.5 km)辐照度变为 $F/2$. (1) 什么原因导致辐照度的变化？(2) 计算到达云底部的太阳辐照度. (3) 计算云的光学厚度. (4) 若云滴尺度均匀，为了估计云滴半径，还需要什么信息？

1.6　从施瓦兹希尔德(Schwarzschild)方程推导红外波段辐射传输方程，并说明其意义.

1.7　典型新雪盖的密度为 $100\ \mathrm{kg \cdot m^{-3}}$，由半径为 0.5 mm 的球形冰晶组成. 证明雪盖足够厚时可见光的反射率近于 1，并估计此厚度. 冰的吸收系数为 $0.01\ \mathrm{m^{-1}}$，散射截面为 $8\times10^{-7}\ \mathrm{m^2}$，且纯冰密度为 $920\ \mathrm{kg \cdot m^{-3}}$.

1.8　卫星探测晴空地面，地面温度为 293 K. 计算以下两种情况下，地面发射率为 0.9 和地面为黑体时的亮温比：(1) 12 μm 通道探测；(2) 1 cm 通道探测. 从中发现什么问题？

1.9　下表给出了实际温度廓线和 6 个卫星探测通道(669.0，676.7，694.7，708.7，723.6，746.7 $\mathrm{cm^{-1}}$)的透过率(Liou，2002). (1) 计算权重函数并绘制图形；(2) 计算 6 个卫星探测通道观测到的辐射亮度和对应的亮温.

p/hPa	T/K	t					
		1	2	3	4	5	6
0.8	270.7	0.9198	0.9817	0.9890	0.9922	0.9931	0.9968
1.4	265.0	0.8846	0.9733	0.9837	0.9891	0.9906	0.9953
2.1	256.4	0.8429	0.9637	0.9777	0.9861	0.9879	0.9940
3.1	248.3	0.7979	0.9508	0.9704	0.9817	0.9848	0.9925
4.4	241.9	0.7520	0.9344	0.9612	0.9783	0.9810	0.9906
5.9	238.2	0.7061	0.9139	0.9497	0.9732	0.9763	0.9885
10.3	232.7	0.6094	0.8591	0.9188	0.9597	0.9645	0.9828
13.1	228.8	0.5562	0.8239	0.8980	0.9506	0.9570	0.9790
16.5	226.3	0.5001	0.7831	0.8740	0.9403	0.9485	0.9747
20.4	222.5	0.4423	0.7369	0.8470	0.9290	0.9392	0.9701
24.9	221.1	0.3840	0.6853	0.8168	0.9167	0.9290	0.9652
30.2	219.5	0.3266	0.6291	0.7831	0.9033	0.9180	0.9600
36.1	219.0	0.2716	0.5691	0.7458	0.8887	0.9065	0.9546
42.9	218.5	0.2203	0.5064	0.7051	0.8728	0.8945	0.9489
50.5	217.9	0.1738	0.4424	0.6609	0.8555	0.8821	0.9431
59.1	217.4	0.1329	0.3785	0.6136	0.8366	0.8695	0.9370

（续　表）

p/hPa	T/K	t					
		1	2	3	4	5	6
68.6	216.8	0.0980	0.3160	0.5638	0.8162	0.8567	0.9307
79.2	217.3	0.0693	0.2563	0.5119	0.7941	0.8437	0.9241
90.9	218.0	0.0468	0.2008	0.4584	0.7699	0.8304	0.9173
103.8	218.8	0.0299	0.1510	0.4043	0.7436	0.8163	0.9101
117.9	219.7	0.0179	0.1080	0.3508	0.7152	0.8029	0.9026
133.3	220.7	0.0100	0.0727	0.2988	0.6847	0.7884	0.8946
150.2	221.7	0.0052	0.0456	0.2496	0.6520	0.7731	0.8861
168.5	222.6	0.0024	0.0264	0.2042	0.6175	0.7570	0.8771
188.4	223.6	0.0010	0.0139	0.1634	0.5812	0.7397	0.8674
209.9	225.2	0.0004	0.0066	0.1275	0.5431	0.7212	0.8569
233.1	227.5	0.0001	0.0028	0.0968	0.5033	0.7011	0.8454
258.0	229.7	0.0000	0.0011	0.0711	0.4615	0.6792	0.8325
284.8	230.2	0.0000	0.0004	0.0508	0.4195	0.6561	0.8187
313.6	231.8	0.0000	0.0001	0.0354	0.3782	0.6321	0.8043
344.3	232.8	0.0000	0.0000	0.0237	0.3365	0.6064	0.7883
377.2	234.2	0.0000	0.0000	0.0151	0.2940	0.5782	0.7701
412.2	235.5	0.0000	0.0000	0.0090	0.2514	0.5475	0.7493
449.5	236.9	0.0000	0.0000	0.0050	0.2099	0.5142	0.7253
489.2	241.6	0.0000	0.0000	0.0026	0.1706	0.4785	0.6992
531.2	245.4	0.0000	0.0000	0.0012	0.1343	0.4402	0.6687
575.8	249.0	0.0000	0.0000	0.0005	0.1017	0.3993	0.6326
623.1	252.8	0.0000	0.0000	0.0002	0.0740	0.3565	0.5917
673.0	256.8	0.0000	0.0000	0.0000	0.0516	0.3127	0.5467
725.7	260.5	0.0000	0.0000	0.0000	0.0346	0.2689	0.4983
781.3	263.9	0.0000	0.0000	0.0000	0.0221	0.2261	0.4476
839.9	267.5	0.0000	0.0000	0.0000	0.0134	0.1852	0.3952
901.5	272.1	0.0000	0.0000	0.0000	0.0076	0.1456	0.3371
966.3	277.0	0.0000	0.0000	0.0000	0.0039	0.1064	0.2682
1019.8	279.5	0.0000	0.0000	0.0000	0.0019	0.0770	0.2099

1.10　大气温度廓线为 $T(p)=200+200p/p_s$，以 K 为单位，p_s 是地面气压. 微波波段透过率为 $t=1-0.7p/p_s$. 忽略地表反射，微波通道观测到的亮温是多少？

1.11　下表给出了大气温度和湿度（比湿）廓线数据，求微波辐射计星下探测陆地（发射率分别为 1 和 0.9）时的亮温. 已知探测波数为 1.35 cm^{-1}，假设在此波数处只考虑水汽吸收，且水汽吸收系数为 0.01 $m^2 \cdot kg^{-1}$.

p/hPa	T/K	q/(g·kg^{-1})
0	0	0
200	200	0.02
600	240	0.2
800	280	2
1000	300	8

1.12　气象卫星 Meteosat 红外窗区通道为 790～940 cm^{-1}，GOES 红外通道为 890～980 cm^{-1}. 两通道探测同一温度为 300 K 的星下点视场时的辐射通量密度的差异是多少？探测亮温的差异是多少？假设大气是透明的，不考虑仪器响应函数的影响，且计算亮温时采用波段中心波数.

1.13　静止气象卫星的水汽通道为 1400～1490 cm^{-1}，响应函数在此波段范围内为 1，之外为 0. 使用波段中心波数，用普朗克函数计算亮温时，以 $a+bT$ 替代 T_b，试在 180～300 K 范围内通过最小二乘法确定 a 和 b. 如果假定 $a=0$ 和 $b=1$，在 180～300 K 范围内确定亮温的最大误差是多少？

1.14　星下探测地气系统射出辐射时，测得的亮温红外窗区 900 cm^{-1} 通道为 310 K，CO_2 吸收带 660 cm^{-1} 通道为 220 K，O_3 吸收带 1040 cm^{-1} 通道为 280 K. 在 1040 cm^{-1} 通道臭氧层的透过率是多少？从中可进一步获得臭氧层的什么信息？假设地面为黑体，平流层对于 660 cm^{-1} 通道不透明，臭氧集中于平流层中. 1040 cm^{-1} 通道的普朗克亮度在温度为 220，280，310 K 时分别为 14.8，64.1，107.9 mW·m^{-2}·sr^{-1}·cm.

1.15　阳光以 45°入射角射向地面，假设地面在波长 4 μm 和 10 μm 时为全反射的朗伯体（即漫射反射率为 1，而双向反射率为 $1/\pi$），并忽略大气衰减效应，计算卫星探测到的波长为 4 μm 和 10 μm 时地面的亮度温度. 计算中涉及的相关数据：太阳温度为 5800 K，发射率为 0.99，太阳圆盘对地所张立体角为 6.76×10^{-5} sr.

1.16　卫星探测海面时，星下点和天顶角 52°点的红外亮度温度分别为 294.6 K 和 293.3 K，试估计海面亮温和垂直方向大气光学厚度. 计算中假设大气的平均温度为 280 K，探测海域的海面温度变化相对较小，普朗克函数可以展开为温度的一阶泰勒近似.

1.17　卫星微波辐射计 10 GHz 通道探测到的洋面海水、一年冰、多年冰的亮温分别为 80，252，200 K，而 37 GHz 通道探测的亮温分别为 119，253，168 K. 如果辐射计对同一视场观测时，两个通道的亮温都是 180 K，则这一视场中海水和多年冰占的面积百分比分别是多少？

1.18　谱线增宽导致不能出现单一的频率为 f_0 的吸收谱线，使得谱线有一定的宽度和分布. 若频率 f 位于谱线中心频率 f_0 的附近，则 f 处的吸收就不能忽略.

(1) 设大气为温度 T_0 的等温大气，地面为温度为 T_s 的黑体，整层大气吸收率为 $a_f(0)$，试推导卫星遥测辐射亮度 I_f 的表达式，并绘制类似图 1.7 的辐射光谱示意图，说明 $T_0>T_s$ 时，光谱表现为发射线形态，而在 $T_0<T_s$ 时则是吸收线形态.

(2) 若大气是两层等温大气，即满足

$$T(z)=\begin{cases}T_0, & 0<z<z_1,\\ T_1, & z>z_1,\end{cases}$$

地面是温度为 T_s 的黑体，且满足 $T_s > T_1 > T_0$，与热地表、冷对流层和暖平流层的分布类似. 整层大气吸收率仍为 $a_f(0)$，上层大气的吸收率为 $a_f(z_1)$. 推导卫星遥测辐射亮度 I_f 的表达式，绘制类似图 1.7 的辐射光谱示意图，并说明其与图 1.7 中的哪些波段的光谱特征类似.

1.19　下图给出了火星的发射光谱(引自 Andrews，2010). 火星表面气压下，CO_2 的凝结温度约为 145 K. (1) 25～50 μm 波段的精细结构意味着什么？(2) 导致中心为 15 μm 的宽谱带分布的原因是什么？(3) 估计地表和大气温度. (4) 与图 1.7(c)相比，可以获得什么信息？

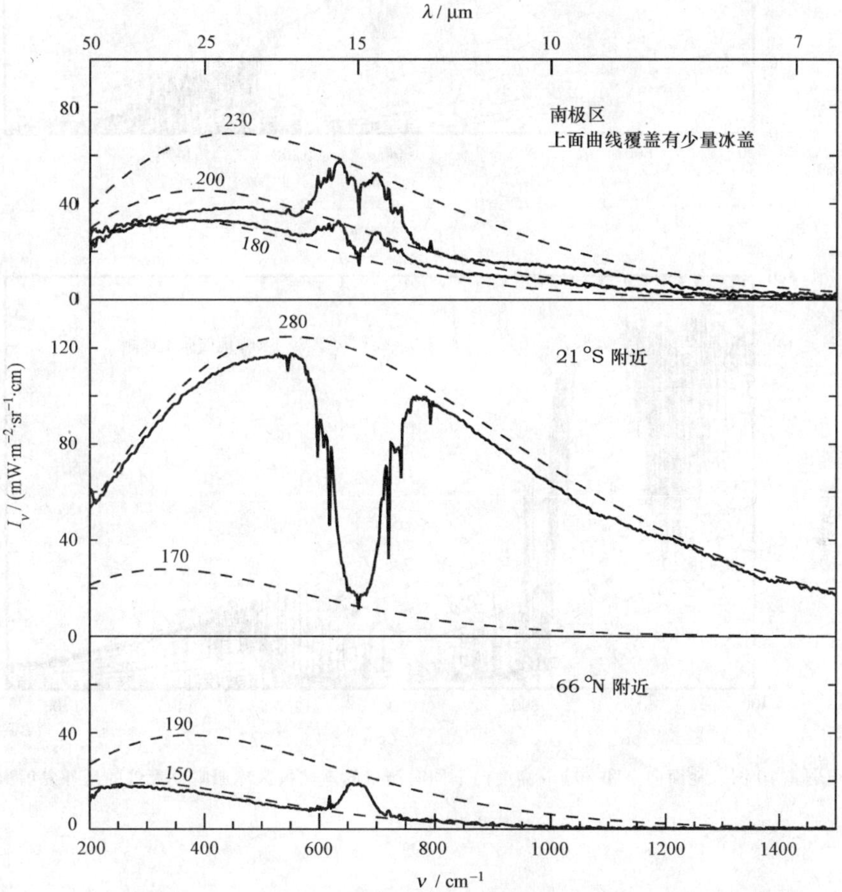

习题 1.19 图　火星的发射光谱

1.20　图(a)和(b)给出了 20 km 高度向下和地面向上同时测量的地球极区冰原晴空大气的红外发射谱(引自 Petty，2004)，两图为什么不同？

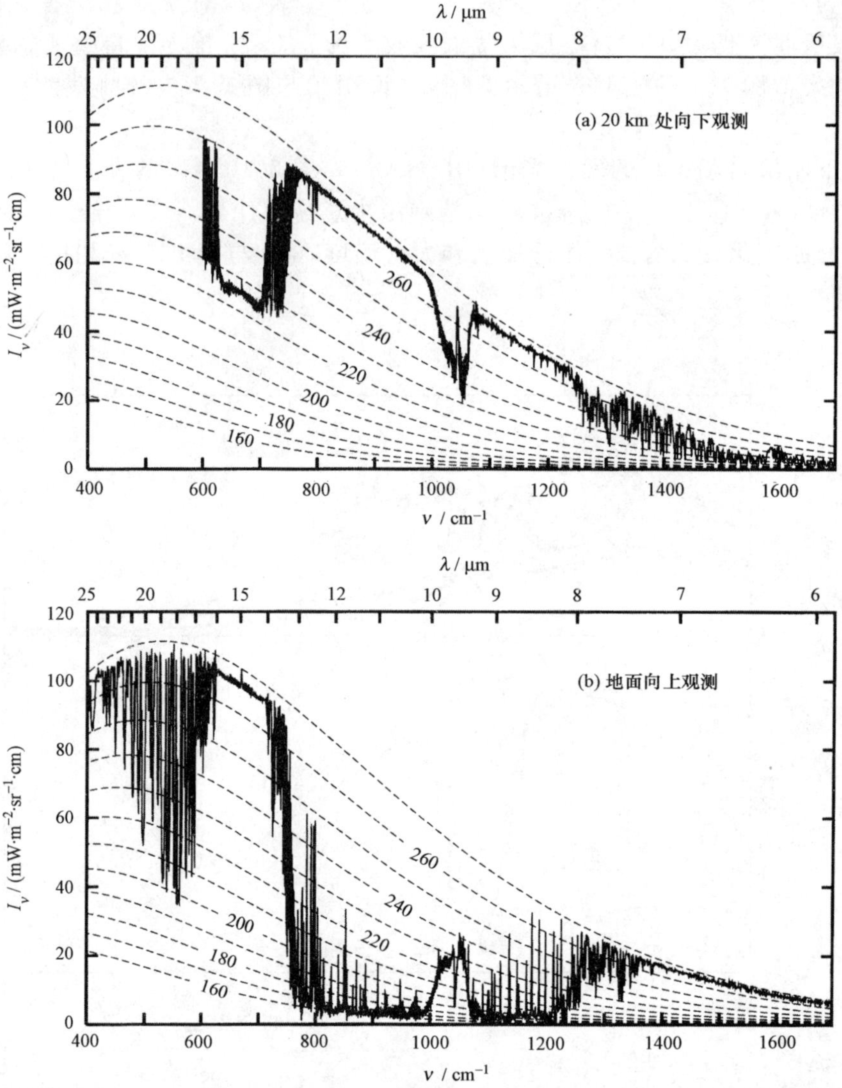

习题 1.20 图　地面向上和 20 km 高度向下同时测量的地球极区冰原晴空大气的红外发射谱

第二章　气象卫星及其资料处理

按照辐射源的不同，遥感可划分为主动遥感和被动遥感两大类. 主动遥感是探测器主动发射电磁辐射，射向被探测的目标物，经目标物反射回的电磁辐射再由探测器探测到. 通常的天气雷达是主动遥感装置. 被动遥感是探测器不发射电磁辐射，而是直接接收来自目标物的电磁辐射. 通常的气象卫星上搭载的仪器都是被动遥感装置. 本书将主要讨论被动遥感，即利用气象卫星进行的大气遥感. 因此，本章将首先在 2.1 节讨论气象卫星轨道；2.2 节探讨大气遥感中卫星探测器通道如何选择的问题；随后在 2.3 节介绍卫星探测资料的预处理；最后一节是有关中国气象卫星的简单介绍.

2.1　气象卫星轨道

为了完全了解和使用卫星资料，首先必须对卫星轨道有基本的认识. 最常用的气象卫星轨道为静止轨道和极轨轨道，当然，为了实现某些大气特定观测，也使用其他一些轨道. 最理想的卫星轨道是圆形轨道，使用牛顿运动定律和牛顿万有引力定律就可对圆形轨道的卫星运动进行一些定量的计算. 但实际的气象卫星不是以理想的圆形轨道运行，需要其他的定律去解决这个问题.

2.1.1　卫星在轨道上的位置

开普勒(Johannes Kepler，德国天文学家，1571—1630)总结了行星围绕太阳运动的规律，这些规律同样适用于卫星围绕地球的运动，只需要将行星和太阳替换为卫星和地球即可. 开普勒总结的这些规律称为开普勒定律，它的表述为：

(1) 所有的行星都分别在大小不同的椭圆轨道上围绕太阳运动，太阳在这些椭圆的一个焦点上.

(2) 行星与太阳的连线在相等的时间里扫过相等的面积.

(3) 对所有围绕太阳运动的行星，其运动周期的平方与半长轴立方的比值相同.

根据开普勒定律(1)表述，卫星绕地球的运动为椭圆轨道，其几何示意图如图 2.1 所示. 在图中，地球位于卫星椭圆轨道的一个焦点 F_2 上，卫星离地球最近点 P 和最远点 A 分别称为近地点(或近焦点)和远地点(或远焦点)；以 a 表示的半长轴是椭圆中心 O 到 P 或 A 的距离；椭圆中心到地球中心的距离与 a 的比值称为偏心率，以 e 表示($0\leqslant e<1$). 显然，偏心率为 0 时的卫星轨道为圆形轨道. 卫星的位置在平面极坐标系下可以用卫星到地球中心的距离 r 和极角 θ 表示，后者称为真近点角，通常从近地点 P 开始逆时针方向

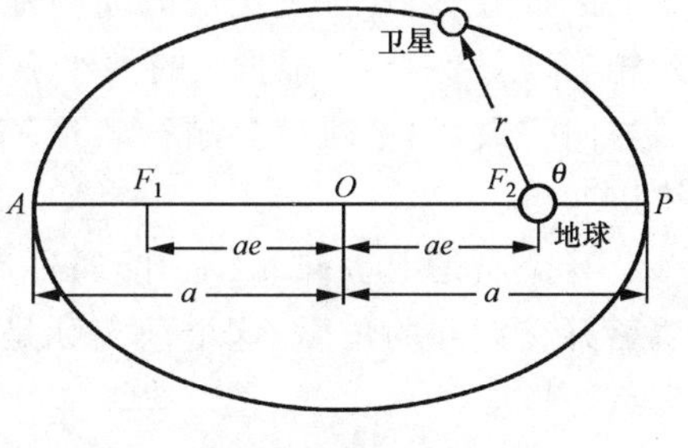

图 2.1　卫星绕地球椭圆轨道平面几何示意图

(也即卫星运动方向)度量.

实际卫星是在三维空间运行,因此如图 2.1 平面几何表述还是不够的. 和描述其他天体一样,描述卫星的空间位置要用到天球坐标系. 天球是以地球为中心画出的一个半径无穷大的球面,天体运动可用在天球上的轨迹来表示,太阳也一样围绕地球在天球运动. 春分点时,日地连线的空间走向在空间也在旋转,周期约 21 000 年. 相对于卫星寿命,春分点的指向在宇宙空间可以认为是静止不动的. 因此,以地球为中心,春分点指向为 x 轴,地球地轴指向为 z 轴,地球赤道平面(也即天球赤道平面)为 x-y 平面,这样建立起的天球坐标系可当成惯性坐标系,且这个坐标系不随地球旋转. 春分点实际上就是正当春分时,太阳在天球上运动轨迹与天球赤道平面的交点,通过该点,太阳的运动从天球的南半球进入天球的北半球.

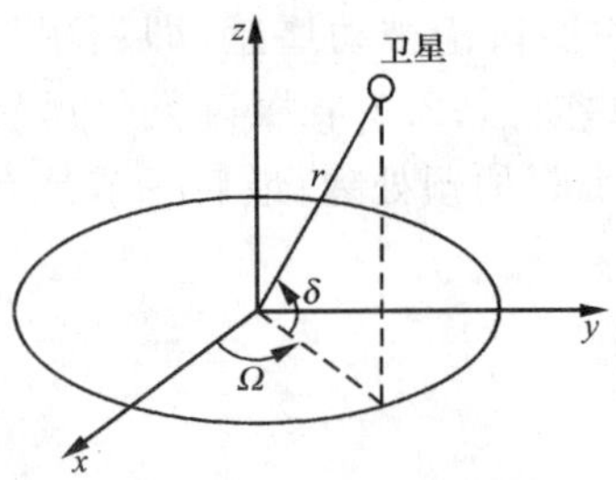

图 2.2 赤经-赤纬坐标系中使用的坐标:半径 r、赤经 Ω 和赤纬 δ

卫星在天球坐标系中的位置可以用赤经-赤纬坐标系中的三个变量表示,即半径 r、赤经 Ω 和赤纬 δ(见图 2.2). 半径是卫星距离地球中心的距离;赤经是从 x 轴向东到卫星-地球(星地)连线在天球赤道平面的投影线之间的角度,需要根据天文知识首先确定春分点(即 x 轴)的地球地理经度,则赤经与地球经度的关系可以确定下来;赤纬是星地连线与天球赤道平面的夹角,其值和地球的地理纬度完全一致.

卫星的椭圆轨道在赤经-赤纬坐标系中可以用三个参数来表示,即轨道倾角、升交点赤经和近地点角,如图 2.3 所示.

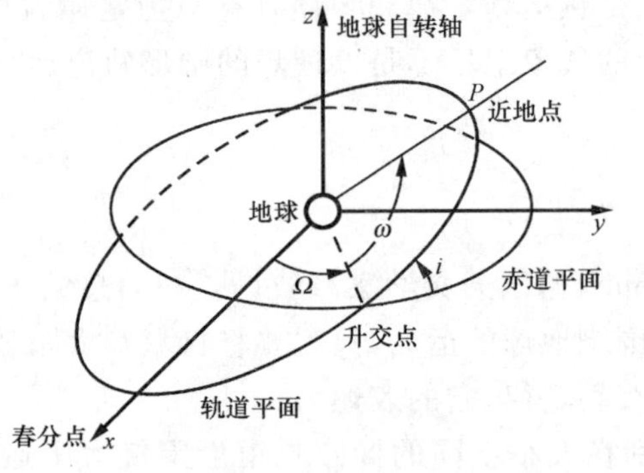

图 2.3 在赤经-赤纬坐标系中确定卫星轨道空间位置的三个角度:倾角 i、升交点赤经 Ω 和近地点角 ω

轨道倾角 i 是天球赤道平面和卫星轨道平面之间的角度($0°\leqslant i\leqslant 180°$). 当赤道平面与轨道平面重合时,若卫星运动方向与地球旋转方向一致,则 $i=0°$,若卫星运动方向与地球旋转方向相反,则 $i=180°$. 根据 i 的大小卫星轨道可分为三种:若 $0°\leqslant i<90°$,卫星运动方向与地球旋转方向一致,卫星轨道是顺行轨道;若 $90°<i\leqslant 180°$,卫星轨道是逆行轨道;若 $i=90°$,则是极轨道.

升交点是卫星向北(上升)通过赤道平面的点,这个点的赤经就是升交点赤经 Ω,即 x 轴和轨道升交点间的角度. 这个角实际是轨道平面和赤道平面交线的赤经,与升交点相对应的是降交点.

近地点角 ω 是在轨道平面内,赤道平面上的升交点和近地点 P 之间的角.

根据开普勒定律的第二个表述,卫星按椭圆轨道运行时,卫星的角速度不是常数. 卫星在近地点附近运动速度较快，而在远地点附近则较慢. 确定卫星在空间的具体位置需要知道卫星运动随时间 t 的变化规律，这个规律就是开普勒方程，即

$$M = n(t - t_P), \tag{2.1.1}$$

其中，M 称为平均近点角，它与轨道的偏心率 e 和真近点角 θ 有关；t_P 是过近地点的时间，n 为平均运动常数，即平均角速度. 根据开普勒第三定律

$$n = \frac{2\pi}{T} = \sqrt{\frac{Gm_e}{a^3}}, \tag{2.1.2}$$

其中，G 为牛顿万有引力常数，m_e 是地球质量.

包括平均近点角 M 在内，轨道半长轴 a、偏心率 e、倾角 i、升交点赤经 Ω 和近地点角 ω 等 6 个参量称为经典轨道元素. 这些参数可以根据光学观测、雷达或无线电观测获得，也可依赖卫星上的仪器观测获得. 对特定的卫星，用户需要通过卫星的管理机构获取这些轨道元素. 如果是圆形轨道，则轨道偏心率 e 和近地点角 ω 可以不用，就只剩下 4 个轨道元素了.

有了这 6 个经典轨道元素，卫星在空间的位置就完全确定了. 如果已知卫星起始时刻的平均近点角 M、升交点赤经 Ω 和近地点角 ω，并已知轨道半长轴 a、偏心率 e、倾角 i，则可以计算出未来卫星在任意时刻的位置（即卫星离地心距离、赤经和赤纬）. 这里不作详述，感兴趣的读者可以参阅有关文献（例如：Kidder et al，1995）.

2.1.2 开普勒轨道和摄动轨道

通常遥感不是研究卫星在轨道上的位置，而是卫星的地面轨迹. 卫星的地面轨迹就是卫星轨道平面与地球表面的交线. 所以只需知道卫星的轨道状况，即可确定卫星的地面轨迹.

最简单的卫星轨道是开普勒轨道，它是除平均近点角 M 之外，其他经典轨道元素都是常数的轨道，见图 2.4. 如果在宇宙空间中观测，开普勒轨道具有固定的大小、形状和空间走向.

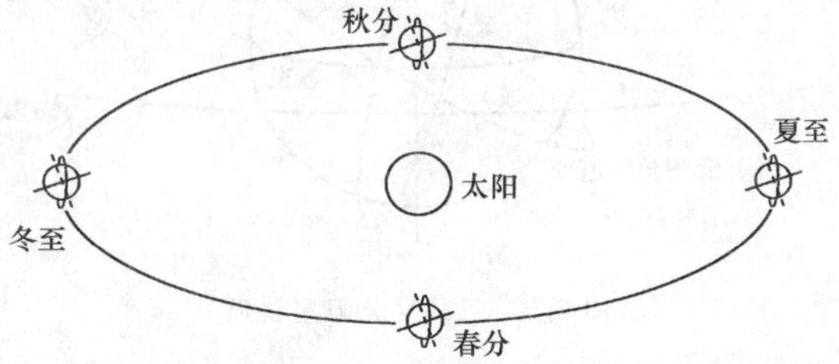

图 2.4 开普勒轨道示意图，轨道平面在宇宙空间走向不变

具有开普勒轨道的卫星，其地面轨迹比较复杂，而这种卫星不适用于气象观测的显著原因是：一年四季的观测不一致. 例如一些季节（如春分、秋分）可以在白天和夜晚观测，而另外的一些季节（如夏至、冬至）轨道则围绕早晚的时间. 因此，一般情况下，开普勒轨道不是适用的气象卫星轨道，需要寻找适合气象观测的卫星轨道.

卫星实际运动时，不能完全沿开普勒轨道. 这主要是因为卫星围绕球形地球运动时，还要受到一些外力作用. 这些外力包括非球形地球的引力作用、其他星球（如月球、太阳系其他行星）的引力、太阳辐射给予的辐射压力、空间残留大气导致的大气阻力、以及卫星电流和地球磁场相会产生的电磁力等. 这些外力导致部分经典轨道元素发生变化，并因此偏离开普勒轨道，称为摄动轨道.

这些外力中，非球形地球引力起主要作用. 平均来看，赤道处地球半径为 6378.077 km，而在极地则为 6356.577 km，因此可以假设地球赤道处有一条厚约 21 km 的环带. 这条环带导致的引力作用将影响卫星的运动速度，并因此导致轨道发生变化.

非球形地球引力作用导致平均近点角 M、升交点赤经 Ω 和近地点角 ω 发生变化，而其他的三个轨道元素 a，e 和 i 则变化很小，可以忽略.

考虑非球形地球引力作用的一级近似，Escobal(1965)给出了 M，Ω 和 ω 随时间的变化为

$$\frac{\mathrm{d}M}{\mathrm{d}t}=\bar{n}=n\left[1+\frac{3}{2}J_2\left(\frac{R_{\mathrm{ee}}}{a}\right)^2(1-e^2)^{-3/2}\left(1-\frac{3}{2}\sin^2 i\right)\right], \tag{2.1.3}$$

$$\frac{\mathrm{d}\Omega}{\mathrm{d}t}=-\bar{n}\left[\frac{3}{2}J_2\left(\frac{R_{\mathrm{ee}}}{a}\right)^2(1-e^2)^{-2}\cos i\right], \tag{2.1.4}$$

$$\frac{\mathrm{d}\omega}{\mathrm{d}t}=\bar{n}\left[\frac{3}{2}J_2\left(\frac{R_{\mathrm{ee}}}{a}\right)^2(1-e^2)^{-2}\left(2-\frac{5}{2}\sin^2 i\right)\right], \tag{2.1.5}$$

其中，$\bar{n}$ 为摄动轨道的近点平均运动常数；$J_2=1.08263\times10^{-3}$，它是勒让德多项式的二阶展开系数；R_{ee}为地球赤道半径. 当 $i<54.7°$时，$\bar{n}>n$，这时卫星将比非摄动轨道时运动快；反之，对于大的倾角 i，卫星将会运动得很慢.

2.1.3　气象卫星轨道

三种主要的气象卫星观测轨道类型为：太阳同步轨道、地球静止轨道和低倾角轨道，见图 2.5. 没有一个轨道类型可以覆盖所有的地球表面空间和一天中的所有时间，即不存在一个完美的卫星轨道. 所以，只能根据观测目标的性质来选取合适的轨道.

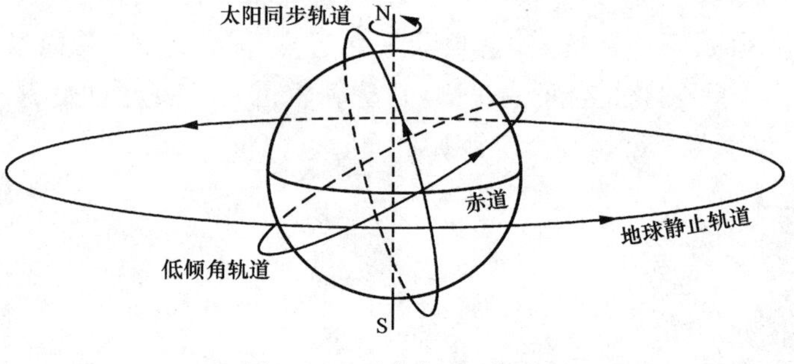

图 2.5　三种气象卫星轨道

首先讨论太阳同步轨道卫星. 太阳在天球运动时，其绕天球一圈(360°)历时 1 年(365.24219879 天)，阳光在赤道面上的投影(太阳赤经)绕地心的平均角速度为 0.9856473°/天(或 $1.991064\times10^{-7}\ \mathrm{rad\cdot s^{-1}}$). 如果卫星轨道倾角预先确定，则可以选择升交点的变化率与太阳绕天球平均角速度一致的轨道对地进行观测，这种步调与太阳一致的轨道就是太阳同步轨道. 这种轨道保证了一年四季卫星观测资料的一致性，每次轨道穿越赤道时都是同一地方时.

要实现太阳同步轨道，令(2.1.4)式的值等于上述的太阳赤经绕地心的平均角速度，即

$$\frac{\mathrm{d}\Omega}{\mathrm{d}t}=1.991064\times10^{-7}\ \mathrm{rad\cdot s^{-1}}, \tag{2.1.6}$$

才能满足太阳同步的要求. 例如，对于半长轴 $a=7228$ km(离地面高度约 857 km)的圆形轨道，要求轨道的倾角为 98.8°才能实现太阳同步轨道. 图 2.6 是太阳同步轨道平面随时间的变化的简单示意图.

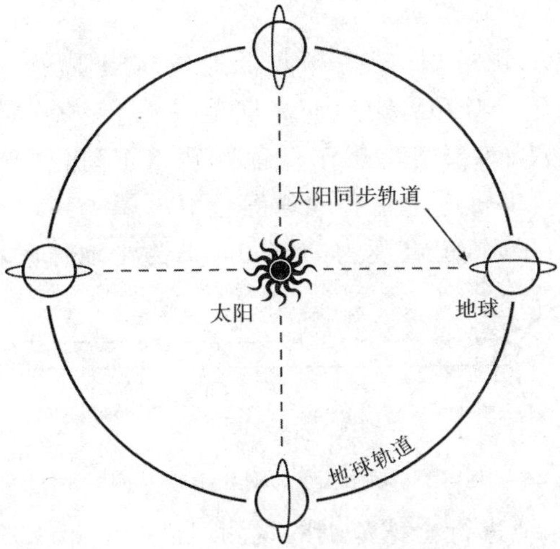

图 2.6　太阳同步轨道平面随时间的变化示意图

太阳同步轨道卫星可以按照它们的过赤道时间(ECT)进行划分. 正午卫星(或正午-子夜卫星)在接近当地正午时间上升(或下降)穿越赤道;相对应轨道的另一侧,则是在接近当地子夜时间下降(或上升)穿越赤道. 上午卫星在当地时间 06～12 时上升(或下降);对应于轨道另一侧 18～24 时下降(或上升). 下午卫星在当地时间 12～18 时上升(或下降);对应于轨道另一侧 00～06 时下降(或上升). 值得一提的是,当地时间是指特定观测时区的时间,而在某一特定经度上与当地时间一致的区域称为时区.

太阳同步轨道卫星可以探测高纬度极地地区,当 $i<90°$时,最高纬度与轨道倾角相同;当 $i>90°$时,最高纬度为倾角的补角. 因此,太阳同步轨道卫星也常称为近极地轨道卫星,通常简称极轨卫星.

地球同步卫星轨道是卫星轨道周期等于地球的自转周期,且旋转方向与地球自转相同的轨道. 其中,若轨道倾角为 0°,赤道平面与轨道平面重合,则卫星在赤道上空,并且从地面上看,这种轨道上的卫星相对地球赤道上某一点不动(具有固定的观测区),故这种轨道称静止卫星轨道. 地球静止轨道的偏心率为 0,轨道是圆形的;轨道周期等于 23 小时 56 分 04 秒,即地球自转周期;轨道高度为 35 786 km.

地球同步卫星轨道不完全是圆形,带有一点椭圆形,在一天当中轨道半径时大时小,轨道半径偏大时,卫星速度减小,其相对地球就要向西漂移,否则要向东漂移. 另外卫星的轨道倾角也不正好为 0°,这时卫星作南北漂移. 卫星轨道有点椭圆形,又有一点倾角,因此卫星星下点轨迹是上面两种结果的合成,使得每天星下点轨迹为"8"字形.

低倾角轨道卫星的一个代表是热带降雨测量卫星(TRMM),它是近赤道卫星,轨道高度为 350 km,倾角为 35°. 这种轨道覆盖了全球大约一半的区域,可一天 24 小时观测任何特定热带区域,用来确定热带降雨.

应用的其他一些卫星轨道,还有非太阳同步轨道和地球准静止轨道卫星等. 例如,美国地球辐射收支卫星(ERBS)是非太阳同步轨道卫星,是由航天飞机发射,高度 600 km,倾角 57°,其每月观测可以包括一天内的所有时间. 前苏联 Molniya 通信卫星的部分轨道具有地球准静止轨道卫星轨道的特点. 这颗卫星具有高椭圆轨道,倾角为 63.4°,偏心率 0.72,近地点 7378 km,远地点 45730 km,周期 717.8 min. 每约 8 小时在远地点与地球同步,可用来对地球高纬度地区进行观测.

根据卫星高度,可将卫星轨道划分为三种.低地球轨道卫星(LEO),距地面高度范围在0~2000 km;中地球轨道卫星(MEO),距地面高度范围在2000~35 786 km;和高地球轨道卫星(HEO),见图2.7.其中极轨气象卫星属于低地球轨道卫星,其轨道高度范围大致在700~1700 km的范围内;而地球同步轨道卫星和地球静止卫星属于高地球轨道卫星.典型的中轨卫星为全球定位系统(GPS)卫星,轨道高度为20 350 km,为半地球同步轨道,周期为12小时.

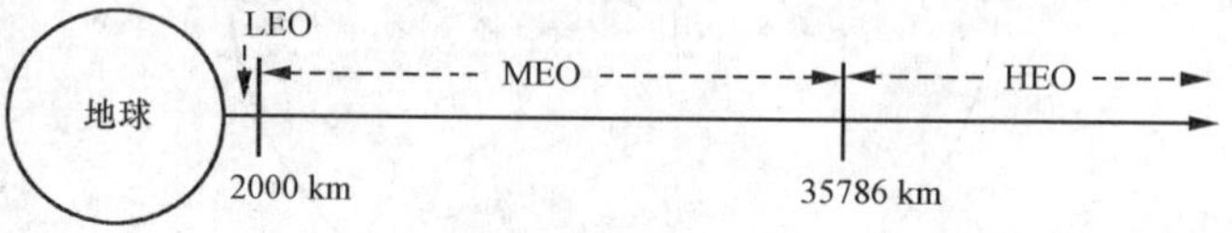

图2.7 地球卫星轨道高度的划分,图形按实际比例绘制

气象卫星可以连续不停地进行全球范围的观测.自1960年4月1日美国发射第一颗气象卫星以来,世界各国已发射了近200余颗气象卫星.静止卫星适宜观测中低纬度,可观测以星下点为中心、径角60°内的固定范围,而对于高纬度由于斜视的影响,云图会变形(类似目测地平线附近的云状和云量).一天中能实现的观测次数多(一般30 min/次),可通过观测云的运动,获得大气中中小尺度天气的变化.因高度高,在水平分辨率方面不如极轨卫星.

极轨卫星可以实现全球观测,但不同时,适合于观测中高纬度,对低纬度因不能全部覆盖,观测效果差.通常一天中对一个地方只能观测2次,适宜观测大尺度天气系统.因轨道高度低,可获得较高的分辨率.

静止卫星和极轨卫星的优缺点是互补的,它们已成为探测和研究大气及地球环境的强有力工具.所以在气象业务中,一直应用这两种气象卫星.全球最好由5颗静止卫星,加上2颗极轨卫星(一天4次观测,与地面气象站的4次观测同步),这样可组成世界气象卫星观测网,如图2.8所示是世界气象组织(WMO)规划的观测网.中国的风云(FY)系列静止与极轨气象卫星也在其中.

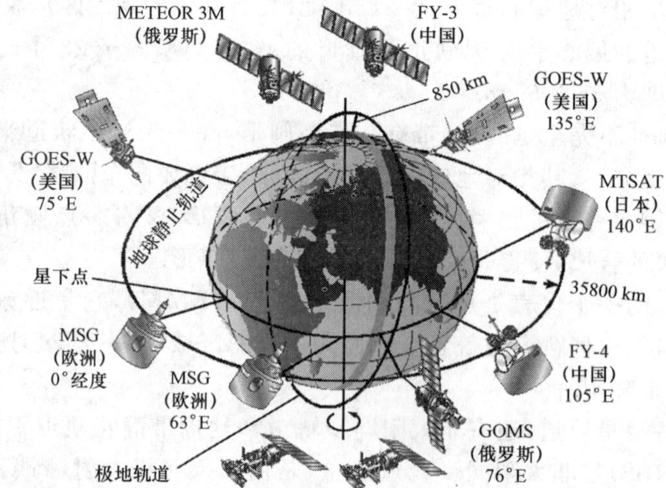

图2.8 全球卫星监测网

2.2 卫星通道选择

气象卫星辐射感应器接收来自地球和大气(包括目标物和非目标物)所发射或反射散射等的电磁辐射,用来获取目标物的特征信息.因此,感应器不是去接收所有波段的电磁波,而是要接收与目标物有关的电磁波段的辐射,才能达到目的.

为了突出目标物的信息,卫星感应器前部必须设置一滤光片,只能让与探测目标物相关的电磁波段通过.滤光片限定的这一光谱间隔,通常称为卫星通道(或频道、频带).

按照观测的光谱波段划分,遥感仪器可分为紫外、可见光、红外和微波四类,其中前三类又统称为光学遥感仪器,因为其中的滤光片采用了光学分光等技术,使得不同谱段的辐射分离.按照观测目的来划分,遥感仪器又可分为成像仪和探测器,前者主要用于目标物成像,后者主要用于大气特性或组分的垂直剖面探测.

2.2.1 成像仪通道

星载成像仪的通道一般选择在辐射窗区,以使传输介质(大气)对目标物的辐射影响最小,更好地看清地球上的目标及其变化.此外,通道也选择易于区分目标物的特定谱区,用来定量识别不同的地球表面目标物.

通道选择在窗区的成像仪就如同日常使用的照相机,要在太空中给地球上的陆地、海洋和云等目标绘制一张清晰的图片.与照相机在近距离根据目标物反射可见光成像不同的是,星载成像仪是通过接收目标反射的太阳紫外、可见光、近红外谱段辐射,或者目标物自身发射的红外、微波谱段辐射成像.大气中的一些成分,例如 H_2O,CO_2 和 O_3 等,对某些波段的反射辐射或发射辐射具有吸收衰减作用,但对其他谱段的辐射没有吸收或吸收很弱.窗区就是没有吸收或吸收很弱的波段,受这些气体干扰较少相对透明.在窗区,遥感图像可以清晰识别地球上的一些目标.

红外窗区位于 8～12 μm,主要受 O_3 和 H_2O 影响,常称为大气窗区.在此窗区中,存在中心位于 9.6 μm 的 O_3 吸收带,可用于 O_3 总量的探测.大气窗区中相对透明区 10.5～12.5 μm,用来进行地球下垫面成像探测.分裂窗通道就是 10.3～11.3 μm 和 11.5～12.5 μm 的两个通道,其中 10.3～11.3 μm 受 H_2O 干扰较小,应用于云图分析.

相对于中心在 3.7 μm 的短波红外窗区,分裂窗是长波红外窗.在夜晚,短波红外窗区成像特征与长波红外窗成像特征类似.但在白天,需要考虑短波反射特征,增加了成像特征分析的难度.

可见光窗区成像,仅限于白天.可见光红、绿和蓝波段三通道可获得真彩色图像,显示如同人站在卫星位置上看地球一样的效果.这种真彩图像,可实现多种自然灾害和环境影响的图像监测,监测中小尺度强对流云团和地表精细特征等.

成像仪不仅能进行图像监测,还设置一些波段进行特定的应用研究.美国试验的机载可见光和红外成像光谱仪(AVIRIS),具有地面分辨率 20 m 的 200 个通道,光谱覆盖范围为 0.4～2.5 μm.根据 AVIRIS 探测试验,形成了不同地物情况下的 0.4～2.5 μm 反射率光谱.某些波段不同地物具有明显的反射率差异,可使用这些波段对地物进行有效识别.一些波段可反映地物或大气特征,可用于定量获得地物大气信息.从此 200 个通道挑选的 36 个通道,后来成为了地球观测系统(EOS)卫星上搭载的中分辨率成像光谱仪(MODIS)的探测通道.

FY-3A 搭载的中分辨率光谱成像仪(MERSI)类似 MODIS,但只有 20 个通道,其中还包括中心波长为 11.25 μm 的长波窗区成像通道. 选择在可见光和近红外的 0.412～0.865 μm 的 9 个窄谱通道,可实现水体中的叶绿素、悬浮泥沙和可溶黄色物质浓度的定量反演. 选择 2.13 μm 通道,是因为它对气溶胶相对透明,结合可见光通道,可实现陆地气溶胶的定量反演. 中心 0.940 μm 谱段是近红外水汽吸收带,MERSI 设置 3 个通道用来加强大气水汽、特别是低层水汽的探测能力.

2.2.2　探测器通道

探测器通道选择在特定大气成分的一些吸收带上,吸收带是大气选择吸收的结果. 每个吸收带包含有许多很窄的吸收线,位于吸收带中心区的吸收线很强,而在两侧翼区的吸收线很弱. 如果选择位于吸收带中心的通道,气体的吸收特别强,则来自大气低层的辐射几乎完全会被高层大气吸收,卫星仪器接收到几乎全是来自高层大气的辐射贡献;相反,如果选择位于吸收带翼区的通道,则可获得主要来自低层大气或地表的辐射. 因此,可以选择一组吸收特性不同的最佳组合通道进行观测,实现卫星探测器对大气不同高度层物理特性的探测.

垂直探测涉及的物理特性除了大气温度、湿度垂直廓线外,还有一些大气组分含量的垂直分布,例如 O_3 和 NO_2 等,或一些物理参数的垂直廓线,例如消光系数. 探测器通道选择的原则是,选择能够反映不同气层目标物最大辐射的波段,使目标物的辐射信号最强,以易于获得目标物的垂直分布特征.

进行大气温度垂直探测,需要使用大气热红外发射. 发射源必须是一种含量相对丰富的已知气体,而且其垂直分布也要相对均一. 否则,气体含量的不确定将可能使得在使用观测辐射确定气温时出现不确定. 在大约 100 km 以下的大气中,CO_2(目前含量 380 ppm)和 O_2(体积混合比 21%)含量稳定、具有均一的垂直分布,且在红外辐射和微波辐射区具有明显的吸收带. CO_2 的 15 μm 和 4.3 μm 附近的吸收带、O_2 的 50～60 GHz 和 118 GHz 附近的吸收带,可选择用来对大气温度进行垂直探测.

考虑一个简单的模式. 若有一束波长为 λ 的太阳平行辐射(辐照度为 F_∞)从天顶射入充分混合的大气中,大气中某一均匀混合成分 A(例如 CO_2)对波长为 λ 的辐射具有选择吸收性. 设 A 成分对大气的质量混合比为 w,A 成分的质量吸收系数 k_a,只与辐射波长 λ 有关,而与高度无关. 则某一气层 $\Delta z=(z+\Delta z)-z$ 因为 A 成分引起的单位气层的吸收为

$$\frac{\mathrm{d}F}{\mathrm{d}z}=\lim_{\Delta z\to 0}\frac{F_\infty[t(z+\Delta z)-t(z)]}{\Delta z}=F_\infty\frac{\mathrm{d}t(z)}{\mathrm{d}z}=F_\infty\cdot K(z),\qquad(2.2.1)$$

其中 $t(z)$是透过率,$K(z)$是吸收的权重函数. 根据基尔霍夫定律,$K(z)$也是发射的权重函数.

根据地球大气的实际情况,大气密度随高度近似为指数递减. 计算可得(李万彪,2010)

$$K(z)=\frac{1}{H}\tau\mathrm{e}^{-\tau},\qquad(2.2.2)$$

其中 H 是大气密度标高. 当光学厚度 $\tau=\tau(z)=1$,权重函数(2.2.2)式具有极大值. 由此获得 A 成分对波长 λ 的单色辐射的最强吸收出现在单位光学厚度上,相应高度 z 对应的气压 p 为

$$p=\frac{p_0}{\rho_0 wH}\cdot\frac{1}{k_a},\qquad(2.2.3)$$

其中,p_0 和 ρ_0 分别是大气在 $z=0$ 时的气压和密度. 由(2.2.3)式可见,最大发射辐射的高度与

A 成分在波长 λ 处的吸收系数成反比. 若吸收强，则对应的最大贡献气层高度较高，反之，最大发射贡献会来自大气低层. 由这个简单的模式说明，选择 A 成分某一吸收带中的不同谱段(即吸收系数不同)，即可获得不同大气高度的有效辐射.

图 2.9 给出了 15 μm 带附近使用"中分辨率透过率计算模式"(MODTRAN)计算的标准大气向上的辐亮度随波数变化的辐亮度谱，这相当于在大气上界对大气观测的结果. 一般情况下，当波数趋向于带中心时(图中数字 1 所指)，辐亮度(或根据普朗克函数转化的亮度温度)会逐渐减小，这种减小与对流层的温度随高度降低有关. 在 690 cm^{-1} 附近(图中数字 3 所指)，辐亮度达到一极小值，这与较冷的对流层顶有关. 但是，从 690 cm^{-1} 附近趋向带中心，辐亮度又开始增大，这是由于平流层温度升高所致，且在带中心附近的观测仅能感知较高的大气层. 根据这些分析，即可以选择一组探测波数，覆盖对流层和平流层低层大部分高度发射的辐亮度. 图 2.9 中的数字所指，就是中国新一代极轨卫星 FY-3A 搭载的红外分光计(IRAS)的 1～7 通道选择的一个实例，其中数字 1～7 代表通道号. 1～7 通道的中心波数分别为 668.9，679.8，690.1，703.2，715.8，733.1，749.1 cm^{-1}.

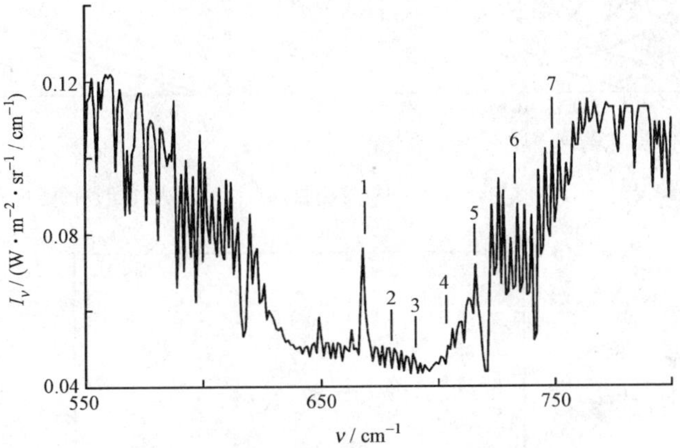

图 2.9 使用 MODTRAN 计算的标准大气向上的辐亮度随波数的变化，数字 1～7 指示的谱带为 FY-3A 红外分光计(IRAS)的 1～7 通道，主要吸收气体为 CO_2，计算中使用 CO_2 含量为 380 ppm

图 2.10 也同时给出了标准大气情况下，IRAS 的 1～7 通道的权重函数和到大气层顶的透过率. 权重函数曲线分布表明向上的辐亮度是由大气中的某一特定气层部分引起的，峰值处代表辐亮度的最大贡献气层. 当波数由带中向外逐渐增大时(通道号变大)，辐亮度逐渐增大，主要是来自逐渐降低的高度，这也可以从图 2.10(b)中的透过率分布反映出来. 事实上，根据设计要求，1～7 通道探测的大气最大贡献层分别来自 30，60，100，400，600，800，900 hPa，这与图 2.10(a)表现是一致的. 此外，从图 2.10(a)中还可看到，权重函数在分布上有一些重叠，利用这些重叠，可充分使用有限的辐亮度测量资料来确定大气温度分布.

与大气温度垂直探测不同，涉及大气湿度垂直廓线的探测，发射辐射的成分的含量则是变化的，即大气中的水汽在大气中是高度变化的. 水汽的一些明显的吸收带，例如中心在 6.3 μm 带的翼区谱段可用来探测大气湿度垂直分布. 在 FY-3A 的 IRAS 中就有 3 个谱段，中心波长分别是 6.53，7.33，7.43 μm. 微波谱段的 183.31 GHz 是很强的水汽吸收带，也可用来湿度垂直探测，这包括在 FY-3A 的微波湿度计(MWHS)中.

其他一些大气组分含量或物理特性的垂直分布的探测，也需要依赖这些成分或相关成分的吸收带.例如,使用 O_3 强吸收的哈特莱带(0.2～0.3 μm)和弱吸收的哈金斯带(0.3～0.36 μm)(见图 2.11),可用来探测平流层和对流层的臭氧信息,小于 0.25 μm 的波段会受到 O_2 吸收的影响.FY-3A 搭载的紫外臭氧垂直探测仪(SBUS),在 0.252～0.340 μm 的光谱范围内,以 12 个离散通道进行大气紫外后向散射辐射亮度的观测,通道中心波长分别是 0.252,0.273 62,0.2831,0.2877,0.292 29,0.297 59,0.301 97,0.305 87,0.312 57,0.317 56,0.331 26,0.339 89 μm.波长小于 0.29 μm 的通道主要包含平流层臭氧信息,波长大于 0.29 μm 的通道主要包含对流层臭氧信息.

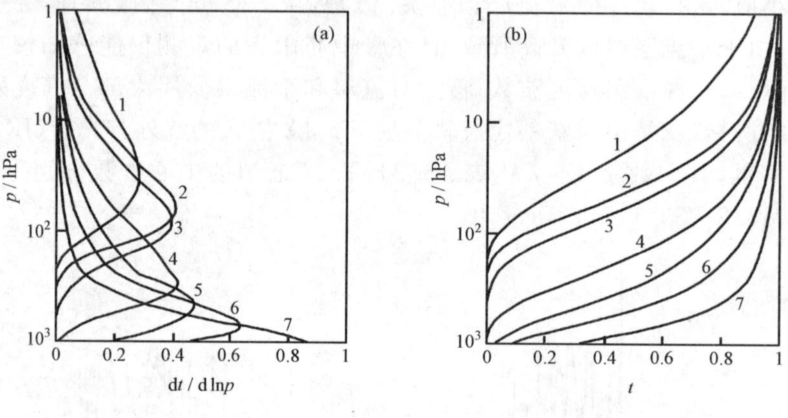

图 2.10　标准大气情况下,IRAS 的 1～7 通道的权重函数(a),以及到大气层顶的透过率(b)(漆成莉,2004)

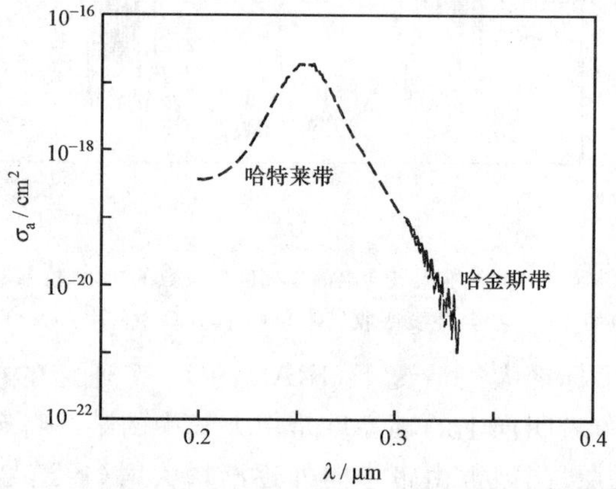

图 2.11　臭氧在紫外波段的吸收截面

大气窗区中,存在中心位于 9.6 μm 的 O_3 吸收带,主要的星载探测器包含有这一波段的通道(中心波长 9.71 μm),用于 O_3 总量的探测.使用位于哈金斯带中的"通道对"也可探测 O_3 总量.其原理是选择吸收系数差别明显的 2 个通道,大气的散射作用相近,但对紫外吸收有很大差异,从吸收的差异中可以定量反演臭氧总量.FY-3A 中紫外臭氧总量探测仪(TOU)就是从哈金斯带中选择了 6 个波长,范围 0.3～0.36 μm,用来探测臭氧总量.

2.3　卫星资料的预处理

卫星资料在正式交与用户使用前,首先需要进行必要的资料预处理.一些预处理过程往往涉及一些用户未知的信息,因种种原因用户不易获得这些信息,所以必须由业务机构完成这些预处理过程. 主要的资料预处理包括:仪器辐射定标、地理定位、红外临边效应的订正和可见光太阳天顶角订正等. 以下主要就仪器辐射定标和地理定位进行介绍.

2.3.1 辐射定标

仪器辐射定标是指卫星传感器通过对外部源的曝光,来确定卫星发回的云图资料上的灰度与亮温或反射率的关系. 简单来说,定标就是确定云图上的灰度与亮度温度以及反射率的关系. 在一个标准的红外仪器的定标过程,是令辐射计相对于黑体光源曝光,黑体源的温度在所感兴趣的整个动态范围中不断变化;在可见光波段,光源的强弱程度也不断变化. 在定标过程中记录的数据组成了一组基准资料,而辐射仪测值的精确度和精密度由这些资料所决定. 定标前,外部源(黑体或者光源)已经相对于国家的主要或辅助标准源做了标定,并且建立了传感器的电压输出和进入传感器的电磁辐射量之间的关系.

对于 FY-2C 可见光和红外自旋扫描辐射计(VISSR)来说,红外通道所接收的辐射量被量子化并转化为 1024 个亮温等级,然后根据基准温度进行温度转换. 高温的基准使用卫星里的黑体,而低温的基准是宇宙空间. 通过建立传感器输出电压和灰度的关系、输出电压与辐射量的关系,确定辐射量和灰度的对应关系. 对于可见光通道,低反射率的基准(0%)是宇宙空间,但是高反射率的基准不容易被找到,通常是给出 50%的地球反射率的相应当量. 通过建立传感器输出电压和灰度的关系,输出电压与反射率的关系,确定反射率与灰度的对应关系. FY-2C 的定标过程和 GMS-5 类似,定标过程简单方便并且准确,以上的各种关系都已经建立. 获取的 VISSR 数据已经在地面站进行过处理,使亮度温度和灰度、反射率与灰度之间的关系始终保持恒定不变. 对于云图上某一确定的灰度值,可以从卫星资料中提供的灰度-亮温对照表和灰度-反射率对照表(定标表),查找出相应的亮度温度或者反射率值.

2.3.2 地理定位

在卫星云图资料接收、资料分离(一般就是将云图和参数资料分开)和定标后,云图像元点必须要与地球上的经纬度相对应,这个处理的过程就叫做“地理定位”. 地理定位时通常用到三种处理方式:(1) 定性使用,将图像文件加上网格,某些像元点用来显示经纬度线或者地理边界线等. 特别是在当可以识别的陆地特征被较厚的云层覆盖时,添加经纬度网格更是不可缺少的. (2) 定量使用的资料需要知道任一像元点或者所有像元点的地理位置,或者地理位置所对应的卫星像元点. (3) 使用地理定位,卫星云图可以按照精确的投影方式做投影变换,如麦卡托投影、兰勃特投影、等经纬度投影、极射赤面投影等,这种处理更直观.

1. 静止气象卫星

以 FY-2C 为例,其展宽数字化云图资料是在 VISSR 帧平面坐标系中,以扫描行 j_P、扫描列 i_P 对应的红外通道的亮度温度和可见光通道的反射率形式给出的. 实际应用中需要转变为地球坐标系中的地理坐标上对应的亮度温度或反射率值,以便获取数据点在地球上的位置. 所以定位就是要将 FY-2C 卫星展宽数字化云图资料上的点和地球坐标系下的点对应起来. 这种定位方法的坐标转换较为复杂,它涉及了三个坐标系(卫星坐标系、VISSR 帧平面坐标系以及地球坐标系)之间的关系(见图 2.12),并且资料量和计算量都很大. 在保证精度的前提下,可以采用日本气象卫星中心使用的实现 GMS-5 卫星资料定位的近似算法对 FY-2C 进行地理定位(Meteorological Satellite Center,1979;李万彪,1995;尹跃 等,2009).

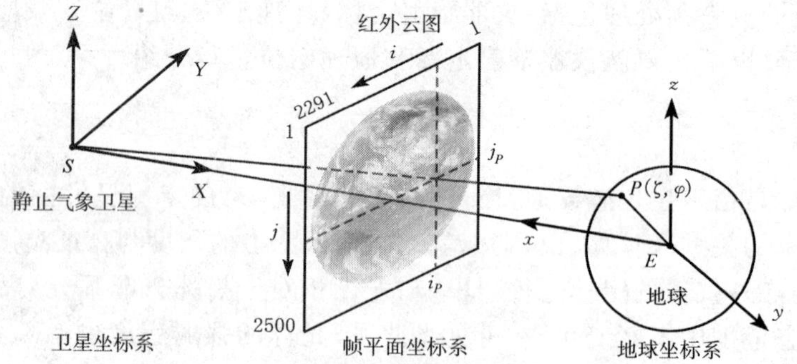

图 2.12　FY-2C 卫星定位过程中坐标示意图

如图 2.12,卫星坐标系(X,Y,Z):以卫星中心为原点,X 轴由卫星指向地心,Y 轴和 X 轴正交,Y 轴在由 X 轴随卫星旋转扫描所成的平面内而与 X 轴垂直. 地球坐标系(x,y,z):将地球假定为正球体,x 轴由地心指向赤道 104.5°E 点(即 FY-2C 卫星的定点位置),z 轴指向北极. VISSR 帧坐标系(i,j):i 轴为卫星扫描采样方向(自西向东),j 轴是卫星的扫描步进方向(由北向南). i 称为扫描列号,j 称为扫描行号,从卫星看向地球获得云图的左上角为起点坐标(1,1),卫星资料就是在这个坐标系中给出. 在图 2.5 中 S,E,P 分别表示卫星、地心以及地球上的某点的位置.

VISSR 的资料中已经给出了地球坐标系中以 5°为经纬度间隔的各网格点对应的帧坐标系中的(i,j)的值,即 60°N～60°S 共 25 条纬线,45°～165°E 共 25 条经线,它们交叉形成的 625 个交点的(i,j)值,这些交点的相邻的四点 P_1,P_2,P_3,P_4 组成的一个小方块,利用(i,j)的值和对应的经纬度及其他参数等就可以算出这个小方块所对应的从地球坐标到帧平面坐标的转换矩阵 $\boldsymbol{M}$. 下面是推导矩阵 $\boldsymbol{M}$ 的具体过程.

定义三个向量 $\boldsymbol{V}_{SE}$,$\boldsymbol{V}_{EP}$ 和 $\boldsymbol{V}_{SP}$:

$$\boldsymbol{V}_{SE}=\begin{bmatrix}X_S\\Y_S\\Z_S\end{bmatrix}=R_{\text{se}}\cdot\begin{bmatrix}1\\0\\0\end{bmatrix},\tag{2.3.1}$$

$$\boldsymbol{V}_{EP}=\begin{bmatrix}x_E\\y_E\\z_E\end{bmatrix}=R_{\text{e}}\cdot\begin{bmatrix}-\cos\varphi\cos(\zeta_0-\zeta)\\\cos\varphi\sin(\zeta_0-\zeta)\\\sin\varphi\end{bmatrix},\tag{2.3.2}$$

$$\boldsymbol{V}_{SP}=\begin{bmatrix}X_P\\Y_P\\Z_P\end{bmatrix}=R\cdot\begin{bmatrix}\cos[q(j_0-j_P)]\cos[p(i_0-i_P)]\\\cos[q(j_0-j_P)]\sin[p(i_0-i_P)]\\\sin[q(j_0-j_P)]\end{bmatrix},\tag{2.3.3}$$

其中,R_{se}是指卫星与地心的距离;R_{e} 是地球的平均半径;R 是卫星到地球上任一点 P 的距离;q 表示卫星步进角;p 代表卫星采样角;(i_0,j_0)是卫星星下点(卫星与地心连线与地表的交点)对应的扫描列号和行号;(i_P,j_P)是地面上点 P 对应的帧坐标系下的扫描列号和行号;ζ 和 φ 是 P 点的地理经度和纬度;ζ_0 为 104.5°E(FY-2C).

从地球坐标系到卫星坐标系间的转换矩阵 $\boldsymbol{M}$ 由下式定义

$$\boldsymbol{M}\times\boldsymbol{V}_{EP}=\boldsymbol{V}_{SP}-\boldsymbol{V}_{SE}.\tag{2.3.4}$$

转换矩阵 $\boldsymbol{M}$ 是轨道、卫星特性参数等数据的函数. 根据(2.3.1)—(2.3.3)式，上述的小方块四点 $P_i(i=1,2,3,4)$ 对应的向量分别为

$$\boldsymbol{V}_{EPi}=\begin{bmatrix}x_{Ei}\\y_{Ei}\\z_{Ei}\end{bmatrix}=R_{\mathrm{e}}\cdot\begin{bmatrix}-\cos\varphi_i\cos(\zeta_0-\zeta_i)\\\cos\varphi_i\sin(\zeta_0-\zeta_i)\\\sin\varphi_i\end{bmatrix},\tag{2.3.5}$$

$$\boldsymbol{V}_{SPi}-\boldsymbol{V}_{SEi}=\begin{bmatrix}X'_{Pi}\\Y'_{Pi}\\Z'_{Pi}\end{bmatrix}=\begin{bmatrix}R\cos[q(j_0-j_{Pi})]\cos[p(i_0-i_{Pi})]-R_{\mathrm{se}}\\R\cos[q(j_0-j_{Pi})]\sin[p(i_0-i_{Pi})]\\R\sin[q(j_0-j_{Pi})]\end{bmatrix}.\tag{2.3.6}$$

由(2.3.4)—(2.3.6)式可得

$$\boldsymbol{M}\times\begin{bmatrix}x_{E1}&x_{E2}&x_{E3}&x_{E4}\\y_{E1}&y_{E2}&y_{E3}&y_{E4}\\z_{E1}&z_{E2}&z_{E3}&z_{E4}\end{bmatrix}=\begin{bmatrix}X'_{P1}&X'_{P2}&X'_{P3}&X'_{P4}\\Y'_{P1}&Y'_{P2}&Y'_{P3}&Y'_{P4}\\Z'_{P1}&Z'_{P2}&Z'_{P3}&Z'_{P4}\end{bmatrix}.\tag{2.3.7}$$

并可以记作

$$\boldsymbol{M}\times\boldsymbol{V}_E=\boldsymbol{V}_S.\tag{2.3.8}$$

由(2.3.8)式，根据线性代数的相关知识，可以求出矩阵 $\boldsymbol{M}$，

$$\boldsymbol{M}=\boldsymbol{V}_S\times\boldsymbol{V}_E{}^{\mathrm{T}}\times(\boldsymbol{V}_E\times\boldsymbol{V}_E{}^{\mathrm{T}})^{-1},\tag{2.3.9}$$

其中，$\boldsymbol{V}_E{}^{\mathrm{T}}$ 是 $\boldsymbol{V}_E$ 矩阵的转置矩阵. 上述公式中除了(2.3.3)式和(2.3.6)式中的 R 没有给出来以外，其他参数都已经在接收的 VISSR 数据资料中给出. 在三角形 SEP 中(图 2.12)，由余弦定理可知，卫星到地球上点 P 的距离 R 满足

$$R_{\mathrm{e}}^2=R_{\mathrm{se}}^2+R^2-2R_{\mathrm{se}}R\cos\theta,\tag{2.3.10}$$

其中，θ 是向量 $\boldsymbol{V}_{SE}$ 和 $\boldsymbol{V}_{SP}$ 夹角；由(2.3.10)式得到

$$R=R_{\mathrm{se}}\cos\theta\pm\sqrt{R_{\mathrm{se}}^2\cos^2\theta-R_{\mathrm{se}}^2+R_{\mathrm{e}}^2},\tag{2.3.11}$$

取其负根(正根是表示地球背面的点)得

$$R=R_{\mathrm{se}}\cos\theta-\sqrt{R_{\mathrm{se}}^2\cos^2\theta-R_{\mathrm{se}}^2+R_{\mathrm{e}}^2},\tag{2.3.12}$$

其中，

$$\cos\theta=\frac{\boldsymbol{V}_{SE}\cdot\boldsymbol{V}_{SP}}{|\boldsymbol{V}_{SE}|\cdot|\boldsymbol{V}_{SE}|}=\cos[p(j_0-j_P)]\cos[q(i_0-i_P)].\tag{2.3.13}$$

在(2.3.12)式得到 R 后，根据(2.3.9)式就算出了一个小方块所对应的从地球坐标到帧平面坐标的转换矩阵 $\boldsymbol{M}$. 假如所需要定位的点 $P(\zeta,\varphi)$ 落在此方块中，那么就可以求出所对应得 VISSR 帧坐标系中的坐标 (i_P,j_P). 根据(2.3.2)和(2.3.4)式

$$\begin{bmatrix}X'_P\\Y'_P\\Z'_P\end{bmatrix}=\boldsymbol{M}\times\boldsymbol{V}_{EP},\tag{2.3.14}$$

由此可计算出 X'_P，Y'_P 和 Z'_P.

再根据(2.3.1)式和(2.3.3)式得到

$$Y'_P=R'\cos[q(j_0-j_P)]\sin[p(i_0-i_P)],\tag{2.3.15}$$

$$Z'_P=R'\sin[q(j_0-j_P)],\tag{2.3.16}$$

其中，

$$R' = \sqrt{(X'_P + R_{se})^2 + Y_P'^2 + Z_P'^2}. \tag{2.3.17}$$

由(2.3.15)式和(2.3.16)式得到

$$i_P = i_0 - \frac{1}{p}\arcsin\left\{\frac{Y'_P}{R'\cos[\arcsin(Z'_P/R')]}\right\}, \tag{2.3.18}$$

$$j_P = j_0 - \frac{1}{q}\arcsin(Z'_P/R'). \tag{2.3.19}$$

到此整个坐标系的转换过程全部结束.这种方法是基于以下四点假设实现的:(1) FY-2C 卫星高度在 VISSR 观测期间保持不变;(2) 在 VISSR 观测期间,FY-2C 卫星自旋角速度保持恒定不变;(3) 在 VISSR 帧平面坐标系中定义的扫描行、列值和卫星坐标系中所表示的扫描行、列值相同,这些假设虽然和实际情况不相符合,但是由此造成的误差可以忽略;(4) S-VISSR 中给出的 5°为间隔的经纬线网格数据误差也是假设很小,网格数据是预报值,并不是生成图像当时的实际值,所以这里面也包含了一定的误差.此外,卫星轨道以及姿态都随着时间而不断变化,除了有规律的变化还有很多随机的变化.假如当卫星的轨道、姿态变化幅度较大的时候,还是利用预报的网格数据来进行定位处理,这必然会引起较大的误差,但是这种情况很少见.

2. 极轨气象卫星

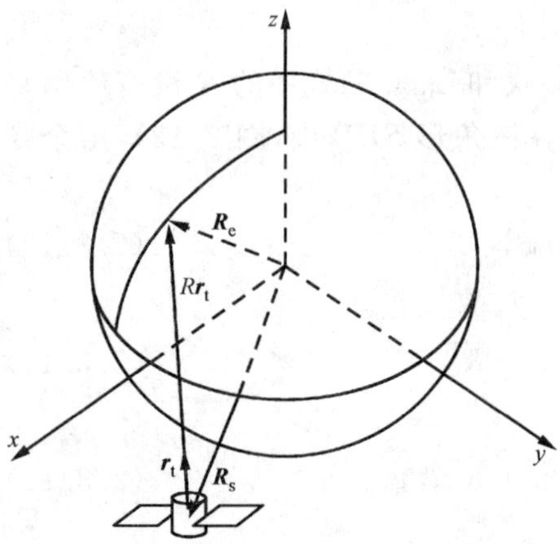

图 2.13　极轨卫星定位的几何示意图

极轨气象卫星的定位则相对复杂,下面以一个简单模式说明.因为卫星云图的每个像元点都有唯一对应的时间,因此对应每个像元点(给定扫描行和扫描列),可以根据卫星的运动确定卫星在天球坐标系中的位置,例如对于特定时间的某一像元点对应的卫星位置为(x_s, y_s, z_s).此外,还可以确定出指向这一扫描像元点的扫描仪器的指向,可用仪器(望远镜)指向的赤经 Ω_t 和赤纬 δ_t 表示,仪器指向的单位向量 $\boldsymbol{r}_t$(图 2.13)为

$$\boldsymbol{r}_t = \begin{bmatrix} x_t \\ y_t \\ z_t \end{bmatrix} = \begin{bmatrix} \cos\Omega_t\cos\delta_t \\ \sin\Omega_t\cos\delta_t \\ \sin\delta_t \end{bmatrix}, \tag{2.3.20}$$

卫星到对应像元的地表点的距离为 R,则从卫星指向此地表点的向量为 $R\boldsymbol{r}_t$.卫星的位置向量设为 $\boldsymbol{R}_s$,从地心到地表点的向量设为 $\boldsymbol{R}_e$,$\boldsymbol{R}_e$ 的大小即为地球半径 R_e.根据图 2.13 得到

$$\boldsymbol{R}_e = \boldsymbol{R}_s + R\boldsymbol{r}_t = \begin{bmatrix} x_s + Rx_t \\ y_s + Ry_t \\ z_s + Rz_t \end{bmatrix}, \tag{2.3.21}$$

并得到

$$(x_s + Rx_t)^2 + (y_s + Ry_t)^2 + (z_s + Rz_t)^2 = R_e^2. \tag{2.3.22}$$

需要解这个方程,获得 R 值.如果仪器指向的射线与地球不相交,则(2.3.22)式无实数解;如果相交,则有两个解,实际所求的解为数值小的那一个,数值大的相当于射线与地球的背面相交;如果射线与地球相切,则两个解相等.

一旦(2.3.22)式的解确定,根据(2.3.21)式可以确定地表观测点在天球坐标系中的笛卡尔坐标(x_e, y_e, z_e),对应于天球坐标系中的赤经 Ω_e 和赤纬 δ_e 为

$$\Omega_e = \arctan\left(\frac{y_e}{x_e}\right), \tag{2.3.23}$$

$$\delta_e = \arcsin\left(\frac{z_e}{R_e}\right). \tag{2.3.24}$$

假设地球是球体,则地理纬度就等于赤纬 δ_e. 经度是卫星赤经 Ω_s 和经过英国格林尼治的本初子午线赤经 Ω_G 的差(图 2.14). 格林尼治赤经根据某一时刻它的赤经和地球自转速率计算获得,也可通过卫星轨道报(即由控制卫星的相关机构提供的轨道参数等数据表)获得.

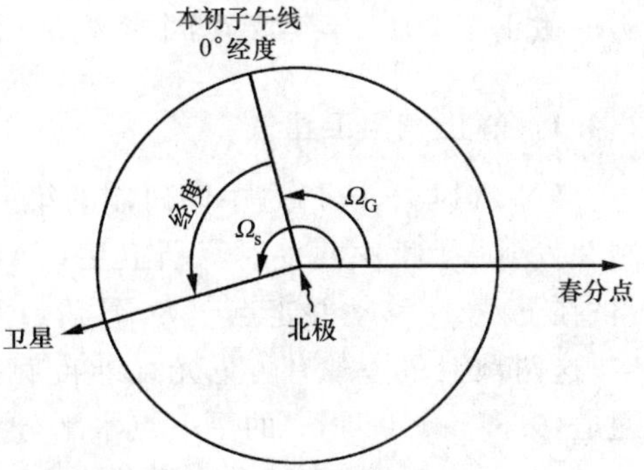

图 2.14 地理经度和赤经的关系

以上简单模式,说明了对应卫星云图中确定的扫描行和扫描列的某一像元点,可以通过确定天球坐标系中卫星空间位置、仪器指示方向和地表点空间位置等几步获得这一像元点对应的地理经度和纬度. 在实际应用中,卫星空间位置根据卫星轨道报和运动方程容易确定. 因为卫星观测仪器的差异,确定仪器指示方向(仪器指向的单位向量),则需考虑许多因素. 例如多数仪器采用三轴定向扫描方式(图 2.15),坐标系的 z 轴从卫星指向地心,x 轴指向卫星运动方向,y 轴由坐标系的右手规则确定. 在此三轴定向扫描方式中,三个角确定了卫星仪器的对地指向,即绕 y 轴旋转的俯仰角(pitch)、绕 x 轴旋转的横滚角(roll)和绕 z 轴旋转的偏航角(yaw). 在确定仪器指示方向上,需同时考虑仪器俯仰角、横滚角和偏航角的影响. 地表点空间位置在这个简单模式中,是相对于天球坐标系即地心来说的;在其它定位算法中,也有相对于卫星坐标系来说的. 后者还需要根据类似卫星空间位置的确定方法(Kidder et al,1995),来获得相应的地理经纬度.

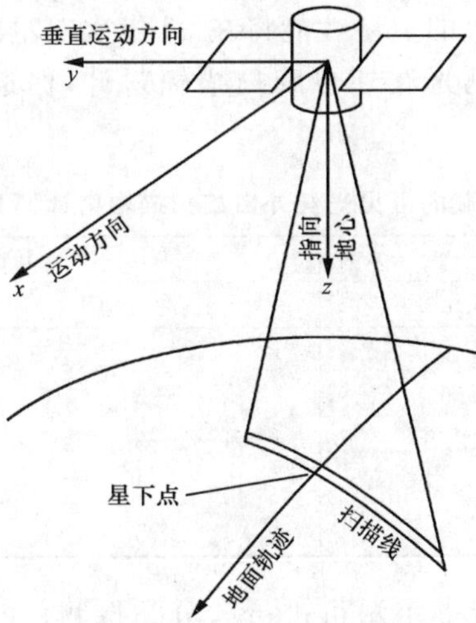

图 2.15 卫星三轴定向扫描方式示意图

2.4 中国的气象卫星

早在 1969 年,周恩来总理就提出"应该搞我们自己的气象卫星". 近 40 年来,中国相继发展了能够进入业务应用的风云极轨和风云静止气象卫星.极轨卫星用奇数序号表示,第一代和第二代极轨卫星分别命名为风云一号和风云三号;静止卫星用偶数序号表示,第一代和第二代静止卫星分别命名为风云二号和风云四号.用英文字母 A,B,C 等命名同一代卫星中先后发射的卫星.例如,第一代静止气象卫星中的第五颗星命名为风云二号 E 星,代号为 FY-2E.

截止至 2013 年年底,两个系列最后发射的卫星分别为 FY-3C 和 FY-2F.

2.4.1 静止气象卫星

FY-2(风云二号)是中国研制的第一代静止气象卫星,分为 01,02 和 03 三个批次进行研制和发射.01 批次共发射两颗卫星:FY-2A 发射于 1997 年 6 月 10 日,定点于赤道 105°E 上空;在 FY-2A 移动并定点于 86°E 后,FY-2B 发射于 2000 年 6 月 25 日并定点于赤道 105°E 上空.这两颗卫星搭载有可见光红外自旋扫描辐射计,包含有 3 个通道(见表 2.3),其中可见光通道(0.55～1.05 μm)的星下点水平分辨率为 1.25 km,水汽(6.3～7.6 μm)和红外窗区(10.5～12.5 μm)通道的星下点水平分辨率为 5 km.

02 批次共发射 3 颗卫星,FY-2C,FY-2D 和 FY-2E 分别于发射于 2004 年 10 月 19 日、2006 年 12 月 8 日和 2008 年 12 月 23 日,并都投入业务运行.FY-2C 定点于赤道 104.5°E 上空,而 FY-2D 定点于赤道 86.5°E 上空.FY-2D 的发射后,我国静止气象卫星系统首次形成了双星观测模式,汛期期间能够提供中国大陆区域 15 分钟间隔的云图动画,大大提高了气象卫星云图的时效.2008 年,FY-2E 接替 FY-2C,仍然延续双星观测模式.这 3 颗卫星均搭载有可见光红外自旋扫描辐射计,与 FY-2A/B 相比,通道由 3 个增加到 5 个(见表 2.1).窗区通道(10.5～12.5 μm)分裂为两个通道,称为分裂窗通道;同时增加了短波红外窗区通道(3.5～4.0 μm).

03 批次也包括 3 颗卫星 FY-2F、FY-2G 和 FY-2H,其中 FY-2F 已于 2012 年 1 月 13 日发射,定点于赤道 112°E 上空.这个批次的卫星性能将在 02 批次卫星的基础上作出适当改进,例如 FY-2F 同样搭载了 5 通道的可见光红外自旋扫描辐射计,但通道 1 的波段调整为 0.55～0.75 μm.

表 2.1 FY-2 卫星搭载的可见光红外自旋扫描辐射计(VISSR)通道

FY-2A/B		FY-2C/D/E	
通 道	波段/μm	通 道	波段/μm
1	0.55～1.05	1	0.5～0.9
2	6.3～7.6	2	3.5～4.0
3	10.5～12.5	3	6.3～7.6
		4	10.3～11.3
		5	11.5～12.5

除了提供清晰的卫星云图外,FY-2 卫星可进行云分类探测、沙尘暴监测、云导风、晴空大气可降水和海表温度等的反演计算等.整个第一代地球静止气象卫星在轨运行并提供应用服务将一直到 2020 年前后,而后终止.

中国的第二代静止气象卫星 FY-4 系列,预计于 2020 年前后发射应用.卫星将采用三轴稳定的姿态控制方式,地球圆盘图成像时间可缩短到 15 min,大大提高了卫星的观测效率.将搭载探测大气要素垂直分布、表面特征成像和闪电成像等方面的仪器,以全面满足对中尺度大气现象进行监测和预报的需要.

2.4.2 极轨气象卫星

1988 年 9 月 7 日,中国发射了第一颗极轨气象卫星——风云一号 A 星(FY-1A),它是三轴稳定的太阳同步轨道卫星,轨道倾角为 99°,高度 900 km,周期为 102 min. 这颗卫星上载有多通道可见光红外扫描辐射计,其大气海洋探测能力类似于美国的极轨气象业务卫星. 1990 年 9 月 3 日,中国发射了 FY-1B. 这两颗卫星都因仪器和姿态等技术故障而未能正式投入业务使用.

多年准备之后,中国于 1999 年 5 月 10 日和 2002 年 5 月 15 日分别发射了 FY-1C 和 FY-1D,并投入业务使用,也被世界气象组织列入全球气象业务应用卫星行列. 这两颗卫星的轨道倾角为 98.85°,高度为 870 km,偏心率小于 0.005,周期为 102.3 min,扫描范围可覆盖宽 3100 km 的范围. FY-1C/D 的主要探测仪器是多通道可见光红外扫描辐射计,其通道的波段和用途见表 2.2.

表 2.2 FY-1C/D 多通道可见光红外扫描辐射计通道的波段和用途

通道号	波长/μm	主要用途
1	0.58～0.68	白天云层,冰,雪,植被
2	0.84～0.89	白天云层,植被,水
3	3.55～3.93	火点热源,夜间云层
4	10.3～11.3	海面温度,白天/夜间云层
5	11.5～12.5	海面温度,白天/夜间云层
6	1.58～1.64	土壤湿度,冰雪识别
7	0.43～0.48	海洋水色
8	0.48～0.53	海洋水色
9	0.53～0.58	海洋水色
10	0.9～0.965	水汽

风云三号卫星系列是中国第二代极轨气象卫星系列,FY-3A、FY-3B 和 FY-3C 分别于 2008 年 5 月 27 日、2010 年 11 月 5 日和 2013 年 9 月 23 日发射并已投入应用. 以 FY-3A 为例,其轨道倾角为 98.753°,高度 836.4 km,偏心率为 0.0025,周期 101.603 min. 与风云一号相比,FY-3A 搭载的遥感仪器数量扩展到了 11 个,可以实现全球天气、气候、环境和灾害的综合遥感;增加了紫外和微波遥感仪器,实现了紫外、可见、红外和微波的全波谱探测;部分仪器的空间分辨率从 10^3 m 量级提高到 10^2 m 量级,实现了精细化观测. 卫星搭载的十一组仪器的用途列于表 2.3.

表 2.3 FY-3A 星载仪器基本参数(杨军 等,2009)

仪器名称	光谱范围	通道数	星下点分辨率	主要应用
可见光红外扫描辐射计(VIRR)	0.44～12.5 μm	10	1.1 km	云、植被、雪、冰、陆/海表温度、气溶胶、火点等
红外分光计(IRAS)	0.69～15.5 μm	26	17 km	大气温、湿度廓线、射出长波辐射等
微波温度计(MWTS)	50～57 GHz	4	50 km	大气温度廓线、地表辐射率
微波湿度计(MWHS)	150～183 GHz	5	15 km	大气湿度廓线、降水

（续 表）

仪器名称	光谱范围	通道数	星下点分辨率	主要应用
中分辨率光谱成像仪(MERSI)	0.41～12.5 μm	20	0.25～1 km	真彩色图像、云、植被、陆地覆盖类型、海色等
紫外臭氧垂直探测仪(SBUS)	252～340 nm	12	200 km	O_3 垂直分布
紫外臭氧总量探测仪(TOU)	309～361 nm	6	50 km	O_3 总量
微波成像仪(MWRI)	10.65～89 GHz	10	9～85 km	降水和云水、大气可降水、地表土壤水分、积雪等
地球辐射监测仪(ERM)	0.2～3.8 μm 0.2～50 μm	2	35 km	反射太阳辐射通量 射出长波辐射通量
太阳辐射监测仪(SIM)	0.2～50 μm	1		太阳常数
空间环境监测仪(4 个仪器组成,SEM)	3～300 MeV 0.15～5.7 MeV			探测高能粒子、星体内辐射、卫星表面电位差和粒子事件等

FY-3C 是一颗上午星,将与 FY-3B(下午星)组成极轨观测星座,强化我国极轨气象卫星的业务布局,更好地监测大范围气象及其衍生自然灾害和生态环境变化. 它继承了 A、B 两星仪器的成熟技术,搭载的仪器性能有了改进和提升. 例如,其搭载的微波温度计和微波湿度计升级为 II 型,微波温度计由 4 个通道增加到 13 个通道,而微波湿度计由 5 个通道增加到 15 个通道,提升了空间探测能力.

全球导航卫星掩星探测仪(GNOS,也称:无线电掩星探测仪)是 FY-3C 上新增的遥感仪器,用以提升全球大气三维和垂直探测能力. 它利用 FY-3C 卫星上的全球导航卫星系统(GNSS)接收机,接收被地球大气层和电离层遮掩的 GNSS 信号,通过反演得到全球大气的折射率、温度、压强、湿度和电离层电子密度等参数. GNOS 不但成功接收到 GPS 的掩星信号,而且成功接收到我国北斗卫星导航系统的掩星信号. GNOS 探测具有高精度、高稳定度、高垂直分辨率、全天候、低成本等优点,可为数值天气预报业务、大气物理研究和气候研究提供全天候的数据,为空间天气研究和业务提供电离层监测数据.

习　题

2.1 由椭圆的几何图形和定义,推导图 2.1 的椭圆的极坐标方程:

$$r = \frac{a(1-e^2)}{1+e\cos\theta}.$$

2.2 关于卫星绕地球的运动.(1) 卫星在圆形轨道上能够绕地球运行,是由于卫星受到的万有引力与离心力相等,试由此推导出开普勒第三定律;(2) 极轨气象卫星的轨道在地面上空约 850 km 处,求此卫星的周期;(3) 地球静止气象卫星具有与地球相同的角速度,求卫星离地面的高度.

2.3 (1) 计算静止气象卫星能够观测到的地球表面占半个地球表面的百分比.(2) 计算观测点天顶角 $\theta \leqslant 80°$ 范围内地球表面占半个地球表面的百分比.

2.4 关于卫星轨道.(1) 多普勒轨道和摄动轨道有何区别?(2) 太阳同步轨道是如何实现的?(3) 地球同步轨道和地球静止轨道一样吗?

2.5　(1) 推导太阳同步轨道(圆形)高度和轨道倾角的关系式,并绘制图形;(2) 再用此关系估计卫星星下点的最高纬度和最高轨道高度.

2.6　卫星绕地心视运动真近点角为 θ,卫星轨道倾角、近地点角和升交点赤经分别为 i, ω, Ω. 求卫星赤经 Ω_s 和赤纬 δ_s. 若 $\theta=180°$, $i=98.97°$, $\omega=167.75°$, $\Omega=29.31°$,求 Ω_s 和 δ_s 的值. 若已知当时格林尼治赤经为 25°,求卫星星下点的地理经、纬度. 注:利用坐标旋转进行计算,在坐标系 $Oxyz$ 下,点 (x_1,y_1,z_1) 绕 x 轴旋转 α 角,新坐标 (x_2,y_2,z_2) 为

$$(x_2,y_2,z_2)=(x_1,y_1,z_1)\begin{bmatrix}1 & 0 & 0\\ 0 & \cos\alpha & \sin\alpha\\ 0 & -\sin\alpha & \cos\alpha\end{bmatrix};$$

若绕 z 轴旋转 β 角,新坐标 (x_2,y_2,z_2) 为

$$(x_2,y_2,z_2)=(x_1,y_1,z_1)\begin{bmatrix}\cos\beta & \sin\beta & 0\\ -\sin\beta & \cos\beta & 0\\ 0 & 0 & 1\end{bmatrix}.$$

2.7　Molniya(俄语意思:闪电)卫星轨道参数为:近地点 7378 km,远地点 45 730 km,升交点赤经 0°;位于北半球一侧的卫星远地点,其星下点位置固定. (1) 证明轨道倾角为 63.4°或 116.6°;(2) 绘制相对于地球的卫星轨道;(3) 计算卫星轨道周期;(4) 绘制卫星轨道在地球公转轨道平面上的季节变化图,并说明不同季节卫星的观测特点.

2.8　说明在太阳同步轨道中,每天卫星在同一当地时间经过赤道.

2.9　圆形太阳同步轨道的倾角为 98.2°,在此轨道上的卫星在 16 d 的时间内绕地球 233 圈,南行穿越赤道的当地时间为 09:30,计算卫星南行通过 52°N 时的当地时间. 计算中,需要知道卫星星下点经纬度 ζ 和 φ 的值,计算公式为

$$\zeta=\zeta_0+\operatorname{atan2}\left(\frac{\cos\phi}{\cos\varphi},\frac{\tan\varphi}{\tan i}\right),$$

$$\sin\varphi=\sin\phi\sin i,$$

其中,ϕ 是图示中的 $\angle SE\Omega$, ζ_0 是升交点 Ω 的经度,i 是轨道倾角. 图中显示了圆形卫星轨道上卫星位置与地球的关系,E 是地心,N 是北极,S 是卫星的瞬时位置. atan2 是双变量反正切函数,对于不同时等于零的实参数 x 和 y,函数 $\operatorname{atan2}(x,y)$ 得到的角,其余弦函数值为 $x/(x^2+y^2)^{1/2}$,正弦函数值为 $y/(x^2+y^2)^{1/2}$. 为方便计算,可假设卫星南行穿越格林尼治子午线,此时 $\zeta_0=180°$.

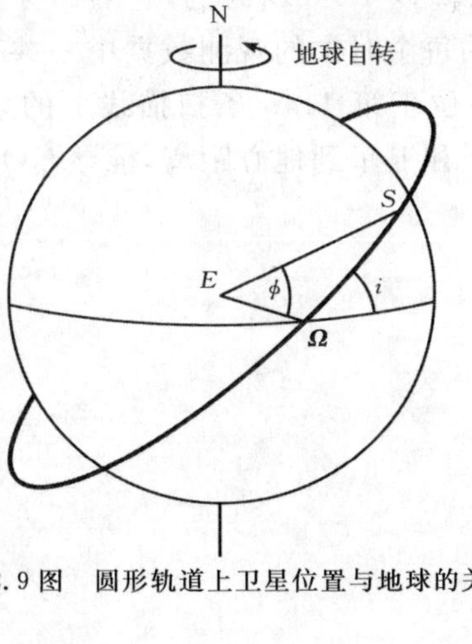

习题 2.9 图　圆形轨道上卫星位置与地球的关系

2.10 静止气象卫星数据中给出的定位网格点通常在南北纬 60°之间，若进行全球观测的卫星观测点覆盖全球纬度小于 60°的区域，并且观测点看卫星的高度角（即仰角）大于 10°，则全球需要几颗相同的静止气象卫星？

2.11 说明极轨气象卫星和静止气象卫星在监测大气现象时的优缺点.

2.12 气象卫星成像仪和探测器通道选择的原则是什么？举例说明.

2.13 何谓大气窗区通道？其在遥测应用上的主要功能是什么？

2.14 静止气象卫星上设有水汽通道，此通道的主要用途是什么？

2.15 假设地球大气为等温大气，且具有均匀的质量吸收系数，求权重函数的极大值及对应的几何高度.

2.16 卫星探测器通道利用了一混合均一的大气成分的吸收带，此大气成分的距离吸收系数为指数衰减形式，即 $\beta(z)=\beta_0 e^{-z/H}$，其中 β_0 和 H 是常数，z 是距地面高度. 证明权重函数 $K(z)$ 为

$$K(z) = \beta_0 \exp\left[-\frac{z}{H} - \beta_0 H e^{-z/H}\right],$$

通过计算分析 $K(z)$ 对 z 的一阶和二阶导数，绘制不同 $\beta_0 H$ 值时的权重函数示意图.

2.17 大气微波体积吸收系数 β 随高度 z 的变化关系为 $\beta=b\tau e^{-bz}$，其中 τ 为整层大气垂直方向光学厚度. 若地面为温度 $T(0)$ 的黑体，证明卫星微波辐射计星下探测到的亮温为

$$T(0)e^{-\tau} + \int_0^\infty T(z)K(z)\mathrm{d}z,$$

其中，权重函数 $K(z)$ 表示为

$$K(z) = b\tau\exp(-bz)\exp[-\tau\exp(-bz)].$$

对权重函数 $K(z)$，证明当 $z=(\ln\tau)/b$ 时，权重函数的值最大；并解释说明对固定的 b 值，变化 τ 的唯一效果就是 $K(z)$ 沿 z 轴移动但不改变尺度.

2.18 试述如何在地球静止气象卫星圆盘灰度云图上画出经纬度线和海岸线.

2.19 当获得一份卫星资料时，需要了解这份资料的哪些特征？

2.20 中国气象局公开的 FY-2 资料格式之一为标称投影圆盘图像（NOM，normalized projection full disc image）数据. 若静止气象卫星处于理想的地球同步轨道上，卫星的自旋轴与地球南北极之间的连线平行，扫描辐射仪无失配现象，卫星对地球做正常的扫描观测，所得到的卫星图像就是标称投影图像. 以 FY-2D 为例，它的标称投影图像资料的南北步进角和东西采样角均为 140 微弧度，它的每个时次的观测数据中一共有 2288 条扫描线，每条扫描线上有 2288 个数据点. 数据的中心位于第 1145 条扫描线上的第 1145 个数据点，对应经纬度为 86.5°E 和 0°N. 若已知地球半径和卫星到地心距离，推导 NOM 数据上每个观测数据点的经纬度计算公式.

第三章　卫星云图及其解译

卫星对地自上而下观测时，先看到高云，再看到中低云，然后看到地表. 在可见光、红外波段，通常看到云，也是云顶的状态；在微波波段，则可看入云中，甚至可穿云看到地表. 卫星观测范围大，广大视野的云可以尽收“眼”底. 这都与常规的地面气象观测不同. 卫星传回地球大气的辐射图像上显示云的特征，因此称为云图. 本章 3.1 节讨论卫星“看”到的图像——卫星云图；3.2 节讨论云图解译的基本方法.

3.1　卫星云图

气象卫星上搭载的仪器是通过探测地球和大气的辐射能量来获得图像的，这些辐射包括地球表面、大气和云所发射的长波辐射，所反射的短波辐射等. 不同探测波段得到的云图不同. 目前，在大气科学应用中，最常见的卫星云图有长波红外云图、可见光云图、水汽云图和短波红外云图，此外还有微波云图. 卫星不同探测波段的成像原理不同 ，因此，对这些云图的分析和应用也有所不同.

3.1.1　长波红外云图

简称红外云图，是地球-大气系统在热红外波段的长波红外窗区发射辐射的图像，波长位于 10.5～12.5 μm. 在当前的气象卫星传感器的通道中，一般在这一波段设置两个红外分裂窗通道，波长范围大致分别为 10.3～11.3 μm 和 11.5～12.5 μm. 前者比后者更透明，因此，常将波长范围在 10.3～11.3 μm 的云图作为红外云图.

根据红外波段辐射传输方程，卫星接收到的辐射来自大气和地球下垫面. 在大气红外窗区，除了水汽较弱的吸收和发射作用影响大气辐射，其他气体对辐射的影响可以忽略，因此，卫星接收到的辐射主要来自地气下垫面的发射辐射. 广义的下垫面包括云表面、海洋和陆地表面等，它们在长波窗区波段可近似为黑体. 根据黑体辐射的普朗克定律，高温物体发射较大的辐射，低温物体相反，这样温度的差异经由辐射差异在卫星云图上表现出来. 在红外云图上，辐射低的地方以浅色调表示，而辐射高的地方以深色调表示(图 3.1). 这样与常规观测的云的色调保持一致，即红外云图上云的色调也是浅色调接近白色的. 由此可见，红外云图可以理解为反映温度差异的图像. 一般来说高云比中云的温度低，中云比低云的温度低，而低云比地表海表温度低. 只要卫星传感器可以区分一定的温度差异，就可以将不同高度的云、地表和海表区分开来. 此外，红外辐射不受太阳辐射影响，因此，可实现昼夜红外云图探测.

由于云顶温度随高度增高降低，所以红外云图上不同高度的云之间具有鲜明的色调对比(图 3.1)，这一点与反映反射率的可见光云图不同. 云的反射率没有云顶温度随高度变化的明显关系，它与云的厚度和云的含水量等有关. 例如，在可见光云图上，薄的卷云通常是半透明的，反射率与地表反射率区分不大，因而在云图上不易区分. 但在红外云图上，卷云高度较高因而温度较低,则显示浅白色调而清晰可见.在红外云图上,当海洋与陆地之间有较大温度差异时,海陆边界可以清晰地辨别出来;相反,当二者温度接近时,将不能辨别出海岸线.海洋和陆地表面的温度随季节变化明显,地面温度的日变化也比较明显.因此,相对来说,海陆温度差异在夏、冬季较大,在春、秋季则较小.在冬季,红外云图的色调随纬度也具有显著的变化,尤其是在高纬度地区地表温度较低,色调较浅,此时云和地表的差异不明显,不能有效识别云和地表.在夏季则可能出现相反的情况,即低云云顶温度高,也和地表差异不明显.总的来说,低云、雾的温度特征与地表背景太相似,在很多情况下不易分辨出来.

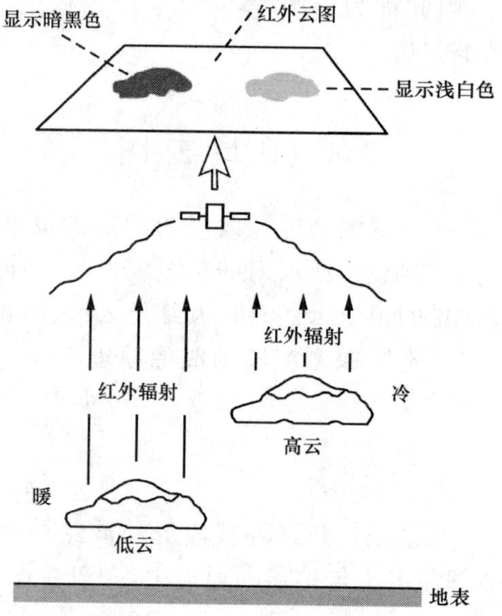

图 3.1　红外云图辐射与色调关系示意图

3.1.2　可见光云图

可见光云图是在可见光波段反射太阳辐射的图像,但不同卫星选取的探测通道不同,例如 FY-2E 的 VISSR 中可见光通道波段范围为 0.5～0.9 μm,而 FY-3A 的 VIRR 中可见光通道范围为 0.58～0.68 μm.因此,不同卫星的可见光云图会有些微差异.

根据辐射传输方程,在可见光波段,卫星接收的辐射来自大气和下垫面反射的太阳辐射,其中大气各气体成分对辐射贡献较小,则卫星接收到的辐射主要是云和海陆表面反射的太阳辐射,而且反射辐射的大小主要取决于云和海陆地表的反射率.在可见光云图上,反射率高的地方通常显示为浅色调,反射率低的地方显示为深色调(见图 3.2).

由于云中水滴和冰晶的散射,使云体表面成了比较强的反射面.飞机、气球和卫星的一系列观测表明,云的反射率既依赖于云的厚度、相态、微结构及含水量等云的宏(微)观特性,也和太阳高度角有关.一般说来,云的反射率随云层厚度、云中含水量而增大.表 3.1 是根据卫星云图的亮度所确定的各种云的反射率,其值在 29%～92%之间,平均约为 60%.表 3.2 给出各种地面的平均反射率,以供参考.水面的反射率在 6%以上,雪面约为 60%～80%,海冰反射率约为 40%～60%.这些表面的反射率随太阳高度角增大而增大.

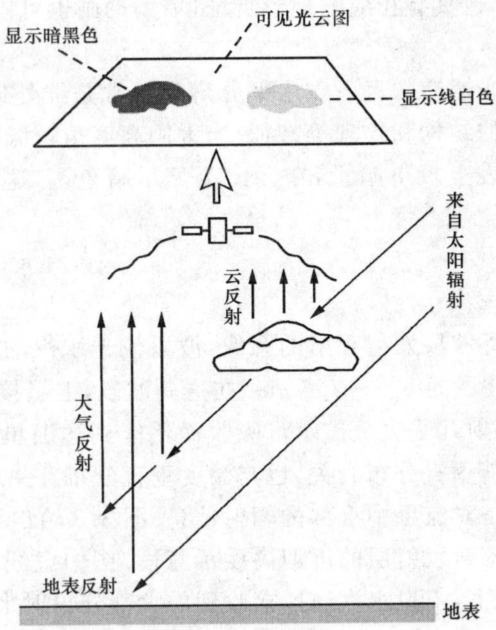

图 3.2 可见光云图反射辐射与色调的关系示意图

表 3.1 各类云(云盖面超过 80%)的平均反射率

云的种类	反射率/(%)	云的种类	反射率/(%)
厚的积雨云	92	海上的厚层积云	60
云顶在 6 km 以下的小积雨云	86	海上的薄层云	42
陆地上的淡积云	29	厚的卷层云、有降水	74
陆地上的积云和层积云	69	陆上卷云	36
海上的厚层云,云底高度约 0.5 km	64	陆上卷层云	32

表 3.2 各种地面的平均反射率

地面状况	水面	阔叶林	草地、沼泽	水稻田	灌木	田野	草原	沙漠	冰川、雪被
反射率/(%)	6~8	13~15	10~18	12~18	16~18	15~20	20~25	25~35	>40

从表 3.1 和表 3.2 可见,水面(海洋和湖泊)具有较低的反射率,陆地的反射率比水面高,但比云的反射率低.因此,在可见光云图上,海洋和湖泊显示较暗的色调,而陆地的色调比海洋亮,但比云暗.在可见光云图上,不透明的云、海陆边界和大的湖泊等都能比较容易地辨识出来.透明的云因下垫面反射影响,在图像上与下垫面较难区分.从表 3.1 也看到,云的反射率的范围跨度很大,因此根据云的反射率大小可以定性地辨识出一些云型.此外,不同云型一般有不同的结构、范围、边界、色调和纹理特征,这些特征也是区分各种云型或分析天气系统的重要依据.

在分析可见光云图时,了解地表或地表附近状况和特征是非常重要的.例如,在无云情况下,积雪覆盖的山区色调为浅白色,显示出跟地形一致的枝状形态,而无雪覆盖的山区则是暗黑色的.当有云存在时,借助云图的连续动画可以揭示云在静止雪面上移动的情景.同样的状况发生在近地面有雾时，雾也具有相应的地形特征，借助动画也可以看到云在雾上移动变化的情景.

静止气象卫星的可见光通道的星下点水平分辨率通常是红外通道的 4 倍，所以可见光云图能反映出云系的更细致的结构和纹理等特征. 当太阳高度角较低时，发展旺盛的对流云会在背光一侧的较低云顶或地表上投下暗影，在云图上显示暗色调，这是识别对流云的重要依据之一.

3.1.3　水汽云图

水汽云图是水汽在红外波段发射辐射的图像，波段位于水汽的 6.7 μm 的强吸收带内. 例如 FY-2E 的水汽通道，其波段为 6.2～7.6 μm. 在这一波段，卫星接收辐射主要是大气中水汽的发射辐射，来自地表的辐射几乎完全被水汽吸收而不能到达卫星. 显然，接收辐射不仅与辐射传输路径上水汽含量及其垂直分布有关，也与温度垂直分布有关.

水汽云图反映的主要是对流层中上部的辐射信息. 图 3.3 给出了不同空气湿度情况下，水汽通道中到达卫星的水汽辐射发射层的近似高度示意图. 图中虚线所跨越的层次的辐射大部分可以到达卫星，一般情况下，卫星水汽通道接收到的大部分辐射来自 300～600 hPa 的气层. 图中横实线所示的辐射最大贡献层的高度，平均约在 400 hPa. 当相对湿度增大时，辐射最大贡献层上移；相反，若相对湿度减小，则辐射最大贡献层会下移.

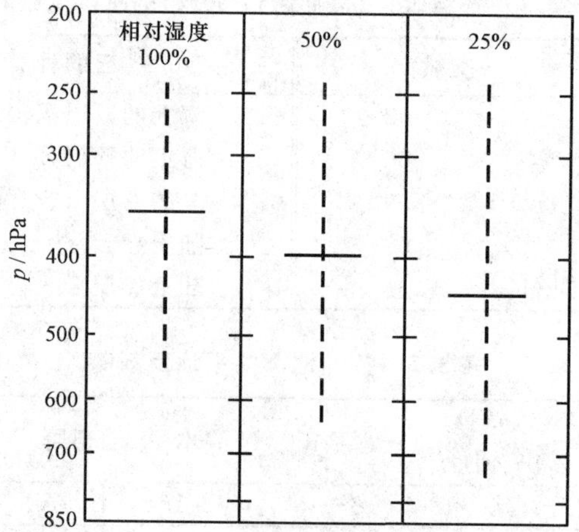

图 3.3　不同湿度条件下，到达卫星水汽通道的大气辐射发射层的近似高度示意图(Bader et al, 1995). 虚线所跨越的层次的辐射大部分可以到达卫星，而横实线则表示辐射最大贡献层的高度

水汽云图的赋色方式与红外云图一致，其色调与主要辐射来自的高度有关，这个高度取决于辐射路径上的水汽分布. 水汽层将吸收它下面气层和地表发射的辐射，并以其自身的温度发出辐射，这个温度也决定了大气温度的垂直分布. 发射辐射来自大气较低层次时，因为低层温度一般要高，卫星云图显示的色调偏深色. 若来自大气高层，则云图显示偏浅色. 具体来讲，当对流层中上层水汽含量较大时，来自水汽层下的大气低层辐射因为水汽吸收，抵达卫星的很少，因此卫星多接收来自高层辐射，相应的辐射较低，在云图上显示浅色调. 相反，若对流层上部干燥，则到达卫星的辐射会来自大气低层，相应的温度较高，因而在云图上显示深色调.

水汽云图上很难识别不同云型，特别是低云基本上看不到. 不过，水汽云图显示的大尺度流型特别引人注目，其结构清晰，纹理特征光滑连续，对应了大尺度的天气系统. 水汽云图上的干区、湿区和它们之间的边界，是天气诊断分析的基础. 这里干区是指图像上暗灰色到近黑色的区域，湿区是指中等灰度到白亮灰度的区域. 水汽云图上与高空气流特征相关联的流型、干湿区亮度变化以及干湿区交界线的变化，在天气系统的分析中具有重要的指标作用.

3.1.4 短波红外云图

短波红外云图，也称近红外云图，是太阳辐射和地球辐射重叠区辐射的图像，其波段范围在 3.75 μm 的窗区附近. 例如，FY-2E 中 VISSR 的短波红外通道波段为 3.5～4.0 μm. 在白天，云图所体现的既包含了太阳的反射辐射，也包含了大气和地表的发射辐射，使得云图特征有别于长波红外云图和可见光云图，从而具有了与前两者不同的观测能力. 在某种意义上，短波红外通道既可以作为可见光通道(白天)，又可以作为长波红外通道(夜晚).

1. 反射率和发射率

短波红外云图中的可见光反射率可以定量计算出来(Setvák et al, 1991). 若短波红外通道探测的目标物的短波反射率和长波发射率分别为 r 和 ε，假定目标没有透射，则 $r+\varepsilon=1$. 卫星在白天探测到的总辐射亮度 $I(T_b)$ 可由通道亮度温度 T_b 计算得到，又是反射辐射 I_r 和目标物绝对温度为 T 的发射辐射之和，即

$$I(T_b) = I_r + \varepsilon B(T), \tag{3.1.1}$$

其中，$B(T)$ 是普朗克函数. 反射太阳辐射可表示为

$$I_r = r \cdot I_0 = rB(T_0)\left(\frac{R_0}{d}\right)^2 \cos\theta_0, \tag{3.1.2}$$

其中，$I_0 = B(T_0)\left(\frac{R_0}{d}\right)^2 \cos\theta_0$，$T_0$，$R_0$ 和 θ_0 分别为太阳温度(≈5800 K)、半径和天顶角，d 为日地距离. 根据当时和当地情况，I_0 容易计算得到.

由(3.1.1)式和(3.1.2)式得到

$$r = \frac{I(T_b) - B(T)}{I_0 - B(T)}, \tag{3.1.3}$$

由此可计算短波红外通道的短波反射率. 同时也可得到目标物的红外发射率为

$$\varepsilon = \frac{I(T_b) - I_0}{B(T) - I_0}. \tag{3.1.4}$$

必须注意，推导(3.1.3)式和(3.1.4)式时已经作了一些近似，即已经忽略了目标物的透射；还忽略了大气的发射和散射等过程；此外，假设目标物是朗伯反射体. 在计算中，目标物的温度 T 可近似用长波窗区的亮度温度代替，目标物为黑体.

虽然(3.1.3)式和(3.1.4)式已经获得了一些应用，但两式的推导涉及的假设不完全符合实际. 对于发射率来说，它不仅与辐射波长有关，也与地表类型有关. 图 3.4 是四种下垫面类型情况下，发射率 ε 随波长 λ 变化的示意图. 图中显示，波长 3.75 μm 附近的土壤发射率的变化大于 10.7 μm(对应长波红外通道中心波长)波段. 例如，干燥沙地(沙漠)在 3.75 μm 的发射率为 0.8，而在 10.7 μm 的发射率为 0.95，因而在没有反射太阳辐射时(例如夜晚大气干燥条件下)，沙地在 3.75 μm 的亮温要低于 10.7 μm 的亮温，这样也导致云图之间的明显差异. 此外，在白天，不同地表可以反射那些吸收弱(也即发射率偏低)的辐射波段的太阳辐射，也会导致短波红外云图有别于长波红外云图.

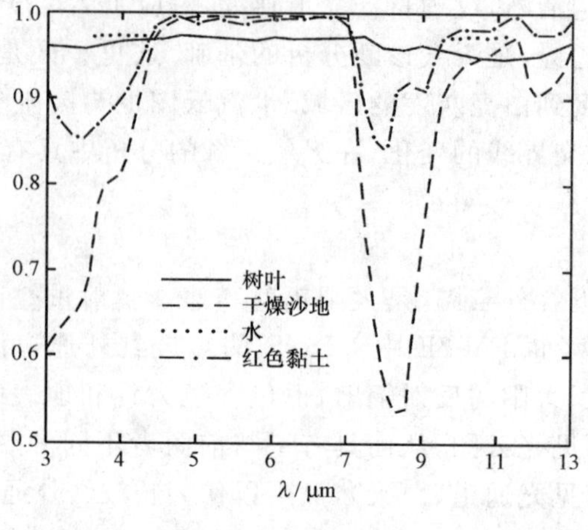

图 3.4　四种地表条件下的红外波段发射率(ε)随波长(λ)变化示意图(引自 RAMMB)

对于反射率来说，3.75 μm 波段的反射辐射与云相态和粒子半径有密切的关系，这可从图 3.5 中单散射反照率 ω 与不同相态的粒子半径 a 的关系中看到. 从图 3.5 可见，水云粒子会比同样半径的冰云粒子反射掉更多的辐射. 在云中，云不同相态的粒子大小有所不同，水滴的直径一般是 5～20 μm，而冰粒子则要比水粒子大一个数量级，因而导致水云粒子会比冰云粒子反射掉更多的辐射. 更何况，卫星上测到的反射辐射是多次散射的结果，使得到达卫星的辐射以多次幂指数的形式迅速减小，这样更拉大了不同粒子的反射差别. 例如 10 μm 半径的水滴和 100 μm 半径的冰粒子，经过三次反射，导致相当于反射率分别约为 73%和 16%的反射效果. 由此可见，在白天，具有小粒子的云，例如陆地上的积云、层云和雾等，在短波红外云图上色调就会比冰云显得更为明亮. 海洋的层积云，是粒子尺度较大的水云，因此与陆地上的积云或层云相比，就表现得相对灰暗. 利用水滴和冰粒子不同的反射特性，白天 3.75 μm 云图可用于识别云顶粒子的相态.

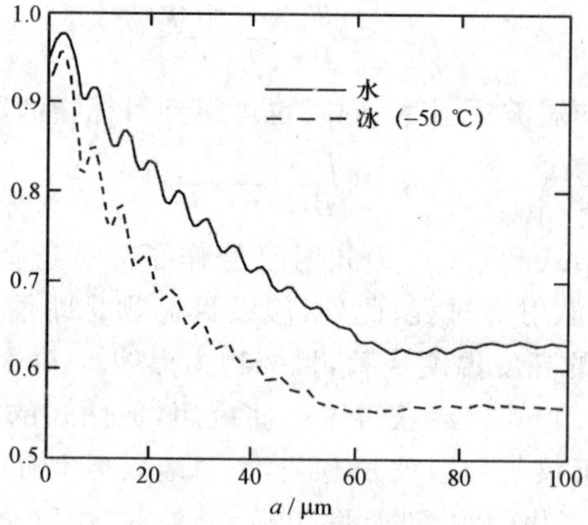

图 3.5　水滴和冰晶不同粒子半径(a)下的单散射反照率(ω)(引自 RAMMB)

2. 短波红外云图和长波红外云图的比较

除了反射和发射特性造成的差异外，其他一些因素也造成了 3.75 μm 和 10.7 μm 云图的差异. 这些差异包括：对卫星视场温度变化的敏感性，使得 3.75 μm 的图像容易探测高温区，但 10.7 μm 却不能；3.75 μm 通道在低温端有较大的噪音，不能用于分析雷暴云顶；衍射效应使得两个波段观测的视场有些微差异；由于 3.75 μm 通道在白天探测辐射中包含了反射太阳辐射，其云图在白天和夜间显示的标准不同. 这里主要对第一个差异进行讨论.

通道对卫星视场温度变化的敏感性，可用温度灵敏度表示，即黑体辐射亮度的相对变化与绝对温度相对变化的比值，表示为

$$\alpha = \frac{\mathrm{d}B}{B}\Big/\frac{\mathrm{d}T}{T}. \tag{3.1.5}$$

在红外波段，在地球大气温度范围内，$\mathrm{e}^{hc/(\lambda kT)} \gg 1$，(3.1.5)式代入普朗克公式求得

$$\alpha \cong \frac{hc}{\lambda kT}. \tag{3.1.6}$$

当温度范围在 200～300 K 时，按(3.1.6)式，在 3.75 μm 波长处温度灵敏度变化范围为 19.18～12.79，而对于 10.7 μm 波长温度灵敏度为 6.72～4.48，即 3.75 μm 的温度灵敏度几乎是 10.7 μm 温度灵敏度的 3 倍. 波长较长时，由温度变化导致的辐射变化不很明显，而较短的波长对由温度变化导致的辐射变化反应明显. 在晴空夜间，若忽略视场发射率随波长的变化，以两通道观测同一温度相同的均匀视场，可以预见这两个通道接收到的辐射相同. 实际上视场内温度是变化的，因此在不考虑太阳反射辐射情况下，两通道不可能接收到相同的辐射，导致了两通道的亮度温度不相同，在云图上表现也不同. 正是因为 3.75 μm 通道较高的温度灵敏度，可以用其云图探测温度变化较大的高温区域，例如对火点和夜间城市热岛的监测.

除了在高温火点区域的差异，视场云面积覆盖率也导致 3.75 μm 和 10.7 μm 通道的云图差异. 如果在某一视场中，云所占视场面积比例(云覆盖率)为 N，则对于一定的卫星波段，卫星看到的辐射 I 是视场中云的辐射 I_{cld} 和晴空地表辐射 I_{clr} 的和，即

$$I = NI_{\mathrm{cld}} + (1 - N)I_{\mathrm{clr}}. \tag{3.1.7}$$

忽略大气吸收，设地表温度为 300 K，云顶温度为 260 K，地表为黑体，由此可计算卫星在夜间探测的 3.75 μm 和 10.7 μm 波长上的亮温(T_{b})以及亮温差($\Delta T_{\mathrm{b}} = T_{3.75} - T_{10.7}$)随云覆盖率($N$)的变化，见图 3.6. 从图可见，当视场完全晴空或完全被云覆盖时，两个波长上的亮温相同. 随着视场中云覆盖率的变化，3.75 μm 的亮温大于 10.7 μm 波长上的亮温(图 3.6(a)). 最大亮温差异出现在云覆盖率为 69%的时候，其值为 6.0 K(图 3.6(b)). 由图 3.6 说明，两个波长间的亮温差可以反映视场中云覆盖面积的多少. 若已知完全云覆盖和晴空地表条件下的视

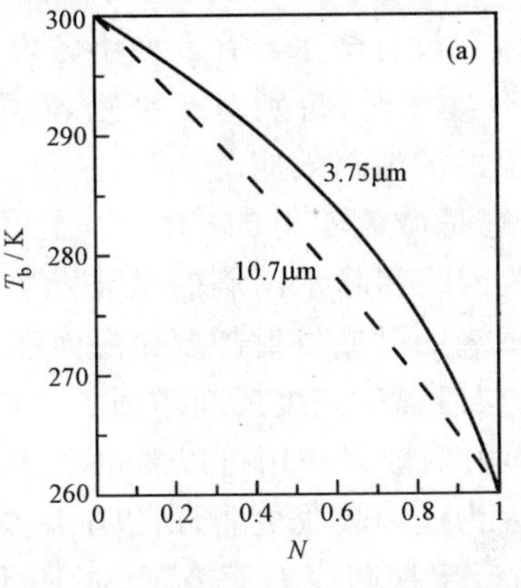

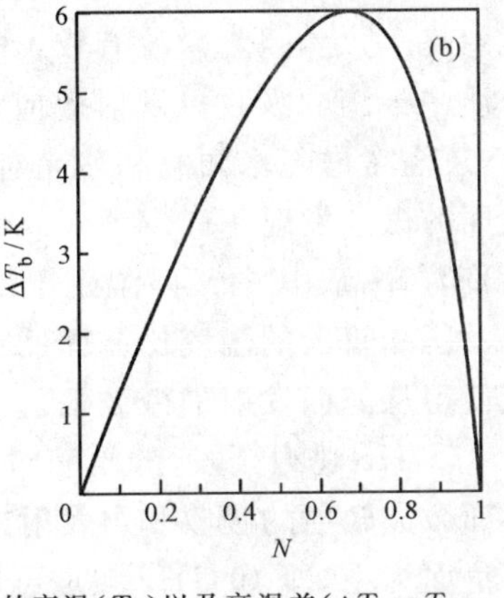

图 3.6 卫星在夜间探测的 3.75 μm 和 10.7 μm 波长上的亮温(T_{b})以及亮温差($\Delta T_{\mathrm{b}} = T_{3.75} - T_{10.7}$)随云面积覆盖率 N 的变化. (a) $T_{\mathrm{b}} \sim N$；(b) $\Delta T_{\mathrm{b}} \sim N$

场的温度，则通过亮温差就可以推算视场云覆盖率的大小. 利用两通道的亮温差，还可以识别夜间的雾和层云；若再联合可见光云图，则还可以识别雪盖.

3.1.5 微波云图

微波云图是地球-大气系统在微波段发射及散射辐射的图像，波长在 1 mm～10 cm 较宽范围内. 实际应用中，微波通道常用中心频率(简称频点)和带宽表示. 同时，每个频点一般会有垂直和水平极化两种方式. 例如，FY-3A 的微波成像仪(MWRI)设置 5 个频点，每个频点就包括有垂直和水平极化两种方式. 5 个频点的频率分别为 10.65，18.7，23.8，36.5，89 GHz，对应波长分别为 28.2，16.0，12.6，8.2，3.4 mm.

常见的微波成像仪频点为 10，19，22，37，85 GHz. 这些通道对应的水平分辨率随频率增大而增大，频率越小，水平分辨率越差. 这是因为微波波段辐射能较小，所以卫星需要感应大面积视场的辐射. 在形成实用的微波云图时，需要将这些离散的、分辨率较差的辐射亮温数据进行客观分析，赋值于设计好的经纬度网格点上，形成与红外云图分辨率基本相当的微波云图.

地表发射的微波辐射，在到达卫星微波辐射仪的过程中，会受到大气中氧气、水汽和云中降水粒子(包括水滴和冰晶)的吸收(图 1.5)、散射作用而使辐射强度及极化状态发生变化. 和可见光波段相比，微波波长较长，除了雨天外，大气介质对微波的散射可忽略不计. 与窗区红外波段相比，地表微波发射能量的一部分会透过多数非降水云而到达卫星，甚至中等程度的降水云也不会将地物完全遮挡.

除了气体分子(如水汽和氧气等)吸收再发射微波辐射到达卫星外，一些云雨粒子也有同样的作用. 雾、层状云、积状云粒子，通常相应为数个、十、数十个微米半径大小，与微波波段波长相比，它们对微波辐射的散射很小，则只需要考虑它们对微波辐射的吸收和再发射效应，这种效应要比气体分子的吸收再发射显著.

降水粒子半径大小范围一般在 0.1～2 mm，一般 2 mm 以上的雨滴会在下落过程中因气流作用而破碎，只有少数雨滴可达到 3 mm 的半径大小. 对于 10，19，22 GHz 波段的微波辐射而言，因降水粒子尺度远小于微波波长，在这三个频点上散射效应很小，只需考虑降水粒子对它们的吸收和再发射效应. 对于 37 GHz 而言，只有少部分大尺度雨滴的散射效应不可忽略，但因为大雨滴数较少，因而也认为散射效应很低. 只有 85 GHz 的波长与雨滴尺度比较接近，散射效应不能忽略. 总之，因为微波有较长的波长，在没有降水云存在而不考虑散射作用时，需要考虑大气介质中云滴的吸收再发射效应；而在有降水时，特别对于高频 85 GHz 频段，除了吸收再发射外，还需考虑降水雨滴和冰晶对微波辐射的散射效应.

海洋下垫面的微波发射率(0.4～0.6)较低，它是微波辐射的冷背景；土壤的微波发射率(0.7～0.8)比海洋略高，其中又以湿土壤偏低；但云滴和降水雨滴的微波发射率却接近 1. 因此，相对海面来说，尽管云的温度比海面低，但云雨滴的微波发射却要比海面强. 一些波段的吸收再发射效应使得从海面发射的微波辐射穿透云层后辐射亮度反而增强.

在 10，19，37 GHz 观测频段，降雨滴对微波辐射的散射作用可以忽略不计，只需要考虑它们对地表下垫面微波辐射的吸收和再发射效应. 因为低频吸收更弱，所以卫星探测的微波辐射以来自地表下垫面为主，即 10 GHz 频点可以透过云层探测地表下垫面. 对 19 和 37 GHz 频段而言，吸收再发射效应增强，最大辐射来自云中. 对于 85 GHz 频段，吸收再发射效应和粒子的散射都必须考虑，地表下垫面的微波辐射在穿过云层后会大大减少，因此，85 GHz 探测的辐射主要来自降水云高层. 与这些频段不同的是,22 GHz 处于水汽的弱吸收带,除了水汽的吸收再发射外,基本与 19,37 GHz 频段相似. 图 3.7 显示了发展成熟的积雨云的结构以及不同微波频段探测降雨云时的大致探测高度. 发展成熟的积雨云,通常由低层的水云、高层的冰云和中层的冰水混合云组成.

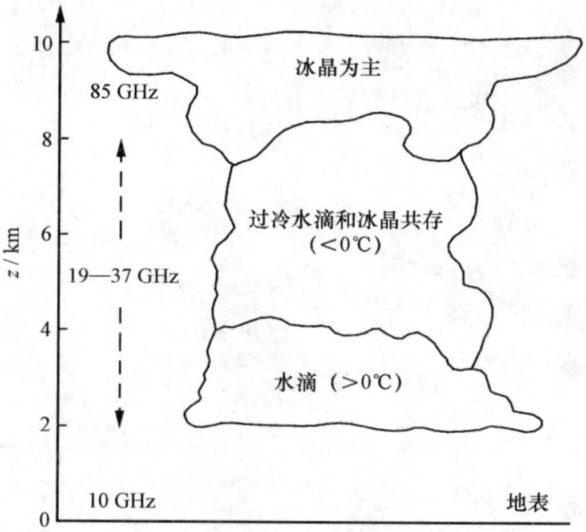

图 3.7 不同频率的微波通道在探测降水云时对应的大致探测高度示意图

3.2 云图解译

为了有效使用卫星云图,在分析卫星云图前需要了解卫星云图来自的卫星,使用的波段,扫描线有没有丢失,云图是否缩放过以及卫星云图的灰度是否处理过,等等. 在此基础上,有时需要对原始的卫星图像进行一些处理,例如在云图增强技术中,可以改变云图亮度和对比度,以便使得分析的目标物更清晰;有时需要对不同卫星云图进行投影和拼图,获取大范围地域的卫星图像,便于大尺度天气分析.

3.2.1 图像增强技术

卫星云图与传统的相片不同,是数字化图像. 组成卫星云图的每个像元都有一个确定的数值,在特定的图像显示设备上这些数值可显示为不同色调. 常用的 8 比特图像显示系统(例如日常使用的个人电脑等),允许每个像元赋予的数值范围为 0～255,可显示从 0(显示黑色)到 255(显示白色)的 256 个灰度等级,形成灰度图像. 而一般的彩色图像中每个像元包含 3 个灰度数值,分别代表红、绿和蓝的特征,合成显示为 RGB 格式的彩色图像. 若彩色图像中的像元中的 3 个数值都相同,则和只有一个数值的灰度图像完全一样.

图像增强就是改变云图中特定的像元或特定的区域中的灰度数值,以便于突出或识别大气、云和地表特征等. 通过一定的数学方法,将原始云图中的灰度作为输入值,转变为期望得到的灰度值(输出值),并以后者的灰度显示图像,可形成增强云图.

最简单的增强技术是改变云图亮度和对比度. 改变亮度一般是将原始云图的所有灰度值都增加或降低相同的数值,形成更亮或更暗的云图. 因为灰度值范围的限制,变亮后的云图会有相当一部分灰度值超过 255,最终将全按 255 赋值;变暗后的云图则有相当一部分灰度值小于 0,最终按 0 赋值.这与原始云图灰度要增加或降低的那个参数大小有关.显然,整体变亮或变暗并不显著突出某些大气地表特征.

改变对比度(也称为图像拉伸)是保持图像某一灰度值不变,将其两侧的暗灰度区和亮灰度区变化为更暗和更亮,或者进行相反的变换(见图 3.8(a)).前者将使图像暗、亮程度对比明显(图 3.8(a)中的虚线),后者则暗、亮程度对比不明显(图 3.8(a)中的粗实线).实际使用中常采用改变局部对比度的办法,如图 3.8(b)ZA 增强曲线,是美国对其静止气象卫星云图增强的一种方法,目的是可以区分高中低三个高度上的云.

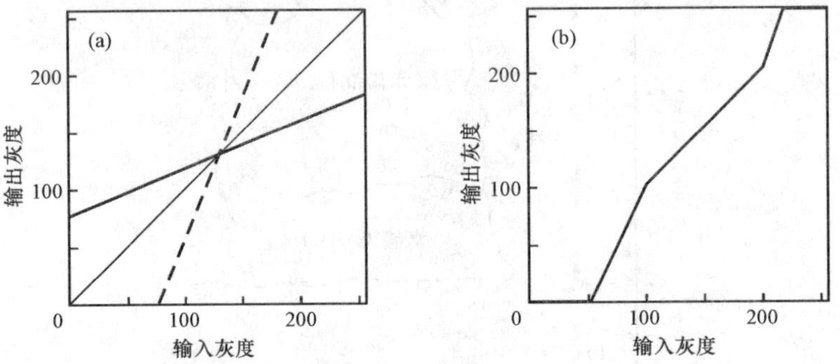

图 3.8 图像的对比度增强.(a) 一般的对比度改变;(b) ZA 增强曲线

图 3.9 是红外云图的 MB 增强曲线和 BD 增强曲线,分别应用于降水估计和热带气旋中心定位等.其具体应用将在后面的章节中介绍.

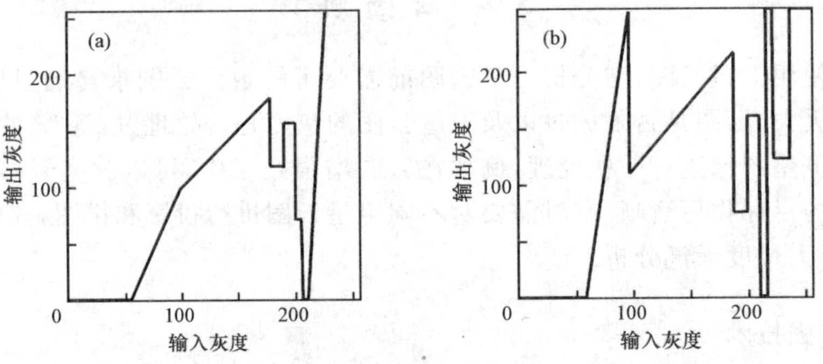

图 3.9 红外云图增强曲线.(a) MB 增强曲线;(b) BD 增强曲线

值得一提的是,美国对静止气象卫星 GOES 的图像进行增强时,使用了数百条的增强曲线,每条曲线都以两个英文字母命名,经过研究和应用比较,最后选择十数条曲线供使用.这里提到的 ZA,MB 和 BD 增强曲线就是其中的 3 条增强曲线.

一般来讲,不同的卫星云图其灰度对应的亮度温度是不同的,若考虑所用不同的卫星,则根据 GOES 云图增强获得的增强曲线,应根据亮度温度数值范围重新确定灰度的变换.图 3.8 和图 3.9 只是示意图,为了方便,没有给出灰度对应的亮温值.但应注意,进行云图增强时,一定要知道对应的亮度温度范围.

随着计算机显示技术的发展,云图的彩色增强越来越多地应用于实际中.对于单一灰度值的红外云图,一般采用查表赋值,将一个灰度转换为表征红(R)、绿(G)和蓝(B)的 3 个灰度值,显示 RGB 格式的彩色图像.当同时存在探测范围、分辨率一致的 3 张云图时(例如可见光云图、红外云图和水汽云图),可分别作为 R,G 和 B 灰度值合成一张彩色云图.因为表征 R,G 和 B

灰度值都不是或不全是真正的红、绿和蓝光波段的探测值，这样生成的彩色图是伪彩色云图. 只有卫星的红、绿和蓝光通道的云图合成，才真正和人眼看到的实际情况相近，是真彩色云图.

除了颜色增强之外的一些技术处理，包括对连续的静止气象云图进行动画显示，对二维云图进行三维显示以及计算机自动识别图像的增强技术. 计算机自动识别图像的增强技术是通过比较云图上一个像元与周围像元的差异，来检验云图纹理的均一性，也可区分海洋和陆地、或云和陆地的边界，故这种技术称为边界增强. 云图上一个像元与周围像元的差异则通过计算一些统计特征量来说明，这些统计特征量包括亮温梯度和方差等. 因为涉及统计量的计算，边界增强也可称为统计增强. 例如，当亮温梯度和方差相对较小时，则可判断研究区域比较均一，是同一种地表特征. 若在已判定的两均一下垫面之间有较大亮温梯度，则可判断交界处为不同下垫面的边界.

3.2.2 多光谱分析

多光谱分析指的是结合不同波段的云图以及增强云图，对云和地表等进行识别，对与云关联的天气系统进行分析，等等. 在业务或科研中，3.1 节介绍的几种云图都或多或少被使用，其中可见光和红外云图是最常用的，有时还要参考水汽云图和短波红外云图.

在卫星云图上辨识云，除了考虑不同云型的亮度温度和反射率表现出来的色调和纹理特征外，还要考虑云型本身的结构特征，这些特征包括云型的形状、范围、边界形状等. 在可见光云图上还考虑云的暗影特征.

3.1 节已经介绍了不同云图表现出来的色调特征. 可见光云图上的色调与探测目标的反射率、太阳高度角有关. 不同云的反射率差异较大，总的来说，含水多且较厚的云反射率大，在云图上显示浅白色. 陆地的反射率大于海洋的反射率但小于云的反射率. 红外云图上的色调取决于探测目标物的温度，一般情况云顶温度较陆地、海面温度要低，因而在红外云图上云也是显示浅白色.

色调特征是识别云的最主要特征，但仅使用一种卫星云图根据色调特征不能有效识别云. 例如，层云、层积云、中云、甚至包括卷云和积雨云等，在可见光云图上有时会显示同一色调，但依靠红外云图，很容易将这些云区分出来. 再如，在红外云图上，层云、层积云、中云、薄的卷云以及森林地表，基本上表现为一致的亮度温度不易区分，但在可见光云图上，薄卷云和森林区的反射率明显低于其他云型，森林区的反射率最低，由此容易将薄卷云和森林区等识别出来. 因此，结合至少两种云图的多光谱分析，能有效地识别云型.

云型的纹理特征，是指因云顶表面反射率或亮度温度的变化，导致云表面因色调不同而呈现出的凹凸不平的沟纹或纤维状特征. 可以用是否具有纹理特征来辨识层状云，如果没有纹理或只有少量纹理特征，表明云顶表面均一，这是层状云的特征. 若云顶多沟纹特征，表明云顶表面多起伏，云顶高度不一，云型属于积状云. 如果呈现纤维状纹理，则是高云的特征.

卫星云图上，云的形状显示有纤维丝缕状、带状、涡旋状、波状和团块状等，结合地面探测以及天气系统分析中对云的结构的认识，可以对云图上不同形状的云进行有效的识别. 例如纤维丝缕状的一般是卷云；带状云系多见于锋面系统；涡旋结构的云系多见于气旋、台风等低压系统；而团块状云一般是积状云. 云图上不同类型的云的可变范围很大，与天气尺度系统关联的云系范围较大，而与中小尺度关联的云范围较小. 云的边界形态在卫星云图上可表现为是否整齐光滑，例如锋面云系不仅会表示出整齐的前部边界，而且云系中不同高度的云也有较整齐的边界;对流发展的积状云有整齐的边界,若高空有垂直风切,则云顶会吹散,边界变得很不整齐,这特别表现在积雨云高空的卷云砧边界.

可见光云图上出现的云的暗影特征,是较高的云在较低的云或地表上的投影.投影宽度不仅与云顶高度有关,也与太阳高度角有关.云顶越高、太阳高度角越低,暗影就越宽.暗影相对于投影云的位置,与太阳的方位角有关.在可见光云图上,云在背太阳光一侧出现暗影,而在向太阳光一侧云的色调较亮.

习　　题

3.1　关于红外云图.(1) 说明长波红外云图的原理;(2) 长波红外云图与短波红外云图有哪些差异?(3) 为什么短波红外云图(3.75 μm)可以监测火点和夜间城市热岛?

3.2　在可见光云图上,云的亮度与什么有关?一天之中什么时候可见到更多云的细节?

3.3　关于水汽云图.(1) 它反映大气中哪个地方的辐射信息?(2) 云图色调与大气湿度有何关系?(3) 说明水汽云图在天气系统分析中的作用.

3.4　忽略大气的发射、吸收和散射过程,地面为黑体.给出 FY-2E 中 VISSR 的短波红外通道(3.5～4.0 μm)探测的地面可见光反射率和红外发射率的计算方案.

3.5　关于云图增强.(1) 为什么需要进行云图增强?(2) 图像增加有哪些技术?(3) 给出红外云图上可以被增强的三种显著特征.

3.6　从色调、纹理和形状等方面说明多光谱分析如何辨识云.

3.7　若 4 μm 通道亮温是 310 K,11 μm 通道亮温是 290 K,计算由于反射太阳辐射导致的 4 μm 辐射亮度占总亮度的百分比.计算中,4 μm 的普朗克亮度正比于 T^{12}.

3.8　短波红外窗区通道(2500 cm^{-1})观测地面 300 K 的景区,设景区出现了 600 K 的大火,则视场中火区占的百分比为多大时,观测的亮度温度增加 1%(3 K)?

3.9　当仪器以很大的角度对地表进行扫描时(即不是垂直向下探测),获得的图像会出现什么问题?

3.10　请描述应用卫星可见光和红外观测资料,判别强对流降雨区、晴天卷云区、雾区和晴空海面的方法.

第四章　云

根据气象卫星云图的目视可以定性判别云属和分析一些大气现象，然而在实际研究和应用中，需要定量判定云区，并对云进行自动分类，也需要定量计算云的一些物理参数，例如云顶高度、云量和云的光学厚度等.本章4.1节介绍从卫星云图上目视的云属的基本特征；4.2节介绍使用卫星资料进行定量的云检测和分类方法；最后4.3节介绍一些云参数的反演算法.

4.1　云图上的云属特征

对云的分类，国际云图和中国云图除族的分法有异，其他10属29类是一致的.因为卫星云图水平分辨率的关系，不可能识别出29类云，只能宏观地识别10属云，而且有些云属不能单独识别出来.例如经常共存于同一天气系统中的高层云和高积云，难于区分.

高云族中的卷层云(Cs)，在可见光云图上，薄的云层显示为均匀灰色，随云层厚度增加而变成均匀白色，一般没有纹理特征；厚Cs可以在低云上投下阴影.在红外云图上，Cs一般也没有纹理特征，色调从灰色到白色不等；如果云层足够厚，云层下的辐射不影响云的亮度时，云通常显示为均匀白色.在水汽云图上，Cs特征类似红外云图，并且能看到云层外围明显的晴空干区.厚Cs经常在云图上表现为片状结构，下游边缘通常有丝缕状卷云.大的Cs云幕上经常可以看到有一些纹理特征，这是由于重力波导致的，或预示湍流区.

卷云(Ci)和卷积云(Cc)是高云族的另外两属云，Cc云块很小难于从Ci中区分，因此两属是混在一起的.在云图上，云系结构常显示为伸展的长条形，具有不清晰的丝缕、纤维状边缘.具体来讲，在可见光云图上，由Ci和Cs组成的云系呈现丝缕、纤维状结构，根据云层厚度的变化，色调从灰色透明到白色变化，一般会在低云上会投下阴影.在红外云图上，根据云层厚度，色调也是从灰到白色变化.在水汽云图上，云特征类似红外云图.

中云族只有高层云(As)和高积云(Ac)两属，在卫星云图上难于区分，它们是互相联系在一起，通常同处于同一天气系统中，例如锋面云带中.这两属云组成的云系云顶平滑，有趋向清晰的边界.山列导致的重力波会影响云的分布，具有波状特征.在可见光云图上，云顶平滑、无纹理，通常颜色较白，若云层较薄且下面无云，则会显示灰色.中云之上经常有Cs，借助Cs的投影可识别中云.在红外云图上，有时有小的纹理特征，颜色通常呈现灰色.在水汽云图上，色调随云层厚度变化.云厚时呈现白色，否则为灰色调.

低云族中的层云(St)在可见光云图上，云面平滑，纹理很小；色调依赖于St的云滴数密度和太阳高度，会出现灰到白的颜色变化.在红外云图上，云顶平滑无纹理；根据地表背景温度的不同，St在红外云图上会呈现灰色到不可见(和背景温度相近)的情况.水汽云图不能探测到低云，因此不能使用.卫星云图上，通常层云和雾特征相似.层云和雾同时存在时，一些规则可以把雾识别出来.例如，雾具有地形特征，其边缘没有St规则；使用云图的动画可以识别雾，显示为St运动，而雾不动；雾通常是局地天气现象，可借助于地形特征和产生的物理机制来判别;与 St 不同,雾可覆盖大片区域,特别是海洋上.有时在云图上会出现黑层云或黑雾的状况,即云雾区显示出比周围地表还要暗黑的色调,这通常发生在夜晚、强逆温的大气条件下.

层积云(Sc)也属于低云族,在云图上常显示为一大片、云块个体连在一起的状况.在可见光云图上,出现不同色调,颜色由白到灰.当云顶部较为平坦时,会出现卵石花纹的纹理形态.Sc 边界不清晰,但块状个体可见.在红外云图上,云顶平滑,纹理较小,常显示为均一的灰色调,高分辨率的红外云图可分辨 Sc 个体.有时,在红外云图上 Sc 容易与地表混淆.

按国际云图分类,直展云是垂直向上发展生长的云,包括积云(Cu)和积云雨(Cb)两属.在云图上,Cu 显示为明显块状,边缘较为清晰.受对流层低层平均气流的影响,排列成带状、列状等形态.Cu 的生成和发展,受地形和热力过程影响.在可见光云图上,Cu 通常显示为亮白的块状结构,可以在地面上投下阴影.在红外云图上,Cu 一般显示为灰色调.因为与周围环境色调类似,时常难以识别.红外云图上 Cu 区亮的地方,指示云顶较高的 Cu.

Cb 在云图上的总体特征是,经常会成群出现;在没有丝缕、纤维状的卷云砧时,边界清晰;同样,若没有强垂直风切把云砧吹向下游,Cb 的个体会呈现为圆形.在可见光云图上,Cb 是非常白的块状云团,高耸云顶在低太阳高度时会投下巨大阴影.在红外云图上,同样呈现为亮白色调,通常边界清晰,但当卷云砧发展时变得不太清楚.在水汽云图上,色调也表现得非常亮,云块周围是暗(干)区.

4.2 云检测和分类

为了使用卫星探测数据估算云物理参数以及地表大气参数(例如地表温度和大气可降水量等)等,首先需要判断观测像元是否被云覆盖或是晴空,这就是云检测.使用卫星数字云图进行云检测和分类识别的方法很多,主要包括阈值法、直方图法和模态法等.可见光红外成像仪通常用于云检测和分类识别,是取其水平分辨率高的优势.

当前业务使用的云检测和分类识别算法,几乎使用所有可能的卫星探测波段,主要包括可见光 0.64 μm 波段,近红外 0.865 μm 波段,短波红外 1.38 μm,1.64 μm 和 2.13 μm 波段,中波红外 3.75 μm 和 6.7 μm 波段,长波红外 8.6 μm,11 μm,12 μm,13.9 μm 和 15 μm 波段.表 4.1 列出了这些波段的光谱特征和云检测中的作用.

表 4.1 云检测波段的特征和作用

中心波长/μm	光谱特性	云检测作用
0.64	主要是分子散射衰减,中云和雪的反射率高,植被、裸地和海面反射率小	检测黑背景下的亮云,如陆地上的云
0.865	透过率高,植被和水云的反射率加大	海洋云检测
1.38	水汽强吸收,高云反射率大	检测卷云
1.64	透过率＞90%,水汽吸收＜10%	区别云和积雪
2.13	水云、冰云和雪的反射率不同	检测雪和冰面上的云
3.75	大气衰减弱	检测薄卷云、夜间层状云和雪面上的云,与 11 μm 一起检测夜间层云和雾
6.7	水汽强吸收	检测中、高云
8.6	弱水汽吸收	检测低云

（续 表）

中心波长/μm	光谱特性	云检测作用
11	比 8.6 μm 更弱的水汽吸收，水云、裸地和植被接近黑体，云顶亮温一般比地表低	检测云，特别是卷云(不包括薄卷云)
12	类似 11 μm，但水汽吸收比 11 μm 波段强	利用与 11 μm 辐射的差异检测卷云
13.9	CO_2 强吸收，权重函数峰值高度偏低	检测 500 hPa 以上的云，与 1.38 μm 一起检测薄卷云
15	CO_2 强吸收，权重函数峰值高度较高	检测高云

4.2.1 阈值法

阈值法是提出最早、最简单，而且目前仍然频繁使用的方法. 与晴空地表下垫面相比，云通常具有较高的反射率和较低的温度. 若云图上某像元的可见光反射率或红外亮温，大于或小于预先设定的反射率或亮温阈值，则该像元就被判定为有云像元，由此也可以计算云量(特定区域有云像元数占总像元数的比率). 使用阈值法进行云检测时，使用的阈值数量多少不等. 最简单的是使用单通道阈值，即反射率阈值或亮温阈值. 若要提高云检测精度，则需要多光谱阈值，即同时使用不同波段(例如可见光、近红外和红外波段等)的 2 个以上的阈值. 现在应用此方法，还可设定与反射率和亮温有关的其他阈值，例如，云图的空间均一性阈值，这是用于对云区、海洋和陆地等区域的整体性进行评判.

实际中单独应用阈值法会带来一些问题，主要表现在如何确定阈值，以及探测的云面积小于探测像元时出现的误差. 确定阈值是阈值法中最主要而且是最困难的问题. 因为阈值与很多因素有关，这些因素包括地表类型(陆地和海洋等)、地表覆盖物(植被、雪和水等)、大气状态、观测时间和地点(纬度的影响)以及卫星和太阳的位置等. 因此，阈值在使用中也应是变化的，这样就使得问题复杂化了. 云的辐射有别于地表，因此像元中若部分有云，必然会降低像元的亮度温度或增加像元的反射率. 阈值法是绝对地判定整个像元有云或者晴空，因此，限定阈值的大小后，部分有云的像元在判定时就可能出现误差. 若反射率阈值设置过大或亮温阈值设置过小，则许多部分有云像元可被判为晴空，相反的情况是有可能过多判定云区. 此外，在云与地表下垫面辐射特征类似时，阈值法很难识别云. 例如，薄的卷云和冰雪下垫面辐射特征类似，夜间低的层云或小积云与地面下垫面类似，用简单的反射率和亮温阈值难以区分云与地表. 因此，实际应用中，阈值法一般结合其他方法，进行云检测或参数计算.

阈值法可以对每个像元进行云检测，但也有采用像元块(例如 2×2 矩阵)作为判识单位. 例如，当 2×2 像元矩阵中 4 个像元全部没有通过有云判别时，像元矩阵为无云；4 个像元点全通过有云判别时，像元矩阵为完全云盖；4 个像元点中有 1～3 个通过有云判别时，像元矩阵为混合型. 如果被判别为云或混合型的 4 个像元，满足另外的晴空检测条件，像元矩阵可重新判别为无云(Stowe et al,1991). 根据下垫面性质和观测时间的不同，这个算法分成了白天海洋、白天陆地、夜间海洋和夜间陆地四类. 随后，加入了动态阈值，对方案进行了改进(Stowe et al,1998).

阈值法可用于云的识别，阈值变量也可以使用根据卫星数据反演的云特征参数. 例如，设置卫星资料反演计算得到云顶气压和云光学厚度阈值，根据云顶气压阈值可以确定不同高度(中、高和低)的云，再根据云光学厚度阈值，可以识别出 Ci，Cc/Cs，Cb，Ac/As，Ns，Cu/Sc 和 St 等 7 种云(图 4.1). 这种方法在夜间只能确定高、中和低云.

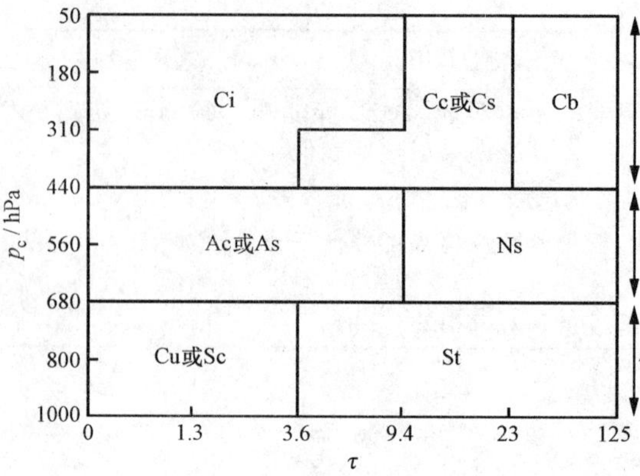

图 4.1 使用云光学厚度(τ)和云顶气压(p_c)阈值对云的识别(Rossow et al,1991)

4.2.2 直方图法

直方图法,是将某一区域像元的辐射量绘制成直方图,图中辐射量集中的区域可能是不同的云或地表类型.其根据是,对于均一的下垫面,卫星探测的辐射量的变化主要因仪器探测误差引起,因此绘制出来的直方图具有正态分布特征.因此若研究区域有不同的下垫面,直方图中辐射量会集中于若干区域,每个区域的分布会显示有近似正态分布的型态.因此,经由辐射量集中的区,可用来判定云.和阈值法类似,直方图法也可以使用多光谱通道的云图数据,例如使用反射率和亮温的二维直方图.由统计方法,可从直方图上统计得到晴空和云区之间的阈值,这还可解决阈值法中阈值确定的问题.

在直方图上,每个辐射量集中区实际就是一类.因此,可以用聚类统计作为直方图的一种统计法.聚类分析是研究分类问题的一种统计分析方法,它将一个给定的数据对象集合分成不同的类别.其中,K-聚类法是一种动态聚类法.其原理是将一群彼此类似的样本物理量的平均值,定义为该群样本的类中心(共有 K 个类别).某一个样本物理量与其样本群的类中心之间的差异,称为该样本与该类之间的距离.每一类的类中心与其内部相应的所有样本物理量之间的距离均方根,定义为该次聚类的误差.K-聚类法的目的就是,当初始的分类类别选定以后,通过动态分析的方法找到一种最佳的分类,使得该种分类的聚类误差尽可能达到最小.为了达到这个目的,所有的样本被逐一检验,以确定该样本是否属于最近的一类.那些被检验出不属于最近的一类的样本,将被重新分配到新的最近的一类中去.与此同时,各个类中心将被重新调整.重复上述过程,聚类误差将不断地减小并最终达到最小.最终,各个分类的类别就被最合理地确定.例如,使用 FY-2C 的红外分裂窗亮温 T_{11} 和 T_{12}、水汽通道亮温 $T_{6.7}$ 作为参量,在海洋区,将聚类类别分成 7 类:晴空、Sc-Ac、混合云(mixed)、As-Ns、Cs、密云(dense)和 Cb,初始聚类中心值见表 4.2.使用 K-聚类法得到的云分类图见 4.2(a),图 4.2(b)给出了相应时刻的红外云图.由此可见,聚类分析不仅对每个像元进行了云检测,同时也对每个像元的云进行了分类.

表 4.2 聚类分析中的类别和初始聚类中心

类 别	英文简写(图 4.2)	$(T_{11}-T_{6.7})$/℃	$(T_{12}-T_{6.7})$/℃	$T_{6.7}$/K	$(T_{11}-T_{12})$/℃
晴空海洋	Clr	46.895	42.754	248.493	4.141
层积云-高积云	SA	38.326	34.950	237.153	3.375

（续 表）

类 别	英文简写(图 4.2)	$(T_{11}-T_{6.7})$/℃	$(T_{12}-T_{6.7})$/℃	$T_{6.7}$/K	$(T_{11}-T_{12})$/℃
混合云	Mx	22.427	21.672	230.692	0.756
高层云-雨层云	AN	20.294	18.603	231.297	1.692
卷层云	Cs	17.315	15.824	227.079	1.491
密云	Ds	6.383	6.350	213.852	0.033
积雨云	Cb	−5.486	−4.510	220.045	−0.976

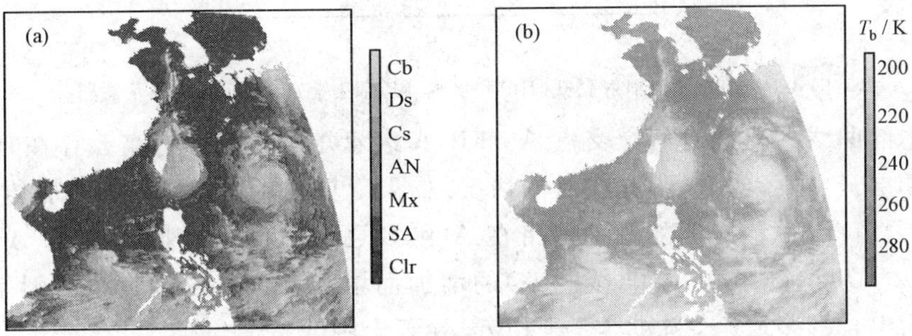

图 4.2 聚类分析分类试验结果(2006 年 8 月 8 日 06:00 UTC)(尹跃等,2009)

(a) 聚类分析云分类试验结果,分类英文简写的含义见表 4.2;(b) FY-2C 红外云图

4.2.3 模态法

模态法,不同于阈值和直方图法能对每个像元实现云检测,它是对像元矩阵块进行云检测和分类.根据研究目的,像元矩阵块的大小不一.例如,对于 5×5 像元矩阵块,静止气象卫星红外云图上对应的空间范围,基本上与人在地面看云的范围相当,这样像元矩阵块识别出的云类可以与地面常规探测进行对比验证.

首先需要由像元矩阵块的像元物理量计算一些统计参数,包括了纹理和非纹理参数.纹理参数如矩阵块的均方差,反映像元量的空间变化.非纹理参数反映矩阵或像元的光谱特征,例如平均、极端值或通道之间的差异等.例如,使用平均亮温和均方差等参数,对美国国防气象卫星红外云图上的 5×5 矩阵块进行判别,可识别出四类型态,即晴空、层状云、积状云和混合云(Harris et al,1978).

日本静止气象卫星业务使用的云分析法(Nephanalyses),属于模态法.云分析法同样采用 5×5 矩阵块,最终将型态分为无法识别区、晴空、雾、卷云+积云、卷云+中云、积云、卷云、中云、浓积云、浓密云和积雨云等十一种类型(Tokuno et al,1996).

云分析法对多层云(例如:卷云+积云)的识别值得一提,它是通过红外和水汽通道辐射亮度的关系获取的.图 4.3 中向上凸起的虚线,表示了不同高度视场完全被一块黑体云覆盖时,卫星观测的红外通道(10.3～11.3 μm)辐射亮度和水汽通道(6.2～7.6 μm)辐射亮度的关系.辐射亮度可由通道亮温和通道光谱响应函数,在对应的波段积分计算得到.当视场中存在包含有半透明云(很薄、薄和厚的卷云)的多层云时,红外通道辐射亮度 I_{11} 和水汽通道辐射亮度 $I_{6.7}$ 的关系为线性关系

$$I_{6.7}=a_0+a_1 I_{11}, \tag{4.2.1}$$

其中,系数 a_0 和 a_1 要根据某一多层云型态的 5×5 矩阵块中,25 个像元点对应的辐射值统计回归得到.图 4.3 中的直线,表示了多层云存在时的这种线性关系.(4.2.1)式的推导请参考下文 4.3.1 节中的 H_2O-红外窗区相交法中的介绍.

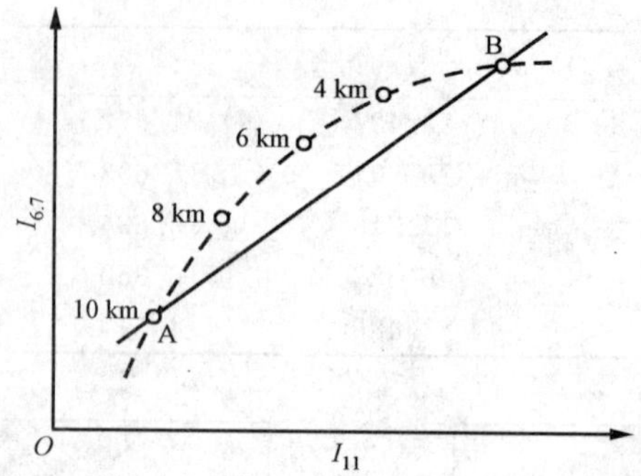

图 4.3 红外通道辐射亮度(I_{11})和水汽通道辐射亮度($I_{6.7}$)的关系示意图

图 4.3 中的曲线和直线有两个交点 A 和 B,A 表示矩阵块中仅有高云存在时的情况,而 B 则表示仅有低层云(中云或低云)存在时的情况. 如果卫星视场中出现的是包括卷云和中云(或低云)的多层云情况,卫星探测的辐射值将在 A 和 B 之间的直线上变化. 如果 A 点固定不变,低层云(B 点)的高度,随系数 a_1(直线斜率)的增加而增加. 因此,根据直线的斜率按阈值法可以判别出不同组合的多层云,例如卷云+积云、卷云+中云.

4.2.4 MODIS 云掩码法

目前国际上流行比较流行的云检测方法是 MODIS 云掩码(cloud mask)方法,是借鉴了其他众多方法并结合自身仪器特点发展起来的算法,主要以阈值法为主. 使用了 MODIS 的 19 个波段数据,设定了多个方面的阈值判定,并使用了 4 级置信度来表示出现云的可能性,对应检测结果为晴空、可能晴空、可能有云和云四类(Ackerman et al,2006).

鉴于许多云检测算法中只使用了单一的阈值,MODIS 云掩码算法中在每一步的检测中都使用了多个阈值,并给出检测结果的置信度. 图 4.4 表示了在其中一步检测试验中,置信度(F)和阈值(α 和 β)的关系示意图. 横坐标表示观测值(或观测值的组合),纵坐标是置信度. 在试验中,若观测值大于阈值 β,则确定为高信度晴空,并赋值 1. 若观测值小于阈值 α,则确定为高信度云,并赋值 0. 阈值 α 和 β 需要从观测资料统计或理论模拟中确定. 观测值介于 α 和 β 之间时,则通过线性内插赋 0 和 1 之间的某个值.

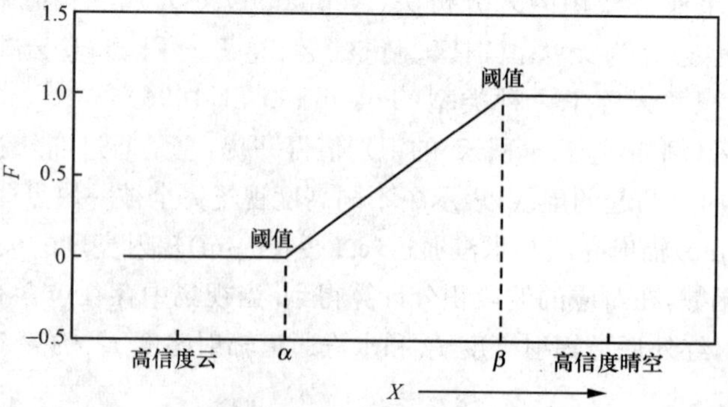

图 4.4 云检测中使用的阈值(α 和 β)和置信度(F)的关系示意图. 横坐标 X 表示观测值(或观测值的组合)

MODIS 的检测算法分为 5 组(见表 4.3),包括简单的红外通道亮温阈值检测、亮温差检测、反射率检测、近红外薄卷云检测和红外薄卷云检测. 每组包含 1 个或多个检测试验,可首先

确定每组中所有试验中的最小置信度 F_i，表示为

$$F_i = \min[F_{i1}, F_{i2}, \cdots], \quad i = 1, 2, \cdots, 5, \tag{4.2.2}$$

其中，F_{i1}，F_{i2}，…为第 i 组中多个检测试验的置信度.最终的云检测结果置信度为

$$F = \sqrt[5]{\prod_{i=1}^{5} F_i}. \tag{4.2.3}$$

表 4.3　MODIS 云掩码算法中的云检测试验

组　别	检测项目	理　由	适用范围
1. 简单红外阈值检测	T_{11}（11 μm 亮温，下同）	洋面水汽充足，低温即可冷凝成云，温度较低时，有云存在.陆地表面情况复杂，无法检测	洋面
	$T_{13.9}$	通道处在强烈的 CO_2 吸收带，对对流层上层相对冷区敏感，其权重函数峰值在 500 hPa，检测 500 hPa 以上的云	极地（纬度大于 60°）例外
	$T_{6.7}$	主要来自 200～500 hPa 气层的水汽发射，当高云接近本层大气顶端或者高于本层大气，具有低亮温	极夜期间南极洲例外
	$T_s - T_{11}$（T_s 为海温或陆面温度）	当云量越多时，$T_{11}-T_{12}$ 会越小，$T_s - T_{11}$ 越大.海温可以使用分裂窗通道计算获得，陆面温度来自全球资料同化系统提供的数据	陆地时，白天和有雪盖/冰盖条件下不适用
2. 亮温差检测	$T_{8.6}-T_{11}$	皆处大气窗区，水汽吸收率不同，11 μm 对于水汽的吸收率最低.在晴空/不透明云时，代表表面温度，亮温差较小.有透明云时，水汽吸收不同，亮温差值增大，可以检测透明云（卷云）的存在	适用海洋，陆地 8.6 μm 发射率变化大
	$T_{11}-T_{12}$	晴空时，亮温差是低层水汽吸收差异造成的.云存在时因云上水汽较少，导致亮温差减小	海洋陆地都适用
	$T_{7.3}-T_{11}$	晴空夜晚，非极地地区，$T_{7.3}$ 对中层大气的温度和湿度较敏感，亮温差为负值.有云，亮温差绝对值减小.极地地区因为会产生逆温，阈值是线性变化的	夜间陆地和冰/雪盖
	$T_{11}-T_{3.9}$	白天两通道亮温差异大，因发射太阳辐射差值为负值.夜间可探测视场内的薄云等	海洋陆地都适用
	$T_{8.6}-T_{7.3}$	类似 $T_{7.3}-T_{11}$，可检测夜晚洋面的厚中层云	夜间洋面
3. 太阳反射率检测	$r_{0.65}$（0.65 μm 反射率，下同）	云相对于地表在可见光波段具有较高的反射率，直接检测云	白天陆地
	$r_{0.86}$	云相对于海表和沙漠在近红外波段具有较高的反射率，直接检测云	白天海洋、沙漠
	$r_{0.86}/r_{0.65}$	云在 0.65 μm 和 0.86 μm 波段的反射率相近，使得 $r_{0.65}/r_{0.86}$ 比值接近于 1，而对于洋面和植被覆盖区，这两个波段的反射率相差较大，因此可进行云检测.采用的比值在 0.9～1.1 内认为是有云区	白天
4. 近红外薄卷云检测	$r_{1.38}$	处强水汽吸收带，一定的可降水量下地表反射的 1.38 μm 辐射无法到达大气上界；且高云对近红外波段的反射率较高.可以检测透明薄卷云	白天，但不适用于海拔高于 2 km 或大气可降水量低于 0.75 cm 的地区
5. 红外薄卷云检测	$T_{3.9}-T_{12}$	夜间对于冰相云（冷云）为正值，对于液相云（暖云）为负值，混合云则介于两者之间.利用 $T_{3.9}-T_{12}$ 来检测薄卷云的存在	夜间

4.3 云 参 数

卫星上的成像仪、探测器以及微波辐射计等获得的资料都可用于云参数定量估计.其中,可见光红外成像仪因为水平分辨率高,可用于进行云识别分类、云量和云相态等参数的估计;红外探测器可进行垂直观测,可用于云顶高度等参数的计算;而微波辐射计不具备成像仪和探测器的优势,可用于对云中水汽和液态水的探测.

早期卫星仪器和通道都较少,因此能够使用的云的辐射信息较少.现在以及可以预见的将来,卫星上搭载的仪器以及仪器上的通道,都会不断增多,因此,云参数可以使用多光谱波段的通道辐射信息进行反演计算.

4.3.1 云顶气压、云顶温度和有效发射率

使用遥感资料确定云顶高度和云顶温度所用是红外波段,主要涉及到 H_2O 的 6.7 μm 吸收带、CO_2 的 15 μm 吸收带和红外分裂窗波段.静止和极轨气象卫星的成像仪或探测器上一般都装载有这些波段相应的通道.使用的方法按涉及的波段,包括红外窗区法(Schmetz et al,1993)、辐射余差法、辐射比值法、H_2O-红外窗区相交法(Schmetz et al,1993;Nieman et al,1993,1997)和分裂窗直方图法(Derrien et al,1988).此外,还有几何法确定云顶高度,包括在低太阳高度时利用云的投影确定云高,以及由同时观测的两颗卫星,利用数据间的几何关系确定云高.几何法这里将不作介绍.

1. 红外窗区法

红外窗区法是最直接和简单的确定云高和云顶温度的方法,使用一个通道可能源于早期气象卫星通道不是足够多.但是,即使今天的卫星探测通道很全,这种一通道的方法依然是其他方法不可或缺的补充,特别是其他方法在应用中出现问题的时候.

窗区 11 μm 波段相对透明,主要影响来自大气低层的水汽,来自云顶之上的水汽对窗区辐射的影响可以忽略不计,窗区 11 μm 通道的亮度温度可以代表云顶温度.要确定云顶高度,必须借助于数值天气预报的卫星观测时刻的温度廓线预报资料.亮度温度与预报廓线中气温相等的高度,就是云顶高度.从数值天气预报的产品中可以找到对应的云顶气压或实际高度.

对于不透明的云,由于忽略了云顶以上大气削弱的影响,通常情况下将导致云顶温度低估,相对应的云顶高度会偏高.较低的云会出现较大的偏差.现在的欧洲静止气象卫星的业务算法中,对这种偏差作了订正.选取离卫星云像元点(假设根据云检测和分类已经获得了基本的云信息)最近的数值天气预报的温度和湿度廓线产品,将云顶温度设置为温度廓线各层的温度.对于发射率为 1 的非透明云,通过辐射传输模式模拟出卫星亮度温度廓线.然后,找到这条廓线上与卫星观测亮温相同温度的高度,这个高度即为所求的云顶高度.最后找到对应于云顶高度上的数值预报温度廓线上的温度,即为所求云顶温度(见图 4.5).

对于半透明的卷云,云顶温度往往会过高估计,由此获取的云顶高度会偏低.半透明卷云云顶高度和温度的估计需要采用另外的算法.

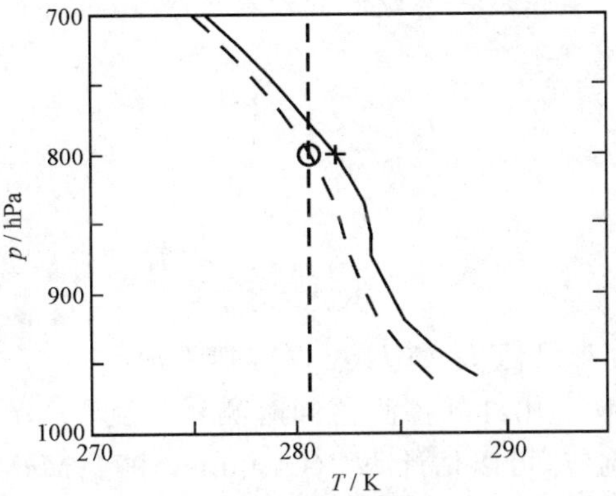

图 4.5 红外窗区法中不透明云的云顶高度和温度确定的示意图. 实线是预报的大气温度廓线，与之相邻的虚线是模拟的 11 μm 通道亮温廓线. 垂直虚线对应卫星实测亮温值，与亮温廓线的交点(圆圈处)的高度为云顶高度. 对应云顶高度，大气温度廓线上点(十字)的温度为云顶温度. 图中实测亮温为 280.7 K，云顶高度估计为 800 hPa，云顶温度估计为 282 K

2. *辐射余差法*

辐射余差法主要适用于极轨卫星上搭载有 15 μm 二氧化碳吸收带的探测器通道. 例如，FY-3A 就搭载有这样的探测器——红外分光计，其 1～7 通道波段位于 CO_2 的吸收带及翼区，中心波长分别为 14.95，14.71，14.49，14.22，13.97，13.64，13.35 μm.

若视场部分被云覆盖(图 4.6)，忽略云在这些波段的反射辐射，根据辐射传输方程，探测器某一通道感应到的辐射亮度可以简化为

$$I = (1-N)I_{\mathrm{clr}} + N\varepsilon I_{\mathrm{cld}} + N(1-\varepsilon)I_{\mathrm{clr}}, \tag{4.3.1}$$

其中，I 为像元探测辐射，I_{cld} 和 I_{clr} 分别为云(不透明)和晴空状态下的辐射，N 为像元中云的覆盖率，即云量(范围为 0～1)，ε 为云的发射率，$(1-\varepsilon)$ 因而就是云的透过率. (4.3.1)式表示卫星通道探测的辐射包括像元的晴空区辐射、云区的发射辐射和通过云区透过的辐射三部分. 定义有效云量(或有效发射率) $N' = N\varepsilon$，(4.3.1)式改写为

$$I = (1-N')I_{\mathrm{clr}} + N'I_{\mathrm{cld}}. \tag{4.3.2}$$

它表示了卫星探测辐射值，是晴空辐射与不透明云辐射相对于有效云量的加权平均.

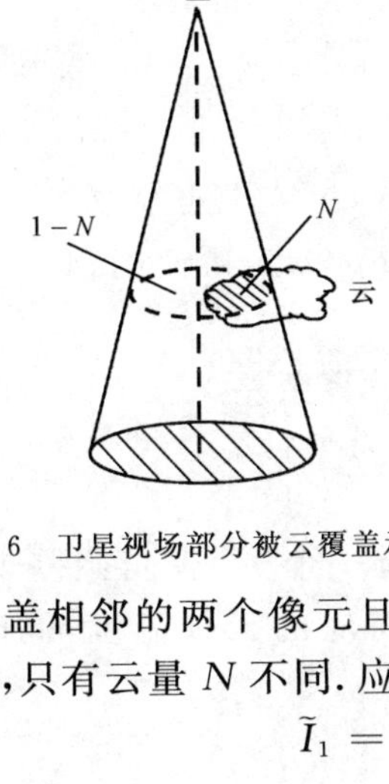

图 4.6 卫星视场部分被云覆盖示意图

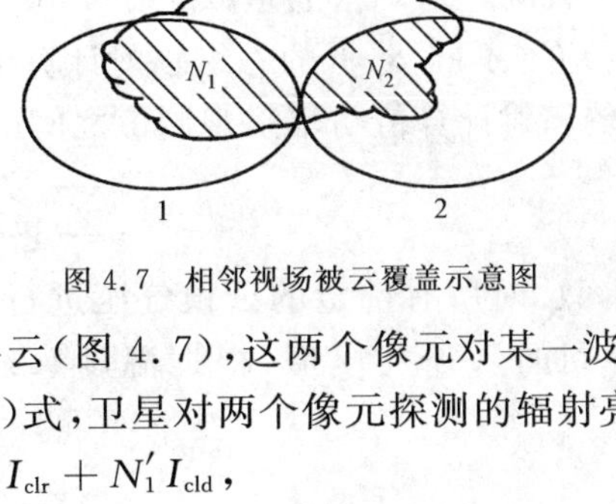

图 4.7 相邻视场被云覆盖示意图

若云部分覆盖相邻的两个像元且只有一层云(图 4.7)，这两个像元对某一波长 λ 有相同的 I_{cld}，I_{clr} 和 ε 值，只有云量 N 不同. 应用(4.3.2)式，卫星对两个像元探测的辐射亮度为

$$\tilde{I}_1 = (1-N_1')I_{\mathrm{clr}} + N_1'I_{\mathrm{cld}}, \tag{4.3.3a}$$

$$\tilde{I}_2 = (1-N_2')I_{\text{clr}} + N_2' I_{\text{cld}}, \tag{4.3.3b}$$

由此，求得晴空辐射为

$$I_{\text{clr}} = \frac{\tilde{I}_1 - N^* \tilde{I}_2}{1-N^*}, \tag{4.3.4}$$

其中，

$$N^* = \frac{N_1'}{N_2'} = \frac{I_{\text{clr}} - \tilde{I}_1}{I_{\text{clr}} - \tilde{I}_2}. \tag{4.3.5}$$

因此，计算得到 N^* 后，配合观测值 $\tilde{I}_1$ 和 $\tilde{I}_2$ 可以得到 I_{clr} 值.

有多种方法可以估计 N^*. 用红外探测器同时测量得到 15 μm 和 4.3 μm 波段的辐射，利用这两个波段对云的不同响应，可以估计 N^*（Chahine，1974；McMillin et al，1982），这种方法较为复杂. 而如果卫星上同时有微波探测器观测，则 N^* 易于估计（Smith et al，1976；McMillin et al，1982；Susskind et al，1984）. 微波几乎不受非降雨云影响，微波辐射就相当于晴空辐射. 用晴空辐射统计回归得到 NOAA 卫星微波探测单元（MSU）第二通道（53.74 GHz，权重峰值 ～700 hPa）与 15 μm 波段各通道（λ_i）辐射的关系

$$I(\lambda_{\text{MSU2}}) = a_0 + \sum_i a_i I(\lambda_i). \tag{4.3.6}$$

当存在云时，用 15 μm 波段各通道辐射，根据（4.3.6）式计算得到 $I(\lambda_{\text{MSU2}})$，这个值小于观测值 $\tilde{I}(\lambda_{\text{MSU2}})$. 应用于两个相邻视场可得到 N^*

$$N^* = \frac{\tilde{I}(\lambda_{\text{MSU2}}) - I_1(\lambda_{\text{MSU2}})}{\tilde{I}(\lambda_{\text{MSU2}}) - I_2(\lambda_{\text{MSU2}})}. \tag{4.3.7}$$

根据以上介绍的方法得到晴空辐射后，若同时也在大气垂直廓线反演中获得了温度和湿度垂直廓线，则可用辐射余差法确定云顶气压和云量（Smith et al，1970；Chahine，1975，1982），其步骤简述如下：

（1）从地表到对流层顶垂直范围内，选取一组可能的云顶气压 p_c.

（2）对于组中的每一个 p_c，计算权重函数峰值高度最低的那个通道的 I_{cld}：

$$I_{\text{cld}}(\lambda) = B_\lambda(T_c)t(p_c,0) + \int_0^{p_c} B_\lambda(T)\frac{\partial t_\lambda(p,0)}{\partial \ln p}\mathrm{d}\ln p. \tag{4.3.8}$$

（3）对于每一个 p_c，使用（2）中计算得到的 I_{cld}，以及预先得到的 I_{clr} 和观测辐射 $\tilde{I}$，计算有效云量

$$N' = \frac{\tilde{I} - I_{\text{clr}}}{I_{\text{cld}} - I_{\text{clr}}}. \tag{4.3.9}$$

云假设为只有一层，通道波段选择的足够近，$\varepsilon(\lambda_i)$ 为常数，N' 与通道无关.

（4）同一视场下对剩余通道（λ_i）用（4.3.8）式计算 $I_{\text{cld}}(\lambda_i)$，再使用（4.3.2）式计算 $I(\lambda_i)$. 由此，得到对应于不同 p_c 下的一组辐射计算值 $I(\lambda_i)$.

（5）比较辐射计算值与辐射观测值之间的差异，即计算余差

$$\chi(p_c) = \left\{\sum_i \left[\frac{I(\lambda_i) - \tilde{I}(\lambda_i)}{\tilde{I}(\lambda_i)}\right]^2\right\}^{1/2}, \tag{4.3.10}$$

它是 p_c 的函数. 对所有选定的云顶气压进行计算，必有一个 p_c，使得余差 χ 最小. 这个气压就是最终得到的云顶气压值，根据温度廓线可求出对应的云顶温度，同时也可求出有效云量.

3. 辐射比值法

使用两个相邻探测通道(例如 $\lambda_1=13.35\ \mu m$ 和 $\lambda_2=13.64\ \mu m$),它们的发射率近似相等,因此,同一探测视场的有效云量相同. 应用(4.3.2)式

$$I(\lambda_1)=(1-N')I_{clr}(\lambda_1)+N'I_{cld}(\lambda_1), \tag{4.3.11a}$$

$$I(\lambda_2)=(1-N')I_{clr}(\lambda_2)+N'I_{cld}(\lambda_2), \tag{4.3.11b}$$

消去有效云量 N' 得到

$$\frac{I(\lambda_1)-I_{clr}(\lambda_1)}{I(\lambda_2)-I_{clr}(\lambda_2)}=\frac{I_{cld}(\lambda_1)-I_{clr}(\lambda_1)}{I_{cld}(\lambda_2)-I_{clr}(\lambda_2)}=f(\lambda_1,\lambda_2,p_c). \tag{4.3.12}$$

只要没有逆温存在,$f(\lambda_1,\lambda_2,p_c)$是 p_c 的单调函数,与大气温度廓线无明显的依赖关系. 这种辐射比值法首先要得到 $f(\lambda_1,\lambda_2,p_c)$,然后根据(4.3.12)式等号左边的计算值,可得到与 $f(\lambda_1,\lambda_2,p_c)$值相同时对应的 p_c 值,即是最终确定的云顶气压值,根据(4.3.11a)或(4.3.11b)式也可确定有效云量(McCleese et al,1976;Smith et al,1978;Chahine,1982;Menzel et al,1983).

CO_2 切片法(Menzel et al,1983). 它的基础是辐射比值法,同样使用的是两个相邻通道. 对(4.3.12)式中间部分变形得到

$$\frac{I(\lambda_1)-I_{clr}(\lambda_1)}{I(\lambda_2)-I_{clr}(\lambda_2)}=\frac{\int_{p_s}^{p_c}t_{\lambda_1}(p,0)\frac{dB[\lambda_1,T(p)]}{dp}dp}{\int_{p_s}^{p_c}t_{\lambda_2}(p,0)\frac{dB[\lambda_2,T(p)]}{dp}dp}, \tag{4.3.13}$$

其中,p_s 是地表面气压,$t_\lambda(p,0)$是波长 λ 通道从气压为 p 的高度到大气顶部($p=0$)的大气透过率,$B[\lambda,T(p)]$是波长 λ、温度 $T(p)$下的普朗克函数.

方程(4.3.13)式左边的计算需要卫星两个通道的观测辐射值和晴空辐射值,晴空辐射值可以由温度和湿度廓线计算得到. 使用预报的温度、湿度垂直廓线,并将 p_c 从 1000 hPa 以间隔 50 hPa 变化到 100 hPa,可以计算不同气压 p_c 下对应方程(4.3.13)式右边的值. 最终当方程(4.3.13)式等号两边计算值之差的绝对值最小时,对应的 p_c 为确定的云顶气压. 一旦云顶气压确定下来,则预报的温度廓线中对应此气压的温度 $T(p_c)$为云顶温度. 使用红外窗区通道(波长 λ)资料,计算视场中的有效云量

$$N'=\frac{\tilde{I}(\lambda)-I_{clr}(\lambda)}{B[\lambda,T(p_c)]-I_{clr}(\lambda)}. \tag{4.3.14}$$

CO_2-红外窗区比值法(Nieman et al,1993). 它的基础也是辐射比值法. 这种方法只用于探测单层高云,包括任何半透明的云. 使用的通道是红外窗区通道(11 μm)和一个 CO_2 吸收带通道(13.3 μm),两个通道对于高云有近似相同的发射率. 类似 CO_2 切片法的步骤,可以确定云高和有效云量.

4. H_2O-红外窗区相交法

这种方法适用于空间分辨率较高的成像仪,使用水汽通道和红外窗区通道,可确定半透明云和碎云的云高.

水平分层非散射大气中若存在半透明云或碎云,根据辐射传输方程,大气上界卫星看到的红外波段的某一波长处的单色辐射亮度为

$$I = I_s t(p_s, p_b) t(p_b, p_t) t(p_t, 0) + \int_{p_s}^{p_b} B(p) \frac{\partial t}{\partial p} \mathrm{d}p + \int_{p_b}^{p_t} B(p) \frac{\partial t}{\partial p} \mathrm{d}p + \int_{p_t}^{0} B(p) \frac{\partial t}{\partial p} \mathrm{d}p, \tag{4.3.15}$$

其中，p_s，p_b 和 p_t 分别是地表面气压、云底气压和云顶气压，B 是普朗克函数，t 是单色透过率，I_s 是地表面向上辐射亮度. 为了书写简洁，(4.3.15)式中与波长有关的量省略了波长符号. 卫星探测的是一个波段的辐射亮度，假设从单一波长可以扩展为波段，所用的方程都能成立. 下面的推导中，将用波段中心波长代表波段，以表示两个通道的区别.

(4.3.15)式中与云有关的透过率用有效透过率 $t^{\mathrm{cld}} = t(p_b, p_t)$ 代替，积分项取平均普朗克函数 B^{cld}. 则(4.3.15)式改写为

$$I = I^b t^{\mathrm{cld}} t^a + B^{\mathrm{cld}}(1 - t^{\mathrm{cld}}) t^a + I^a, \tag{4.3.16}$$

其中，I^b 是到达云底的向上辐射亮度，t^a 和 I^a 分别是云顶以上大气的透过率和发射辐射.

若使用红外 11 μm 通道和水汽 6.7 μm 通道，它们对半透明云的观测值分别为 I_{11} 和 $I_{6.7}$，而从邻近像元可获取晴空的观测值分别为 I_{11}^{clr} 和 $I_{6.7}^{\mathrm{clr}}$，根据(4.3.16)式

$$I_{11} = I_{11}^b t_{11}^{\mathrm{cld}} t_{11}^a + B_{11}^{\mathrm{cld}}(1 - t_{11}^{\mathrm{cld}}) t_{11}^a + I_{11}^a, \tag{4.3.17a}$$

$$I_{6.7} = I_{6.7}^b t_{6.7}^{\mathrm{cld}} t_{6.7}^a + B_{6.7}^{\mathrm{cld}}(1 - t_{6.7}^{\mathrm{cld}}) t_{6.7}^a + I_{6.7}^a. \tag{4.3.17b}$$

对于晴空辐射，根据(4.3.17a)和(4.3.17b)可写为

$$I_{11}^{\mathrm{clr}} = I_{11}^b t_{11}^a + I_{11}^a \approx I_{11}^b, \tag{4.3.18a}$$

$$I_{6.7}^{\mathrm{clr}} = I_{6.7}^b t_{6.7}^a + I_{6.7}^a. \tag{4.3.18b}$$

进一步假设两通道的有效发射率的比值 $\gamma = (1 - t_{11}^{\mathrm{cld}})(1 - t_{6.7}^{\mathrm{cld}})^{-1}$ 为常数，(4.3.17)和(4.3.18)式合并，推导可得观测辐射 $I_{6.7}$ 和 I_{11} 的线性关系为

$$I_{6.7} = a_0 + a_1 I_{11}, \tag{4.3.19}$$

其中

$$a_0 = \frac{\gamma I_{11}^{\mathrm{clr}} I_{6.7}^{\mathrm{opq}} + (1 - \gamma) I_{11}^{\mathrm{clr}} I_{6.7}^{\mathrm{clr}} - I_{6.7}^{\mathrm{clr}} B_{11}^{\mathrm{cld}}}{I_{11}^{\mathrm{clr}} - B_{11}^{\mathrm{cld}}}, \tag{4.3.20a}$$

$$a_1 = \gamma \frac{I_{6.7}^{\mathrm{clr}} - I_{6.7}^{\mathrm{opq}}}{I_{11}^{\mathrm{clr}} - B_{11}^{\mathrm{cld}}}, \tag{4.3.20b}$$

$$I_{6.7}^{\mathrm{opq}} = B_{6.7}^{\mathrm{cld}} t_{6.7}^a + I_{6.7}^a. \tag{4.3.20c}$$

从(4.3.19)可知，对于位于特定高度的透明度变化的某一云层，全部的辐射观测值 I_{11} 和 $I_{6.7}$，将位于晴空辐射 I_{11}^{clr} 和 $I_{6.7}^{\mathrm{clr}}$，与不透明云的理论辐射 B_{11}^{cld} 和 $I_{6.7}^{\mathrm{opq}}$ 之间的直线上(参考图 4.3，此时，A 和 B 点代表的意义不同). 获得 B_{11}^{cld} 或 $B_{6.7}^{\mathrm{cld}}$ 的值，是为了获得订正后的云高.

对于不透明的云，$\gamma = 1$，(4.3.19)可以变形为

$$I_{6.7}^{\mathrm{opq}} = \frac{I_{11}^{\mathrm{clr}} I_{6.7} - I_{11} I_{6.7}^{\mathrm{clr}}}{I_{11}^{\mathrm{clr}} - I_{11}} + \frac{I_{6.7}^{\mathrm{clr}} - I_{6.7}}{I_{11}^{\mathrm{clr}} - I_{11}} B_{11}^{\mathrm{cld}}, \tag{4.3.21}$$

其中，B_{11}^{cld} 和 $I_{6.7}^{\mathrm{opq}}$ 是未知的，它相应于卫星在红外和水汽通道观测非透明云时的辐射. 对于不同高度的非透明云，两者之间的关系需要利用数值天气预报的温度和湿度廓线，通过辐射传输模式模拟，可获得形如图 4.3 的上凸虚线. 云层的订正高度就是寻找此曲线与(4.3.19)式表示的直线的向下交点对应的高度(B 点固定).

5. 分裂窗直方图法

分裂窗直方图法使用了卫星成像仪分裂窗 11 μm 和 12 μm 的探测值,对于半透明的云的云顶高度和温度可进行估计.这是欧洲静止气象卫星业务算法的一部分(涉及半透明云和碎云的处理),另一部分涉及不透明云,已在红外窗区法中作过介绍.

忽略大气吸收,假设大气和云层处于局地热力平衡,云层吸收系数为常数.在红外长波波段,辐射可以近似为温度的线性关系.则卫星在波段 λ 通道观测的亮度温度 T_λ 为

$$T_\lambda = T_c + t_\lambda (T_{s,\lambda} - T_c), \tag{4.3.22}$$

其中,T_c 为云顶温度,$T_{s,\lambda}$ 为 λ 通道晴空亮温,t_λ 为 λ 通道云区透过率.对于窗区分裂窗通道(11 μm 和 12 μm),分别应用(4.3.22)式,经过整理得到

$$T_{11} - T_{12} = t_{11}(1 - t_{11}^{\alpha})(T_{s,11} - T_c) + t_{11}^{\alpha}(T_{11} - T_{s,12}), \tag{4.3.23}$$

其中,$\alpha = \beta_{12}/\beta_{11}$ 是两通道吸收系数 β 的比值.

对于固定的云顶温度和晴空亮温,(4.3.23)式给出了 $T_{11} - T_{12}$ 随 T_{11} 的变化关系,这个关系与 11 μm 通道的云透过率 t_{11} 有关.随透过率的变化,$T_{11} - T_{12}$ 随 T_{11} 的变化显示为直方图分布.当 $t_{11} = 0$ 时是不透明云,这时 T_{11} 和 T_{12} 的差异消失;当 $t_{11} = 1$ 时是晴空状态,这时 $T_{11} - T_{12} = T_{s,11} - T_{s,12}$,它是晴空亮温的差异,与表面发射率有关.当 $0 < t_{11} < 1$,云处于不同透明状态,$T_{11} - T_{12}$ 的值的范围为 $0 \sim (T_{s,11} - T_{s,12})$.

对于要研究的一个像元块矩阵(例如 16×16)中每个像元对应的分裂窗亮度温度,可以做出 $T_{11} - T_{12}$ 随 T_{11} 的直方图分布,为开口向下的拱形形状(见图 4.8).在单层卷云和碎水云情况下,对拱形散点分布进行曲线拟合,云顶温度就是这条拟合曲线延伸至不透明端($T_{11} - T_{12} = 0$)对应的亮度温度.

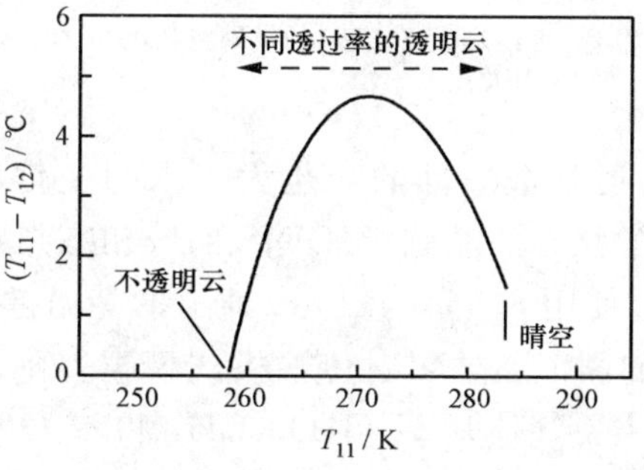

图 4.8 某一确定像元块矩阵做出的分裂窗通道亮温差($T_{11} - T_{12}$)随第一分裂窗通道亮温(T_{11})变化的拟合线示意图.实际情况的散点会在曲线两侧有一定的分布

若矩阵像元块包括陆地和海洋下表面,则会出现两个向下的拱形分布.除了在晴空一侧和半透明区有相当的差异外,两条曲线在不透明段差异减小.这种情况下,需要分别拟合不同的曲线,得到陆面和洋面上空的云顶温度.

4.3.2 云相态

云相态为云的热力学特征之一,是指构成云的云滴是为冰晶、为水滴,还是为冰晶和水滴混合,对应的云分别为冰云、水云和混合云三种.云相态决定了云的辐射性质,从而影响地球上的能量和水分循环.

云的辐射性质可以用云滴的几何特征和单次散射性质来描述.单次散射特征可用折射指数

($n=n_r-n_i i$)、粒子尺度分布和粒子大小等参数表示. 其中折射指数实部(n_r)表示粒子的散射能力. 实部数值越大,散射能力越强. 虚部(n_i)代表粒子辐射吸收能力,其值越大,吸收能力越强.

云的单次散射特性和云的吸收的关系,可用吸收系数与折射指数虚部的关系描述,即

$$\beta_a=\frac{4\pi n_i}{\lambda}. \tag{4.3.24}$$

图 4.9 给出了 8～12.5 μm 波段水和冰的折射指数. 由图可见,8.5～10 μm 波段中冰和水折射指数的虚部几乎完全相同且数值较小,说明这一波段是云粒子的弱吸收段,且不能有效区分冰和水云. 而在 10～12 μm 段,冰和水的折射指数的虚部均随波长的增大而增大,且数值不同. 在此波段,若在相同含水量的情况下,冰粒子比水粒子对辐射有更强的吸收,导致了在相同高度、厚度和粒子大小的情况下,冰云的亮度温度比水云的低. 因此可以通过不同通道亮温大小可区分云的性质,这是红外通道判别云相态的主要依据.

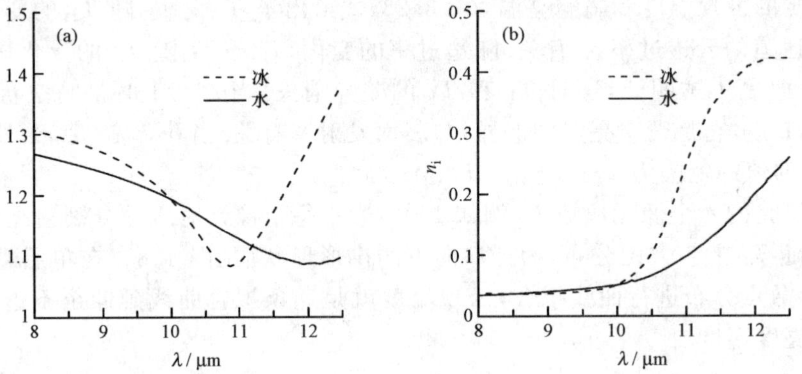

图 4.9 在 8～12.5 μm 波段,冰(虚线)和水(实线)的折射指数(Segelstein,1981;Warren et al,2008).
(a) 实部;(b) 虚部

冰在 8～11 μm 波段的折射指数虚部的变化大于水的变化,这是使用双通道(8.5 μm 和 11 μm)技术判断云粒子热力学状态的基础. MODIS 的云相态判别,就采用了 8.5 μm 和 11 μm 双通道组合(见图 4.10),通过使用 8.5 μm,11 μm 通道的亮温差 $T_{8.5}-T_{11}$ 和 11 μm 通道亮温 T_{11} 的关系判别云相态. 采用的阈值通过辐射传输模式模拟得到,模拟中考虑了大气的吸收和云的散射. 对 8.5 μm 吸收的主要气体是 H_2O,O_3,CH_4 和 N_2O 等,而对 11 μm 辐射吸收的主要是 H_2O 和 CO_2 等.

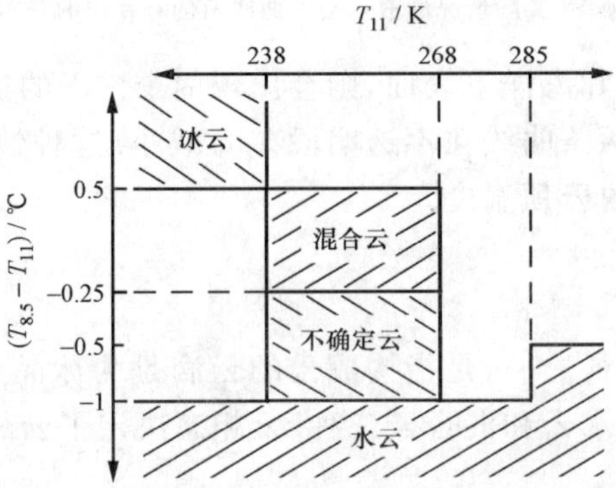

图 4.10 MODIS 双通道云相态判别法中的云类和阈值

三通道(8.5 μm,11 μm 和 12 μm)技术(Ackerman et al,1990;Strabala et al,1994)也用来确定云相态,原因是 8~12 μm 波段中大于 10 μm 的波段部分,冰和水的折射指数虚部出现显著差异.对于冰,8~11 μm 段吸收系数要比 11~12 μm 段增大的多,而水却相反,即水在 8~11 μm 段吸收系数要比 11~12 μm 段增大的少.比较 8.5 μm,11 μm 通道的亮温差 $T_{8.5}-T_{11}$ 和 11 μm,12 μm 通道的亮温差 $T_{11}-T_{12}$,就可以区分出冰云和水云.冰云的 $T_{8.5}-T_{11}$ 值要大于 $T_{11}-T_{12}$ 值,而水云却是 $T_{8.5}-T_{11}$ 值要小于 $T_{11}-T_{12}$ 值.冰云和水云可在 $T_{8.5}-T_{11}$(纵坐标)和 $T_{11}-T_{12}$(横坐标)点聚图上分离出来.冰云位于图中 45°对角线的上方,而水云位于下方,混合相态的云位于对角线附近.

云的单次散射特性也依赖于云粒子尺度.表 4.4 和表 4.5 给出了不同冰云和水云粒子尺度时的单散射反照率 ω.对于冰云,8.5 μm,11 μm 和 12 μm 的 ω 值有一定的差异,其中 8.5 μm 的 ω 值最大,而 11 μm 的 ω 值最小.对于水云,当云滴有效半径较小时,8.5 μm 的 ω 值要大于 11 或 12 μm 的值;随着云滴尺度的增大,它们的差异减小.三个红外波段中,以 8.5 μm 波段的散射最强,客观上使得 8.5 μm 通道亮温降低,使得在水云情况下,$T_{8.5}-T_{11}$ 的值小于零(图 4.10).

表 4.4 不同波段和不同冰云时云粒子的单散射反照率(Baum et al,2000)

冰云类型	ω				
	(0.65 μm)	(1.63 μm)	(8.52 μm)	(11 μm)	(12 μm)
Cs	0.999 995	0.9720	0.6966	0.4822	0.5412
Ci(T=−20℃)	0.999 993	0.9561	0.6659	0.4934	0.5440
Ci(T=−40℃)	0.999 992	0.9508	0.6473	0.5044	0.5501
Ci(T=−60℃)	0.999 997	0.9811	0.7344	0.4409	0.5170

表 4.5 不同波段和不同云滴有效半径时水云粒子的单散射反照率(Baum et al,2000)

有效半径/μm	ω			
	(1.63 μm)	(8.52 μm)	(11 μm)	(12 μm)
4	0.9976	0.7459	0.2914	0.2218
8	0.9950	0.7768	0.4400	0.3524
16	0.9906	0.6501	0.5151	0.4410
32	0.9824	0.5348	0.5051	0.4815

从表 4.4 和表 4.5 分析 0.6~1.7 μm 波段的云粒子的单散射反照率,可以看到 1.63 μm 波段,冰云的 ω 值(表 4.4)一般要比相同尺度的水云(表 4.5)小.说明相同光学厚度情况下,冰云在 1.63 μm 处的反射率要比水云小.当水云粒子有效半径增大时,水云 ω 值单调减少(表 4.5),与相同光学厚度条件下的冰云的反射率的差异也会减小.

图 4.11 给出了 0.6~1.7 μm 波段,冰(虚线)和水(实线)的折射指数.从图 4.11(b)中可以看到,在 0.6~1.7 μm 波段,冰和水的折射指数虚部在大趋势上随波长的增大而增大.在小于 0.7 μm 时折射指数虚部小于 10^{-7},表明云对可见光波段辐射吸收非常小.在 1.63 μm 时,冰和水的折射指数虚部要比 0.65 μm 处增大约 4 个量级,且它们的差异变大,即冰的折射指数虚部要比水的大.一方面说明冰和水的吸收能力明显增加,另一方面说明冰的吸收辐射能力大于水.当冰云和水云具有类似的粒子尺度和大小分布时,0.65 μm 波长的云辐射对云相态依赖很小,而在 1.63 μm 波长,冰云的辐射要比水云小.

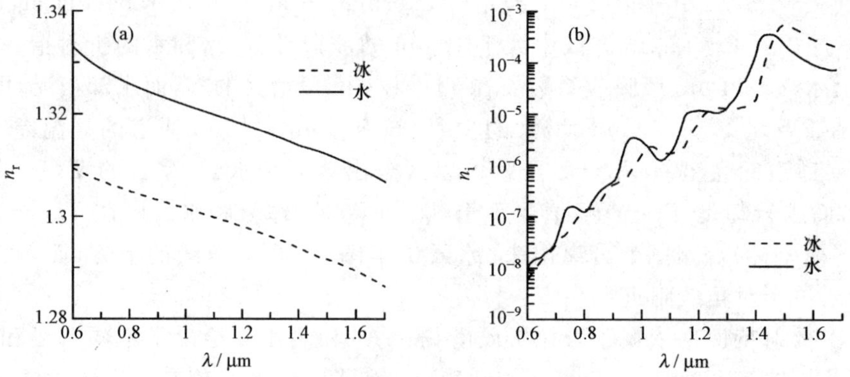

图 4.11 在 0.6～1.7 μm 波段，冰（虚线）和水（实线）的折射指数（Segelstein，1981；Warren et al，2008）.（a）实部；（b）虚部

从以上分析可以看到，对于 1.63 μm 波段，从单散射反照率看，相同光学厚度情况下冰云的反射率要比水云小；从折射指数虚部看，冰云的吸收能力比水云大. 两种情况下，都说明冰云的反射辐射要比水云小. 根据这一特征，可以利用 1.63 μm 波段并结合 0.65 μm 波段的反射率，得到云相态.

0.65 μm 和 1.63 μm 可见光-近红外通道技术判别云相态，主要采用的方法是查算表对照的方法. 即将卫星观测的两通道的反射率，与预先计算好的查算表对照，判识得到云相态. 查算表的计算采用辐射传输模式，选取若干不同微物理特征的水云和卷云，计算相对应的 0.65 μm 和 1.63 μm 通道的反射率.

4.3.3 光学厚度和有效粒子半径

和判别云相态的可见光-近红外通道技术类似，云的光学特征（光学厚度等）和微物理特征（云有效粒子半径等）的反演，通常也是根据辐射传输技术，建立类似于查算对照表形式的不同云模型、不同卫星通道下的模拟反射率数据库. 根据建立的数据库，一般采用双通道组合（例如可见光-近红外通道）或多通道组合（例如见光-近红外-中红外三通道），反演云像元的光学厚度和云顶粒子有效半径.

为了计算云光学厚度和有效粒子半径，首先要根据辐射传输模式计算反射辐射亮度. 当反射辐射场各向同性时，若卫星探测的某一像元对应的天顶角和方位角分别为 θ 和 ϕ，$\mu=\cos\theta$，反射辐射亮度为 $I_\lambda(\mu,\phi)$，则可定义代表介质反射率的反射函数（即表观反射率）$r_\lambda(\tau_c, a_e, \mu, \phi, \mu_0, \phi_0)$ 为

$$r_\lambda(\tau_c, a_e, \mu, \phi, \mu_0, \phi_0) = \frac{\pi I_\lambda(\mu,\phi)}{\mu_0 F_0(\lambda)}, \tag{4.3.25}$$

其中，$F_0(\lambda)$ 为入射太阳辐射通量密度，μ_0 是太阳天顶角 θ_0 的余弦，ϕ_0 为太阳方位角，τ_c 为云的总光学厚度，粒子有效半径 a_e 定义为

$$a_e = \frac{\int_0^\infty a^3 n(a)\,\mathrm{d}a}{\int_0^\infty a^2 n(a)\,\mathrm{d}a}, \tag{4.3.26}$$

其中，$n(a)$ 为粒子尺度分布，a 为粒子半径.

对于一个有限宽度的波段 $\lambda_1 \sim \lambda_2$，要想得到反射率，必须在方程(4.3.25)式中对波长进行积分，积分时要使用通道的光谱响应函数 $\psi(\lambda)$ 和入射太阳辐射通量密度 $F_0(\lambda)$ 进行加权. 得到的整个通道波段的表观反射率为

$$r(\tau_c, a_e, \mu, \phi, \mu_0, \phi_0) = \frac{\int_{\lambda_1}^{\lambda_2} r_\lambda(\tau_c, a_e, \mu, \phi, \mu_0, \phi_0)\psi(\lambda)F_0(\lambda)\mathrm{d}\lambda}{\int_{\lambda_1}^{\lambda_2} \psi(\lambda)F_0(\lambda)\mathrm{d}\lambda}. \tag{4.3.27}$$

实际反演云光学厚度和有效粒子半径时，首先针对不同的云模型，根据 Mie 散射理论，对卫星可见光、近红外和中红外探测通道，计算粒子的光学参数(例如粒子的单散射反照率和非对称因子等). 然后将计算得到的光学参数、像元观测的几何条件(例如卫星、太阳的天顶角和方位角等)、下垫面类型参数和探测通道光谱响应函数等众多参数，输入辐射传输模式，计算以云光学厚度和有效粒子半径为变量的卫星各相关通道遥感模拟的辐射数据，建立辐射模拟反射率数据库. 最后将卫星探测的多通道反射率与数据库中不同云模型的反射率作对比，即计算反射率对数差平方和 χ^2(Nakajima et al, 1990)

$$\chi^2 = \sum_i (\ln\tilde{r}_i - \ln r_i)^2, \tag{4.3.28}$$

其中，i 为所使用的第 i 个通道，卫星观测的反射率和数据库中模拟计算的反射率，分别为 $\tilde{r}_i$ 和 r_i，这两个反射率具有相同的卫星、太阳天顶角和方位角. 选取最小 χ^2 值时对应的模拟计算的反射率，此反射率对应的光学厚度和有效粒子半径就是最终反演结果.

习 题

4.1 在可见光云图上如何识别层积云？在红外云图上什么时候难于观测到层积云？为什么层积云在红外云图上表现为深灰色或中灰色，而在可见光云图上是白亮的？

4.2 在水汽云图上，可以识别什么样的云类？在何种情况下常常观测不到云？

4.3 描述可见光、红外和水汽云图上积雨云的表现特征.

4.4 描述一下风沙和浮尘在卫星云图(可见光和红外)上的表现特征.

4.5 描述高层云和高积云在可见光和红外云图上的表现特征. 如何将高层云从层积云中区别出来.

4.6 叙述红外通道和水汽通道联合进行多层云(例如：卷云＋积云)识别的原理.

4.7 以 MODIS 为例，说明如何确定云检测结果的置信度.

4.8 设计的中国碳卫星搭载的云与气溶胶探测仪的中心波长和通道波长范围见下表，试给出云与气溶胶探测仪的云检测方案.

序　号	中心波长/μm	通道波长范围/μm
1	0.38	0.365～0.408
2	0.67	0.66～0.685
3	0.87	0.862～0.877
4	1.375	1.36～1.39
5	1.64	1.628～1.654

4.9 红外窗区法如何获得云顶高度？有何局限？

4.10 说明确定相邻视场有效云量比 N^* 的方法.

4.11 辐射计观测单层高云，对于相邻视场，一个长波红外通道测量的辐射亮度分别为 $50\,\mathrm{mW \cdot m^{-2} \cdot sr^{-1} \cdot cm}$ 和 $60\,\mathrm{mW \cdot m^{-2} \cdot sr^{-1} \cdot cm}$，另一 CO_2 敏感通道则探测到 $65\,\mathrm{mW \cdot m^{-2} \cdot sr^{-1} \cdot cm}$ 和 $80\,\mathrm{mW \cdot m^{-2} \cdot sr^{-1} \cdot cm}$. 已知邻近的晴空视场窗区通道测量值为 $100\,\mathrm{mW \cdot m^{-2} \cdot sr^{-1} \cdot cm}$.（1）求晴空视场的 CO_2 通道观测值；（2）如果相邻视场中一个被云完全覆盖，另一视场中的云盖百分比是多少？

4.12 说明辐射余差法的原理和步骤.

4.13 通过图 4.9(b)说明使用三通道（8.5 μm，11 μm 和 12 μm）技术可以确定云相态.

4.14 某 4 通道红外辐射计探测晴空视场，下表给出了 4 通道的波数和等效噪声辐射. 已知地面温度为 300 K. 若现在温度为 230 K 的少量非透明云进入视场，计算每个通道在噪声辐射范围内依然探测不到云时，进入视场的云量.

通 道	1	2	3	4
$\nu/\mathrm{cm^{-1}}$	2500	1450	900	700
NEDR/($\mathrm{mW \cdot m^{-2} \cdot sr^{-1} \cdot cm}$)	0.004	0.1	0.1	0.8

4.15 对于 8，11，12 μm 通道，计算含 300 K 温度的晴空和含 230 K 温度的云在不同云量（云百分比为 0.0，0.2，0.4，0.6，0.8，1.0）下的视场辐射值. 随后转化为亮度温度，绘制不同云量下，8，11 μm 通道亮温差与 11，12 μm 通道亮温差的的关系图.

4.16 若两层云充满卫星观测视场，证明卫星观测辐射 I_{obs} 与晴空辐射 I_{clr} 之差为：

$$I_{\mathrm{obs}} - I_{\mathrm{clr}} = \varepsilon_1 \int_{p_s}^{p_{c1}} t\mathrm{d}B + \varepsilon_2 \int_{p_s}^{p_{c2}} t\mathrm{d}B - \varepsilon_1 \varepsilon_2 \int_{p_s}^{p_{c1}} t\mathrm{d}B,$$

其中，ε_i 和 p_{ci} 是低层云（$i=1$）和高层云（$i=2$）的发射率和气压，p_s 是地面气压，t 为大气透过率，B 为普朗克函数.

4.17 三个通道 14.0，13.3，11.2 μm 探测云视场的辐射分别为 46.6，60.3，52.5 $\mathrm{mW \cdot m^{-2} \cdot sr^{-1} \cdot cm}$，相邻晴空视场分别为 55.3，85.0，84.3 $\mathrm{mW \cdot m^{-2} \cdot sr^{-1} \cdot cm}$.（1）使用红外窗区技术，估计云视场云顶气压.（2）使用 CO_2 吸收技术，估计云视场云顶气压（参考下表给出的一些参考数据，表中下角标 1，2，3 分别代表三个通道 14.0，13.3，11.2 μm，t 是大气透过率，辐射亮度 B 的单位为 $\mathrm{mW \cdot m^{-2} \cdot sr^{-1} \cdot cm}$）. 并解释其与红外窗区估计的差异.（3）从（2）中获得的云顶气压，估计有效云量.（4）假如各个测量值的噪声为 $0.5\,\mathrm{mW \cdot m^{-2} \cdot sr^{-1} \cdot cm}$，给出使用 CO_2 吸收技术估计云顶气压的数值范围.

p/hPa	T/K	t_1	t_2	t_3	B_1	B_2	B_3
1000	279	0.00	0.30	0.91	111.89	107.02	85.68
850	275	0.06	0.46	0.96	105.91	101.03	80.08
700	266	0.12	0.61	0.99	93.06	88.22	68.28
600	260	0.18	0.69	0.99	84.97	80.19	61.02
500	252	0.27	0.76	0.99	74.77	70.13	52.11
400	244	0.38	0.82	0.99	65.27	60.81	44.05
300	230	0.50	0.86	0.99	50.34	46.30	31.92
200	218	0.61	0.90	0.99	39.26	35.66	23.45
100	214	0.79	0.94	0.99	35.92	32.48	21.00
50	213	0.90	0.97	0.99	35.12	31.72	20.41

4.18　海洋上轮船的废气排放会影响海上层状云的成分和辐射性质，因此海上层状云的光学厚度和云滴尺度的遥感，在研究气溶胶-云相互作用中是一个很重要的研究领域．假设云层由液态云滴组成．

(1) 云滴有效半径 a_e 与高度无关，证明：云光学厚度 τ 与 a_e 及云中垂直积分液态水含量 W 的关系为

$$\tau \approx \frac{3}{2\rho_w} \frac{W}{a_e},$$

其中，ρ_w 为水的密度．讨论不同尺度分布的云滴如何影响太阳光的反射．

(2) 云滴的总数密度为 $N = \int n(a)\mathrm{d}a$，设云滴的平均面积半径与平均体积半径相等，即满足

$$\left[\left(\int a^2 n(a)\mathrm{d}a\right)/N\right]^{1/2} = \left[\left(\int a^3 n(a)\mathrm{d}a\right)/N\right]^{1/3}.$$

在垂直方向单位几何距离内，云中垂直积分液态水含量保持不变的情况下，如果 N 增大 2 倍，云层光学厚度将增大多少？

4.19　如图是通过模式模拟获得的在可见光 0.55 μm、近红外 2.16 μm 波段，大气层顶向上的辐射通量密度 F_λ 与云粒子有效半径 a_e、光学厚度 τ 的相互关系．根据此图，说明利用可见光和近红外通道反演云参数(a_e 和 τ)的原理．

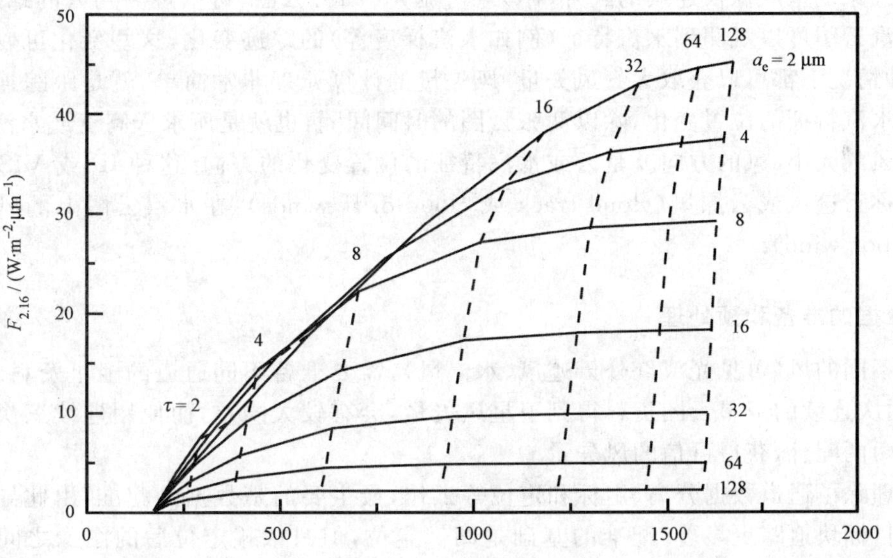

习题 4.19 图　在可见光 0.55 μm、近红外 2.16 μm 波段，大气层顶向上的辐射通量密度 F_λ 与云粒子有效半径 a_e、光学厚度 τ 的相互关系

4.20　卫星遥感能否识别雾、浓雾和强浓雾？试给出可能的研究方案．

第五章　风

1966 年发射成功的世界上第一颗静止气象卫星 ATS-1，其连续图像上的特征变化，就被当时的气象工作者认识到可以用来估计大气风矢量. 最早的气象卫星遥感风场是根据可见光图像的电影动画胶片，用手工追踪示踪云制作的. 现今计算机可实现自动追踪目标块估计大气风场.

本章将讨论如何利用卫星资料估计大气风矢量. 5.1 节讨论自动跟踪卫星云图上的云或水汽踪迹等目标，确定云迹风或水汽风；5.2 节将讨论根据卫星探测器反演的大气温度场，利用动力学理论计算大气风场；5.3 节将介绍目前技术不断发展的海洋微波测风；最后 5.4 节将是利用卫星资料估计热带气旋强度，确定热带气旋最大风速，它是热带气旋强度指标之一.

5.1　成像仪测风

静止气象卫星成像仪连续的红外(IR)或可见光(VIS)云图，可以观测到云的踪迹变化，而连续的水汽云图可以观测到水汽特征(例如水汽梯度等)的踪迹变化，这些变化可以代表大气运动，两种情况下都可以获取大气风矢量. 风矢量的计算原理非常简单，就是跟踪连续两张云图上云或水汽特征的位置变化，除以两张云图的时间间隔，也就是所求云高度或水汽特征高度上的水平风的大小，风的方向就是云或水汽特征的位置变化的方向. 这种 IR 或 VIS 云图确定的风通常称云迹风或云漂风(cloud-track 或 cloud-drift winds)，在水汽云图上的风是水汽风(water vapor wind).

5.1.1　数据的准备和预处理

获取不同的风(可见光或红外云迹风、水汽风)，需要准备不同通道的卫星资料. 通常情况下，使用两次连续的卫星云图资料得到卫星风矢量，会有较大误差，而使用连续三次的云图资料则可以两两配合，获得可信的风矢量.

预处理除了通道数据分离、定标和定位等工作，最主要的是数据的配准，由此导致风矢量的误差比目标块追踪更显著. 配准的基础是图像定位，但只依赖定位后的图像之间会有地标(海岸线、湖泊等固定目标)的抖动. 因此，配准后的图像要求在连续的动画中这些地标必须保持静止不动. 为了得到精确的计算机自动图像配准，使用的陆标往往上百个，而且在每个图像上可以完成这些目标物的自动搜寻.

5.1.2　示踪目标的选择

示踪目标物的自动追踪，除了确定目标块外，还需要设定比目标块大的追踪区. 连续两幅卫星云图上的追踪区一致，而第一幅云图上目标块与追踪区中心一致，因此确定风矢量首先就是要追踪目标块在第二幅云图上的位置.

目标块和追踪区的选取一定要合适.目标块的选取一定要选择云图或其特征梯度较大的区域,目标块不能选取图像中过分一致的区域(均匀目标)和明显的多层云覆盖区.目标块和追踪区大小选取也要合适,例如,中国国家卫星气象中心和欧洲气象卫星应用组织(EUMETSAT)都是 32×32 像元矩阵块,而美国国家环境卫星和资料信息局(NESDIS)为 24×24 像元矩阵块.追踪目标块大,误追踪的概率小,但是求出的风速偏小.当目标块测值的动态范围大时,较小的图像块也能得到好的追踪结果,24×24 像元以上的矩阵块大小是必须的.关于追踪区的大小,国家卫星气象中心为 96×96 像元.EUMETSAT 和 NESDIS 分别为数值预报估计位置周围 38×38 和 35×35 像元(许健民等,2006).

互相关(cross-correlation)法是目标追踪的标准统计算法.若以 T 和 S 分别表示目标块和追踪区卫星探测量,目标块为 $N_{\mathrm{T}}\times N_{\mathrm{T}}$ 矩阵,则计算一个相关系数使用的样本数为 N_{T}^2 个.在第一幅云图上目标块像元在目标块矩阵中位置为(m,n),$1\leqslant m,n\leqslant N_{\mathrm{T}}$;在第二幅云图上追踪的目标块始终位于追踪区($N_{\mathrm{S}}\times N_{\mathrm{S}}$ 矩阵)内,且追踪的目标块左上角像元位于追踪区矩阵块中的位置为(i,j),$1\leqslant i,j\leqslant(N_{\mathrm{S}}-N_{\mathrm{T}}+1)$(见图 5.1).

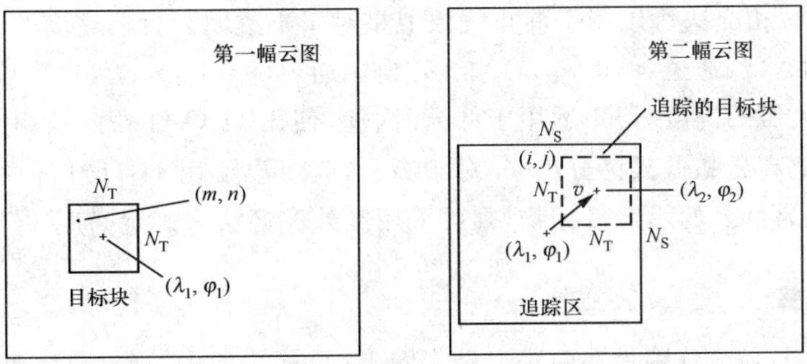

图 5.1 连续两幅卫星云图中目标块和追踪区位置示意图

第一幅云图中目标块与第二幅云图中追踪的目标块之间的相关系数 $r_{i,j}$ 为

$$r_{i,j}=\frac{\sum_{m=1}^{N_{\mathrm{T}}}\sum_{n=1}^{N_{\mathrm{T}}}(T_{m,n}-\overline{T})(S_{m+i-1,n+j-1}-\overline{S}_{i,j})}{\sqrt{\sum_{m=1}^{N_{\mathrm{T}}}\sum_{n=1}^{N_{\mathrm{T}}}(T_{m,n}-\overline{T})^2}\sqrt{\sum_{m=1}^{N_{\mathrm{T}}}\sum_{n=1}^{N_{\mathrm{T}}}(S_{m+i-1,n+j-1}-\overline{S}_{i,j})^2}},\tag{5.1.1}$$

其中,$\overline{T}=\frac{1}{N_{\mathrm{T}}^2}\sum_{m=1}^{N_{\mathrm{T}}}\sum_{n=1}^{N_{\mathrm{T}}}T_{m,n}$,$\overline{S}_{i,j}=\frac{1}{N_{\mathrm{T}}^2}\sum_{m=1}^{N_{\mathrm{T}}}\sum_{n=1}^{N_{\mathrm{T}}}S_{m+i-1,n+j-1}$.

对于所有求出的 $r_{i,j}$,$1\leqslant i,j\leqslant(N_{\mathrm{S}}-N_{\mathrm{T}}+1)$,其中最大相关系数对应追踪的目标块为最终的目标块.根据第一张云图目标块和第二张云图最终目标块的位置关系,依据一定的算法可以获取风矢量.

当追踪区卫星测值的动态范围很小时,互相关法失效的可能性较大,此时采用欧几里得距离法(Euclidean distance)比较有效(Dew et al,2000).采用第一幅云图中目标块与第二幅云图中追踪的目标块之间欧氏距离平方均值 $d_{i,j}$,即

$$d_{i,j}=\frac{1}{N_{\mathrm{T}}^2}\sum_{m=1}^{N_{\mathrm{T}}}\sum_{n=1}^{N_{\mathrm{T}}}(S_{m+i-1,n+j-1}-T_{m,n})^2.\tag{5.1.2}$$

相对于互相关法寻求最大相关系数,欧氏距离法则是寻求最小的欧氏距离平方均值.对于

所有求得的欧氏距离平方均值中，最小值对应为最终目标块.

5.1.3　高度确定

目标块高度的确定方法，一般采用红外窗区法、CO_2-红外窗区比值法和 H_2O-红外窗区相交法. 这些方法的介绍见第四章.

除了不适用于半透明云，例如卷云外，红外窗区法确定云高是最简捷而适用的方法. 大气中大量的半透明卷云，其形状在短时间内变化较少，是很好的示踪目标物. 如果用红外窗区法估计卷云所在的环境温度，由于部分辐射来自云下的高温背景，所以估计的云顶温度一般偏高，从而导致估计出的云高总是偏低. 因此多采用双通道指定半透明云目标的高度.

双通道法之一的 CO_2-红外窗区比值法是相对精确的确定半透明云高的方法，它使用能同时探测同一像元的红外窗区通道和一个 CO_2（$\approx 13\ \mu$m）吸收带通道. 遗憾的是静止气象卫星上没有装载类似的 CO_2 探测通道，所以还不能用于静止气象卫星确定大气风矢量.

H_2O-红外窗区相交法可以用于静止气象卫星对于半透明云目标高度的确定，这种方法使用的是成像仪上的水汽通道（$\approx 6.7\ \mu$m）和红外窗区通道（$\approx 11\ \mu$m），可以准确地估计用高云的运动算出大气风矢量的高度，但不适用于低云. 因此，使用 H_2O-红外窗区相交法时，首先根据红外和水汽通道把高云和低云区分出来. 对于高云，就可以使用 H_2O-红外窗区相交法估计云高，对于已经确认为低云的示踪目标物，则可采用红外窗区法来确定高度.

5.1.4　风矢量计算

若(λ_1,φ_1)和(λ_2,φ_2)分别为在两张卫星云图上，目标块的中心经纬度（见图 5.1 标“+”的点），Δt 为两云图的时间差，则目标块起始位置(λ_1,φ_1)和终点位置(λ_2,φ_2)之间的地心角 α 为

$$\alpha = \arccos[\sin\varphi_1 \sin\varphi_2 + \cos\varphi_1 \cos\varphi_2 \cos(\lambda_1 - \lambda_2)], \tag{5.1.3}$$

风速 v 为

$$v = \frac{\alpha \cdot \overline{R}_e}{\Delta t}, \tag{5.1.4}$$

其中，$\overline{R}_e$ 为目标块起始位置和终点位置之间的地球平均半径. 若 R_{ep} 为地球极地半径，e 为地球的偏心率，则纬度为 φ 处地球半径 $R_e(\varphi)$ 为

$$R_e(\varphi) = R_{ep}\sqrt{\frac{1+\tan^2\varphi}{1+\tan^2\varphi - e^2}}, \tag{5.1.5}$$

风向与正北方向的夹角 δ 为

$$\delta = \arccos\left(\frac{\sin\varphi_2 - \cos\alpha\sin\varphi_1}{\sin\alpha\cos\varphi_1}\right). \tag{5.1.6}$$

若 $\lambda_2 \geqslant \lambda_1$，则风向角为 δ；若 $\lambda_2 < \lambda_1$，则风向角为 $360^\circ - \delta$.

风矢量的计算一般使用三张连续的云图资料，计算 2 个风矢量，一个由第 1 张和第 2 张云图确定，另一个由第 2 张和第 3 张云图确定. 若两个风矢量的矢量差大小，大于两个风矢量的平均标量值，则认为两个风矢量没有时间连续性，被剔除. 若两风矢量是合理的，则第 1 张和最后一张云图确定的风为最终的风矢量.

5.2 探测器测风

若卫星已经反演出温度廓线，并且已经确定了海平面气压，则可以计算任意等压面的高度. 热带外区域的风与高度场有关，因此可以通过温度廓线来估计风场.

某两气压层 p_1 和 p_2（$p_1>p_2$）之间的位势高度差 Z_2-Z_1 为

$$Z_2-Z_1=\frac{R_d}{g_0}\int_{p_2}^{p_1}T_v\,\mathrm{d}\ln p\cong\frac{R_d}{g_0}\int_{p_2}^{p_1}T\,\mathrm{d}\ln p, \tag{5.2.1}$$

其中，R_d 为干空气气体常数，T_v 为虚温，$g_0=9.806\,65$. 由(5.2.1)式，根据卫星温度廓线数据，即可计算两等压面之间的位势高度差. 若根据其他手段获取温度廓线最低一层到地面的高度，并已知该地面的海拔高度，则可计算任意等压面的海拔高度. 由此可计算出大气高度场.

地转风、梯度风和热成风与大气高度场有关. 地转风 $\boldsymbol{v}_g$ 与位势高度梯度∇Z 的关系为

$$\boldsymbol{v}_g=\frac{g_0}{f}\boldsymbol{k}\times\nabla Z, \tag{5.2.2}$$

其中，f 是科里奥利参数（$=2\omega\sin\varphi$，ω 为地球自转角速度），$\boldsymbol{k}$ 为垂直方向单位矢量. 梯度风大小 v 与地转风大小 v_g 的关系为

$$v=\frac{2v_g}{1+\sqrt{1+4v_g/(fR)}}, \tag{5.2.3}$$

其中，R 为气块轨迹的曲率半径，对应于气旋运动，$R>0$；而反气旋运动则 $R<0$.

热成风是两等压面之间地转风的矢量差，它不是真正的风. 若已知两气压层 p_1 和 p_2（$p_1>p_2$）之间的位势高度差 $\Delta Z=Z_2-Z_1$，则热成风 $\boldsymbol{v}_t$ 与位势高度差 ΔZ 的梯度$\nabla(\Delta Z)$的关系为

$$\boldsymbol{v}_t=\frac{g_0}{f}\nabla(\Delta Z). \tag{5.2.4}$$

总之，根据卫星探测获得的温度廓线资料，可以计算大气高度场. 由大气高度场可以计算地转风和热成风，由地转风可以计算梯度风. 地转风和梯度风，可作为卫星云图示踪云追踪获得风场的补充.

5.3 微波测风

海洋表面风是短期预报、气候和海洋学研究和应用的有用信息，包括提供数值模式资料、海洋风暴强度估计、中尺度海洋天气系统分析、轮船灾害预警和航路设计、石油平台安全评估等. 当前在极轨卫星平台上搭载的微波传感器可获得 90%海域的日分布的风观测资料. 主动传感器和被动辐射计是主要的两种技术手段.

除了很强的雨，微波可以穿透云盖、霾和沙尘等. 平均看 80%的洋面被云覆盖. 观测海洋表面微波被证明是唯一可行的方法. 微波能量对由于近表面风场引起的小尺度海洋粗糙面或泡沫敏感.

5.3.1 主动微波遥感

主动微波传感器称为散射计，它向海洋表面发射微波脉冲，然后探测小尺度波浪对此脉冲

的后向散射能量，并由此获取海洋表面风矢量. 散射计使用窗区波段 5～15 GHz(1～5 cm)，大气和多数云对此波段微波能量相对透明.

1978 年发射的美国海洋卫星(Seasat-A)，其搭载的散射计(SASS)，是第一个设计使用主动微波雷达探测海洋风的传感器，频率是 14.6 GHz. 1991 年起，欧洲空间局(ESA)发射的欧洲遥感卫星 ERS-1 和 ERS-2，其中 ERS-2 仍在运行，搭载有风散射计(WS，频率 5.3 GHz)，可反演风矢量. 1996—1997 年，美国宇航局(NASA)和日本宇宙航空研究开发机构(JAXA)联合发射的先进地球观测卫星(ADEOS-1)，搭载的 NASA 散射计(NSCAT，频率 13.995 GHz)运行不到一年. 1998 年 NASA 发射的 QuikSCAT 搭载有 SeaWinds，频率 13.402 GHz，仍在运行，可探测海表高度 10 m 的风矢量. 未来欧洲的先进散射计(ASCAT，频率 5.3 GHz)将探测包括海风矢量在内的海表特性，搭载在极轨卫星(MetOp)上.

散射计是一种非成像雷达传感器，在卫星轨道上若其接收的回波脉冲功率为 P_r，则雷达后向散射系数 σ 为

$$\sigma = \left(\frac{P_r}{P_t}\right)\frac{(4\pi)^3 R^4}{G^2\lambda^2 A_e}, \tag{5.3.1}$$

其中，P_t 为雷达发射功率，R 是到探测视场的距离，G 是雷达天线增益，λ 是入射辐射的波长，A_e 是视场有效面积(即垂直雷达视线方向上的视场投影面积).

P_r 与海洋表面小尺度波有关，因此与海面摩擦风速有关. 而摩擦风速与一定海面高度以上的风速关系可由 Monin-Obukhov 方程式确定，从而可知后向散射系数与海洋风速有很大的关系.

后向散射系数与海面风向同样也有很大关系. 图 5.2 给出了雷达散射计入射角 θ、风向与入射电磁波方向之间相对方位角 ϕ 的几何示意图. 相对方位角 ϕ 是入射电磁波所在的垂直平面与风向的相对角度，当入射电磁波水平面投影方向与风向相对(逆风)时，$\phi=0°$；方向一致(顺风)时，$\phi=180°$；方向垂直(横向风)时，$\phi=90°$ 或 $\phi=270°$. 当散射计水平投影观测方向与风矢量方向相对或一致时，后向散射系数有极大值；而当它们垂直时，后向散射系数有极小值. 顺风和逆风观测相比，后向散射系数略微减小. 后向散射系数随相对方位角的变化，非常近似于三角函数的余弦关系.

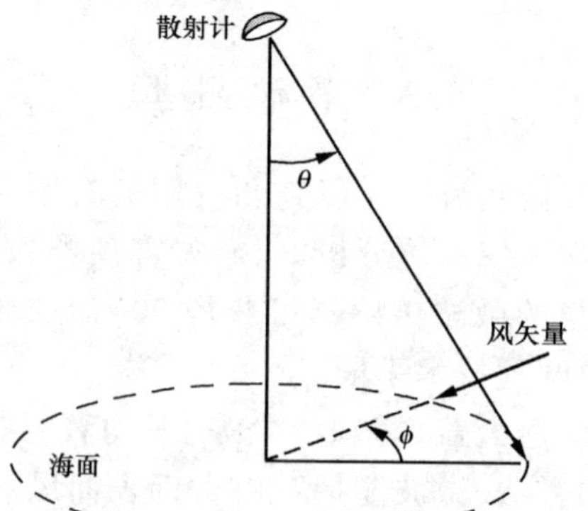

图 5.2 雷达散射计入射角 θ、风向与入射电磁波方向之间相对方位角 ϕ 的几何示意图. $\phi=$ 风向－雷达方位角

后向散射系数与风速、风向的关系，是散射计对风矢量探测的依据. 一般情况下，采用经验

的地球物理模式函数来表示后向散射系数,即

$$\sigma = f(v,\phi,\theta,\lambda,\cdots), \tag{5.3.2}$$

其中,v 为海面以上参考高度处的风速大小,省略号表示可能的其他因素,如电磁波极化状态,大气和海面温度等.通过经验获得的模式函数,可描述为傅里叶级数展开的形式(Wentz et al,1984;Brown,2000)

$$\sigma = a_0(1 + a_1\cos\phi + a_2\cos2\phi + \cdots), \tag{5.3.3}$$

其中,a_i,$i=0,1,\cdots$是系数,可以通过将散射计的观测数据与实测或者其他卫星传感器反演数据比较而获得.模式函数由经验获得,原因是缺乏足够准确的理论描述海风引起的海浪与风之间的相应关系.方程(5.3.3)式中的高阶项($\cos3\phi$,$\cos4\phi$ 等)的影响不会超过前三项的 4%,但有时候依然会考虑这些高阶项.

(5.3.3)式中考虑前三项的一般的经验模式函数为

$$\sigma = Av^{\gamma}(1 + a\cos\phi + b\cos2\phi). \tag{5.3.4}$$

这个关系说明,后向散射系数随相对方位角按余弦关系变化,周期为 180°($b\cos2\phi$ 项),同时,因为 $a\cos\phi$ 项(此项的值通常很小)的影响,逆风和顺风测量时有一些不对称.理论上,参数 A,γ,a 和 b 可以从不同 ϕ 值的四组精确测量结果获得,例如

$$\left.\begin{aligned}
\sigma(0^\circ) &= Av^{\gamma}(1 + a + b),\\
\sigma(45^\circ) &= Av^{\gamma}\left(1 + \frac{\sqrt{2}}{2}a\right),\\
\sigma(135^\circ) &= Av^{\gamma}\left(1 - \frac{\sqrt{2}}{2}a\right),\\
\sigma(180^\circ) &= Av^{\gamma}(1 - a + b).
\end{aligned}\right\} \tag{5.3.5}$$

确定了 A,γ,a 和 b 参数后,则(5.3.4)式可作为由 σ 反演风矢量的计算公式.

由于 σ 是 v 和 ϕ 的函数,需要多次 σ 测量才能得到风速和风向.为了说明这个问题,忽略(5.3.4)式中很小的 $a\cos\phi$ 项.若对一个视场的两次测量方向相差 90°(见图 5.3 入射辐射所在垂直平面相对于星下点轨迹 45°和 135°的两次观测),则两次测量值表示为

$$\sigma_1 = Av^{\gamma}(1 + b\cos2\phi), \tag{5.3.6a}$$

$$\sigma_2 = Av^{\gamma}\left[1 + b\cos2\left(\phi + \frac{\pi}{2}\right)\right] = Av^{\gamma}(1 - b\cos2\phi), \tag{5.3.6b}$$

经过换算得到

$$\sigma_1 + \sigma_2 = 2Av^{\gamma}, \tag{5.3.7}$$

$$\frac{\sigma_1 - \sigma_2}{\sigma_1 + \sigma_2} = b\cos2\phi. \tag{5.3.8}$$

由(5.3.8)式可以得到 4 个与风矢量方向有关的相对方位角,即 ϕ,$-\phi$,$\phi+90^\circ$ 和 $-\phi-90^\circ$,这就是风向的不确定性.

如果第三次测量是相对于第一次的 45°处进行(图 5.3,入射辐射所在垂直平面相对于星下点轨迹 90°角的观测),则

$$\sigma_3 = Av^{\gamma}\left[1 + b\cos2\left(\phi + \frac{\pi}{4}\right)\right] = Av^{\gamma}(1 - b\sin2\phi). \tag{5.3.9}$$

由此,ϕ,$-\phi$,$\phi+90^\circ$ 和 $-\phi-90^\circ$ 四个值将减少到两个,一个为 ϕ 或 $-\phi$,另一个为 $\phi+90^\circ$ 或 $-\phi-90^\circ$.根据其他途径可以确定最终的风向.

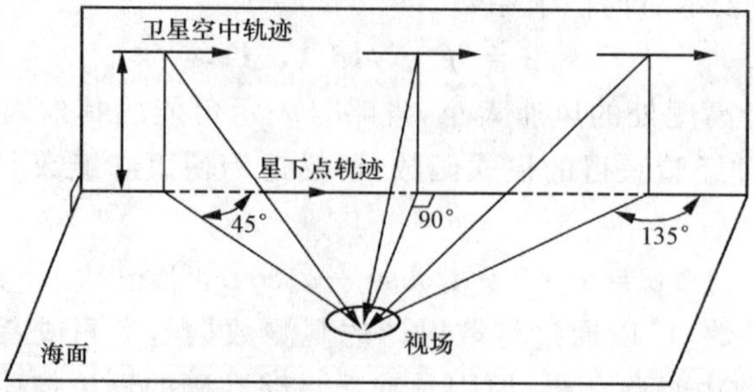

图 5.3　散射计对同一视场多次观测的例子，欧洲遥感卫星(ERS)上的散射计正是这种观测方式

虽然经验模式函数(5.3.4)式根据三次测量并借助其他途径可以获得风速和风向，但实际是不可行的. 因为后向散射系数带有确定的测量误差，而且经验模式函数是高度非线性化的. 根据飞机资料获得的经验模式函数，不能应用于所有可能环境. 风速和风向需由数值方法获得，使得下面的函数值最小

$$\chi^2 = \sum_{i=1}^{3}\left[\frac{\widetilde{\sigma}_i - \sigma_i(v,\phi)}{\widetilde{\sigma}_i\varepsilon_i}\right]^2, \tag{5.3.10}$$

其中，χ^2 是余差有效平方和，$\widetilde{\sigma}_i$ 是测量值，$\sigma_i(v,\phi)$是根据估计的风速 v 与风向 ϕ，使用模式函数的计算值，ε_i 是测量误差. 通过使得 χ^2 值最小，可以获得两组明显不同的解，每一组风向都相差 180°. 通常使用数值预报的风场资料，作为参考的风速和风向，来确定最终的风速和风向解(WMO，2008).

NASA 散射计 NSCAT 可在星下点轨迹两侧观测，每侧的观测各依赖于三组天线. 左侧天线相对于飞行方向的夹角分别为 45°，65°和 135°；右侧则分别为 45°，115°和 135°. 两侧天线中，中间天线以垂直和水平极化方式工作，其他则都以垂直极化方式工作. 因此，每一侧对同一个视场都可进行 4 次不同的测量. 与 3 次测量方式相比，4 次测量不需要借助其他途径就可以确定唯一的风向值.

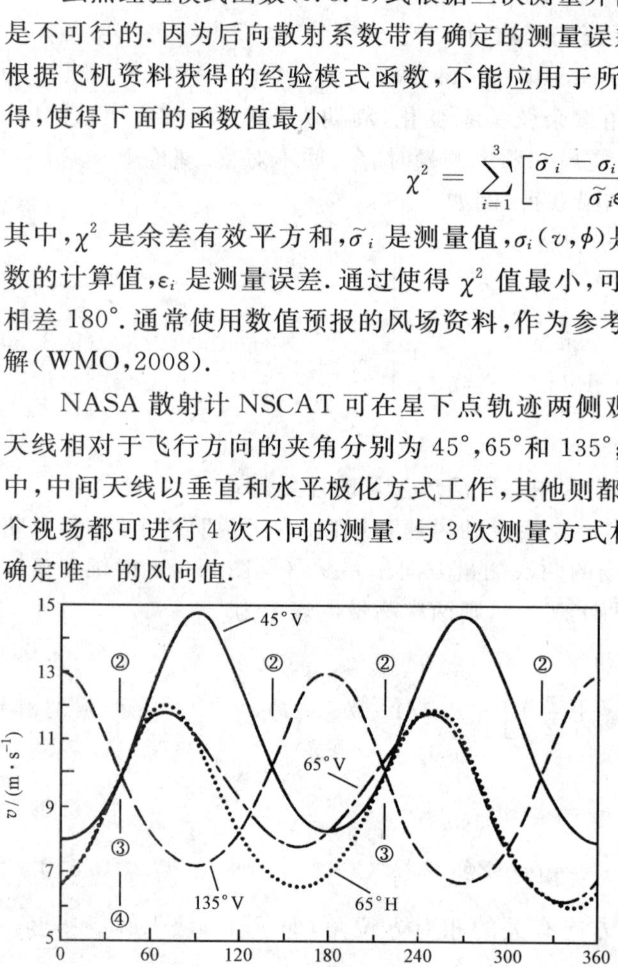

图 5.4　NSCAT 散射计 4 次测量确定风矢量算法示意图，天线方位角为 45°，65°和 135°，V 和 H 表示垂直和水平极化方式

图 5.4 为利用 NSCAT 散射计 4 次测量的后向散射系数反演海面风矢量的算法示意图(Naderi et al，1991). 图中每条曲线都描述了后向散射系数 σ 为常数(对应于 1 次确定的测量)时，风速 v 和风向方位角 ϕ 的变化关系. 实线是垂直极化(V)、与飞行方向成 45°方位角天线测量的后向散射系数(第 1 次测量)，只能说明风速值为 8～15 m/s. 长线段虚线是 V 极化，与第 1 次测量成直角的 135°天线测量结果(第 2 次测量). 长线段虚线和实线有 4 个交点(图中②和向下箭头指示的交点)，代表了 4 种可能的风矢量解. 所有这些交点的风速大约都为 10 m/s，而风向之间相差约 90°. 点虚线表示 H 极化、65°天线测量的结果(第 3 次测量). 这样 3 条曲线有 2 个交点(图中③和向上箭头指示的交点). 由于这两个交点对应的风

速大小相同,但方位角相差 180°,因此,通过 3 次观测可以获得正确的风速,但无法确定风向.第 4 次测量是由长短线段虚线表示的 V 极化、65°天线测量的结果.从图中可见,4 条曲线相交只有 1 个交点(图中④和向上箭头指示的交点),对应着风速约为 10 m/s,风向约 40°的结果.

若只使用 1 次观测获得 4 个风矢量解,则可以使用最大似然法确定最大似然意义下的第一或第二解,在绝大多数情况下,就是真实的海面风矢量.不过,这需要首先估计模式函数的误差和后向散射系数的观测误差(Long et al,1988;Chi et al,1988).为了得到唯一的风矢量解,需要采用多解消除算法.借助矢量中值滤波技术,可以从多解风矢量中选择唯一的风矢量解.

最后值得注意,通过散射计接收的回波脉冲功率计算后向散射系数 σ,是海面风矢量精确反演的关键.因为,σ 的精度直接影响海面风速、风向的质量.关于后向散射系数 σ 的精确计算这里不作介绍.此外,散射计反演风矢量时,降水区精度较差.但散射计风矢量对云水不敏感.

5.3.2 被动微波遥感

被动微波辐射计探测来自海洋表面、大气、云和降水的发射和反射能量.搭载于极轨卫星上的被动微波探测通道,使用 6～37 GHz 的低频波段探测风速和风向.

发射于 1978 年的 SSMR,是第一个被动微波传感器,可以反演风速.于 1987 年发射的 SSM/I 是业务 DoD 成像仪,可提供海洋表面以上 19.5 m 高度的风速,但在海岸线和海冰时不能反演海风.1997 年发射的热带降雨测量卫星 TRMM 上的成像仪 TMI,是研究型传感器,可反演风速.2003 年美国空军发展了 SSM/I 的改进型,即 SSMI/S,包含成像仪与探测器.2002 年发射的 AMSR-E,只能反演风速.2003 年发射的 WindSat,是 SSM/I 和 TMI 的延续,由美国海军和 IPO 共同设计,是探测风矢量的第一个全极化传感器,风矢量的海表高度为 10 m;包括了获取其他产品的一些附加通道.美国未来的被动微波传感器 CMIS 将搭载在 NPOESS 上,也搭载附加通道.

主要的微波通道,例如 7,11,19,37 GHz,位于微波窗区,具有相对少的大气吸收和散射.这些波段,对于大气和非降水云相对透明,同时对深对流雷暴上部的冰粒子也相当透明.接收辐射中,主要的大气信息来自水汽、云和降水,主要的海洋信息来自海表面(海面温度、风效应导致的粗糙度变化和泡沫).只有很少的来自空间和大气的能量,被海洋表面散射向卫星.

微波辐射计接收来自海洋表面、降水、云和大气粒子等在微波波段不同程度的极化能量,其中,海洋表面是极化能量的最大发射体.图 5.5 显示了微波辐射计探测中垂直和水平极化方向示意图.海表微波不同极化状态下的发射率,依赖于卫星观测角和风导致的洋面变化.表面发射率与风导致的粗糙度和泡沫有关(Wilheit,1979).大多数频段随风速增大,发射率增大(变暖)(见图 5.6).平静海表具有低发射率和低亮度温度.粗糙海表发射更多能量,亮温增大(海表温度没有变化).在风速超过 13 m/s,表面会产生泡沫,亮温进一步增大.SSM/I 亮度温度的极化差用可来导出风速,也可用亮度温度与风速的统计关系导出风速(Goodberlet et al,1990).

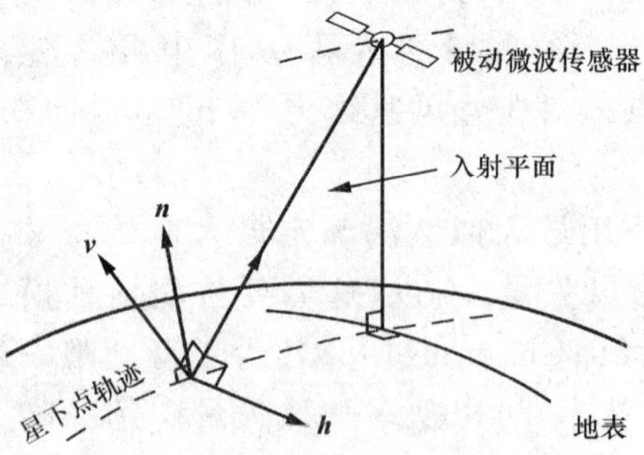

图 5.5 微波辐射计探测及垂直(v)和水平(h)极化方向

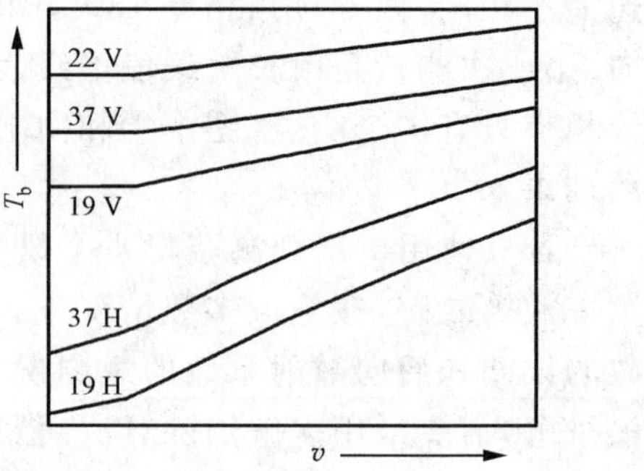

图 5.6 SSM/I 通道亮温(T_b)与洋面风速(v)的近似关系

WindSat 是星载极化微波辐射计,不同于之前的被动微波传感器.它有 5 个通道,其中包括 3 个全极化通道(11,19,37 GHz).每个全极化通道可以测量 6 个极化亮温 T_b,它们的 4 个组合构成斯托克斯(Stokes)矢量 $\boldsymbol{T}_b$,

$$\boldsymbol{T}_b = \begin{bmatrix} T_{b1} \\ T_{b2} \\ T_{b3} \\ T_{b4} \end{bmatrix} = \begin{bmatrix} T_v \\ T_h \\ T_{+45} - T_{-45} \\ T_l - T_r \end{bmatrix}, \tag{5.3.11}$$

其中,6 个极化状态如图 5.7 所示.图中,垂直极化显示为当电磁波向前传播(指向书里,z 轴指向书外)时,电矢量在垂直方向(y 轴方向)的平面内振动.水平极化则是电矢量在水平方向(x 轴方向)的平面内振动.$+45°$极化是电矢量在相对水平面 45°的平面内振动,即相对 x 轴的角度为 45°.$-45°$极化则是在与 45°的平面关于 y 轴对称的平面内电矢量的振动.垂直、水平极化和 $\pm 45°$极化都是线极化方式.左手圆极化是当人看向传感器时,电矢量端逆时针旋转;也就是以左手拇指指向传感器时,其他弯曲手指所指的逆时针旋转方向.右手圆极化则是当人看向传感器时,电矢量端顺时针旋转.

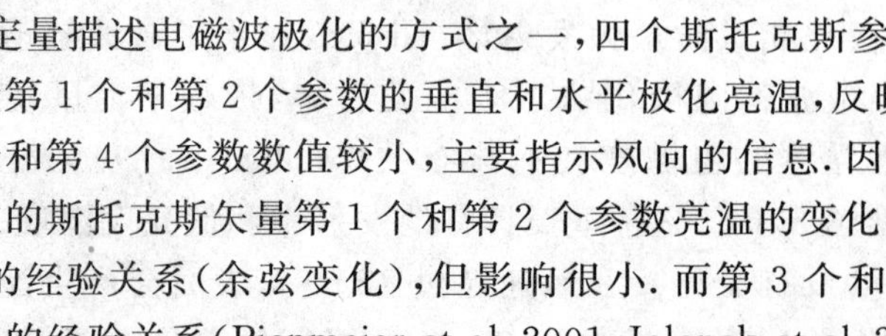

图 5.7 六种极化方式

斯托克斯矢量是定量描述电磁波极化的方式之一,四个斯托克斯参数可用于海面风矢量的反演.斯托克斯矢量第 1 个和第 2 个参数的垂直和水平极化亮温,反映风速、大气效应和海面温度的信息.第 3 个和第 4 个参数数值较小,主要指示风向的信息.因此,风矢量可由全部 4 个参数导出.风向导致的斯托克斯矢量第 1 个和第 2 个参数亮温的变化,类似散射计中后向散射系数与相对风向角的经验关系(余弦变化),但影响很小.而第 3 个和第 4 个参数亮温的变化,则近似为正弦变化的经验关系(Piepmeier et al,2001;Jelenak et al,2005).

WindSat 风矢量反演受到大气效应、特别是厚云和降水的影响.卫星同时反演的云水含量可以确定是否存在降水.一般来说,云水含量大于 0.2 kg/m² 时指示降雨,此时,WindSat 的风矢量反演值具有较大的误差.其他的误差源还包括海岸、海冰和无线电频率的影响等.不同风速情况下,风矢量的精度也有所差异.例如,风速低于 6 m/s 时,风向的精度降低;风速大于 20 m/s 时,风速精度也降低.

1. 多元线性统计算法

最方便实用的方法是多元统计算法.例如,SSM/I 反演风速的算法,使用了风速与 19,22 和 37 垂直极化亮温和 37 水平极化亮温的多元线性关系(Goodberlet et al,1990).Wents 和 Meissner (2000)则使用 AMSR 五个通道的亮温或其函数,对风速、海面温度、水汽含量和液态水含量使用了同一形式的线性方程进行计算.例如,对于风速,其反演算法为

$$v = a_0 + \sum_{i=1}^{M} a_i f(T_{bi}), \tag{5.3.12}$$

其中,$a_i(i=0,1,\cdots,M)$为系数,M 为使用的通道数,T_{bi}为第 i 个通道的亮温.函数 f 的形式对不同频段采用不同的表达式.对于 6.9,10.7 GHz 通道,

$$F(T_b) = T_b, \tag{5.3.13}$$

对于 18.7,23.8,37.0 GHz 通道,

$$f(T_b) = -\ln(290 - T_b). \tag{5.3.14}$$

统计反演算法往往是针对特定的微波传感器,传感器具有特定的探测频率和探测角.因此,一个传感器的统计算法并不一定适用于另一传感器.例如,SSM/I 的算法就不适用于 AMSR.统计反演算法的好处是不需要进行具体的物理过程的计算,而是直接把辐射计测量的亮温与同步的地物参数通过统计回归的方法联系在一起.这种方法简便,运算速度快.缺点是物理过程不明显,对于一些异常视场的反应较差.

2. 物理迭代算法

多元线性统计算法是将亮温 T_b(或其函数)与所求参数(例如风速、海面温度、水汽含量和液态水含量等)的非线性关系,假设为线性关系建立的.为了更准确反演这些参数,非线性关系是必须考虑的(Wents et al,2000).亮温 T_b 与所求参数(例如风速 v、风向 ϕ、水汽含量 V 和液态水含量 W 等)的非线性关系可表示为

$$T_{bi} = F_i(v,\phi,V,W) + \varepsilon_i = F_i(\boldsymbol{P}) + \varepsilon_i, \tag{5.3.15}$$

其中,下标"i"表示通道号,对应的测量误差为 ε_i,F_i 为对于第 i 个通道的非线性函数关系.$\boldsymbol{P}$ 为参数向量,其中 $P_1=v, P_2=\phi, P_3=V, P_4=W$.(5.3.15)式中的参数中没有包括海面温度,是因为海面温度易于从其他途径获得,是已知量.

将(5.3.15)式中的非线性函数按泰勒展开,给定 $\boldsymbol{P}$ 的初始值 $\boldsymbol{P}_0$,忽略高阶项,只取一阶近似得到

$$T_{bi} = F_i(\boldsymbol{P}_0) + \sum_{j=1}^{4}(P_j - P_{0j})\left.\frac{\partial F_i}{\partial P_j}\right|_{\boldsymbol{P}_0} + \varepsilon_i, \tag{5.3.16}$$

写成矩阵形式

$$\Delta \boldsymbol{T}_b = \boldsymbol{A}\Delta\boldsymbol{P} + \boldsymbol{E}, \tag{5.3.17}$$

其中,$\Delta\boldsymbol{T}_b$,$\Delta\boldsymbol{P}$ 和 $\boldsymbol{E}$ 都是 1×4 的列向量,$\boldsymbol{A}$ 是 4×4 的矩阵.$\Delta\boldsymbol{T}_b$,$\boldsymbol{A}$ 和 $\Delta\boldsymbol{P}$ 的元素分别为

$$\Delta T_{bi} = T_{bi} - F_i(\boldsymbol{P}_0), \quad i = 1,2,3,4, \tag{5.3.18a}$$

$$A_{ij} = \left.\frac{\partial F_i}{\partial P_j}\right|_{\boldsymbol{P}_0}, \quad i = 1,2,3,4; \quad j = 1,2,3,4, \tag{5.3.18b}$$

$$\Delta P_j = P_j - P_{0j}, \quad j = 1,2,3,4. \tag{5.3.18c}$$

(5.3.17)式的解为

$$\boldsymbol{P} = \boldsymbol{P}_0 + (\boldsymbol{A}^{\mathrm{T}}\boldsymbol{E}^{-1}\boldsymbol{A})^{-1}\boldsymbol{A}^{\mathrm{T}}\boldsymbol{E}^{-1}\Delta\boldsymbol{T}_{\mathrm{b}}. \tag{5.3.19}$$

其中 $\boldsymbol{E}$ 表示误差相关矩阵，包括测量误差和其它误差. 上标"T"表示矩阵转置. 利用(5.3.19)式进行参数反演，需要通过迭代，使得方程组收敛到一组确定的参数. 非线性函数的计算，需要通过微波辐射传输模式. 如果测量误差为 0，也就是 $\varepsilon_i = 0$，那么(5.3.19)式就会有确定解. 实际上由于测量噪声和模式误差等的存在，也就是误差相关矩阵 $\boldsymbol{E}$ 的存在，是以非线性函数最接近测量结果时的一组参数为方程组的解.

晴空情况下没有液态水存在，并且在有云情况下使用 V 和 W 时也有额外的误差，因此上面的迭代过程就很不稳定. 因此通常找寻替代参数来代替 V 和 W，以保证在有云和晴空条件下，迭代都能顺利进行. 例如可以选择整层大气透过率作为一个参数，另一参数可以选择大气向下辐射的等效亮温. 当然还可以有其他的选择.

物理迭代算法的准确度，受辐射传输算法准确度的制约. 统计反演与算法的准确度无关，直接取决于测量数据的质量. 最大似然估计反演方法将解决迭代算法的准确度问题.

3. 最大似然估计算法

如果仪器噪声和模式误差都满足高斯分布，那么对于具有 M 个通道(例如使用 10.7, 18.7, 37.0 GHz 通道)的多频极化辐射计，一次测量的亮温矢量 $\boldsymbol{T}_{\mathrm{b}}$ 可以用一个 $M\times1$ 的随机向量表示. 这个随机向量的概率密度函数(pdf)为

$$f(\boldsymbol{T}_{\mathrm{b}}) = \frac{1}{(2\pi)^{M/2}\Pi^{1/2}}\exp\left[-\frac{1}{2}(\boldsymbol{T}_{\mathrm{b}} - \overline{\boldsymbol{T}}_{\mathrm{b}})^{\mathrm{T}}\boldsymbol{K}^{-1}(\boldsymbol{T}_{\mathrm{b}} - \overline{\boldsymbol{T}}_{\mathrm{b}})\right], \tag{5.3.20}$$

其中，上角标"T"表示转置；$\boldsymbol{T}_{\mathrm{b}}$ 的数学期望为 $E[\boldsymbol{T}_{\mathrm{b}}] = \overline{\boldsymbol{T}}_{\mathrm{b}} = [\overline{T}_{\mathrm{b1}}, \overline{T}_{\mathrm{b2}}, \cdots, \overline{T}_{\mathrm{b}M}]^{\mathrm{T}}$，等于该给定海洋和大气条件下的多个频率的模式计算值；不同通道的误差(等于仪器噪声与模式误差和)矩阵 $\boldsymbol{K}$ 表示为

$$\boldsymbol{K} = \begin{bmatrix} \Delta T_{\mathrm{b1}}^2 & \cdots & 0 \\ \vdots & \ddots & \vdots \\ 0 & \cdots & \Delta T_{\mathrm{b}M}^2 \end{bmatrix}, \tag{5.3.21}$$

其中，$\Delta T_{\mathrm{b}i}^2$ 表示亮温向量中第 i 个分量的仪器和模式噪声总方差；$\Pi = \prod_{i=1}^{M}\Delta T_{\mathrm{b}i}^2$.

对于多频极化辐射计 N 次独立观测，也就是在各种方位角下观测，亮温的联合 pdf 简单地表示为每次观测 pdf 的乘积，即

$$f(\boldsymbol{T}_{\mathrm{b1}}, \boldsymbol{T}_{\mathrm{b2}}, \cdots, \boldsymbol{T}_{\mathrm{b}N}) = \prod_{j=1}^{N} f(\boldsymbol{T}_{\mathrm{b}j}). \tag{5.3.22}$$

根据上式可定义似然函数，并通过似然函数达到最大来确定风速和风向. 似然函数写为

$$L(\boldsymbol{T}_{\mathrm{b1}}, \boldsymbol{T}_{\mathrm{b2}}, \cdots, \boldsymbol{T}_{\mathrm{b}N}; P) \equiv f(\boldsymbol{T}_{\mathrm{b1}}, \boldsymbol{T}_{\mathrm{b2}}, \cdots, \boldsymbol{T}_{\mathrm{b}N}; P). \tag{5.3.23}$$

若要确定风向，即相对方位角 ϕ，则选择参数 $P = [\langle \boldsymbol{T}_{\mathrm{b}}\rangle_{\phi}^{\mathrm{T}}, \phi]$，它包括两个部分，即方位角 ϕ 和方位平均亮温 $\langle \boldsymbol{T}_{\mathrm{b}}\rangle_{\phi}$，假定是未知的常数. 似然函数的具体形式写为

$$\begin{aligned} L &= \prod_{j=1}^{N} \frac{1}{(2\pi)^{M/2}\Pi^{1/2}}\exp\left[-\frac{1}{2}(\boldsymbol{T}_{\mathrm{b}j} - \overline{\boldsymbol{T}}_{\mathrm{b}j})^{\mathrm{T}}K^{-1}(\boldsymbol{T}_{\mathrm{b}j} - \overline{\boldsymbol{T}}_{\mathrm{b}j})\right] \\ &= \frac{1}{(2\pi)^{MN/2}\Pi^{N/2}}\exp\left[-\frac{1}{2}\sum_{j=1}^{N}(\boldsymbol{T}_{\mathrm{b}j} - \overline{\boldsymbol{T}}_{\mathrm{b}j})^{\mathrm{T}}\boldsymbol{K}^{-1}(\boldsymbol{T}_{\mathrm{b}j} - \overline{\boldsymbol{T}}_{\mathrm{b}j})\right], \end{aligned} \tag{5.3.24}$$

或对数形式

$$\ln L = -N\ln[(2\pi)^{M/2}\Pi^{1/2}] - \frac{1}{2}\sum_{j=1}^{N}(\boldsymbol{T}_{bj} - \overline{\boldsymbol{T}}_{bj})^{\mathrm{T}}\boldsymbol{K}^{-1}(\boldsymbol{T}_{bj} - \overline{\boldsymbol{T}}_{bj}). \tag{5.3.25}$$

参数 P 的最大似然值的求解有两种形式，或者使(5.3.24)的 L 最大，或者使(5.3.25)的 $\ln L$ 最大，因为对数函数是单调函数. 若定义目标函数

$$\chi^2 = \sum_{j=1}^{N}(\boldsymbol{T}_{bj} - \overline{\boldsymbol{T}}_{bj})^{\mathrm{T}}\boldsymbol{K}^{-1}(\boldsymbol{T}_{bj} - \overline{\boldsymbol{T}}_{bj}), \tag{5.3.26}$$

则使 $\ln L$ 最大，相当于使得目标函数 χ^2 最小. 若测量误差是独立的，则 $\boldsymbol{K}$ 是对角阵. 于是

$$\chi^2 = \sum_{i=1}^{M}\sum_{j=1}^{N}(T_{bij} - \overline{T}_{bij})^2\Delta T_{bj}^{-2}, \tag{5.3.27}$$

其中，下角标 j 和 i 分别表示第 j 次方位观测时第 i 个亮温成分. 这样最大似然函数的求解就变成非线性加权最小二乘法问题. 也就是说，要想 F 达到最小，需要满足

$$\frac{\partial\chi^2}{\partial P} = 0, \tag{5.3.28}$$

其中，P 是反演的参数风向(即方位角 ϕ)和方位平均亮温 $\langle\boldsymbol{T}_b\rangle_\phi$. 也就是

$$\sum_{i=1}^{M}\sum_{j=1}^{N}(T_{bij} - \overline{T}_{bij})\frac{\partial T_{bij}}{\partial P}\Delta T_{bj}^{-2} = 0. \tag{5.3.29}$$

若要确定风速，其最大似然估计的推导类似上述对风向的推导. 对于风速和选定的多频极化辐射计的 M 个通道的大气透过率，需要使得目标函数(Piepmeier et al, 2001)

$$\chi^2 = \sum_{i=1}^{M}(\langle T_{bi}\rangle_\phi - \overline{T}_{bi0})^2\Delta T_{bi}^{-2} \tag{5.3.30}$$

达到最小获得反演风速. 其中，$\overline{T}_{bi0}$ 表示与风向无关的模式计算亮温的结果.

具体计算是采用迭代法进行的. 首先根据计算模式(例如统计法等)计算得到海面风速和其他一些参数(例如海面温度、可降水量和大气透过率等)，这样风向就可以用(5.3.27)式的最小得到. 风向反演中同时产生 $\langle\boldsymbol{T}_b\rangle_\phi$，又反馈给风速反演来提取更加精确的风速，即用(5.3.30)式的最小得到. 新产生的海面风速和其他一些参数，又反馈给风向反演. 如此迭代直到风向收敛到预定的精度.

5.4 热带气旋强度

热带气旋是指发生在热带洋面上中心气压极低的强气旋性涡旋，精确估测出热带气旋强度对于发布预警信号及做好气旋登陆后人员疏散转移工作至关重要. 自从 20 世纪 60 年代初第一颗气象卫星 TIROS 上天以来，卫星云图为气象人员进行热带气旋监测和预报提供了一个全新的视角. 热带气旋在卫星云图上表现为有组织的涡旋状云系，是一种比较容易识别的天气系统.

利用 VIS 和 IR 云图资料发展起来的 Dvorak 技术，是目前绝大多数气象业务部门估测热带气旋强度的主要工具. 随着遥感技术和卫星仪器性能的快速发展，卫星多通道(包括水汽和微波)资料在热带气旋的监测中已经起到越来越重要的辅助作用，并提高了用 Dvorak 技术估测热带气旋强度的精度.

5.4.1 卫星云图估计技术

20 世纪 60 年代出现的气象卫星，可监测热带气旋并预测其路径，其影响和作用立即显现出来. 不久之后，Dvorak(1975)就提出了由每天一次可用的卫星 VIS 图像估计气旋强度的方法，并被广泛接受. 这个技术后来继续发展，加入了 IR 云图资料，使得夜间的探测也成为可能(Dvorak，1984). 这套分析法在 1984 年发表，1987 年正式被世界气象组织通过使用，是现时国际通行的分析法，称为 Dvorak 技术. 可以说，它是由 Dvorak 根据多年经验及统计概括后所创下的一项利用地球同步卫星的 VIS 及 IR 云图来评估热带气旋强度的方法.

Dvorak 技术的基础是云系型态确认，在型态确认过程中，假设气旋有组织云系的某些特征和特性，可以指示强度. 在当前热带气旋的卫星图像上，与强度匹配的有多种可能的型态或类似特征. 这些型态，与 Dvorak 的标准型态相比，不是都可以被清晰地确定，或者看起来有一定的差异，或者并无典型特征. 这种多样性，在 Dvorak 技术中，是通过风暴发展过程中型态的定量测量，并通过一系列规则来处理的.

Dvorak 技术中，气旋发展变化是通过 T 数(tropical number)来表示的. 一般情况下，在热带气旋发展增强时，T 数的值一天增加 1，但个别也会发生异常的变化. 最后利用 T 数和一定的规则确定的现时强度数 CI(current intensity number)，与气旋的最大海面持续风速(MSW)和中心最低海平面气压(MSLP)(见表 5.1)一一对应. CI 的数值从 1 变化到 8，间隔 0.5. 从表中可见，对应于中国气象局依据风速对热带气旋的划分，CI 1.0～2.0 代表热带低压，CI 2.5～3.0 代表热带风暴，CI 3.5 代表强热带风暴，CI 4.0～4.5 代表台风，CI 5.0 代表强台风，CI 5.5～8.0 为超强台风.

表 5.1 西太平洋和大西洋中热带气旋的风-气压关系(Dvorak，1984)

CI	MSW/kt (1 kt=0.514 444 m/s)	大西洋 MSLP/hPa	西太平洋 MSLP/hPa	对应中国气象局热带气旋(依据风速)
1.0	25	—	—	TD
1.5	25	—	—	TD
2.0	30	1009	1000	TD
2.5	35	1005	997	TS
3.0	45	1000	991	TS
3.5	55	994	984	STS
4.0	65	987	976	TY
4.5	77	979	966	TY
5.0	90	970	954	STY
5.5	102	960	941	SUPERTY
6.0	115	948	927	SUPERTY
6.5	127	935	914	SUPERTY
7.0	140	921	898	SUPERTY
7.5	155	906	879	SUPERTY
8.0	170	890	858	SUPERTY

注：气旋缩写符号与名称的对应：TD—热带低压，TS—热带风暴，STS—强热带风暴，TY—台风，STY—强台风，SUPERTY—超强台风

Dvorak 技术是专门为工作在气象部分的预报人员设计的，在使用上有详细的步骤、规则和流程图. 技术分为 10 步，其中 1～9 步为根据卫星云图确定气旋强度，第 10 步为气旋强度预报.

第 1 步，云系中心(CSC)定位. CSC 是所有弯曲云线或云带的焦点，或者当眼区存在时眼的几何中心. 一般来说，能发展成强度为 T1 的热带气旋的扰动有以下特征之一：(1) 云系至少已经维持了 12 小时；(2) 维持 6 小时、约 2.5 纬距直径的云系区域可以定义云系中心；(3) 具有密蔽云区，低于 31℃的冷云盖尺度大于 1.5 纬距，云区向外延伸距离中心不超过 20 个纬距；冷云盖也可表现为围绕中心的积雨云线. 在热带气旋发展的 T1 阶段，有时会观测到云型的显著变化. 这些弱系统和深厚对流无关，因而有较短生命史，白天具有对流形式的非周期生消振荡.

第 2 步，确定云型. 定义 CSC 的方式可以确定不同的云型：2a. 弯曲云带型；2b. 切变型；2c. 有眼云型；2d. 中心密蔽云区型(CDO)；2e. 嵌入中心型；中心冷云盖型(CCC). CCC 将在第 3 步进行分析. 其余云型分析如下.

2a. 弯曲云带型. 在热带气旋发展阶段，这种云型在 VIS 和 IR 云图上是常见的一种型态. 这种云型中对流云带的旋绕形式，表示了与系统有关的旋涡状态. 因此测量云带围绕系统中心弯曲的长度可以确定气旋强度，这个长度通过在弯曲云带型上叠加 10°对数螺旋曲线，测量螺旋曲线弧长获得. 叠加的螺旋线要沿云带中的浓密对流云的轴线. 根据 VIS 或 IR 云图上弧长与资料 T 数的关系，可以获得相应的 DT 数值. 在系统发展的开始两天里(T1～T3)，云带曲率可能会增大，也可能维持不变或有时减小. 因此第一天，系统如果没有明显的减弱迹象，T 数将从 T1 增大到 T2. 即使在系统快速弯曲卷绕、海面气压没有相应减小的情况下，在接下去的 24 小时内，系统的强度也将从 T2 发展到 T3.

2b. 切变型. 因为强的垂直风切变，弯曲云带会变得模糊不清. 这种情况下，高层的浓密云区会与低层环流分离开来，浓密云体与由低层积云线确定的中心有一定的距离. 对流发展越旺盛，这个距离就越短甚至中心也可位于浓密云体下，预示系统强度越大. 系统早期发展或减弱阶段，切变型是常见的型态，表现为冷云区移位于气旋系统的一侧，并有清晰的边沿.

通过确定 CSC 和测量其与浓密云区的距离，来确定 DT 数. 对于热带风暴强度(T2.5～T3.5)的系统，平行圆形弯曲的低云线确定的系统中心，距离密蔽云体边沿小于 3/4 个纬距甚至位于温度低于 31℃的密蔽云体下方. 对于弱系统(T1.5～T2.5)，不很清晰也不平行的低云线确定的系统中心距离密蔽云体距离小于 5/4 纬距，或者圆形积云线确定的中心距离密蔽云体的距离小于 3/2 纬距.

2c. 有眼云型. 在 T2.5 强度，云带可以环绕中心形成半圆弧状. 随着强度增大，云带加宽并环绕中心形成一个空隙或空洞，称为带状眼. 当气旋发展为嵌入 CDO 的有眼云型时，强度可以根据眼的尺度、形状和外观，以及 CDO 的光滑度特征进行估计. 一个系统如果有一眼区，并有 24 小时强度维持在 T2 或更高，这个系统就按有眼云型进行分析. DT 值从眼数 E、调整眼数 EA 和云带特征数 BF 获得，这些数需要使用各自独立的规则得到.

2d. CDO 型(VIS 云图). 是一整片覆盖系统中心、位于弯曲云带轴线弯曲处内部的浓密云区. 一般来说，热带风暴强度的 CDO 的尺度至少 1°纬距宽，而台风强度则 2°纬距或更宽. 带状特征(BF)和中心特征(CF)一起可以用来确定 DT.

2e. 嵌入中心型(IR 云图). 在热带气旋强度为 T3.5 或以上，且中心落在冷密蔽云区之内时，才用增强 IR 云图对这一类型进行分析. 在冷密蔽区内外的弯曲云线或云带，可以确定位于密蔽区内的云系中心. 除了没有加入眼调整因子外，嵌入中心型的分析类似于有眼云型.

Dvorak 技术中，晚上的时间不能使用 VIS 云图数据，在业务操作上导致许多问题. 首先，IR 探测通常比 VIS 具有较差的分辨率；其次，在 IR 云图上明显的薄卷云，在 VIS 云图上却是透明的. 用 IR 云图分析会遮蔽下层云特征；第三，VIS 云图上清晰显示的用于确定系统中心的低云线，在 IR 云图上则不是很明显. 尽管如此，直接使用数字亮温资料，通过定量分析和数值增强过程，在显示风暴的一些特征方面很有价值. 灰度增强技术增强后的云图及其动画，可以揭示许多 VIS 云图和未增强 IR 云图上看不到的特征. 通常热带气旋云图灰度增强技术使用的增强曲线为 BD 曲线(见图 3.9).

第 3 步，中心冷云盖型(CCC). CCC 包括覆盖风暴中心、接近圆形的冷或者密实的覆盖云区，或者是逗点状头部区，后者使得云型演化的期望信息模糊不清. 它通常与系统发育不良有关，并伴随非常冷的逗点云型. 逗点云型具有光滑的纹理结构、楔形嵌入特征，并有弯曲的卷云线围绕着.

第 4 步，过去 24 小时趋势. 过去 24 小时的强度变化，可以根据其他观测确定，或者比较当前与 24 小时前的云特征. 趋势变化的确定通常是与云系结构组织增强与否和中心特征是否清晰相联系的.

发展(D)的迹象有：弯曲云线或云带较紧密地环绕着 CSC(D1)；云系中心附近浓密云区(CDO)变大，或者带状特征加强(D2)；CSC 被弯曲云线或云带更紧密地环绕着，或者它更靠近密蔽云区(D3)；台风眼更清晰、更暖，或者它被较冷较平滑纹理的云环绕，或者具有更多的带状特征(D4)；夜间没有明显的云系变暖(D5). 减弱(W)的迹象与发展迹象刚好相反.

稳定(S)的迹象包括：在 T3.5 强度或更强的热带气旋中出现中心冷云盖(CCC)，或者较弱的气旋已经持续了 12 小时以上(S1)；CSC 与冷云区的关系没有明显变化(S2)；云型中出现了发展和减弱两种相矛盾的信号(S3).

第 5 步，模式期望 T 数(MET). MET 是根据 24 小时前的 T 数，第 4 步获得的 D，S 和 W 发展趋势，以及气旋过去的强度变率来确定的. 在新出现的发展或减弱气旋的强度变率还没有建立起来时，通常假设过去的变率是每天改变 1 个 T 数. 在 6 小时或更长时间间隔内，两次连续分析可以显示迅速或缓慢的型态演变；或者，一次分析中出现强烈的增强或减弱信号，都分别对应迅速或缓慢的气旋过去的强度变率.

第 6 步，云型 T 数(PT). 它主要用来对 MET 进行调整. PT 数可以等于 MET 或与之相差±0.5. 当实际云型明显地比 MET 所暗示的云型更强或更弱时，PT 数就不等于 MET 数.

第 7 步和第 8 步，最终 T 数(FT). 第 7 步中选择 T 数，当测量清楚明确的时候，选择 DT 数；如果 PT 数和 MET 数不相等，就选择 PT 数；其他所有情况下，选择 MET 数作为“当前”风暴强度的最佳估计结果. 以上选择的 T 数，通过第 8 步获得最终 T 数. 第 8 步中的约束规则，对于保证强度估计结果的可信性、以及不同分析人员所做分析的一致性是非常重要的.

第 9 步，当前强度数(CI). CI 数与热带气旋强度有直接关系，通过规则由 FT 数确定. 当 FT 数显示气旋没有减弱的趋势，或者没有重新发展的迹象时，CI 数就等于 FT 数. 开始减弱的气旋，CI 数(等于 FT)在 12 小时内保持不变. 以后，随着气旋的减弱快慢，CI 数要高过 FT 数 1 或 0.5.

第 10 步，强度预报. 如果没有观测到有破坏性影响因素(例如风切变环境、冷水温梯度海域或陆地等)存在,观测到的气旋也没有达到其峰值强度,那么就使用 Dvorak 模式变化曲线(强度变化分为快速、慢速和典型发展型,对应的强度变率为分别为每天变化 1.5,0.5 和 1 个 T 数)外推,获得强度预报值. 否则,就需要根据实际情况按照强度预报规则,对 Dvorak 模式预报结果进行必要的修正.

以上是 Dvorak 技术的 10 个步骤的主要介绍. 这个技术在使用中有一定的局限性和主观性,其强度确定标准是参考了大西洋和太平洋的热带气旋飞机观测强度,但不同海域气旋演化和结构的差异就没有考虑在内. 在 20 世纪 80 年代后期,Zehr(1989)设计出一种基于部分 Dvorak 分析规则和增强红外卫星数据的算法,部分消除了 Dvorak 技术存在的主观性偏差. 这种数字 Dvorak 技术为后来发展的客观 Dvorak 技术奠定了基础. 以后,卫星微波和水汽通道云图,包含了一些与 VIS 和 IR 云图上不同的热带气旋特征,也用来改进 Dvorak 技术,并在热带气旋强度预报中得到应用(Velden et al,1991).

Velden 等(1998)开发的可以在计算机上运行的客观 Dvorak 技术(ODT)引入许多 Dvorak 分析规则,显著地扩展了数字 Dvorak 技术,并大大降低了 Dvorak 技术存在的主观性偏差. 它适用于热带风暴或台风强度的热带气旋,不能用于弱的热带气旋系统.

为了获得强度估计,ODT 技术从 IR 云图资料中提取两个温度. 它首先判定气旋是否存在眼区. 若有眼区,则将眼区中心 40 km 半径区域内最大亮温值,作为眼区温度. 若无眼区,则以用户确定的风暴中心位置的亮温值作为眼区温度. 然后,ODT 通过分析环绕气旋中心 24～136 km 范围内的不同同心环(1 像元宽)上的最暖温度值,来确定出环境温度. 在得到眼区温度和环境温度后,再与标准云型比对得到气旋强度. 几种标准云型是算法中将 IR 云图中的眼区和环境区亮温进行傅里叶变换客观分析得到的.

改进 ODT 技术(AODT)相对 ODT 技术来讲,不仅在规则上有所改变,能够适用于强度低的热带低压等系统,而且可以实现计算机自动化处理. 同时,微波和水汽云图资料也加入了应用(Olander et al,2002). 在 AODT 基础上,最新发展的改进 Dvorak 技术(ADT),不仅在算法上有重大改进,增加了一些新的云型和眼型类别,修正了一些判别规则,而且更客观和自动化,可适用于分析整个热带气旋生命史中的强度变化(Olander et al,2007).

微波成像仪获得的微波云图资料,因其时间和空间分辨率不甚理想,目前还只能作为 Dvorak 技术的一种补充手段. 应用比较广泛的星载微波成像仪器有:搭载于雨云卫星上的多通道微波扫描辐射仪、美国国防气象卫星上的特种微波成像仪、热带降水测量卫星上的微波成像仪和对地观测卫星上先进的微波扫描辐射仪等. 虽然一些微波成像仪应用于热带气旋的监测已有十年以上的历史,但由于其时间和空间分辨率较低,无法对赤道区域进行连续扫描. 1997 年发射升空的 TRMM 卫星,采用了非太阳同步轨道,扫描范围覆盖了赤道南北纬 40°以内的区域,适合于监测热带地区天气系统,也增加了微波图像对 Dvorak 技术补充的可能性. Cocks 等(1999),Edson 和 Lander(2002)按照 Dvorak 技术中对云型分类的方法,将不同发展阶段的热带气旋在微波图像中表现出的云系特征进行分类. Bankert 和 Tag(2002)将 85 GHz 通道亮温图像和降水率图像得到的 15 个特征量同热带气旋强度联系起来,设计出一种自动估测算法. Edson(2004)总结出微波图像对 Dvorak 技术进行补充的几个方面,包括:(1) 微波图像能识别出热带气旋在形成初期表现出的低层环流中心和低压槽等特征,有助于预报人员更及时准确地判定气旋的生成及它在 Dvorak 技术中所属的云型;(2) 微波图像能得到热带气旋在发展增强阶段眼壁附近的云系结构特征,有利于补充 Dvorak 技术得到与热带气旋强度密切相关的涡度、风切变和对流强度等信息；(3) 利用 Dvorak 技术得到的结果通常会相对于热带气旋的强度变化产生一定滞后，而微波图像能更好地识别出热带气旋强度变化趋势，从而减少了 Dvorak 技术在应用时存在的偏差；(4) 处于减弱消亡或变性阶段的热带气旋，由于眼壁附近强对流很快消散，导致 Dvorak 技术只能基于主观性判断，而利用微波图像能更好地反映地表风场情况.

5.4.2 微波探测

热带气旋在发展过程中，眼区上空通常覆盖有卷云，这使得主要基于 VIS 和 IR 云图的 Dvorak 技术无法得到其内部信息. 相对而言，波长较长的微波能穿透一定厚度的云层，它能得到气旋内部的辐射信息.

热带气旋在发展初期，初始扰动触发了洋面上空气的抬升运动，暖湿气流通过潜热释放和感热方式加热上部空气，并逐渐在气旋的中高层形成暖核结构；另一方面，上升运动也使得低层中心气压下降，周围的暖湿气流不断向中心辐合上升，进一步增强其强度. 气象侦察飞机实测资料表明：发展成熟的热带气旋暖核中心位于对流层上层 250 hPa 附近(Hawkins et al, 1968). 微波垂直探测器通常包括数个权重函数峰值位于 250 hPa 附近的通道，由于在这个高度层绝大多数水滴都凝固成冰晶，而冰晶对于该波段的大气向上微波辐射吸收很小(张培昌等，1995). 因此，根据微波垂直探测器所测得热带气旋在对流层中上层暖核的亮温值(例如 55.45 GHz)，就可以大致估测出热带气旋强度.

对于最大贡献层在对流层上层的某一特定波段，微波垂直探测器接收地表辐射项很小，可以忽略不计. 因此，它所在的微波通道接收到的辐射亮度转换成亮温可表示为

$$T_{\mathrm{b}} = \int_0^{\infty} T(z)K(z)\mathrm{d}z, \tag{5.4.1}$$

其中，$K(z)$为通道权重函数；$T(z)$为热带气旋内部温度垂直分布，它随到气旋中心径向距离 r 不同而不同，在同一海域，它与气旋环境场气温 $T_{\mathrm{e}}(z)$的关系可近似为

$$T(z) = T(z,r) = T_{\mathrm{e}}(z) + T'(z,r) = T_{\mathrm{e}}(z) + a(r)\,\overline{T'}(z), \tag{5.4.2}$$

其中，$T'(z,r)$是气旋内温度与环境场温度的差异，$\overline{T'}(z)$是特定海域这一差异的平均，$a(r)$反映出气旋发展强度的大小，仅与径向距离 r 有关，并且随气旋不同而不同.

将(5.4.2)式代入(5.4.1)式，并忽略权重函数随温度的微小变化，可得气旋中心亮温

$$T_{\mathrm{bc}} = \int_0^{\infty} T_{\mathrm{e}}(z)K(z)\mathrm{d}z + \int_0^{\infty} T'(z,r)K(z)\mathrm{d}z \tag{5.4.3}$$

或

$$T_{\mathrm{bc}} = T_{\mathrm{be}} + a(r)\int_0^{\infty} \overline{T'}(z)K(z)\mathrm{d}z, \tag{5.4.4}$$

其中，T_{be}为环境亮温.

热带气旋中心区域和最大风圈外的环境场近似满足流体静力平衡条件. 热带气旋中心气压 p_{sc}可以通过静力平衡方程得到，即

$$\ln p_{\mathrm{sc}} = \ln p_{\mathrm{t}} + \frac{g}{R}\int_0^{Z_{\mathrm{t}}} \frac{\mathrm{d}z}{T(z)}, \tag{5.4.5}$$

其中，Z_{t} 为热带气旋尺度范围内 50 hPa 气层的位势高度，对应的气压为 p_{t}，R 为气体常数.

若将(5.4.2)式代入(5.4.5)式的积分中，并做泰勒展开取一阶近似可得

$$\ln p_{sc} = \ln p_{se} - a(r)\,\frac{g}{R}\int_0^{Z_t} \frac{\overline{T'}(z)}{T_e^2(z)}\mathrm{d}z, \tag{5.4.6}$$

其中，p_{se}为环境海表气压.

由(5.4.4)式和(5.4.6)式消去 $a(r)$，得到气旋中心表面气压和亮温相对于环境表面气压和亮温的差异之关系为

$$\Delta\ln p_s = -\,b\Delta T_b, \tag{5.4.7}$$

其中，$\Delta\ln p_s = \ln p_{sc} - \ln p_{se}$，$\Delta T_b = T_{bc} - T_{be}$，$b = \dfrac{\dfrac{g}{R}\displaystyle\int_0^{Z_t}\frac{\overline{T'}(z)}{T_e^2(z)}\mathrm{d}z}{\displaystyle\int_0^{\infty}\overline{T'}(z)W(z)\mathrm{d}z}$. 系数 b 同热带气旋所处的环境及所选卫星探测通道的权重函数有关.(5.4.7)式就把微波垂直探测器观测得到的热带气旋暖核和环境场间的亮温差异，同海平面气压对数的差异联系了起来，据此可估计热带气旋中心最低海平面气压. 在气压差差异估计出来之后，根据梯度风等关系可以进一步得到不同径向半径处的表面风速(kidder et al,1980).

值得一提的是，以上单通道估算热带气旋海面气压的方法可以扩展到多个通道，并可提高反演精度. 这些选用通道的权重函数的峰值必须位于 250 hPa 高度附近，若使用双通道(以下角标 1 和 2 区别)，则(5.4.7)式可类似写为

$$\Delta\ln p_s = -\,b_1\Delta T_{b1} - b_2\Delta T_{b2}, \tag{5.4.8}$$

其中，系数 b_1 和 b_2 同热带气旋所处的环境及所选卫星探测通道的权重函数有关.

星载被动微波探测器的主要目标之一是探测大气温度和湿度垂直分布，探测通道位于氧气和水汽的强吸收带附近，吸收带的不同位置及吸收系数的差别决定了通道权重函数的峰值高度. 典型的这类仪器包括微波垂直探测器 MSU 和先进微波垂直探测器 AMSU，它们都搭载于美国业务极轨卫星上.

Velden 等(1991)利用 MSU 资料反演得到的大气温度廓线资料建立了 250 hPa 温度距平同气旋中心最低海平面气压和近中心最大风速度的统计回归方程，所得结果同侦察飞机实测强度之间偏差很小，这也预示着利用微波资料估测热带气旋强度逐渐进入业务应用领域. 相对于热带气旋的暖核尺度而言，MSU 的空间分辨率比较粗糙. Merrill(1995)针对 MSU 横向扫描的特点，考虑了暖核水平尺度、形状变化和辐射计扫描角度、衍射效应等因素的影响，设计出一种捕获暖核信息的方法，提高了对热带气旋强度的估测精度.

相对于以前的微波垂直探测器而言，AMSU 具有更多的遥感通道和更高的空间分辨率. Kidder 等(2000)总结了 AMSU 在监测热带气旋上的优势，并介绍了利用 AMSU 反演温湿廓线产品得到气旋中心最低海平面气压和梯度层切向风场分布的方法，充分显示了 AMSU 在热带气旋监测和预报中的应用前景. Spencer 和 Braswell(2001)利用 AMSU 得到的 6 个参数对大西洋区域热带气旋的最大风速度进行估测，同气象侦察飞机实测资料相比，标准偏差仅为 4.5 m/s. Brueske 和 Velden(2003)对 AMSU-A 扫描角度偏差和衍射效应进行修正，提出利用 AMSU-B 窗区通道估测气旋眼区尺度的方法，得到更精确的气旋暖核强度. 邱红等(2004)利用 AMSU-A 通道 7 计算了 2001—2003 年之间发生在西北太平洋区域热带气旋的暖核亮温距平，同业务部门利用 Dvorak 技术得到的强度报告值相比，标准偏差为 12.1 hPa. 刘喆等(2006)利用 AMSU 资料反演出的大气温湿廓线产品对 0414 号强台风“云娜”进行分析，根据相匹配的 4 时次资料分别估测了该台风在不同阶段的强度，同业务部门发布的强度报告相比，

两者变化趋势一致，平均偏差为 11.8 hPa.

尽管搭载于极轨卫星上的微波探测器已经进行了重大的改进，但对于路径和强度变化迅速的热带气旋而言，其时间分辨率较低；微波探测通道的最佳空间分辨率相对于气旋眼区仍偏大，无法完全捕获气旋位于对流层中上层的暖核信息；微波虽然能穿透一定厚度云层，但对于气旋中低层的强降水而言是完全不透明的，难以得到气旋内部详细的结构信息. 因此，微波探测仪器目前还只能作为一种对热带气旋监测的补充手段来使用.

习　题

5.1　可见光、红外和水汽云图上的什么特征可以代表大气运动？

5.2　简述风矢量计算的基本原理，并说明哪些因素影响云迹风的风矢量精度.

5.3　说明目标追踪的互相关法和欧几里得距离法的原理以及两者的差异.

5.4　证明，纬度为 φ 处地球半径 $R_e(\varphi)$ 为

$$R_e(\varphi) = R_{ep}\sqrt{\frac{1+\tan^2\varphi}{1+\tan^2\varphi - e^2}},$$

其中，R_{ep} 为地球极地半径，e 为地球的偏心率.

5.5　利用两张连续水汽云图，通过计算

$$E = 1 - \frac{\sum_{i=1}^{N_T^2}(T_i - S_i)^2}{\sum_{i=1}^{N_T^2}(T_i - \overline{T})^2}$$

来跟踪水汽踪迹(Deb et al, 2008). 说明此跟踪方法原理，它与互相关法比较有何优势？

5.6　Molniya 轨道参数为近地点 7378 km，远地点 45 730 km，倾角 63.4°，升交点赤经 0°，卫星远地点位于北半球一侧. 若在此卫星上搭载仪器对北极区对流层全年的风进行探测，哪些波长的通道可以完成此项任务？

5.7　热成风表达式可写为 $\frac{\Delta v}{\Delta z} = \frac{g/f}{T}(\Delta T/\Delta x)$. 在 1 km 高度，风速是 $10\ \mathrm{m\cdot s^{-1}}$，且静止气象卫星测量的温度梯度是 $0.03\ \mathrm{K\cdot km^{-1}}$. 导出 2 km 高度处的风. 已知 $\frac{g/f}{T} = 400\ \mathrm{m\cdot s^{-1}\cdot K^{-1}}$.

5.8　波长 5 cm、发射功率 4 kW 的雷达，探测 800 km 距离处有效面积为 $10^3\ \mathrm{m^2}$ 的洋面，如果雷达接收到的回波脉冲信号为 10^{-16} W，雷达天线增益为 5.07×10^4，雷达后向散射系数是多少 dB？某一物理量的变化率 x，相当于变化 $10\lg x$ dB.

5.9　K 波段(18～27 GHz)散射计的后向散射截面 σ 与风速 v 的关系表示为

$$\sigma = Cv^{\gamma}[1 + a\cos(2\phi)],$$

其中，C、γ 和 a 是常数，ϕ 是观测平面和风矢量之间的角度. 为了确定风速和风向，需要不少于两个方向上的观测. 假设前两个观测方向正交，(1) 说明如果有第三个观测，最佳的观测方向应该相对于前两个观测方向的角度为 45°；(2) 如果有多于三个观测，能够消除风向多解现象吗？

5.10　海面雷达后向散射系数 σ 用简单的经验模式函数表示为 $\sigma = a + b\cos(2\phi)$，其中 ϕ

是风向和雷达探测方位之间的角，对 40°入射角的 Ku 波段（12～18 GHz）散射计的水平极化探测，a 和 b 的表达式为

$$a = 0.8v - 30,$$
$$b = 3.5 - 0.1v,$$

其中，v 是风速（$\mathrm{m \cdot s^{-1}}$），σ 的单位是分贝（dB）. 若散射计向北和向东观测的 σ 值分别为 −22.9，−21.1 dB，计算风速和风向，使用第三次测量能否确定风向？

5.11　Dvorak 技术中确定热带气旋强度的第一步是什么？绘图说明这一步如何在弯曲带型、切变型和逗点型云团中实现.

5.12　Dvorak 技术中，云型态与强度的关系依赖于 4 个基本特征，这 4 个基本特征是什么？

5.13　Dvorak 强度分析过程有三个主要部分. 第一部分是根据测算确定强度的估计值，其他两个部分是什么？

5.14　一般说来，判断过去 24 小时之内扰动是否发展，应考虑哪些云系特征？

5.15　微波探测热带气旋与红外、可见光探测相比，有哪些特点？

第六章 温　度

卫星探测的红外和微波辐射，直接来自地表和大气的发射和透射辐射. 这些辐射与地表和大气的温度有关，因而，卫星通过特定波段的地表和大气的辐射探测，可以获得地表和大气的温度状况.

本章将介绍地表温度和大气温度垂直廓线的反演方法. 其中 6.1 介绍海面温度的反演；6.2 节讨论陆地表面温度的计算；最后 6.3 节介绍大气温度垂直廓线反演的多种方法.

6.1 海面温度

海面温度(SST)通常是指靠近海表面的海水温度.

实际上，海温是一个很难精确定义的物理量，因为海洋上层(≈10 m)具有复杂多变的水温垂直结构，这种水温垂直分布依赖于海洋湍流和海-气热量、水汽和动量通量的交换. 实际探测的海温，是使用的不同探测手段在几种不同海洋深度上测量获得的(见图 6.1).

卫星红外辐射计探测获得海洋表面约 10 μm 厚度海水的温度，称为皮层海温(skin SST). 微波探测仪器则可探测表皮下大约 1 mm 深度的海温，称为皮下海温(subskin SST). 海洋浮标等仪器可以探测某一深度处的水温，例如 1 m 以下深度的水温，称为深层海温(depth SST)，泛指皮下海温深度之下的海水温度. 从船的进水口可以获得约 10 m 以下深度的水温，称为基础海温(foundation SST)，它不受日变化(白天加热和夜晚冷却)影响. 图 6.1 中还显示有界面温度(interface temperature)，是指海-气交界面处的假想温度，使用现有的技术无法测量获得. 这 5 种温度都可称为海温.

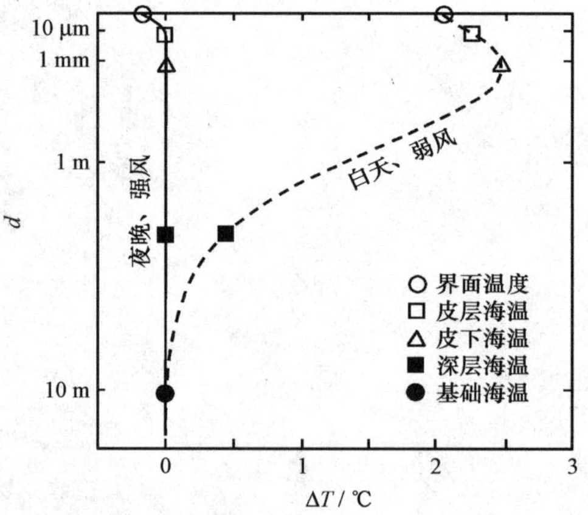

图 6.1　夜晚和白天的海洋上层海水温度垂直分布比较(https://www.ghrsst.org). d 为海水深度，ΔT 为不同深度海水温度与基础海温之差

卫星使用红外和微波波段探测海温，也即获得皮层海温和皮下海温. 为了验证卫星探测海温的精度，必须与真正的常规海温资料对比，这种资料只能靠船舶和浮标探测获得. 也就是说，

对比的海温是深层海温或基础海温，这是海温卫星反演存在误差要考虑的原因之一．其次，卫星探测是与卫星水平分辨率一致的一个大范围的海面的平均海温，而对比的船舶和浮标探测只测量一个点上的海水温度值．第三，从图 6.1 可知，海面风速影响水温的垂直分布．在强风（>6 m/s）情况下，水温在垂直分布上基本一致，导致卫星反演较小的误差；相反，弱风导致皮层（和皮下）海温与深层（和基础）海温的差异增大．因此，风速可影响海温的反演精度．

6.1.1 红外波段特性

红外波段，用于 SST 反演的波长范围为 3～13 μm．典型的用于 SST 反演的卫星仪器为 AHHRR（目前使用的是 AVHRR/3）和 MODIS，表 6.1 列出了用于 SST 反演中 AVHRR/3 和 MODIS 红外通道．其他卫星（例如静止气象卫星等）上也搭载有类似波段的仪器，同样可用于 SST 反演．

表 6.1 SST 反演算法中使用的 AVHRR/3 和 MODIS 波段

AVHRR/3 通道	波段/μm	中心波长/μm	MODIS 通道	波段/μm	中心波长/μm
3B	3.55～3.93	3.74	20	3.660～3.840	3.79
			22	3.929～3.989	3.96
			23	4.020～4.080	4.06
4	10.3～11.3	10.80	31	10.780～11.280	
5	11.5～12.5	12.00	32	11.770～12.270	

注：为方便起见，下文中称 3B 通道时用 3 通道代替．

根据指数削弱规律，辐射能在水中传播按指数衰减，且海水吸收系数 $\beta_a(\lambda)$ 与折射指数的虚部 n_i 有关．因此，定义海水吸收深度 d_a 为垂直衰减 1/e 的距离，对某一波长 λ，吸收深度为

$$d_a = \frac{1}{\beta_a(\lambda)} = \frac{\lambda}{4\pi n_i}. \qquad (6.1.1)$$

根据(6.1.1)式，图 6.2 给出了红外波段吸收深度和波长的关系．在 3～6 μm 波段，吸收深度的范围约为 1～100 μm；而在 10～13 μm 波段，吸收深度约为 5～10 μm．整体上看，3～13 μm 波段的吸收深度为 1～100 μm，意味着红外发射是由 1～100 μm 的水柱发射的．作为比较，微波频率为 6.9 GHz 时，d_a=2.5 mm；微波频率为 10.7 GHz 时，d_a=1.2 mm．在微波的较高频率，吸收深度下降．

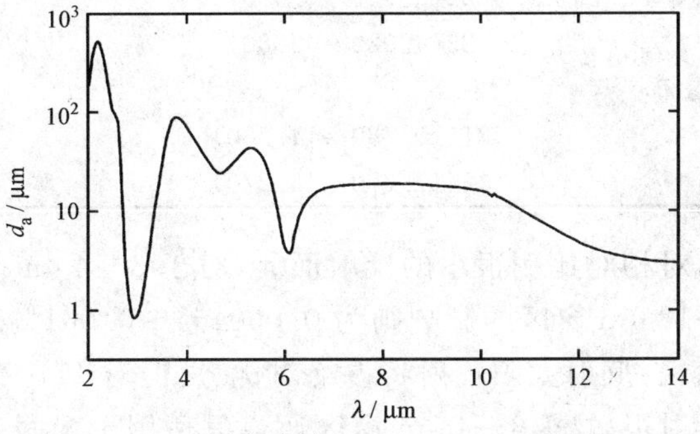

图 6.2 吸收深度(d_a)随波长(λ)的变化曲线

图 6.3 给出了辐射垂直传输时，洋面反射率 r 和发射率 ε 随波长的变化关系．对于 3.6～

4 μm 波段，r=0.022，ε=0.978；对于 10.8～11.3 μm 波段，r=0.0035，ε=0.9965；对于 11.8～12.3 μm 波段，r=0.0018，ε=0.9982. 这意味着在 3.6～4 μm 波段，反射率 r 的大小近似为 10.8～11.3 μm 波段反射率的 6 倍；而在所有红外波段，发射率接近于 1.

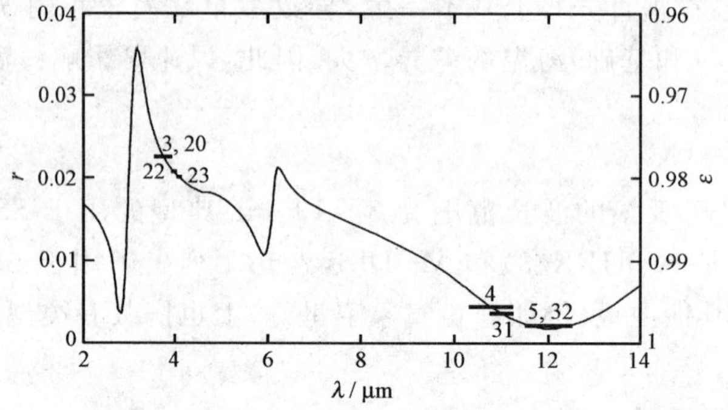

图 6.3 红外波段的垂直反射率(r)和发射率(ε)随波长(λ)的变化关系. 粗的水平条表示了表 6.1 中 AVHRR(3B,4 和 5)和 MODIS(20,22,23,31 和 32)通道的位置和平均的反射率和发射率

根据辐射传输理论，在红外波段辐射传输的主要过程是吸收和发射. 大气顶部卫星接收到来自海面的辐射不仅被大气吸收所衰减，同时也因大气发射辐射而加强. 在 3～4 μm，8～9 μm 和 11～12 μm 三个窗区波段，大气顶部测量的辐射接近于黑体辐射. 而当 $\lambda < 3\ \mu$m 时，可以忽略表面发射，起主导作用的是反射太阳辐射和大气散射辐射. 在 3～4 μm 窗区，大气顶部的辐射要比 11～12 μm 窗区至少小一个量级，但 3～4 μm 窗区的水汽吸收与其他窗区的水汽吸收相比要小很多(见图 1.4). 8～9 μm 窗区不用于 SST 反演是因为此窗区接收到的辐射要比 11～12 μm 窗区小，且它对大气中水汽的变化非常敏感，这是主要原因.

若考虑反射太阳辐射对热红外波段的影响，可以假设卫星仪器视场(FOV)中一定比例的海面对太阳辐射反射并进入仪器. 表 6.2 列出了 AVHRR 和 MODIS 波段反射太阳辐射相对 288 K 黑体发射辐射的比值.

表 6.2 垂直方向反射太阳辐射对 AVHRR 和 MODIS 热红外窗区波段的相对贡献
(假设反射面元占 FOV 的 0.001%)(Martin,2004)

AVHRR 通道	MODIS 通道	相对贡献/(%)
3(3.55～3.93)	20(3.660～3.840)	12
	22(3.929～3.989)	6
	23(4.020～4.080)	4
4(10.3～11.3)		0.002
	31(10.780～11.280)	0.001
5(11.5～12.5)	32(11.770～12.270)	0.0004

从表 6.2 可以看到，对相对比例很小的反射面元，对于 3～4 μm 窗区，反射太阳辐射的影响为 4%～12%；而 11～12 μm 窗区的影响则为 0.0004%～0.001%. 若反射面积增加到一定的程度，则对 3～4 μm 窗区，反射太阳辐射将占绝对优势，但对 11～12 μm 窗区仍然只有非常小的影响. 由于对太阳反射很敏感，3～4 μm 窗区通道只适用于夜间 SST 反演；而 11～12 μm 窗区通道除了在紧邻太阳中心镜面反射点外，适用于所有时间.

还需提到的是，11～12 μm 通道宽度要比 3～4 μm 通道大，从而可以获得更大的能量，有利于 SST 反演. 3～4 μm 通道对水汽的敏感度要比 11～12 μm 通道低，从(3.1.5)式分析得知，3～4 μm 通道对海面温度的改变要比 11～12 μm 通道敏感得多. 因此 3～4 μm 通道和 11～12 μm 通道在反演 SST 中，各有优缺点.

6.1.2 水汽订正

在红外窗区波段，晴空海面向上到达卫星的辐射主要受到大气中水汽的吸收，从而造成了海面温度与卫星探测晴空亮度温度之间的差异. 水汽订正就是计算这种差异，从而获得海面温度 T_s，即

$$T_s = T_b + \Delta T, \tag{6.1.2}$$

其中，T_b 为窗区晴空亮温，ΔT 为窗区通道水汽吸收导致的探测海面温度的改变量.

水汽订正量不仅与水汽含量有关，而且也与亮度温度有关. 使用一个窗区通道探测时，一般可写为如下的线性统计式

$$\Delta T = a_0 + a_1 T_b + a_2 V, \tag{6.1.3}$$

其中，V 是大气柱水汽含量(也即大气可降水量)，系数 $a_i(i=0,1,2)$ 可通过大量的亮度温度、大气可降水量值以及水汽订正值的统计回归分析而得到. 在缺乏大气可降水量资料时，(6.1.3)式可直接使用亮度温度和水汽订正值之间的统计关系进行计算. 此外，(6.1.3)式也可以是非线性的函数关系.

若使用 2 个窗区通道，例如红外长波分裂窗 2 个通道，也可以进行水汽订正量的计算. 根据辐射传输方程，对于分裂窗第 i 个通道(1 通道中心波长约 11 μm，2 通道约 12 μm)，晴空条件下，卫星接收到的来自海面和大气的辐射亮度为

$$I_i = B_i(T_s)t_i + B_i(T_a)(1-t_i), \tag{6.1.4}$$

其中，$B_i(T_a)=\frac{1}{1-t_i}\int_{t_i}^{1} B_i(T)\,\mathrm{d}t$，$T_a$ 为大气平均温度，大致相当于 850 hPa 处的气温. t_i 为整层大气透过率.

对分裂窗两个通道分别使用(6.1.4)式，得到

$$I_{11} = B_{11}(T_{11}) = B_{11}(T_s)t_{11} + B_{11}(T_a)(1-t_{11}), \tag{6.1.5a}$$

$$I_{12} = B_{12}(T_{12}) = B_{12}(T_s)t_{12} + B_{12}(T_a)(1-t_{12}), \tag{6.1.5b}$$

其中，T_{11} 和 T_{12} 为卫星在分裂窗 2 个通道接收辐射对应的亮度温度.

另一方面，$B_i(T)$ 可展开为 $B_i(T_a)$ 的一阶近似，即

$$B_i(T) \approx B_i(T_a) + \frac{\partial B_i}{\partial T}(T-T_a), \tag{6.1.6}$$

其中，偏导数取 $T=T_a$ 时的值.

对两个通道，应用(6.1.6)式得到

$$B_{12}(T) \approx B_{12}(T_a) + \frac{\partial B_{12}/\partial T}{\partial B_{11}/\partial T}[B_{11}(T) - B_{11}(T_a)]. \tag{6.1.7}$$

在(6.1.7)式中，当 T 取 T_{12} 和 T_s 时，可得到两个方程，它们与(6.1.5b)式联立，得到

$$B_{11}(T_{12}) = B_{11}(T_s)t_{12} + B_{11}(T_a)(1-t_{12}). \tag{6.1.8}$$

联立(6.1.8)式和(6.1.5a)式，有

$$B_{11}(T_s) = B_{11}(T_{11}) + \eta[B_{11}(T_{11}) - B_{11}(T_{12})], \tag{6.1.9}$$

其中，$\eta \equiv \frac{1-t_{11}}{t_{11}-t_{12}}$.

因为窗区主要是水汽吸收，则透过率为 $t_i \approx \exp(-\tau_i/\mu)$，其中 τ_i 是垂直路径整层大气水汽吸收的光学厚度. 若考虑窗区水汽吸收弱，并假设水汽吸收系数与高度无关，则

$$t_i \approx 1-\tau_i/\mu = 1-\int_0^\infty k_i\rho_v \mathrm{d}z/\mu = 1-k_iV/\mu. \tag{6.1.10}$$

根据(6.1.10)式，则 η 还可写为 $\eta \equiv \frac{k_{11}}{k_{12}-k_{11}}$.

最终对(6.1.9)式作温度展开的一阶近似，得到

$$T_s = T_{11} + \eta(T_{11} - T_{12}), \tag{6.1.11}$$

这是海温分裂窗统计法的基础.

从(6.1.11)式可知，分裂窗技术中的水汽订正量与分裂窗通道亮温差成正比. 因此，海温反演中的分裂窗技术，就是在比较透明的分裂窗第一通道亮温基础上，采用分裂窗通道亮温差进行水汽订正量计算，从而可获得海面温度.

若首先将辐射亮度值展开成温度的一阶近似，也可获得(6.1.11)式同样的结论. 根据(6.1.10)式和(6.1.4)式，得到

$$I_i = B_i(T_s) + [B_i(T_a) - B_i(T_s)]k_iV/\mu. \tag{6.1.12}$$

此时对辐射亮度和普朗克函数取泰勒级数展开成温度的一级近似，即

$$I_i = B_i(T_s) + \left(\frac{\partial B_i}{\partial T}\right)_s (T_i - T_s), \tag{6.1.13a}$$

$$B_i(T_a) = B_i(T_s) + \left(\frac{\partial B_i}{\partial T}\right)_s (T_a - T_s). \tag{6.1.13b}$$

则将(6.1.13)两式代入(6.1.12)式有

$$T_i = T_s + (T_a - T_s)k_iV/\mu, \tag{6.1.14}$$

应用于两个窗区通道，则有

$$\frac{T_s - T_{11}}{T_s - T_{12}} = \frac{k_{11}}{k_{12}}. \tag{6.1.15}$$

由(6.1.15)式解出海面温度为

$$T_s = \frac{k_{12}}{k_{12}-k_{11}}T_{11} - \frac{k_{11}}{k_{12}-k_{11}}T_{12} = T_{11} + \frac{k_{11}}{k_{12}-k_{11}}(T_{11} - T_{12}), \tag{6.1.16}$$

与前面得到的(6.1.11)式完全一致.

通过展开到光学厚度的二阶项，可得到 η 值为

$$\eta \approx \frac{k_{11}}{k_{12}-k_{11}}\left(1 + \frac{k_{12}V\sec\theta}{2}\right). \tag{6.1.17}$$

将(6.1.17)式代入(6.1.11)式，得到了与卫星天顶角 θ 和可降水量 V 有关的水汽模式(WVSST)方程(Emery et al,1994). 其中，V 的值可从其他途径(例如卫星微波反演或红外反演值，或者数值预报值等)获得.

若利用三个窗区通道，并以下角标 1,2 和 3 表示三个通道，则可得到海面温度为

$$T_s = T_1 + \frac{k_1}{2(k_2-k_1)}(T_1 - T_2) + \frac{k_1}{2(k_3-k_1)}(T_1 - T_3), \tag{6.1.18}$$

可实现多通道的水汽订正计算. 其中，T_1，T_2 和 T_3 为三个通道测得的亮度温度.

由(6.1.18)式可推广到更一般的窗区通道统计法，若考虑 M 个通道亮度温度 $T_i, i=1, 2, \cdots, M$，则统计方程写为

$$T_s = a_0 + \sum_{i=1}^{M} a_i T_i. \tag{6.1.19a}$$

若同时考虑可降水量的影响，则

$$T_s = a_0 + \sum_{i=1}^{M} a_i T_i + a_v V, \tag{6.1.19b}$$

其中，统计系数是观测天顶角的函数，即

$$a_i = a_{0i} + a_{1i}(\sec\theta - 1) + a_{2i}(\sec\theta - 1)^2 + \cdots, \tag{6.1.20a}$$

$$a_v = a_{0v} + a_{1v}(\sec\theta - 1) + a_{2v}(\sec\theta - 1)^2 + \cdots. \tag{6.1.20b}$$

理论上，这种统计法可以获得非常高的精度.

当前，业务算法中，无论使用的红外通道还是微波通道，一般都采用类似(6.1.19a)式的多通道统计算法.

6.1.3 反射阳光订正

利用 3.7 μm 和 4 μm 两通道的辐射亮度值可反演海面温度，但它们在白天会受到大气和海面反射阳光的影响，因此，作为窗区通道，它们在白天时一般不能和 11μm 等通道一起使用. 但是，在白天，可以使用 3.7 μm 和 4 μm 两通道的辐射亮度资料，去除阳光的影响来获得海面温度. 下面的讨论中，假设云的影响和水汽的吸收已用其他的方法除去了.

卫星接收到的辐射亮度 I_i 为

$$I_i = \varepsilon_i B_i(T_s) + r_i L_i, \tag{6.1.21}$$

其中，ε_i 为第 i 通道的海表发射率，r_i 为海面和大气共同作用的阳光反射率，L_i 为太阳射向地气系统的辐射亮度，可由

$$L_i = \frac{F_i \cos\theta_0}{\pi} \tag{6.1.22}$$

获得. 其中，F_i 为太阳辐射通量密度，θ_0 为太阳天顶角.

若使用 3.7 μm 和 4 μm 两通道探测的辐射亮度资料，则利用(6.1.21)式分别得到

$$I_{3.7} = \varepsilon_{3.7} B_{3.7}(T_s) + r_{3.7} L_{3.7}, \tag{6.1.23}$$

$$I_4 = \varepsilon_4 B_4(T_s) + r_4 L_4. \tag{6.1.24}$$

因为这两个通道的波长较为接近，通道特征较为相近，可以假设它们的阳光反射率相等，即近似满足

$$\alpha = \frac{r_{3.7}}{r_4} \approx 1. \tag{6.1.25}$$

根据发射率和普朗克函数的特征(即随波长的变化而单调变化)，必然存在一个亮度温度 T_b，使得

$$B_{3.7}(T_b) = \varepsilon_{3.7} B_{3.7}(T_s), \tag{6.1.26}$$

$$B_4(T_b) = \varepsilon_4 B_4(T_s) \tag{6.1.27}$$

成立.

由(6.1.23)～(6.1.27)式，可以得到

$$I_{3.7} - \beta I_4 = B_{3.7}(T_b) - \beta B_4(T_b), \tag{6.1.28}$$

其中，$\beta=\alpha L_{3.7}/L_4$，根据(6.1.22)式和(6.1.25)式，β为已知量.

因为(6.1.28)式等号左边的值根据卫星观测可以确定，所以(6.1.28)式是关于 T_b 的非线性函数. T_b 的值可以通过求解非线性方程获得；也可以预先通过计算获得 $I_{3.7}-\beta I_4$ 随 T_b 变化的对照表，通过查表法获得；还可以通过迭代形式

$$T_b^{(n+1)}=B_{3.7}^{-1}\{I_{3.7}-\beta I_4+\beta B_4[T_b^{(n)}]\},\tag{6.1.29}$$

通过迭代法获得 T_b 的值.

一旦获得 T_b 值，则根据(6.1.26)式和(6.1.27)式之比

$$\frac{B_{3.7}(T_b)}{B_4(T_b)}=\frac{\varepsilon_{3.7}B_{3.7}(T_s)}{\varepsilon_4 B_4(T_s)}=\gamma\frac{B_{3.7}(T_s)}{B_4(T_s)},\tag{6.1.30}$$

可求得海面温度 T_s，$\gamma=\varepsilon_{3.7}/\varepsilon_4$. (6.1.30)式的解法和(6.1.28)式获得 T_b 值的解法类似. 这种方法中，阳光反射的影响被去除掉了，而且只需预先确定比值 α 和 γ 就足够了，这两个比值近似为 1.

6.1.4 业务算法

在业务上广泛使用红外窗区通道进行 SST 反演，具有代表性的业务星载仪器为 AVHRR 和 MODIS. 其他搭载有类似红外窗区通道仪器的卫星，也具有类似 AVHRR 或 MODIS 的 SST 反演算法.

SST 的反演算法按照使用通道的不同，分为白天和夜间算法. 白天的条件是探测像元的太阳高度角大于 10°，而夜间则为低于 −5°，两者之间的曙暮光时段不进行反演计算.

1. AVHRR 算法

NOAA 卫星 AVHRR 数据在 SST 反演方面的研究已经有 30 多年的历史，它是目前最为广泛应用于全球 SST 观测的传感器，是遥感对地观测中最成功的例子之一. 1985 年 McClain 等首先开发了利用分裂窗通道资料反演 SST 的线性算法(MCSST)(McClain et al, 1985). 在此基础上，Walton 对线性算法做了进一步的改进，推导出非线性关系的算法模型，即交叉 SST 算法(CPSST). 此后 Walton 等又对 CPSST 算法进行改进，开发了非线性算法(NLSST)，有关此算法的理论及发展过程可在从 Walton 等 1998 年的文章中看到(Walton et al, 1998). 针对 NOAA 卫星 AVHRR 数据开发的 SST 分裂窗反演算法成为后来许多同类传感器反演算法的理论基础. 目前 NOAA 业务化运行的算法主要是 MCSST 和 NLSST，CPSST 已经于 1991 年 10 月被 NLSST 算法所取代. 从总体上看 NOAA 卫星 AVHRR 数据反演的 SST 与传统的装载在商船上的传感器测量得到的 SST 已达到相似的精度.

最早的 AVHRR 反演 SST 算法，是使用(6.1.11)式的多通道 SST 算法(MCSST). McClain 等(1985)根据海洋上的无线电探空的温度和湿度廓线数据，获得了估算的 η 值. 应用 MCSST 算法，发现卫星反演的海面温度相对于浮标资料有较大误差.

为了提高 SST 计算精度，并考虑到 MCSST 算法是线性表达式，可将(6.1.11)式写为统计线性关系式，即

$$T_s=a_0+a_1T_{11}+a_2(T_{11}-T_{12}),\tag{6.1.31}$$

其中，系数 a_0，a_1 和 a_2 为常数，可由卫星观测的亮度温度 T_{11}，T_{12} 和浮标观测的 SST 数据通过统计最小二乘法回归获得.

(6.1.31)式是双通道 SST 反演的最简单形式. 此式中，a_0 项是线性统计关系的常数项，主

要反映卫星皮层海温与浮标深层海温的差异；T_{11}与一个接近1的常数a_1相乘的这一项接近表面温度，提供了SST的基本估算；$a_2(T_{11}-T_{12})$是为了去除水汽的影响，即为水汽订正项. 因此，(6.1.31)式反演的SST包括了深层海温的影响，此式在大气光学厚度(决定于大气可降水量和卫星天顶角)和卫星天顶角都较小的条件下，可给出与浮标SST相比的所期望精度的反演结果.

考虑卫星天顶角θ的影响后，通过修正(6.1.31)式，得到更普适的MCSST算法方程为

$$T_s = a_0 + a_1 T_{11} + a_2(T_{11} - T_{12}) + a_3(T_{11} - T_{12})(\sec\theta - 1), \tag{6.1.32}$$

其中，系数与特定的卫星仪器有关，由卫星观测数据与浮标数据根据统计方法获得. 加入的$\sec\theta$项给出的是随θ增加的路径长度，但没有包括较大可降水量V的影响. $\sec\theta-1$称为相对过剩大气质量(fractional excess air mass).

非线性模式(NLSST)通过加入SST初估值，改进了MCSST算法. 加入SST初估值实际也相当于加入了大气可降水量计算. 因为湿的大气一般发生在热的海洋上，大气湿度随SST的增加而增加. 此外，在海温0～30℃范围内，通过对海洋大气廓线的分析表明，η值随SST近似线性增加(Walton et al,1998). 因此，NLSST模式的方程表示为

$$T_s = a_0 + a_1 T_{11} + a_2 T_{sfc}(T_{11} - T_{12}) + a_3(T_{11} - T_{12})(\sec\theta - 1), \tag{6.1.33}$$

其中，T_{sfc}是从气候数据或从MCSST修正模式计算获得的独立的海面温度估算值；系数由浮标和卫星亮温的匹配数据统计获得.

上述的MCSST模式和NLSST模式是AVHRR业务SST算法，如两种算法计算的SST的绝对差异大于1.5℃，则认为像元被云覆盖. 这两种模式都可适用于白天或夜晚，只是两组方程的系数不同.

利用AVHRR第3通道的优势，MCSST模式和NLSST模式使用了所有3个热红外通道，称为三窗区算法，其中利用$T_{3.7}$和T_{12}的差异去除水汽的影响. MCSST模式的夜间算法的形式为

$$T_s = a_0 + a_1 T_{11} + a_2(T_{3.7} - T_{12}) + a_3(\sec\theta - 1). \tag{6.1.34}$$

和相似的白天算法类似，T_{11}这一项提供了SST的基本估算，其他项则用于订正. 由于带$\sec\theta$的项缺少了$(T_{3.7}-T_{12})$的作用，夜间方程要比白天的简单. 与4通道和5通道相比，3通道的优势是对水汽的敏感性较低，所以在水汽含量较大的大气条件下，$T_{3.7}$只比T_{12}减小至多2 K，而对应的4通道则要减小约9 K.

类似的NLSST模式夜间算法有如下形式

$$T_s = a_0 + a_1 T_{11} + a_2 T_{sfc}(T_{3.7} - T_{12}) + a_3(\sec\theta - 1), \tag{6.1.35}$$

其中系数依然由常规探测的海温和卫星数据统计获得.

2. MODIS算法

MODIS可使用两组热红外通道反演SST(见表6.1)：2个通道在11～12 μm窗口(31和32通道)；3个通道在3～4 μm窗口(20,22和23通道). Brown和Minnett(1999)描述了使用这些通道反演海温的SST算法.

在11～12 μm窗口通道，类似NLSST适用于白天和夜间的算法(Kilpatrick et al, 2001)为

$$T_s = a_0 + a_1 T_{11} + a_2 T_{sfc}(T_{11} - T_{12}) + a_3(T_{11} - T_{12})(\sec\theta - 1). \tag{6.1.36}$$

与(6.1.33)式不同的是，T_{sfc}是雷诺兹SST(Raynolds SST). 雷诺兹SST是海面测量和AVHRR观测数据优化插值到1°×1°经纬度网格内的全球SST产品(Raynolds et al,1994). 另外，这里的算法对于干燥和湿润的大气使用不同的系数. 当$T_{11}-T_{12}\leqslant 0.7$时，$a_0$到$a_3$分别

为 1.2026，0.976，0.126 和 1.683；当 $T_{11}-T_{12}>0.7$ 时，a_0 到 a_3 分别为 2.7478，0.891，0.125 和 1.109.(6.1.36)式可适用于白天和夜间的海温反演.

在 3～4 μm 窗口通道，MODIS 反演海温算法的方程可写为

$$T_s = a_0 + a_1 T_{3.9} + a_2(T_{3.9} - T_{4.0}) + a_3(\sec\theta - 1), \qquad (6.1.37)$$

其中，$T_{3.9}$ 和 $T_{4.0}$ 是 MODIS 的 22 和 23 通道亮温. 这个方程只适用于夜间，且只有一组系数. 不用 20 通道，是因为它受水汽影响较大，容易带来较大误差. 与(6.1.36)式相比，(6.1.37)式比较简单，只有一组系数且没有 T_{sfc} 这一项.(6.1.37)式体现了 3～4 μm 窗口通道的优势，即相对于 11～12 μm 窗口通道，水汽对它的影响是微小的.

总之，11～12 μm 窗口通道算法的优势，是能在所有时间段使用，延续了 AVHRR 的海温序列并提到了精度，缺点是受水汽和火山爆发形成的气溶胶以及对流层气溶胶的影响. 3～4 μm 窗口通道优点是算法简单、对水汽不敏感以及精度较高. 但是，由于白天太阳耀斑区(sunglint，是水面对阳光的镜面反射引起的. 在卫星云图上，它可能被误认为亮的云或大气浮尘. 为区别天文学中的太阳耀斑，也有人称为太阳反辉区、太阳耀光区、日斑或日照亮斑等. 第 7 章中的近红外法可反演海洋耀斑区上空的大气可降水量，而第 11 章中海洋气溶胶反演则需避开耀斑区)的影响，它只能适用于夜间；与 11～12 μm 窗口通道相比，它接收的辐射信号水平较低，也受到气溶胶的影响，且没有与 MODIS 4 μm 通道相对应的 AVHRR 通道，缺乏 AVHRR 海温时间上的连续性.

6.2 陆面温度

陆面温度资料可用于气象预报、气候和数值模式研究和应用中；作为参量之一，可用于反演如陆面长波辐射、潜热和感热通量等物理量；此外，陆面温度的资料还用于农业气象、气候、全球地理、水文和环境监测等领域的应用和研究中. 因此，有必要获取精确的大范围的陆面温度资料.

但是，相对于海面温度的遥感探测，陆面温度的遥测则要复杂得多. 表 6.3 列出了与海洋和陆面温度遥测相关的一些主要特性差异. 从表中可以看到，与海面温度遥测相比，陆面温度遥测最大的问题来自陆面的特征变化(例如表面热力性质、表面辐射等)，这些特征与陆面发射率和植被状况等因素有关. 和遥测海面温度类似，选择窗区通道用于陆面温度的遥测时，要考虑的主要大气影响是水汽吸收.

表 6.3 与海洋和陆面温度遥测相关的一些主要特征对比

对比特征	陆 地	海 洋
表面热力性质	不均一，变化较大	均一
表面辐射	随地表、波长、视角有很大差异	较弱且稳定均一，可视为朗伯体
温度日变化	很大	较小
与低层大气温差	较大	较小
理想反演精度/℃	1	0.3

6.2.1 窗区通道的选择和特征

探测陆面温度需要使用电磁波段的红外窗区，即 3～4 μm 和 8～12 μm 波段. 在这些波段处，陆面辐射信息因大气吸收而致的衰减最小，即陆面辐射信号要大于大气的噪声，因而利于

获得陆面温度.

白天 3～4 μm 波段包含有来自太阳辐射的陆面反射信息. 太阳日盘对地所张的立体角约为 6.80×10^{-5} sr,太阳辐射来自这一立体角,到达陆面后,若陆面各向同性反射,则反射辐射射向半球空间 2π sr 立体角. 因此,若陆面全部反射,射向某一方向的反射辐射亮度占太阳辐射亮度的份额为 $6.80\times10^{-5}/2\pi\approx1.08\times10^{-5}$. 图 6.4 是考虑了典型陆面反射率(0.1)和陆面发射率(0.9)后,所绘制的陆面反射太阳辐射亮度和陆面发射辐射亮度的对比曲线,其中太阳温度为 5800 K,陆面温度为 300 K.

从图 6.4 可以看到,在 3～4 μm 波段,反射太阳辐射和陆面发射辐射几乎近似相同. 一般卫星上搭载的是中心波长约为 3.8 μm 的通道,从图可知,3.8 μm 处陆面发射辐射大于反射太阳辐射,因而通道反应的陆面辐射信息较多,可以通过订正反射太阳辐射来获得陆面辐射,进而获得陆面温度. 夜晚不存在反射太阳辐射,因而通过白天和夜晚的探测可以定量获得反射太阳辐射. 此外,3.8 μm 的通道还可用来估计陆面发射率.

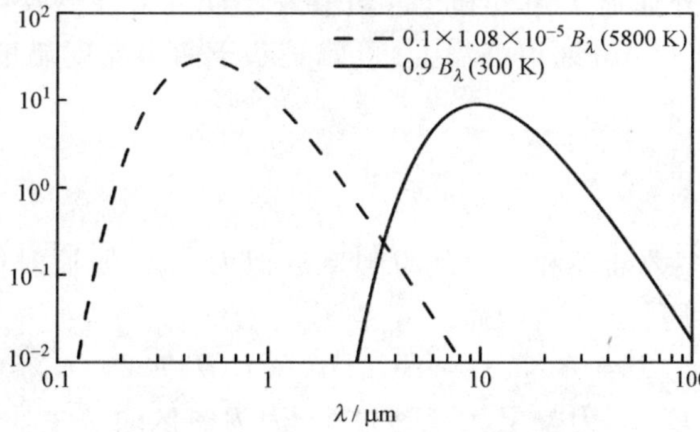

图 6.4 到达陆面反射太阳辐射(虚线,陆面反射率 0.1)和陆面发射辐射(实线,陆面发射率 0.9)的比较. 其中太阳温度为 5800 K,陆面温度为 300 K

另外一个特征是温度灵敏度,即辐射随温度的变化. 这可用普朗克函数对绝对温度的一次导数求得,即

$$\frac{\mathrm{d}B_\lambda}{\mathrm{d}T}=\frac{\lambda^4}{2kcT^2}\mathrm{e}^{hc/(k\lambda T)}B_\lambda^2. \tag{6.2.1}$$

图 6.5 绘制了黑体温度为 300 K 时,黑体辐射与温度灵敏度随波长的变化曲线. 两条曲线的最

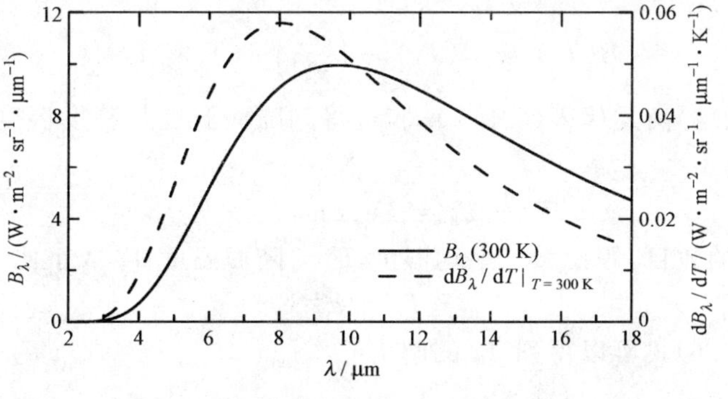

图 6.5 陆面发射辐射(B)(实线,假设为黑体)及其温度灵敏度($\mathrm{d}B/\mathrm{d}T$)(虚线)与波长的关系. 其中陆面温度为 300 K,两条曲线最大值分别位于波长 9.7 μm 和 8 μm 处

大值分别位于波长 9.7 μm 和 8 μm 处. 8～12 μm 窗区包含了 B 的最大值($\lambda=9.7$ μm)部分,但临近 $\mathrm{d}B/\mathrm{d}T$ 最大值($\lambda=8$ μm). 从维恩定律和温度灵敏度特征综合考虑,8～12 μm 窗区是探测陆面温度的有利波段之一.

在 $\lambda=9.7$ μm 波长附近,存在有 O_3 的红外吸收带,使得大气对陆面辐射的衰减增大,因而不利于探测陆面温度. 因而,使用 $\lambda=9.7$ μm 波长两侧的波段,即中心大致位于 8.5 μm, 11 μm 和 12 μm 的波段用来探测陆面温度. 研究和应用中频繁使用的是 11 μm 和 12 μm 波段组成的分裂窗.

总之,红外窗区中,中心波长大致位于 3.8 μm, 8.5 μm, 11 μm 和 12 μm 等的波段通常用于陆面温度的反演研究. 使用的方法可分为单通道和多通道算法.

单通道算法通常使用 11 μm 通道. 多通道法可以理解为用卫星仪器两个热红外通道或两个热红外通道以上的辐射资料反演陆面温度,其中应用最广泛的是分裂窗法. 分裂窗法最初应用于海面温度的反演,20 世纪 80 年代开始拓展到陆面温度的反演. 它主要利用大气窗区 8～12 μm 的两个临近的红外通道 11 μm 和 12 μm 存在不同的大气吸收,来消除大气的影响,并将此影响订正于较透明的 11 μm 通道亮温上. 也就是基于两个亮度温度的线性组合实现陆面温度反演.

6.2.2 单通道算法

在 11 μm 通道,大多数陆面和洋面的发射率近似为 1. 根据辐射传输方程,卫星探测的 11 μm 通道的红外辐射 I 可写为

$$I = B(T_b) = B(T_s)t_0 + B(T_a)(1-t_0), \tag{6.2.2}$$

其中,T_a 为大气平均温度,t_0 为整层大气透过率. 因为窗区通道主要受水汽吸收影响,且水汽吸收较弱,因此

$$t_0 = \exp(-kV\sec\theta) \approx 1 - kV\sec\theta, \tag{6.2.3}$$

其中,k 是该通道的吸收系数,V 是气柱水汽总量,即大气可降水量,θ 是卫星相对观测点的天顶角.

(6.2.2)式中的关于陆面温度和大气温度的辐射量,可展开成通道亮度温度的一阶泰勒近似,即

$$B(T_s) \approx B(T_b) + \left(\frac{\partial B}{\partial T}\right)_{T_b}(T_s - T_b), \tag{6.2.4a}$$

$$B(T_a) \approx B(T_b) + \left(\frac{\partial B}{\partial T}\right)_{T_b}(T_a - T_b). \tag{6.2.4b}$$

将(6.2.3)式和(6.2.4)两式代入(6.2.2)式,可得到陆面温度与亮度温度、大气平均温度的关系为

$$T_s - T_b = kV\sec\theta(T_s - T_a). \tag{6.2.5}$$

为了减少未知变量的数目,假设大气平均温度 T_a 与陆面温度 T_s 成正比,即

$$T_a \approx aT_s. \tag{6.2.6}$$

由(6.2.5)式和(6.2.6)式可以得到 T_s 的解为

$$T_s \approx \frac{T_b}{1-(1-a)kV\sec\theta} = \frac{T_b}{1-bV\sec\theta}, \tag{6.2.7}$$

其中 a 和 b 是系数. 实际应用中,将陆地分成不同类型. 对每种类型,b 系数不同. 对第 i 种陆面

类型，系数表示为 b_i，则(6.2.7)式写为

$$T_s(i) \approx \frac{T_b}{1-b_i V\sec\theta}, \tag{6.2.8}$$

或写成亮温和大气可降水量的线性方程

$$T_s(i) \approx c_{0i} + c_{1i}T_b + c_{2i}V\sec\theta, \tag{6.2.9}$$

其中，c_{0i}，c_{1i} 和 c_{2i} 是对应于第 i 种陆面类型的统计系数.

利用卫星一个热红外通道的辐射测量值实现温度反演，主要适用于陆地卫星(LandSat)上搭载的 TM/ETM$^+$ 等单个热红外波段传感器. 与多通道 AVHRR，MODIS 等相比，TM/ETM$^+$ 热红外波段的空间分辨率较高，并且对陆面发射率的敏感性比分裂窗算法小，因此，对局域陆面温度反演来讲，有着更大的吸引力.

6.2.3 分裂窗算法

虽然一些分裂窗算法是从实测资料统计获得，但大多数分裂窗算法是从辐射传输方程依据不同的假设得到的. 从实际资料和辐射传输方程这两种方式推导获得的分裂窗算法，具有类似的形式，但系数不同. 为了理解简单的线性分裂窗关系估计陆面温度的原理，首先从基本的辐射传输方程出发，给出一种理论上的分裂窗算法推导过程(Prata，1993)，然后介绍几种具有代表性的算法个例.

1. 理论推导

根据辐射传输方程，红外分裂窗 1 和 2 通道(中心波长分别为 11 μm 和 12 μm)探测的辐亮度可写为

$$I_{11} = [\varepsilon_{11}B_{11}(T_s) + (1-\varepsilon_{11})I_{11}^d]t_{11} + (1-t_{11})I_{11}^a, \tag{6.2.10a}$$

$$I_{12} = [\varepsilon_{12}B_{12}(T_s) + (1-\varepsilon_{12})I_{12}^d]t_{12} + (1-t_{12})I_{12}^a, \tag{6.2.10b}$$

其中，I_{11}^d 和 I_{12}^d 分别是 1 通道和 2 通道的大气向下辐射，右边最后一项是大气向上辐射贡献，I_{11}^a 和 I_{12}^a 可由等效大气温度由普朗克函数计算获得，即 $I_{11}^a = B_{11}(T_a)$，$I_{12}^a = B_{12}(T_a)$. 1 通道和 2 通道探测的辐亮度可表示为亮度温度的普朗克函数，即 $I_{11} = B_{11}(T_{11})$，$I_{12} = B_{12}(T_{12})$.

将普朗克函数变形为波数的泰勒一阶展开，即

$$B_{12}(T) = B_{11}(T) + (\nu_{12}-\nu_{11})\frac{\partial B_{11}(T)}{\partial \nu}, \tag{6.2.11}$$

据此，(6.2.10b)式变形为

$$\begin{aligned} B_{11}(T_{12}) = {} & \varepsilon_{12}t_{12}B_{11}(T_s) + (1-t_{12})B_{11}(T_a) + (1-\varepsilon_{12})t_{12}I_{12}^d \\ & + \varepsilon_{12}t_{12}(\nu_{12}-\nu_{11})\left[\frac{\partial B_{11}(T_s)}{\partial \nu} - \frac{1}{\varepsilon_{12}}\frac{\partial B_{11}(T_a)}{\partial \nu}\right] \\ & + (\nu_{12}-\nu_{11})\left[\frac{\partial B_{11}(T_a)}{\partial \nu} - \frac{\partial B_{11}(T_{12})}{\partial \nu}\right], \end{aligned} \tag{6.2.12}$$

其中假设 T_{11}，T_{12}，T_a，T_s 数值接近，B 的导数差数值很小可以忽略. 则(6.2.12)式与(6.2.10a)式联立消去 $B_{11}(T_a)$，得到

$$B_{11}(T_s) = w_0 + w_1B_{11}(T_{11}) + w_2B_{11}(T_{12}), \tag{6.2.13}$$

其中，

$$w_0 = \frac{(1-\varepsilon_{12})(1-t_{11})t_{12}I_{12}^d - (1-\varepsilon_{11})(1-t_{12})t_{11}I_{11}^d}{(1-t_{12})\varepsilon_{11}t_{11} - (1-t_{11})\varepsilon_{12}t_{12}}, \tag{6.2.14a}$$

$$w_1 = \frac{1+\eta}{\varepsilon_{11}+\eta t_{12}\Delta\varepsilon},\quad \eta = \frac{1-t_{11}}{t_{11}-t_{12}},\quad \Delta\varepsilon = \varepsilon_{11}-\varepsilon_{12}, \tag{6.2.14b}$$

$$w_2 = -\frac{\eta}{\varepsilon_{11}+\eta t_{12}\Delta\varepsilon}. \tag{6.2.14c}$$

若假设 $I_{11}^{\mathrm{d}} \approx I_{12}^{\mathrm{d}} = I^{\mathrm{d}}$,则(6.2.14a)式变为

$$w_0 = -\frac{1-\varepsilon_{11}-\eta t_{12}\Delta\varepsilon}{\varepsilon_{11}+\eta t_{12}\Delta\varepsilon} I^{\mathrm{d}}. \tag{6.2.14d}$$

对(6.2.13)式中的普朗克函数按平均温度进行泰勒一阶展开,即

$$B_{11}(T) = B_{11}(\overline{T}) + (T-\overline{T})\left(\frac{\partial B_{11}}{\partial T}\right)_{\overline{T}}, \tag{6.2.15}$$

据此,(6.2.13)式变化为

$$T_{\mathrm{s}} = w_0' + w_1 T_{11} + w_2 T_{12}, \tag{6.2.16}$$

其中

$$w_0' = w_0\left(\frac{\partial B_{11}}{\partial T}\right)_{\overline{T}}^{-1} + (1-w_1-w_2)\left[\overline{T} - B_{11}(\overline{T})\left(\frac{\partial B_{11}}{\partial T}\right)_{\overline{T}}^{-1}\right]. \tag{6.2.17}$$

若 $\overline{T}=T_{11}$,则(6.2.16)式变为

$$T_{\mathrm{s}} = a_0 + a_1 T_{11} + a_2 T_{12}, \tag{6.2.18}$$

其中,

$$a_0 = [w_0 - (1-w_1-w_2)B_{11}(T_{11})]\left(\frac{\partial B_{11}}{\partial T}\right)_{T_{11}}^{-1}, \tag{6.2.19a}$$

$$a_1 = 1 - w_2, \tag{6.2.19b}$$

$$a_2 = w_2. \tag{6.2.19c}$$

(6.2.18)式显示的结果,表明分裂窗算法反演陆面温度依赖于陆面发射率和大气透过率.任何进一步的简化,都会导致估计陆面温度误差.和反演海面温度不同的是,陆面温度分裂窗线性算法的系数,很难通过实测数据和卫星亮温统计获得.因为相对于卫星的空间分辨率,陆面温度的空间变化大.同时,要想获得很多不同类型陆面(土壤、森林和农作物等)的实际测量,需要花费大量人力物力.常用的方法是通过辐射传输模式的模拟,来获得不同下垫面的陆面温度与卫星亮温匹配的数据集.

2. 算法个例

将海温反演的(6.1.11)式应用于陆面温度反演,即可得到遥感陆面温度的最基本的分裂窗算法.在过去的近 30 多年来,人们更多使用的是 AVHRR 的 4,5 通道来反演陆面温度,并发展了多种分裂窗算法.其他卫星类似仪器遥感陆面温度时,往往借鉴 AVHRR 已经建立起来的算法.分裂窗算法的基本形式可写为

$$T_{\mathrm{s}} = T_{11} + A(T_{11} - T_{12}) + B, \tag{6.2.20}$$

其中,T_{11} 和 T_{12} 为 AVHRR 的 4 和 5 通道(即中心位于 11 μm 和 12 μm 的两个通道)的亮温.系数 A,B 取决于大气状况及其它会影响通道 4 和 5 的辐射和透过率的相关因子.

最早将分裂窗法应用于陆温反演的是 Price(1984),基于研究区陆面特征均一、陆面温度一致和大气的不均一性导致亮温变化的假设,Price 给出了分裂窗的基本算法,即(6.2.20)式.他给出的系数 $B=0$,而系数 $A=(A_{\mathrm{r}}-1)^{-1}$. A_{r} 是大气状况的函数,可以根据小区域内 4 和 5 通道亮度温度的平均变化得到,$A_{\mathrm{r}}=\Delta T_{11}/\Delta T_{12}$. Price 给出的 A_{r} 值为 1.30,由此(6.2.20)式

变为

$$T_s = T_{11} + 3.33(T_{11} - T_{12}). \tag{6.2.21}$$

(6.2.21)式仅适用于小区域，若大面积应用，会产生较大的误差. 为了提高反演精度，从20世纪80年代中期开始，人们从不同角度对分裂窗法作了修正. 算法的形式依然保持(6.2.20)式的形式，但根据考虑的大气效应和陆面发射率等影响的差异，系数 A 和 B 有不同的形式. 以下给出两个例子.

根据辐射传输方程和一些假设，Coll 等人(1994)推导出的系数表达式为

$$A = \frac{1 - t_{11}(\theta)}{t_{11}(\theta) - t_{12}(\theta)}, \tag{6.2.22a}$$

$$B = \frac{1 - \varepsilon_{11}}{\varepsilon_{11}} b_{11} + A t_{12}(\theta)\left(\frac{1 - \varepsilon_{11}}{\varepsilon_{11}} b_{11} - \frac{1 - \varepsilon_{12}}{\varepsilon_{12}} b_{12}\right), \tag{6.2.22b}$$

其中，t_{11} 和 t_{12} 是4和5通道在卫星天顶角 θ 下的大气透过率，ε_{11} 和 ε_{12} 是4和5通道的陆面发射率，b_{11} 和 b_{12} 分别是与4和5通道亮温 T_i、大气平均温度 T_{ai} 和大气垂直透过率 $t_i(0)$ 等有关的温度量，即

$$b_i = \frac{T_i}{n_i} + \gamma_i\left(\frac{n_i - 1}{n_i} T_i - T_{ai}\right)[1 - t_i(0)], \tag{6.2.23}$$

$$B_i(T) \approx c_i T^{n_i}, \tag{6.2.24}$$

其中，$i=11$ 或 12，γ_i 是依赖于通道和大气状况的常数，而 c_i 和 n_i 是由普朗克函数的幂指数拟合近似获得. 显然可见，(6.2.22)两式中，A 系数只与大气效应有关，而 B 系数与大气效应和陆面发射率都有关.

同样，根据辐射传输方程和大气效应的一些简化假设，França 和 Cracknell(1994)推导出的 A 和 B 系数的表达式为

$$A = \frac{C_{11} D_{12} + D_{11} C_{12}}{C_{11} D_{12} - D_{11} C_{12}}, \tag{6.2.25a}$$

$$B = \frac{(1 - \varepsilon_{11})(1 - 2W_{11}) L_{11} C_{11} D_{12}}{\varepsilon_{11}(C_{11} D_{12} - D_{11} C_{12})} - \frac{(1 - \varepsilon_{12})(1 - 2W_{12}) L_{12} D_{11} C_{12}}{\varepsilon_{12}(C_{11} D_{12} - D_{11} C_{12})}, \tag{6.2.25b}$$

其中，$C_i = \varepsilon_i t_i(\theta)\cos\theta$；$D_i = W_i[1 + 2(1 - \varepsilon_i) t_i(\theta)\cos\theta]$；$W_i = a_i(\theta) V + b_i(\theta) V^2$，$V$ 是大气可降水量，a_i 和 b_i 是对于 11 μm 或 12 μm 通道与大气状况有关的常数；$L_i = T_i / n_i$. 与(6.2.22)两式相比，A 和 B 系数都与大气效应和陆面发射率有关.

除了基本形式的分裂窗算法外，还有一些其他形式的分裂算法.

Becker 和 Li(1990)给出了推广的分裂窗算法(generalized split-window algorithm)，被后来研究陆面温度的许多科研工作者所引用，他们提出了针对天顶角大于46°区域的局域分裂窗算法，表达式为

$$T_s = A_0 + P\frac{T_{11} + T_{12}}{2} + M\frac{T_{11} - T_{12}}{2}, \tag{6.2.26}$$

其中，$P = A_1 + A_2 \Delta\varepsilon/\varepsilon^2 + A_3(1 - \varepsilon)/\varepsilon$，$M = B_1 + B_2 \Delta\varepsilon/\varepsilon^2 + B_3(1 - \varepsilon)/\varepsilon$. $\varepsilon = (\varepsilon_{11} + \varepsilon_{12})/2$，$\Delta\varepsilon = \varepsilon_{11} - \varepsilon_{12}$. Becker 和 Li 计算给出的系数为：$A_0 = 1.274$，$A_1 = 1$，$A_2 = -0.482$，$A_3 = 0.15616$，$B_1 = 6.26$，$B_2 = -38.33$，$B_3 = 3.98$. 后来，Wan 和 Dozier(1996)进一步改进了推广的分裂窗算法 P 和 M 的系数.

MODIS 的陆面温度反演科研组经过充分的数值模拟计算和分析，将推广的分裂窗算法

选为 MODIS 反演陆面温度的两种方法之一，4 和 5 通道将分别被 MODIS 中 31 和 32 通道数据替换，并重新计算统计系数. 不同的是，在 MODIS 的方法中，A_1 不是常数 1，因此比 Becker 和 Li 的算法中多一个变化系数.

Ottlé 和 Vidal-Madjar (1992)给出了直接使用 4 和 5 通道亮温的线性统计算法，即

$$T_s = a_0 + a_1 T_{11} + a_2 T_{12}, \tag{6.2.27}$$

其中，系数 a_0，a_1，a_2 是与大气效应和陆面发射率有关的系数. Ottlé 和 Vidal-Madjar 的研究中，将大气按气团分类、获得了不同陆面发射率和卫星天顶角情况下的回归系数值.

Kerr 等人(1992)给出了干旱和半干旱区域的陆面温度反演算法，这种算法直接与陆面植被状况有关. 陆面由植被和裸露土壤促成，而植被和裸露土壤的温度 T_v 和 T_{bs} 可由(6.2.27)式计算获得. 最终陆面温度是由 T_v 和 T_{bs} 相对于植被覆盖分数系数的加权平均获得，即

$$T_s = CT_v + (1 - C)T_{bs}, \tag{6.2.28}$$

其中，植被覆盖分数系数 C 由归一化植被指数(NDVI)计算得到，即

$$C = \frac{\mathrm{NDVI} - \mathrm{NDVI}_{bs}}{\mathrm{NDVI}_v - \mathrm{NDVI}_{bs}}, \tag{6.2.29}$$

其中，NDVI_{bs} 是裸露土壤的植被指数，对应研究区域植被指数的最小值；而 NDVI_v 是完全植被情况下的植被指数，对应于植被指数的最大值.

目前，分裂窗法是应用最广、最成熟的方法，精度较高. 相对而言，它不需要输入大气廓线值. 但是，分裂窗法还不完善，例如：只限于晴空大气条件下的反演，并尽可能地消除大气的影响；对于混合像元，只能给出混合像元的平均温度；另外，算法中的系数对整幅图像是相对固定的，这对较大的研究区域会产生一定的误差，并且对陆面发射率变化较为敏感，因此常用它反演陆面发射率已知或者近灰体(如水体或植被)陆面的温度.

6.2.4 多通道算法

近年来，包括红外分裂窗在内的多通道算法的研究很多，也相对复杂，涉及了几乎所有可用的窗区通道. 一些方法可实现多光谱数据进行温度和发射率的同步反演. 以下主要介绍美国静止气象卫星 GOES 双通道统计法(Sun et al，2004)和 MODIS 业务的多通道算法(Wan et al，2002).

1. GOES 卫星的 3.9 μm 和 11 μm 双通道算法

若假设射陆面发射率接近 1，则依据(6.1.16)式，可得到使用 3.9 μm 和 11 μm 双通道亮温计算夜间陆面温度的公式为

$$T_s - T_{11} = \frac{k_{11}}{k_{3.9} - k_{11}}(T_{11} - T_{3.9}). \tag{6.2.30}$$

上式对一些陆面类型是成立的. 但是对某些陆面类型不成立，例如对于 3.9 μm 通道有陆面发射率不能满足接近 1 的假设的陆面. 因此，$(T_s - T_{11})$和$(T_{11} - T_{3.9})$如(6.2.30)式的线性关系不再成立. 根据模式模拟等研究结果，发现二者关系为幂多项式关系，如果再考虑卫星天顶角订正$(\sec\theta - 1)$，则可写出夜间陆面温度的计算公式为

$$\begin{aligned} T_s(i) = & a_{0i} + a_{1i} T_{11} + a_{2i}(T_{11} - T_{3.9}) \\ & + a_{3i}(T_{11} - T_{3.9})^2 + a_{4i}(\sec\theta - 1), \end{aligned} \tag{6.2.31}$$

其中，类似(6.2.9)式，a_{0i}，a_{1i}，a_{2i}，a_{3i} 和 a_{4i} 是对应于第 i 种陆面类型的统计系数.

对于白天的情况，首先要对 3.9 μm 通道测值扣除太阳反射的贡献，由此获得新的 3.9 μm 通道亮温为

$$T'_{3.9} = T_{3.9} - f^{-1}[S(d_0/d)^2\cos\theta_0\rho(\theta_0,\theta)t_0(\mu)], \tag{6.2.32}$$

其中，S 为太阳常数，d_0 和 d 为日地平均距离和实际距离，双向反射率 ρ 依赖于太阳天顶角 θ_0 和卫星天顶角 θ，t_0 是整层大气透过率. 透过率可近似为 $t_0(\mu)\approx 1-k_{3.9}u$，$u$ 为整层大气光学质量. f 是反射太阳辐射与订正亮温量的函数关系.(6.2.32)式可以近似为

$$T'_{3.9} = T_{3.9} - (b_{0i} + b_{1i}u\cos\theta_0). \tag{6.2.33}$$

在 3.9 μm 窗区吸收气体包括 H_2O，CH_4 和 N_2O，为了体现这些气体的总效应，假设可以使用 $T_{3.9}$ 来替代(6.2.33)式中的 u，相应系数也要做出变化，即

$$T'_{3.9} = T_{3.9} - (b'_{0i} + b'_{1i}T_{3.9}\cos\theta_s). \tag{6.2.34}$$

将(6.2.34)式中的 $T'_{3.9}$ 替换(6.2.31)式中的 $T_{3.9}$，并忽略 $\cos\theta_0$ 的二次项，得到白天计算陆面温度的公式为

$$\begin{aligned} T_s(i) = & a_{0i} + a_{1i}T_{11} + a_{2i}(T_{11} - T_{3.9}) \\ & + a_{3i}(T_{11} - T_{3.9})^2 + a_{4i}(\sec\theta - 1) \\ & + a_{5i}T_{3.9}\cos\theta_0. \end{aligned} \tag{6.2.35}$$

2. MODIS 多通道算法

MODIS 用于陆面温度反演的通道为 20，22，23，29（8.400～8.700 μm），31，32 和 33（13.185～13.485 μm）等 7 个波段，其中，波段 20，22 和 23 在 3.5～4.2 μm 的中红外波波段的大气窗区，波段 29，31 和 32 在 8～13 μm 间的大气窗区，而波段 33 在这一窗区的边缘. 波段 30 有强烈的臭氧吸收，所以不选为反演陆面温度的通道. 波段 21 对陆面温度异常非常敏感（例如火山、林火等），也不选为反演通道.

波段 20，22 和 23 中对辐射的主要吸收物质为 CO_2，N_2 和水汽；而波段 29，31～33 主要吸收物质为水汽和 CO_2. 在这些波段只有少量的气溶胶散射和气体吸收，透过率约为 0.95～0.98. 所以除了在火山爆发时气溶胶分布变化很大外，一般在大气辐射模拟中采用平均气溶胶分布模型就足够了. CO_2，O_2 和 N_2 的含量几乎是固定的，它们的密度可由气压和温度决定. 最后知道了大气湿度、温度廓线，就可以相当精确地计算辐射传输方程中的所有与大气有关的项. 由此，经过充分的数值模拟和分析，确定了使用 7 个通道 MODIS 反演陆面温度的方法，称为白天/夜间 LST 算法，这是 MODIS 反演陆面温度两种算法之一.

在晴空条件下，到达卫星的热红外辐射率（辐射亮度）$I(\lambda,\mu)$ 包括：陆面热红外辐射、路径热辐射 $I_a(\lambda,\mu)$、散射太阳辐射 $I_s(\lambda,\mu,\phi,\mu_0,\phi_0)$、太阳直接辐射、太阳漫射辐射和陆面反射的大气热红外辐射，用方程表示为

$$\begin{aligned} I(\lambda,\mu) = & t_1(\lambda,\mu)\varepsilon_s(\lambda,\mu)B(\lambda,T_s) + I_a(\lambda,\mu) \\ & + I_s(\lambda,\mu,\phi,\mu_0,\phi_0) + t_2(\lambda,\mu,\mu_0)\mu_0F_0(\lambda)\rho(\mu,\phi;\mu_0,\phi_0) \\ & + \int_0^{2\pi}\int_0^1 \mu'\rho(\mu,\phi;\mu',\phi')[t_3(\lambda,\mu)I_d(\lambda,-\mu',\phi') + t_4(\lambda,\mu)I_t(\lambda,-\mu',\phi')]\mathrm{d}\mu'\mathrm{d}\phi', \end{aligned} \tag{6.2.36}$$

其中，λ 是某一窄波段通道的中心波长，μ 为观测天顶角的余弦，$\varepsilon_s(\lambda,\mu)$ 为陆面发射率，$B(\lambda,T_s)$ 是陆面温度为 T_s 的黑体辐射亮度，$F_0(\lambda)$ 为大气层顶法向照射的太阳辐射，μ_0 为太阳天顶角的余弦，ϕ 和 ϕ_0 为观测方向和太阳入射方向的方位角，$\rho(\mu,\phi;\mu',\phi')$ 为双向反射率函

数，$I_d(\lambda,-\mu',\phi')$为向下太阳漫射辐射率，$I_t(\lambda,-\mu',\phi')$为大气向下的热辐射率，其入射方向为$(-\mu',\phi')$，$t_n(\lambda,\mu)(n=1,2,\cdots,4)$为相应的透过率函数.

式(6.2.36)是适用于3～14 μm波长范围内的热红外辐射传输方程. 进行精确的大气辐射传输模拟计算，需要把陆面到大气顶每一层上与天顶角和方位角有关的辐射都一一确定，到达卫星的辐射(即大气层顶的辐射)就是(6.2.36)式中右边各项的和.

实际应用中为了使用MODIS的7个通道的资料，首先需要将(6.2.36)式简化. 假定：

(1) 陆面发射率随植被覆盖程度和陆面湿度不同而变化，但在几天内变化不大，除非在这段时期内有降雨或降雪等发生. 干旱半干旱地区的裸土表面通常很干，一般满足这一假定(Kerr et al,1992).

(2) 在3.5～4.2 μm的中红外波段，大多数陆面物质的表面反射率随着光谱波长而变化，但它们的双向反射率分布函数各向异性因子(anisotropic factor)只有约2%的很小变化(Snyder et al,1997). 所以，在此波段范围内的MODIS的20,22和23通道的表面反射率的计算，可以仅用一个双向反射率函数各向异性因子. 各向异性因子为MODIS传感器观测方向反射太阳辐射与朗伯体反射辐射之比，即

$$\alpha=\frac{\pi\rho(\mu,\phi;\mu_0,\phi_0)}{r}, \tag{6.2.37}$$

其中，r为假定的朗伯体表面反射率.

(3) 大气辐射传输模拟表明，在晴空条件下，红外波段表面反射的太阳漫射辐射比反射太阳辐射值小得多，而且陆面反射的大气向下的热辐射比陆面发射的热辐射小得多. 所以在3～14 μm波段，可以对陆面进行朗伯反射体近似不会产生很大的误差. 可以用r/π代替(6.2.36)式中的双向反射率函数$\rho(\mu,\phi;\mu',\phi')$，同时也与陆面发射率$\varepsilon_s$相联系，根据基尔霍夫定律，$r=1-\varepsilon_s$.

根据以上假定，从(6.2.36)式得到MODIS第i通道测量获得的辐射亮度为

$$I_i=t_{1,i}\varepsilon_{s,i}B_i(T_s)+I_{a,i}+I_{s,i}+\frac{1-\varepsilon_{s,i}}{\pi}(t_{2,i}\alpha\mu_0F_{0,i}+t_{3,i}F_{d,i}+t_{4,i}F_{t,i}), \tag{6.2.38}$$

其中各项均为第i通道波段平均值. $F_{d,i}$和$F_{t,i}$分别为到达陆面的第i通道波段平均太阳漫射辐照度和大气向下的热辐射通量密度；$t_{n,i}(n=1,2,3,4)$为第i通道的有效透过率函数，是通过通道响应函数、相应的辐射亮度或辐射通量密度项加权计算获得的. 从(6.2.36)式到(6.2.38)式的简化中，忽略了陆面发射率随波长的变化，并且在多数项中省略了观测角和与太阳角度有关的符号. (6.2.38)式等号右边，$\varepsilon_{s,i}$，α和$B_i(T_s)$依赖于陆面特性和条件，其他各项则依赖于大气湿度、温度廓线，以及太阳角度和观测角. 这些项均可由大气辐射传输方程的数值模拟获得.

白天/夜间LST算法是使用MODIS 7个通道的白天和夜间的两次观测，即总共有14次观测，通过(6.2.38)式来计算白天和夜间的陆面温度，同时计算的还包括7个波段的陆面发射率、1个各向异性因子、白天和夜间两个时次的4个大气变量(即白天、夜间两组大气温度T_a和可降水含量V). 即通过14个方程组成的方程组，求解包括白天和夜间陆面温度在内的14个变量.

主要有三种方法用来实现白天/夜间LST算法对陆面温度的反演：查算表法、统计回归方法和数值方法，以求解非线性方程(6.2.38).

查算表法仅通过一次完整的辐射模拟计算建立查算表.因为要用到多维插值计算,所以使用线性插值是最有效的方法,因此在建立查算表时各变量尽量使用较小的步长,并要求查算表和插值方法引起的误差小于 NEΔT(噪声等效温度差).例如,大气温度变化步长取 2 K;大气可降水量的步长取其平均值的 10%;太阳天顶角和观测角的步长,在 30°以下时取 10°,其余取 10°.太阳天顶角和观测角的上限分别限制为 75°和 65°.

统计回归法要将方程(6.2.38)在陆面温度和通道反射率的参考值附近进行线性展开,则方程左边简化为通道亮温,右边简化为陆面温度和通道发射率.陆面温度和通道发射率为白天和夜间 MODIS 7 个通道亮温观测值的线性组合,即表示为

$$x_j = a_{0,j} + \sum_{i=1}^{14} a_{i,j} T_i, \tag{6.2.39}$$

其中,x_j 是 14 个待求变量中的第 j 个量;T_i 是第 i 个通道观测($i=1\sim7$ 为白天,$i=8\sim14$ 为夜间)的通道亮温;$a_{0,j}$ 和 $a_{i,j}$($i=1,2,\cdots,14$;$j=1,2,\cdots,14$)是系数.可以用两步来确定这些系数.第一步,针对各种大气和陆面条件,构造一组庞大的模拟观测资料.第二步,把模拟的亮温资料作为独立变量,给定的陆面通道发射率和温度以及大气参数作为非独立变量,进行统计回归分析分析即可获得(6.2.39)式中系数.

遥感中的反演问题一般为非线性问题,如果有较好的有关大气温度和水汽廓线的资料,并且能够获得相应的一对 MODIS 白天/夜间晴空探测资料,则可以用一些数值方法求解非线性方程(6.2.38).例如准牛顿法(Dennis et al,1983)和最小二乘法(Bevington,1969)等.方程(6.2.38)式中的非线性来源主要包括:温度与大气透过率、普朗克函数的关系;透过率与吸收物质的关系;波长在一个光谱通道范围内或在光谱通道之间与普朗克函数的关系等等.

6.3 大气温度廓线

在第二章中已经就探测大气垂直结构的基本原理进行了说明,即选择特定的大气成分的吸收带的探测可以获得大气垂直结构.这一节将具体阐述大气温度廓线的反演理论和方法.

卫星反演大气温度廓线的主要原理是由美国科学家 King(1956)和 Kaplan(1959)提出的. King 说明了由卫星探测结果导出温度廓线的可行性. Kaplan 通过大气红外热辐射的光谱分布指出不同波长发射辐射的平均自由程不同,在光谱带翼区的观测可以感知深层大气,而在带中心的观测仅能感知顶层附近的大气.选择一组位于光谱带不同区中的探测通道,利用所观测的辐射就可反演不同层次上的大气辐射.这一理论成为目前广泛应用的星载大气探测仪数据反演大气温度廓线、湿度廓线和臭氧廓线等的基础.

6.3.1 理论基础

考虑卫星垂直向下探测的情况,此时卫星探测的天顶角为 0.到达卫星的红外波段某一波数 ν 的辐射亮度为

$$I_\nu(0) = B_\nu(p_s) t_\nu(p_s) + \int_{p_s}^{0} B_\nu(p) \frac{\partial t_\nu}{\partial p} \mathrm{d}p, \tag{6.3.1}$$

其中，大气顶到气压 p 之间的单色透过率为

$$t_\nu(p)=\exp\left(-\frac{1}{g}\int_0^p k_\nu(p')q(p')\mathrm{d}p'\right),\tag{6.3.2}$$

其中，k_ν 为吸收气体的质量吸收系数，而 q 为单位体积中吸收气体质量与总空气质量之比.

卫星探测器实际探测到的辐射来自一个有限的波段(ν_1,ν_2)，其中心波数为 $\bar{\nu}$. 波段宽度和仪器的灵敏度可用响应函数 ψ_ν 表征. 从(6.3.1)式可以得到卫星探测器获得的辐射为

$$\begin{aligned}I_{\bar{\nu}}(0)&=\frac{\int_{\nu_1}^{\nu_2}\psi_\nu I_\nu(0)\mathrm{d}\nu}{\int_{\nu_1}^{\nu_2}\psi_\nu\mathrm{d}\nu}\\&=\frac{1}{\int_{\nu_1}^{\nu_2}\psi_\nu\mathrm{d}\nu}\left(\int_{\nu_1}^{\nu_2}\psi_\nu B_\nu(p_\mathrm{s})t_\nu(p_\mathrm{s})\mathrm{d}\nu+\int_{\nu_1}^{\nu_2}\int_{p_\mathrm{s}}^{0}\psi_\nu B_\nu(p)\frac{\partial t_\nu}{\partial p}\mathrm{d}p\mathrm{d}\nu\right).\end{aligned}\tag{6.3.3}$$

定义平均透过率为

$$t_{\bar{\nu}}(p)=\frac{\int_{\nu_1}^{\nu_2}\psi_\nu t_\nu(p)\mathrm{d}\nu}{\int_{\nu_1}^{\nu_2}\psi_\nu\mathrm{d}\nu},\tag{6.3.4}$$

由此得到平均权重函数为

$$\frac{\partial t_{\bar{\nu}}}{\partial p}=\frac{\int_{\nu_1}^{\nu_2}\psi_\nu\frac{\partial t_\nu}{\partial p}\mathrm{d}\nu}{\int_{\nu_1}^{\nu_2}\psi_\nu\mathrm{d}\nu}.\tag{6.3.5}$$

假定在给定的波段，普朗克函数随波数线性变化. 因此，可以用普朗克函数的平均值 $B_{\bar{\nu}}$ 替代 B_ν，并可以从波数域的积分中提取出来. 同时，假定对相应函数在波数上的积分与气压无关. 将(6.3.4)式和(6.3.5)式代入(6.3.3)式中得到

$$I_{\bar{\nu}}(0)=B_{\bar{\nu}}(p_\mathrm{s})t_{\bar{\nu}}(p_\mathrm{s})+\int_{p_\mathrm{s}}^{0}B_{\bar{\nu}}(p)\frac{\partial t_{\bar{\nu}}}{\partial p}\mathrm{d}p.\tag{6.3.6}$$

(6.3.6)式是根据卫星红外探测获取大气温度廓线的基本方程. 方程中，普朗克函数中包含了温度的信息，而大气透过率则包含了需要考虑的吸收气体廓线和吸收系数的信息. 因此，卫星观测的辐射中同时包含了大气温度和吸收气体浓度的垂直分布信息.

(6.3.6)式和(6.3.1)式相比，形式完全一致，即说明特定波段上的辐射传输方程可用单一波长(例如波段中心波长)的辐射传输方程代替. 下面为了方便推导，(6.3.6)式中的 $\bar{\nu}$ 将用 ν 代替，即是和(6.3.1)式完全一样的形式. 但在实际应用中，一定注意(6.3.6)式表示的辐射传输方程是针对某一波段的.

通常选择 CO_2 的中心位于 15 μm，分布于 12～18 μm 的吸收带的若干个红外探测通道，进行温度廓线的反演，这主要是考虑 CO_2 在大气垂直和水平方向的质量混合比是常数，由此，根据(6.3.2)式，结合谱线增宽模式，可以计算获得整个探测波段上的平均透过率. 在这些吸收带上的整层大气透过率接近 0，即 $t_\nu(p_0)\approx 0$，地表发射的辐射到达不了大气顶部. 因此，(6.3.6)式变为

$$I_\nu(0)\approx\int_{p_\mathrm{s}}^{0}B_\nu(p)\frac{\partial t_\nu}{\partial p}\mathrm{d}p.\tag{6.3.7}$$

在中心位于 15 μm 的 CO_2 吸收带中，普朗克函数 B_ν 可以表示为参考波数 ν_r（接近 15 μm 吸收带中心的固定参考波数）下普朗克函数的线性关系，即

$$B_\nu(p) = \alpha_\nu B_{\nu_r}(p) + \beta_\nu, \tag{6.3.8}$$

并代入(6.3.7)式得到

$$\frac{I_\nu(0) - \beta_\nu}{\alpha_\nu} = \int_{p_s}^0 B_{\nu_r}(p) \frac{\partial t_\nu}{\partial p} \mathrm{d}p. \tag{6.3.9}$$

令

$$g(\nu) = \frac{I_\nu(0) - \beta_\nu}{\alpha_\nu}, \quad f(p) = B_{\nu_r}(p), \quad K(\nu, p) = \frac{\partial t_\nu}{\partial p}, \tag{6.3.10}$$

(6.3.9)式变形为

$$g(\nu) = \int_{p_s}^0 f(p) K(\nu, p) \mathrm{d}p. \tag{6.3.11}$$

这是第一类费雷德霍姆(Fredholm)积分方程，权重函数 $K(\nu,p)$ 也称为积分方程的核或核函数. 使用(6.3.11)式的目标是，根据红外探测器 M 个通道的测量值 $g(\nu_i)$，$i=1,2,\cdots,M$，确定待求函数 $f(p)$. 实际反演大气温度廓线需要获得 N 个大气层上的温度值，因此反演问题就成为了通过 N 个(6.3.11)积分方程，从 M 个通道的测量值，确定 N 个待求函数 $f(p_j)$，$j=1,2,\cdots,N$，最终通过反解普朗克函数，获得温度廓线 $T(p_j)$，$j=1,2,\cdots,N$.

6.3.2 统计法

统计法利用预先收集到的探空资料和与其匹配的卫星测值，直接或间接建立大气温度廓线与卫星测值间的回归方程. 采用的方法有最小二乘法、特征向量法和经验正交函数展开法等. 统计回归算法的优点在于计算速度快，计算稳定性强，算法简单，便于处理大量数据，并能够为物理方法提供较好的初估场. 下面将讨论直接从第一类费雷德霍姆积分方程出发，导出的直接线性统计反演和约束线性反演方法.

1. 直接线性反演

根据(6.3.11)式，M 个辐射测量值可由 M 个积分方程表示为

$$g_i = \int_{p_s}^0 f(p) K_i(p) \mathrm{d}p, \quad i = 1,2,\cdots,M. \tag{6.3.12}$$

通常未知函数 $f(p)$ 可以表示为已知特殊函数 $\phi_j(p)$ $(j=1,2,\cdots,N)$ 的级数，即

$$f(p) = B_{\nu_r}(p) = \sum_{j=1}^N f_j \phi_j(p), \tag{6.3.13}$$

其中，$\phi_j(p)$ 可以是勒让德多项式或三角函数等，f_j 是未知的展开系数. 将(6.3.13)式代入(6.3.12)式得到

$$g_i = \sum_{j=1}^N f_j \int_{p_0}^0 \phi_j(p) K_i(p) \mathrm{d}p, \quad i = 1,2,\cdots,M, \tag{6.3.14}$$

或写为

$$g_i = \sum_{j=1}^N A_{ij} f_j, \quad i = 1,2,\cdots,M, \tag{6.3.15}$$

其中 $M\times N$ 阶矩阵 $\mathbf{A}$ 的元素 A_{ij} 为

$$A_{ij} = \int_{p_0}^0 \phi_j(p) K_i(p) \mathrm{d}p, \tag{6.3.16}$$

(6.3.15)式写成矢量形式为

$$\boldsymbol{g}=\boldsymbol{A}\boldsymbol{f},\quad \boldsymbol{g}=\begin{bmatrix}g_1\\g_2\\\vdots\\g_M\end{bmatrix},\quad \boldsymbol{f}=\begin{bmatrix}f_1\\f_2\\\vdots\\f_N\end{bmatrix}. \tag{6.3.17}$$

若 $\boldsymbol{A}$ 是方阵且逆矩阵 $\boldsymbol{A}^{-1}$ 存在,(6.3.17)式的解为

$$\boldsymbol{f}=\boldsymbol{A}^{-1}\boldsymbol{g}. \tag{6.3.18}$$

在得到 $\boldsymbol{f}$ 后,通过(6.3.13)式和普朗克函数即可获得温度廓线 $T(p)$.

为了得到 $f_j(j=1,2,\cdots,N)$,需要 $M(M\geqslant N)$个独立测值 $g_i(i=1,2,\cdots,M)$.实际情况往往是未知量数目要多于独立测值量数目($M<N$),因此这是个病态数学问题(ill-posed problem).即使 $M=N$,也有 $\boldsymbol{A}^{-1}$ 不存在的情况.解的不稳定性是由多种因素造成的,例如计算 A_{ij} 的数值积分误差、普朗克函数的近似误差和仪器误差导致的观测辐射误差等等.

2. 约束线性反演

考虑测量误差,测量值表示为

$$g_i=\hat{g}_i+\varepsilon_i, \tag{6.3.19}$$

其中,$\hat{g}_i$ 代表理想仪器的第 i 个通道的测量值,满足(6.3.15)式;而 ε_i 是这个通道的测量误差.为了实现从(6.3.15)式的线性反演,需要一定条件的约束.例如,使用方差最小或损失评价函数最小等等.若考虑评价函数(Phillips,1962;Twomey,1963)

$$\chi^2=\sum_{i=1}^{M}\varepsilon_i^2+\gamma\sum_{j=1}^{N}(f_j-\overline{f})^2, \tag{6.3.20}$$

其中,$\overline{f}$是 f 的平均值,即

$$\overline{f}=\frac{1}{N}\sum_{j=1}^{N}f_j, \tag{6.3.21}$$

而 γ 是平滑因子,决定了构成解的分离值 f_j 在多大程度上接近于其平均值$\overline{f}$.因此,函数 χ^2 中包括了测量误差,以及 f_j 和$\overline{f}$之间的差异.若使 χ^2 值最小,则要求 χ^2 对未知物理量 $f_k(k=1,2,\cdots,N)$的偏导数为零,即满足

$$\frac{\partial}{\partial f_k}\Big[\sum_{i=1}^{M}\Big(\sum_{j=1}^{N}A_{ij}f_j-g_i\Big)^2+\gamma\sum_{j=1}^{N}(f_j-\overline{f})^2\Big]=0. \tag{6.3.22}$$

对(6.3.22)式进行导数计算,得到

$$\sum_{i=1}^{M}\Big(\sum_{j=1}^{N}A_{ij}f_j-g_i\Big)A_{ik}+\gamma(f_k-\overline{f})=0. \tag{6.3.23}$$

考虑到

$$f_k-\overline{f}=-\frac{1}{N}f_1-\frac{1}{N}f_2-\cdots+\Big(1-\frac{1}{N}\Big)f_k-\cdots-\frac{1}{N}f_N, \tag{6.3.24}$$

则得到(6.3.23)式的矩阵形式为

$$\boldsymbol{A}^{\mathrm{T}}\boldsymbol{A}\boldsymbol{f}-\boldsymbol{A}^{\mathrm{T}}\boldsymbol{g}+\gamma\boldsymbol{H}\boldsymbol{f}=0, \tag{6.3.25}$$

其中 $\boldsymbol{H}$ 是 $N\times N$ 矩阵

$$H = \begin{bmatrix} 1-\frac{1}{N} & -\frac{1}{N} & \cdots & -\frac{1}{N} \\ -\frac{1}{N} & 1-\frac{1}{N} & \cdots & -\frac{1}{N} \\ \vdots & \vdots & \cdots & \vdots \\ -\frac{1}{N} & -\frac{1}{N} & \cdots & 1-\frac{1}{N} \end{bmatrix}. \tag{6.3.26}$$

通过求解(6.3.25)式,可以得到最终解为

$$\boldsymbol{f} = (\boldsymbol{A}^{\mathrm{T}}\boldsymbol{A} + \gamma\boldsymbol{H})^{-1}\boldsymbol{A}^{\mathrm{T}}\boldsymbol{g}. \tag{6.3.27}$$

若考虑方差最小,即可使用统计中的最小二乘法.也可直接通过(6.3.27)式,令 $\gamma=0$,即可获得方差最小约束条件下的最终解为

$$\boldsymbol{f} = (\boldsymbol{A}^{\mathrm{T}}\boldsymbol{A})^{-1}\boldsymbol{A}^{\mathrm{T}}\boldsymbol{g}. \tag{6.3.28}$$

6.3.3　物理法

物理方法,直接对辐射传递方程进行物理求解,使用 M 个离散通道的测值,通过待求函数 $B(v,p)$ 获得不同气压高度 p 处的温度 $T(p)$.代表性的方法如 Chahine 张弛法、Smith 迭代法和同步物理反演法等.

1. Chahine 张弛法

仍使用 M 个测量通道的辐射值使用(6.3.6)式进行星下点温度廓线的计算,(6.3.6)式的改写形式为

$$I_i = B_i(p_s)t_i(p_s) + \int_{p_s}^{0} B_i(p)\frac{\partial t_i(p)}{\partial \ln p}\mathrm{d}\ln p, \quad i = 1,2,\cdots,M, \tag{6.3.29}$$

其中普朗克函数的波数形式的表达式为

$$B_i(p) = B_i[T(p)] = \frac{a\nu_i^3}{\exp[b\nu_i/T(p)]-1}, \tag{6.3.30}$$

其中,$a=2c^2h$,$b=hc/k$.

假设每一个通道的权重函数位于不同高度,且大气辐射主要来自厚度为 $\Delta_i\ln p$ 的气压层.对(6.3.29)式使用积分平均值定理,得到卫星通道观测辐射 $\tilde{I}_i$ 近似为

$$\tilde{I}_i \approx B_i(T_s)t_i(p_s) + B_i(T_i)\left.\frac{\partial t_i}{\partial \ln p}\right|_{p_i}\Delta_i\ln p, \tag{6.3.31}$$

其中,p_i 是权重函数 $\partial t_i/\partial\ln p$ 最大值时对应的气压,而 $\Delta_i\ln p$ 可以理解为对数气压坐标下的 i 通道权重函数的有效宽度.

若 T_i' 为气压 p_i 层的估计温度,由(6.3.31)式可以得到这一温度下计算辐射为

$$I_i' \approx B_i(T_s)t_i'(p_s) + B_i(T_i')\left.\frac{\partial t_i'}{\partial \ln p}\right|_{p_i}\Delta_i\ln p. \tag{6.3.32}$$

(6.3.31)式与(6.3.32)式经简单变形后相除得到

$$\frac{\tilde{I}_I - B_i(T_s)t_i(p_s)}{I_i' - B_i(T_s)t_i'(p_s)} \approx \frac{B_i(T_i)\left.\frac{\partial t_i}{\partial \ln p}\right|_{p_i}}{B_i(T_i')\left.\frac{\partial t_i'}{\partial \ln p}\right|_{p_i}}. \tag{6.3.33}$$

实践证明,当温度发生从 T 到 $T+\Delta T$ 的变化时,普朗克函数的变化要远远大于权重函数

的变化.即权重函数在一定的温度变化范围内,基本保持不变.因此,(6.3.33)式约等号右边的权重函数的比值近似为1.同时,由于整层大气透过率很小甚至为0,(6.3.33)式中的地表贡献可以忽略.在这些条件下,(6.3.33)式近似为

$$\frac{\tilde{I}_i}{I_i'} \approx \frac{B_i(T_i)}{B_i(T_i')}, \tag{6.3.34}$$

这是Chahine(1970)推导的张弛方程.在15 μm吸收带中的CO_2强吸收区,卫星探测的到达大气层顶的辐射主要来自大气高层;在弱吸收区则主要来自大气低层.因此,需要分析权重函数,选择一系列合适的探测通道才能实现期望的温度廓线的反演.

温度T_i的求解过程为:首先,通过估计温度T_i',由(6.3.30)式获得普朗克函数$B_i(T_i')$,由(6.3.32)式计算获得I_i';然后,利用卫星测量辐射$\tilde{I}_i$通过(6.3.34)式计算$B_i(T_i)$;最后,通过(6.3.30)式反函数求解获得温度T_i.在实际应用中,则使用包括下面步骤的迭代法.

(1) 获取CO_2探测通道的辐射值,$\tilde{I}_i, i=1,2,\cdots,M$.

(2) 获取CO_2混合比q,探测器各通道的响应函数ψ_{ν_i},选择权重函数最大值对应的气压层气压p_i.

(3) 给定初始大气温度廓线$T_i^{(n)}(n=1;i=1,2,\cdots,M)$.

(4) 对大气温度廓线$T_i^{(n)}$,对M个卫星通道,利用辐射传输方程,例如(6.3.29)式,计算到达卫星的辐射$I_i^{(n)}$.

(5) 比较计算辐射$I_i^{(n)}$和观测辐射$\tilde{I}_i, i=1,2,\cdots,M$.如果对所有通道,相对误差$R_i^{(n)} = |I_i^{(n)} - \tilde{I}_i|/\tilde{I}_i$都小于某一给定阈值$\varepsilon$(例如1%),那么,$T_i^{(n)}$就是所求的温度廓线解.如果有任何一个通道满足$R_i^{(n)} > \varepsilon$,则使用张弛方程(6.3.34)式的下面形式

$$\frac{\tilde{I}_i}{I_i^{(n)}} \approx \frac{B_i[T_i^{(n+1)}]}{B_i[T_i^{(n)}]}; \tag{6.3.35}$$

并将(6.3.30)式代入(6.3.35)式,得到$n+1$次迭代的温度廓线,即

$$T^{(n+1)}(p_i) = b\nu_i \Big/ \ln\left\{1 - \left[1 - \exp\left(\frac{b\nu_i}{T_i^{(n)}}\right)\right]\frac{I_i^{(n)}}{\tilde{I}_i}\right\}. \tag{6.3.36}$$

(6) 利用$T_i^{(n+1)}(p_i)$经过一定的插值得到新廓线,不断重复步骤(4)和(5),直到对所有通道,满足相对误差小于ε的条件,迭代终止.

(7) 使用插值方法将反演的温度值插值到需要的非p_i气压层上.

2. Smith迭代法

Smith(1970)推导了一种不同于Chahine的迭代法,根据(6.3.29)式,第n次迭代计算的辐射为

$$I_i^{(n)} = B_i^{(n)}(p_s)t_i(p_s) + \int_{p_s}^0 B_i^{(n)}(p)\frac{\partial t_i}{\partial \ln p}\mathrm{d}\ln p, \tag{6.3.37}$$

类似写出$n+1$次迭代对应的辐射,并对应于实际观测值$\tilde{I}_i$,

$$\tilde{I}_i = I_i^{(n+1)} = B_i^{(n+1)}(p_s)t_i(p_s) + \int_{p_s}^0 B_i^{(n+1)}(p)\frac{\partial t_i}{\partial \ln p}\mathrm{d}\ln p. \tag{6.3.38}$$

(6.3.38)式与(6.3.37)式相减,得到

$$\begin{aligned} I_i^{(n+1)} - I_i^{(n)} = &[B_i^{(n+1)}(p_s) - B_i^{(n)}(p_s)]t_i(p_s) \\ &+ \int_{p_s}^0 [B_i^{(n+1)}(p) - B_i^{(n)}(p)]\frac{\partial t_i}{\partial \ln \rho}\mathrm{d}\ln p. \end{aligned} \tag{6.3.39}$$

假设对任一通道 i,(6.3.39)式积分中的普朗克函数差 $B_i^{(n+1)}(p)-B_i^{(n)}(p)$只与气压层 p 上的温度有关,而与气压 p 只有较弱的关系.根据这一假设,(6.3.39)式积分项近似为

$$\int_{p_s}^{0}[B_i^{(n+1)}(p)-B_i^{(n)}(p)]\frac{\partial t_i}{\partial \ln p}\mathrm{d}\ln p \approx [B_i^{(n+1)}(p)-B_i^{(n)}(p)]t_i(0) - [B_i^{(n+1)}(p_s)-B_i^{(n)}(p_s)]t_i(p_s). \quad (6.3.40)$$

由于 $t_i(0)=1$,(6.3.40)式代入(6.3.39)式即可得到第 $n+1$ 次和第 n 次迭代中的星下探测的辐射差为

$$\tilde{I}_i - I_i^{(n)} = B_i^{(n+1)}(p) - B_i^{(n)}(p). \quad (6.3.41)$$

由此得到 $n+1$ 次迭代中,相应于第 i 个通道和气压层 p 时的普朗克函数

$$B_i^{(n+1)}(p) = B_i^{(n)}(p) + \tilde{I}_i - I_i^{(n)}. \quad (6.3.42)$$

由(6.3.30)式解出对应的温度为

$$T^{(n+1)}(p,\nu_i) = \frac{b\nu_i}{\ln[1+a\nu_i^3/B_i^{(n+1)}(p)]}, \quad (6.3.43)$$

Smith 迭代法中,每一个通道都可通过迭代和(6.3.43)式获得一条温度廓线.温度廓线的最佳估计是这些温度廓线对相应通道核函数的加权平均,即

$$T^{(n+1)}(p) = \frac{\sum_{i=1}^{M} T^{(n+1)}(p,\nu_i)K_i(p)}{\sum_{i=1}^{M} K_i(p)}, \quad (6.3.44)$$

其中,第 i 个通道的核函数定义为

$$K_i(p) = \begin{cases} \mathrm{d}t_i(p), & p < p_s, \\ t_i(p), & p = p_s. \end{cases} \quad (6.3.45)$$

与 Chahine 迭代法相比,Smith 迭代法反演温度廓线的气压层数不依赖于观测通道数. Smith 迭代法可以设定任意气压层,而 Chahine 迭代法只能反演各个通道权重函数峰值处的气压层温度 $T(p_i)(i=1,2,\cdots,M)$,非 p_i 气压层处的温度则需要先行插值.

Smith 迭代法的迭代步骤如下.

(1) 给定初始猜测的温度廓线 $T^{(n)}(p)$,$n=1$.

(2) 使用(6.3.30)式计算 $B_i^{(n)}(p)$,并进一步使用(6.3.37)式计算 $I_i^{(n)}$.

(3) 对选定的气压层 p,使用(6.3.42)式和(6.3.43)式计算 $B_i^{(n+1)}(p)$和 $T_i^{(n+1)}$.

(4) 使用(6.3.44)式和(6.3.45)式,获得 $n+1$ 次迭代时使用的温度廓线 $T^{(n+1)}(p)$.

(5) 比较计算辐射值 $I_i^{(n)}$ 和观测辐射值 $\tilde{I}_i$.若对任意一个通道 i,相对误差 $R_i^{(n)}=|I_i^{(n)}-\tilde{I}_i|/\tilde{I}_i<\varepsilon$,则 $T^{(n+1)}(p)$是最终反演的温度廓线解.若有某一通道 i,$R_i^{(n)}>\varepsilon$,则重复步骤(2)~(5)直到对所有通道都满足 $R_i^{(n)}<\varepsilon$.

3. *同步物理反演*

同步物理反演使用偏差形式的辐射传输方程.将辐射传输方程变形为

$$\delta I = \delta B_0 \cdot t_0 + B_0 \cdot \delta t_0 + \int_{p_s}^{0}\left[\delta B \cdot \frac{\mathrm{d}t}{\mathrm{d}p} + B \cdot \delta\left(\frac{\mathrm{d}t}{\mathrm{d}p}\right)\right]\mathrm{d}p, \quad (6.3.46)$$

其中,δI,δB_0,δt_0,δB 和 $\delta(\mathrm{d}t/\mathrm{d}p)$均为扰动项,对(6.3.46)式积分中的第二项进行分部积分并对(6.3.46)式整理得到

$$\delta I=\delta B_0\cdot t_0+\int_{p_s}^{0}\left(\delta B\cdot\frac{\mathrm{d}t}{\mathrm{d}p}-\delta t\cdot\frac{\mathrm{d}B}{\mathrm{d}p}\right)\mathrm{d}p. \tag{6.3.47}$$

卫星探测的辐射量扰动 δI、地表温度对应的普朗克函数的扰动 δB_0 和大气温度对应的普朗克函数 δB,分别与卫星探测亮温 T_b、地表温度 T_s 和大气温度 T 有关,可近似为

$$\delta I=\frac{\partial I}{\partial T_b}\delta T_b,\quad \delta B_0=\frac{\partial B_0}{\partial T_s}\delta T_s,\quad \delta B=\frac{\partial B}{\partial T}\delta T. \tag{6.3.48}$$

另外,假设大气透过率 t 只依赖于大气柱水汽含量 V,即

$$\delta t=\frac{\partial t}{\partial V}\delta V. \tag{6.3.49}$$

将(6.3.48)式和(6.3.49)式代入(6.3.47)式,并作适当变化,得到

$$\begin{aligned}\delta T_b=&\ \delta T_s\frac{\partial B_0}{\partial T_s}\left(\frac{\partial I}{\partial T_b}\right)^{-1}t_0\\&+\int_{p_s}^{0}\delta T\frac{\partial B}{\partial T}\left(\frac{\partial I}{\partial T_b}\right)^{-1}\frac{\mathrm{d}t}{\mathrm{d}p}\mathrm{d}p-\int_{p_s}^{0}\delta V\frac{\partial B}{\partial T}\left(\frac{\partial I}{\partial T_b}\right)^{-1}\frac{\partial T}{\partial p}\frac{\partial t}{\partial V}\mathrm{d}p\\=&\ f(\delta T_s,\delta T,\delta V),\end{aligned} \tag{6.3.50}$$

其中,f 表示扰动量 δT_b 与 $\delta T_s,\delta T,\delta V$ 的函数关系.可用统计法解此方程,其中已知量为一系列观测值扰动量 δT_b.

未知量 δT_s,δT 和 δV 可以表示为基本函数的级数形式,即

$$\delta T_s=\alpha_0\phi_0, \tag{6.3.51}$$

$$\delta V(p)=\sum_{i=1}^{L}\alpha_i\int_0^p q(p)\phi_i(p)\mathrm{d}p, \tag{6.3.52}$$

$$\delta T(p)=-\sum_{i=L+1}^{N}\alpha_i\phi_i(p), \tag{6.3.53}$$

其中,比湿 $q(p)=g\dfrac{\partial V}{\partial p}$.基本函数 $\phi_n(n=0,1,\cdots,N)$可以是经验正交函数(水汽和温度廓线协方差矩阵的特征向量)、权重函数或峰值在大气不同高度的高斯函数.

根据(6.3.50)~(6.3.53)式,得到 M 个通道观测值对应方程为

$$\delta T_{b,j}=\sum_{i=0}^{M}\alpha_i\Phi_{ij},\quad j=1,2,\cdots,M, \tag{6.3.54}$$

其中

$$\Phi_{0j}=\frac{\partial B_{0,j}}{\partial T_s}\left(\frac{\partial I_j}{\partial T_{b,j}}\right)^{-1}t_{0,j}, \tag{6.3.55}$$

$$\Phi_{ij}=\int_0^{p_s}\left(\int_0^p q\phi_i\mathrm{d}p\right)\frac{\partial B_j}{\partial T}\left(\frac{\partial I_j}{\partial T_{b,j}}\right)^{-1}\frac{\partial T}{\partial p}\frac{\partial t_j}{\partial V}\mathrm{d}p,\quad 1\leqslant i\leqslant L, \tag{6.3.56}$$

$$\Phi_{ij}=\int_0^{p_s}\phi_i\frac{\partial B_j}{\partial T}\left(\frac{\partial I_j}{\partial T_{b,j}}\right)^{-1}\frac{\partial t_j}{\partial p}\mathrm{d}p,\quad L+1\leqslant i\leqslant N. \tag{6.3.57}$$

(6.3.54)式改写为矩阵形式

$$\underset{[M\times 1]}{\boldsymbol{t}_b}=\underset{[M\times(N+1)]}{\boldsymbol{\Phi}}\ \underset{[(N+1)\times 1]}{\boldsymbol{\alpha}}, \tag{6.3.58}$$

其最小二乘解为

$$\boldsymbol{\alpha}=(\boldsymbol{\Phi}^t\boldsymbol{\Phi})^{-1}\boldsymbol{\Phi}^t\boldsymbol{t}_b\approx(\boldsymbol{\Phi}^t\boldsymbol{\Phi}+\gamma\boldsymbol{I})^{-1}\boldsymbol{\Phi}^t\boldsymbol{t}_b, \tag{6.3.59}$$

其中，$\gamma=0.1$ 是为能稳定求得逆矩阵.

此外，地面观测（湿度 q_s 和温度 T_s）可以提供 2 个方程，反演问题就变成 $M+2$ 个方程求解 N 个变量，这 2 个方程为

$$q_s-\overline{q}(p_s)=g\sum_{i=1}^{L}\alpha_i\,\overline{q}(p_s)\phi_i(p_s),\tag{6.3.60}$$

$$T_s-\overline{T}(p_s)=-\sum_{i=L+1}^{N}\alpha_i\phi_i(p_s).\tag{6.3.61}$$

同步物理反演法使用了扰动形式的辐射传输方程，温度和湿度扰动 δT 和 δV 为基本函数的线性展开. 辅以两个地面观测方程，通过统计寻求最小方差解，可同时反演温度和湿度廓线(Smith et al,1985). 此外，同步物理反演法中单一的矩阵计算比迭代法更有效率. 1988 年开始至今，美国 NESDIS 业务上使用最小方差同步物理反演（早期采用特征向量统计反演），中国则使用改进的同步物理反演法（早期是统计回归反演）.

习　题

6.1　卫星遥感反演海面温度的结果一般都以船舶浮标海温资料作为比较的标准，这两种资料（卫星反演海温和船舶浮标海温）在本质上有何不同？

6.2　一般在应用卫星遥测海面温度时，常使用所谓"分裂窗法"，请问何谓"分裂窗法"？此法的基本目的和原理为何？业务算法在这个基本算法上可以做哪些改进？

6.3　试用下面的辐射传输方程

$$I(\theta)=B(T_s)t_s^{\sec\theta}+\int_{t_s}^{1}B[T(t)]\mathrm{d}t^{\sec\theta}$$

说明进行海面温度反演时，可以使用单一窗区通道，通过变动卫星天顶角来进行水汽订正，这是一种多视角水汽订正法.

6.4　使用同样的一长波窗区通道，两颗地球静止气象卫星同时观测海面上某一视场，推导反演海面温度的水汽订正方程式.

6.5　分裂窗通道（11 μm 和 12 μm）观测海面晴空区域的亮温分别是 297 K 和 293 K，已知这两个通道的透过率分别为 0.97 和 0.94. 求：(1) 两通道的水汽质量吸收系数之比；(2) 海面温度.

6.6　在某一海洋地区，假设晴天时可见光通道反射率为 10%. 在两个部分被云遮蔽的视场中，可见光通道获得的反射率分别为 20%和 40%，而红外窗区通道获得的亮度温度分别为 285 K 和 280 K. 假设海域内，海面温度、云表面温度和反射率为常数. 求海面温度.

6.7　分裂窗 11 μm($909\ \mathrm{cm^{-1}}$) 和 12 μm($833\ \mathrm{cm^{-1}}$) 探测晴空海面时，测量辐射分别为 96，102.29 $\mathrm{mW\cdot m^{-2}\cdot sr^{-1}\cdot cm}$，大气透过率分别估计为 0.85 和 0.75，两个通道的海面发射率皆为 0.97. 请估计海面温度.

6.8　在晴空洋面，红外窗区 $900\ \mathrm{cm^{-1}}$ 通道用来估计海面温度. 如果洋面上覆盖有温度为 220 K、光学厚度 0.02 的火山灰，海温为 300 K，其海温估计误差是多少？计算中，$900\ \mathrm{cm^{-1}}$ 的普朗克亮度正比于 T^4.

6.9　卫星使用 $\lambda=1.55$ cm 的微波通道垂直探测温度 $T_s=273.15$ K 的洋面，洋面反射率为 0.59，大气相对透明. 若卫星探测的亮度温度为 T_b，试问用 $T_b=\varepsilon_s T_s$ 估计海温会有多大的

误差？其中 ε_s 为洋面发射率.

6.10 温度为 290 K 的低层薄雾覆盖了 300 K 的洋面，使用微波窗区的辐射计测量海温，则由薄雾导致的海温误差是多少？假设海水发射率为 0.5，雾的光学厚度 0.02.

6.11 关于陆面温度反演.（1）和反演海面温度相比，其难点表现在哪里？（2）对通道的选择考虑及需要重点解决的问题为何？

6.12 关于大气温度廓线反演.（1）叙述基本原理；（2）说明物理迭代法的一般步骤；（3）说明 Chahine 张弛法和 Smith 迭代法的差异.

6.13 使用卫星资料反演大气廓线的结果一般都以气球探空资料作为比较的标准，试问这两种资料在本质上有何不同？

6.14 已知实际温度廓线和 6 个卫星探测通道（669.0，676.7，694.7，708.7，723.6，746.7 cm^{-1}）的透过率（见习题 1.9），假定计算的辐射亮度即为 CO_2 通道观测值，试利用张弛法反演温度廓线，要求在反演过程中在反演的温度之间进行线性插值，对地表面和最高层使用实际温度值，并绘制反演和实际温度廓线进行对比.

6.15 考虑第一类费雷德霍姆方程

$$g(k)=\int_0^1 f(x)K(x,k)\mathrm{d}x,$$

其中核函数为 $K(x,k)=x\mathrm{e}^{-kx}$，假设未知函数为

$$f(x)=1+4\left(x-\frac{1}{2}\right)^2.$$

（1）求 $g(k)$ 的解析表达式，并对 $k_i=\dfrac{1}{0.05(i-0.5)}$，计算精确积分值 $g(k_i)$，其中 $i=1,2,\cdots,20$.

（2）将积分方程写为求和形式：

$$g(k_i)=\sum_{j=1}^{20} f(x_j)K(x_j,k_i)\Delta x_j,\quad i=1,2,\cdots,20,$$

令 $\Delta x_j=0.05$，$x_j=0.05(j-0.5)$，以求和形式计算 $g(k_i)$，并与精确积分值进行比较.

（3）计算

$$A_{ij}=K(x_j,k_i)\Delta x_j,$$

它们组成一个 20×20 的矩阵. 利用直接线性反演方法来反演 $f(x_j)$，并将反演结果与精确值进行比较.

6.16 式(6.3.17) $\boldsymbol{g}=\boldsymbol{Af}$ 出现的病态数学问题(ill-posed problem)包括：（1）对应测量值 $\boldsymbol{g}$ 没有解 $\boldsymbol{f}$；（2）解 $\boldsymbol{f}$ 不唯一；（3）$\boldsymbol{g}$ 的小扰动导致解 $\boldsymbol{f}$ 的大扰动. 下面是关于病态数学问题(3)的讨论. 考虑第一类 Volterra 积分公式

$$g(x)=\int_a^x f(y)\mathrm{d}y=\int_a^b U(x-y)f(y)\mathrm{d}y,\quad x\in[a,b],$$

其中，积分公式的核函数为 Heaviside 阶梯函数，即

$$U(y)=\begin{cases}0, & y\leqslant 0,\\ 1, & y>0.\end{cases}$$

若现在给定两个"测量"值，即

$$g_a(x)=1-\exp(-\alpha x),$$

$$g_b(x)=g_a(x)+\beta\sin(\omega x),$$

求反演解 $f_a(y)$ 和 $f_b(y)$. 取 $\alpha=0.8$, $\beta=0.04$ 和 $\omega=20$ 分别绘制"测量"值和反演解的图.

6.17 对于约束线性反演法,(6.3.20)式中平滑因子 γ 后的求和可以用一阶差分 $\sum(f_{j-1}-f_j)^2$ 或二阶差分 $\sum(f_{j-1}-2f_j+f_{j+1})^2$ 代替,试分别导出这两种情况下的 H 矩阵,使其类似于(6.3.26)式所给出的形式.

6.18 对于多数遥感问题,正演模式采用线性统计方法,即 $\boldsymbol{g}=\boldsymbol{Af}$,其中 $\boldsymbol{g}$ 是测量矢量;$\boldsymbol{f}$ 称为状态矢量,包含了反演参数;$\boldsymbol{A}$ 是转换矩阵(例如权重函数矩阵). 反演模式就是根据测量矢量 $\boldsymbol{g}$ 去寻求状态矢量 $\boldsymbol{f}$ 的解,证明用非约束最小方差导出状态矢量 $\boldsymbol{f}$ 的解为

$$\boldsymbol{f}=(\boldsymbol{A}^{\mathrm{T}}\boldsymbol{A})^{-1}\boldsymbol{A}^{\mathrm{T}}\boldsymbol{g},$$

其中,上角标 T 表示矩阵转置.

6.19 若卫星探测器使用 4 个通道探测星下温度廓线,其 i 通道权重函数表示为

$$K_i(z)=\alpha_i(z)\mathrm{e}^{-\alpha_i(z)H},\quad i=1,2,\cdots,4,$$

其中,$\alpha_i(z)=\alpha_i(0)\exp(-z/H)$, $H=7\ \mathrm{km}$, $\alpha_1(0)=1\ \mathrm{km}^{-1}$, $\alpha_2(0)=7\ \mathrm{km}^{-1}$, $\alpha_3(0)=49\ \mathrm{km}^{-1}$, $\alpha_4(0)=7^3\ \mathrm{km}^{-1}$. 在 0~100 km 范围,从 1 km 开始,每隔 2 km 计算权重函数,生成包含有 4 个通道权重函数的矩阵 $\boldsymbol{K}$. 同时,使用下表给出的美国标准大气温度廓线数据,插值生成 0~100 km 范围内与生成权重函数时相对应的高度的温度廓线 $\boldsymbol{T}$.

z/km	0	11	20	32	47	51	71	85	100
T/K	288	217	217	228	270	271	217	189	195

(1) 根据 $\boldsymbol{b}=\boldsymbol{AT}$ 计算"探测"亮温向量 $\boldsymbol{b}$,其四个元素为对应的 4 个通道的亮温. 其中,系数矩阵 $\boldsymbol{A}=\boldsymbol{K}\cdot\Delta z$, $\Delta z=2\ \mathrm{km}$.

(2) 使用(1)获得的探测亮温和系数矩阵,根据非约束最小方差法反演温度廓线,与 $\boldsymbol{T}$ 比较并讨论.

6.20 直接线性反演法可以直接建立大气温度廓线与卫星测值间的统计关系,类似(6.3.17)式 $\boldsymbol{g}=\boldsymbol{Af}$,其中 $\boldsymbol{g}$ 是 $M\times L$ 阶矩阵,M 表示卫星观测的波段数,L 表示匹配的样本组数,矩阵元素为卫星观测辐射亮度相对量;$\boldsymbol{f}$ 是 $N\times L$ 阶矩阵,N 表示气压层数,矩阵元素为大气温度廓线中各层温度相对量;$\boldsymbol{A}$ 为 $M\times N$ 阶转换矩阵. 若极轨卫星使用 CO_2 吸收带的两个红外波段(中心波数分别为 695,709 cm^{-1})探测高层大气温度,这两个红外通道的权重函数的峰值分别在 150,400 hPa,下表列出了一次卫星观测在完全晴空条件下,4 组时空匹配的卫星观测辐射亮度值和探空温度值.

	ν/cm^{-1}	$I/(\mathrm{mW}\cdot\mathrm{m}^{-2}\cdot\mathrm{sr}^{-1}\cdot\mathrm{cm})$	p/hPa	T/K
1	695	38	150	212
	709	68	400	259
2	695	33	150	206
	709	61	400	252
3	695	35	150	208
	709	65	400	256
4	695	36	150	209
	709	64	400	255

(1) 使用上表中数据计算转换矩阵 $\boldsymbol{A}$.

(2) 若此次观测中的近海岸区的卫星辐射亮度观测值分别为 37,70 $mW \cdot m^{-2} \cdot sr^{-1} \cdot cm$,通过已经建立的直接线性反演法,计算相应的 150 hPa 和 400 hPa 处的温度.

(3) 假设随后该海岸区覆盖了光学厚度为 0.01 的薄卷云,导致观测辐射亮度比晴空状况下降低了 1%,计算卷云导致的反演晴空温度的误差.

第七章　湿　　度

本章围绕与水有关的量进行介绍,包括大气可降水量、大气湿度廓线、云中液态水和土壤湿度等.其中,7.1节介绍近红外和红外波段对可降水量的遥感算法,以及微波同时探测大气可降水量和云中液态水的算法;7.2节介绍水汽廓线Smith迭代法;最后7.3节是红外和微波遥感土壤湿度的介绍.

7.1　可降水量和液态水

现有的大气水汽遥感反演方法,按使用通道的不同可分为近红外方法、热红外方法和微波方法.红外主要使用6.7 μm附近的水汽强吸收带或11～13 μm的分裂窗方法来反演,其中6.7 μm主要适用于探测600 hPa高度以上的水汽,对低层的水汽难以探测,而大气中的水汽绝大部分位于对流层低层.近红外方法和分裂窗方法可探测到低层水汽,但只能局限于晴空条件.微波方法是一种很好的探测手段,可适用于有云条件下的探测,并同时获得可降水量和云中液态水,但又遇到下垫面发射率复杂、空间分辨率低等问题的困扰.

7.1.1　近红外通道可降水反演

近红外法,一般采用的是一个近红外水汽吸收通道和一个或多个相近的窗区通道进行可降水量的计算.在水汽吸收通道,太阳辐射除受散射影响外,主要受水汽的吸收而削弱;而在窗区通道,则忽略大气吸收的影响,太阳辐射只受到散射的削弱.近红外法,就是从卫星测值中能把这两个通道在吸收上的差异提取出来,再采用合适的吸收模式将水汽吸收的信息转化为可降水量(例如:Kaufman et al,1992;黄意玢 等,2002),因此这种方法也称为差分吸收技术.

从卫星上观测地球,遥感器中心波长为λ的近红外通道接收的辐射$I(\lambda)$是地表、大气反射和散射的太阳辐射,表示为

$$I(\lambda)=I_S(\lambda)t(\lambda)r(\lambda)+I_p(\lambda),\tag{7.1.1}$$

其中,$I_S(\lambda)$是大气上界的太阳辐射,$t(\lambda)$是从太阳到地面、再从地面到卫星遥感器之间两条大气路径的透过率,$r(\lambda)$是地表反射率,$I_p(\lambda)$是辐射传输路径中大气分子、气溶胶的散射辐射,可以称为路径辐射.

(7.1.1)式等号右边第一项表示的是地表反射的直接太阳辐射,其中的$I_S(\lambda)$和$r(\lambda)$与大气中的水汽含量无关.水汽含量信息包含在$t(\lambda)$和$I_p(\lambda)$中.路径辐射主要由气溶胶散射和大气与地表间往返多次的反射组成,这些散射和反射过程基本在低层大气中发生,因此也含有少量水汽信息.因此,为了从观测的辐射值$I(\lambda)$计算出大气可降水量,需要解决三个问题:一是如何获得吸收通道上的地表反射率,并进一步将地表反射与水汽的信号分离出来;二是如何计算路径辐射;三是如何把路径辐射中的水汽的作用分离出来.

将(7.1.1)式应用于中国FY3卫星搭载的中分辨率光谱成像仪(MERSI)中的近红外水汽通道18(波长0.940 μm)和相近的窗区通道4(波长0.865 μm),则有

$$I_v = I_{Sv} r_v t_{av} t_v + I_{pv}, \tag{7.1.2a}$$

$$I_0 = I_{S0} r_0 t_{a0} + I_{p0}, \tag{7.1.2b}$$

其中，下标 v，a 和 0 分别表示水汽通道、气溶胶和窗区通道. 假定(7.1.2)两式中路径辐射 I_p 与等式等号右侧第一项成正比，则(7.1.2)两式改写为

$$I_v = CI_{Sv} r_v t_{av} t_v, \tag{7.1.3a}$$

$$I_0 = CI_{S0} r_0 t_{a0}. \tag{7.1.3b}$$

卫星测值为表观反射率 $r^* = I/I_S$，则(7.1.3)式变为

$$r_v^* = Cr_v t_{av} t_v, \tag{7.1.4a}$$

$$r_0^* = Cr_0 t_{a0}. \tag{7.1.4b}$$

模拟研究表明气溶胶在水汽通道和窗区通道的透过率近似相等，即 $t_{av} \approx t_{a0}$，因此(7.1.4a)式与(7.1.4b)式相除得到

$$r_v^*/r_0^* = (r_v/r_0)t_v, \tag{7.1.5}$$

其中，r_v^*/r_0^* 是卫星在两个通道探测的反射率的比值，为已知量. 等号右侧括号内是两个通道的地表反射率的比值，基本不随大气水汽变化，而另一部分 t_v 则是水汽透过率. 水汽含量与透过率的关系可利用合适的辐射传输模式计算出来，可建立经验统计模型，或建立查算表. 例如，根据查算表和两通道比值，可获得两条路径上的水汽总量，然后把这一水汽总量转换为卫星观测的地表几何位置点到天顶的垂直气柱可降水量. 以上推导基本消除了气溶胶的影响，地表反射率的影响也是只需要知道它在水汽通道和窗区通道上的相对值即可.

水汽透过率和可降水量之间的关系在近红外波段，与在红外窗区波段[例如(6.2.3)式]是很不一样的. Kaufman 和 Gao(1992)在研究 MODIS 近红外法反演水汽含量中，给出水汽透过率和两条路径上的水汽总量 V^* 的经验关系为

$$t_v \approx r_v^*/r_0^* = \exp(\alpha - \beta\sqrt{V^*}), \tag{7.1.6}$$

其中，α 和 β 是经验统计系数；V^* 和卫星观测的地表几何位置点到天顶的垂直气柱可降水量 V 的关系为

$$V^* = V\left(\frac{1}{\cos\theta} + \frac{1}{\cos\theta_0}\right), \tag{7.1.7}$$

其中，θ 和 θ_0 分别为卫星探测的天顶角和太阳天顶角.

李红林等(2008)则通过使用 MODTRAN 模式模拟，给出了 MODIS 近红外水汽通道和窗区通道探测反射率比值 $\gamma = r_v^*/r_0^*$ 与 V 的关系，

$$V = a_0 + a_1(\sec\theta - 1)\ln\gamma + a_2\ln^2\gamma, \tag{7.1.8}$$

其中，$a_i(i=0,1,2)$是统计系数. (7.1.6)式和(7.1.8)式适用于 MODIS 近红外的三个水汽通道，即中心波长为 0.905，0.936，0.940 μm 的 17，18，19 通道. POLDER 科学组估计水汽含量的差分吸收技术(Bouffies et al，1997；Vesperini et al，1999)，使用了中心波长 910 nm 和 865 nm 的比值，算法类似(7.1.8)式. 类似的还有欧洲空间局环境卫星 ENVISAT 搭载的中分辨率成像光谱仪 MERIS 估计水汽总量的算法(Bennartz et al，2001).

在 MODIS 的 0.905，0.936，0.940 μm 通道上水汽有不同的吸收系数，因而在相同大气环境下，三个波段对水汽吸收有不同的敏感度. 0.905 μm 弱吸收带在湿润条件下对水汽最敏感，而 0.935 μm 强吸收带在干燥条件下对水汽最敏感. 在给定的大气条件下，单独运用三个通道反演的水汽就互不相同. 因此，最终需要根据三个通道反演的水汽值计算出一个平均水汽值 V，

$$V = f_1V_1 + f_2V_2 + f_3V_3, \tag{7.1.9}$$

其中,V_1,V_2 和 V_3 是 0.905,0.936,0.940 μm 三个通道的反演水汽值,f_1,f_2 和 f_3 是三个通道相应的权重因子.目前所用的权重因子,是根据通道透过率 t_i 对可降水量 V 的敏感度进行计算的,即

$$f_i = \eta_i/(\eta_1 + \eta_2 + \eta_3), \quad \eta_i = |\Delta t_i/\Delta V|, \quad i = 1,2,3. \tag{7.1.10}$$

若使用一个吸收波段和两个相邻波段,则定义一个指数 R,它是传感器在 $\lambda_0 = 0.94$ μm 时接收的辐射 I_0 与其他两个相邻波段 λ_1 和 λ_2 处接收辐射 I_1 和 I_2 线性组合的比值,即

$$R = \frac{I_0}{c_1I_1 + c_2I_2}, \tag{7.1.11}$$

其中

$$c_1 = \frac{\lambda_0 - \lambda_1}{\lambda_2 - \lambda_1}, \quad c_2 = \frac{\lambda_2 - \lambda_0}{\lambda_2 - \lambda_1}. \tag{7.1.12}$$

如图 7.1 所示是使用一个吸收波长和两个相邻波长估计水汽总量的吸收带示意图.从图中可知,当水汽含量增加,I_0 降低但相邻的两波长 λ_1 和 λ_2 处接收辐射没有显著变化.因此,吸收带加深,ΔI 变大,但 R 变小.模拟和试验都揭示这个 R 指数与探测路径大气可降水 V^* 有下列关系,

$$R = \exp(-\alpha V^{*\beta}), \tag{7.1.13}$$

其中 α 和 β 是经验统计系数,再根据(7.1.7)式,即可确定垂直气柱可降水量.这种方法称为连续内插波段比算法(Kaufman et al,1992;Green et al,1998).

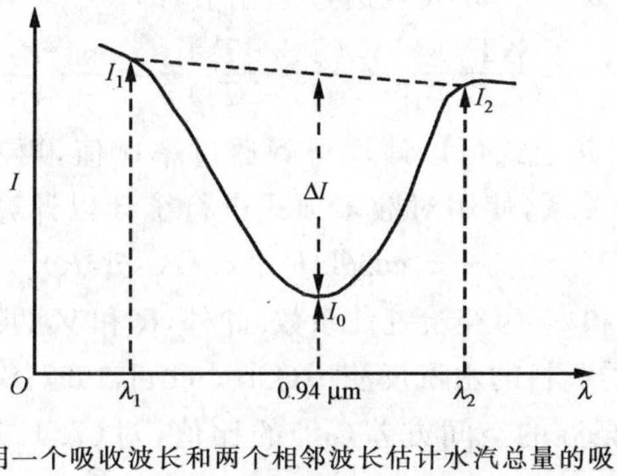

图 7.1 使用一个吸收波长和两个相邻波长估计水汽总量的吸收带示意图

近红外法反演大气可降水量,依赖于近红外通道反射太阳辐射的水汽衰减的观测,因此,必须在近红外波段有较大反射信号时才能计算水汽总含量.该算法的优点是可以探测到低层水汽,局限性是仅晴空天气条件下的反演值精度高,在雾霾天气条件下结果偏差就较大,并且只适用于陆地上空和海洋耀斑区.

差分吸收技术包括多种算法,除了上述的 MERSI,MODIS,POLDER 和 MERIS 差分吸收算法和连续内插波段比算法外,其他典型算法包括窄/宽算法(Frouin et al,1990),曲线拟合算法(Gao et al,1990)和大气预订正差分吸收算法(Schlapfer et al,1998)等.

7.1.2 红外通道可降水反演

红外分裂窗通道除了可以计算表面温度(海面温度和陆面温度)外,也可用于计算可降水量.对普朗克函数进行局地线性化,(6.1.4)式变形为

$$T_{bi} = T_s t_i + T_a(1 - t_i). \tag{7.1.14}$$

应用于分裂窗 11 μm 和 12 μm 两个通道，并对上式变形得到

$$T_{11} - T_a = (T_s - T_a)t_{11}, \tag{7.1.15a}$$

$$T_{12} - T_a = (T_s - T_a)t_{12}. \tag{7.1.15b}$$

两式相比，消去 T_s 得到

$$\frac{t_{11}}{t_{12}} = \frac{T_{11} - T_a}{T_{12} - T_a}. \tag{7.1.16}$$

和在海面温度反演中一样，仍然假设透过率 t 只是积分水汽量，即可降水量 V 的函数，则

$$\frac{t_{11}}{t_{12}} = \exp\left[(\beta_{12} - \beta_{11})\frac{V}{\mu}\right]. \tag{7.1.17}$$

从(7.1.16)和(7.1.17)式中消去 t_{11}/t_{12} 得到

$$V = \frac{\mu}{\beta_{12} - \beta_{11}}\ln\left(\frac{T_{11} - T_a}{T_{12} - T_a}\right). \tag{7.1.18}$$

因此，如果已知分裂窗亮度温度和大气平均亮温 T_a 的信息，即可根据(7.1.18)式估计大气可降水量 V. Chester 等(1983)使用 GOES/VAS 分裂窗，以及用探空估计的 T_a 进行了美国区域的可降水量估计. 这个方法成功的条件是大气温度 T_a 的变化要远远小于可降水量 V 的变化. 这种红外分裂窗方法可适用于海洋和陆地，但只能适用于晴空区域.

(7.1.18)式估计水汽总量，实际最根本是估计透过率比值 t_{12}/t_{11}. 假设晴空大气水平均一，地表温度和发射率在相邻视场内有变化. Kleespies 和 Mcmillin(1990)使用相邻两个视场 i 和 j 的分裂窗亮温差的比值 R 来计算大气透过率比值，即

$$R = \frac{(\Delta T_{ij})_{12}}{(\Delta T_{ij})_{11}} = \frac{(T_i - T_j)_{12}}{(T_i - T_j)_{11}} = \frac{\varepsilon_{12}}{\varepsilon_{11}}\frac{t_{12}}{t_{11}}. \tag{7.1.19}$$

对于大多数情况，$\varepsilon_{11} \approx \varepsilon_{12}$，因此上式可以计算得到透过率比值，再利用(7.1.17)即可计算可降水量. 或采用 R 和 V 的理论关系，使用对数多项式进行统计以计算可降水量，即

$$V = a_0 + a_1\cos\theta\ln R + a_2(\cos\theta\ln R)^2, \tag{7.1.20}$$

其中，θ 为观测天顶角，a_0，a_1 和 a_2 为经验统计系数. 此外，R 和 V 的线性统计关系，与(7.1.20)式一起，都应用于实际 AVHRR 资料的水汽反演中(Ottlé et al，1997；Sobrino et al，1999).

Jedlovec(1990)使用了亮温的空间方差(σ^2)的比值，对(7.1.19)式中的 t_{12}/t_{11} 进行估计，计算的表达为

$$\frac{t_{12}}{t_{11}} = \sqrt{\frac{\sigma_{12}^2 - \sigma_{12,\varepsilon}^2}{\sigma_{11}^2 - \sigma_{11,\varepsilon}^2}}, \tag{7.1.21}$$

其中，σ_ε^2 是每个通道估计的误差的方差，可以通过结构函数分析或相应的方差算法获得. Sobrino 等(1994)使用协方差与方差的比值，进一步扩展了 R 的估计算法，即

$$R = \frac{\sigma_{11,12}}{\sigma_{11}^2} = \frac{\sum(T_{11,i} - \overline{T}_{11})(T_{12,i} - \overline{T}_{12})}{\sum(T_{11,i} - \overline{T}_{11})^2}. \tag{7.1.22}$$

(7.1.18)式中因为需要吸收系数 β_{11}，β_{12} 和大气温度 T_a 的额外信息，因此更多的研究着眼于统计方法，包括多通道的统计和类似反演海面温度的分裂窗统计方法(例如：Kleespies et al，1990；Eck et al，1994). Robinson 等(1986)就使用了 VAS 的 12 个通道统计估计可降水量.

借鉴 AVHRR 分裂窗反演可降水量的线性统计方法和反演海温的分裂窗技术，李万彪等

(1998)使用日本静止气象卫星GMS-5建立了考虑卫星天顶角的线性统计反演法，

$$V = a_0 + a_1 T_{b1} + a_2(T_{11} - T_{12}) + a_3(T_{11} - T_{12})(\sec\theta - 1), \tag{7.1.23}$$

其中，统计系数 $a_0 = -8.5265$，$a_1 = 0.0375$，$a_2 = 1.3521$，$a_3 = -1.6217$.(7.1.23)式表明分裂窗通道亮温以及它们之间的差异主要是由于水汽影响造成的，右边第2项和第3项是反演可降水量的主要贡献部分；第4项为由于卫星天顶角的影响对可降水量的订正.

Anthony等(1993)推导了一种能同时获得可降水量和地表温度的物理分裂窗算法.对大多数红外波段的应用来说，地表红外发射率 $\varepsilon_s \approx 1$，因此辐射传输方程可以写为

$$I_\lambda = B_\lambda(T_s)t_s - \int_0^{p_s} B_\lambda(T_p)\frac{dt}{dp}dp, \tag{7.1.24}$$

其中，I_λ 为卫星接收到的辐射亮度，t 和 B_λ 分别代表透过率和波长 λ 下的普朗克函数，下标 s 表示地面.将 I，B 和 t 按扰动展开并忽略二阶及二阶以上高阶项，

$$I = \bar{I} + \delta I, \tag{7.1.25a}$$

$$B = \bar{B} + \delta B, \tag{7.1.25b}$$

和

$$t = \bar{t} + \delta t, \tag{7.1.25c}$$

其中，$\bar{I}$，$\bar{B}$ 和 $\bar{t}$ 表示平均值，或初始给定值，δ 项表示偏离的扰动.将(7.1.25a)～(7.1.25c)式代入(7.1.24)式得到

$$\delta I_\lambda = \delta B_\lambda(T_s)t_s + B_\lambda(T_s)\delta t_s - \int_0^{p_s} \frac{B_\lambda(T_p)d(\delta t)}{dp}dp - \int_0^{p_s} \delta B_\lambda(T_p)\frac{dt}{dp}dp. \tag{7.1.26}$$

并继续积分整理得到

$$\delta I_\lambda = \delta B_\lambda(T_s)t_s - \int_0^{p_s} \delta B_\lambda(T_p)\frac{dt}{dp}dp + \int_0^{p_s} \delta t\frac{dB_\lambda(T_p)}{dp}dp. \tag{7.1.27}$$

假设从探空资料获得的温度廓线是已知的，则(7.1.27)式右边第二项可以忽略，由此得到扰动形式的辐射传输方程为

$$\delta I_\lambda = \delta B_\lambda(T_s)t_s + \int_0^{p_s} \delta t\frac{dB_\lambda(T_p)}{dp}dp. \tag{7.1.28}$$

扰动项与相关变量的关系为

$$\delta t = \frac{\partial t}{\partial \ln V}\delta \ln V, \tag{7.1.29a}$$

$$\delta B_\lambda(T_s) = \frac{\partial B_\lambda(T_\lambda)}{\partial T_s}\delta T_s, \tag{7.1.29b}$$

和

$$\delta I_\lambda = \frac{\partial B_\lambda(T_\lambda)}{\partial T_\lambda}\delta T_\lambda, \tag{7.1.29c}$$

代入(7.1.28)式得到

$$\delta T_\lambda = \delta T_s t_s \frac{\partial B_\lambda(T_\lambda)}{\partial T_s}\left[\frac{\partial B_\lambda(T_\lambda)}{\partial T_\lambda}\right]^{-1} - \delta V\int_0^{p_s} \frac{\partial t}{\partial V}\left[\frac{\partial B_\lambda(T_\lambda)}{\partial T_\lambda}\right]^{-1}\frac{dB_\lambda(T_p)}{dp}dp, \tag{7.1.30}$$

其中，V_0 和 T_s 代表初始猜测的可降水量和表面温度，它们的扰动量 δV 和 δT_s 未知.(7.1.30)式应用于两个分裂窗通道得到

$$\delta T_{11} = \delta T_s C_{11} + \frac{\delta V}{V_0}D_{11}, \tag{7.1.31a}$$

$$\delta T_{12} = \delta T_s C_{12} + \frac{\delta V}{V_0} D_{12}, \tag{7.1.31b}$$

其中，δT_1 和 δT_2 中为观测亮温与初始猜测亮温的差异，猜测亮温可由初始猜大气廓线和表面温度获得；C 和 D 系数也可根据猜测值计算获得，它们的表达式为

$$C_{11} = t_{s11}\left[\frac{\partial B_{11}(T_{11})}{\partial T_s}\right]_{11}\left[\frac{\partial B_{11}(T_{11})}{\partial T_{11}}\right]^{-1}, \tag{7.1.32a}$$

$$C_{12} = t_{s12}\left[\frac{\partial B_{12}(T_{12})}{\partial T_s}\right]_{12}\left[\frac{\partial B_{12}(T_{12})}{\partial T_{12}}\right]^{-1}, \tag{7.1.32b}$$

$$D_{11} = V_0\int_0^{p_s}\frac{\partial t_{11}}{\partial V}\left[\frac{\partial B_{11}(T_{11})}{\partial T_{11}}\right]^{-1}\frac{dB_{11}(T_p)}{dp}dp, \tag{7.1.32c}$$

和

$$D_{12} = V_0\int_0^{p_s}\frac{\partial t_{12}}{\partial V}\left[\frac{\partial B_{12}(T_{12})}{\partial T_{12}}\right]^{-1}\frac{dB_{12}(T_p)}{dp}dp. \tag{7.1.32d}$$

根据(7.1.31a)和(7.1.31b)式，可以求解线性方程组，同时获得 δV 和 δT_s. 因为已知 V_0 和 T_s，则对应于实际探测亮温 T_1 和 T_2 的反演值——可降水量 V 和地表温度 T_s 可同时估计出来.

7.1.3　微波可降水和液态水反演

非降雨云条件下，水汽和云滴对频率为 22.235 GHz 和 37 GHz 的微波辐射有弱吸收，但散射可以忽略. 从图 1.5 可以看到，水汽有一个位于中心频率 22.235 GHz 的弱转动吸收带. 图 7.2 则绘制了水滴和冰在微波波段的质量吸收系数，显示了水滴随微波频率增大吸收增强. 由于微波波段水的低发射率，洋面提供了一个均一的冷背景，卫星微波辐射计测量的微波辐射信号主要来自有云大气中的水汽和云滴. 因此，通常选择水汽吸收带 22.235 GHz 和一个窗区 31 GHz，可以实现可降水和云中液态水的同时反演. 当然，选择其他合适的微波频段，也能进行可降水和云中液态水的反演.

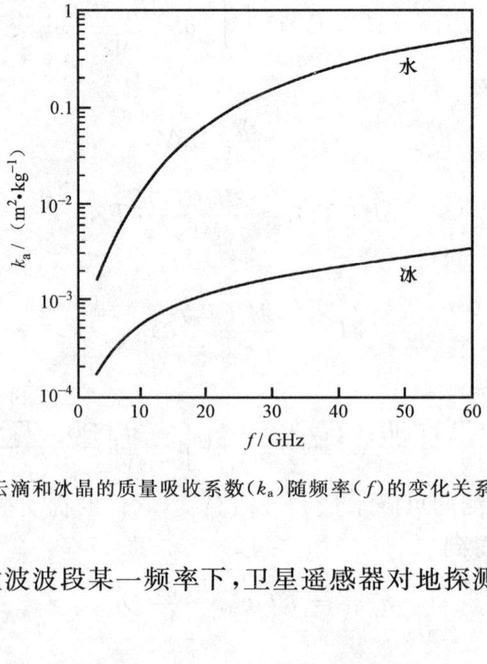

图 7.2　微波波段云滴和冰晶的质量吸收系数(k_a)随频率(f)的变化关系(Westwater，1972)

1. 非线性反演法

根据(1.3.24)式，在微波波段某一频率下，卫星遥感器对地探测的亮温以如下的辐射传输方程表示为

$$T_b(\mu)=\varepsilon_s(\mu)T_s t_0^{1/\mu}+[1-\varepsilon_s(\mu)]T_c t_0^{2/\mu}+\int_0^\infty TK(z,\mu)\mathrm{d}z, \tag{7.1.33}$$

其中，ε_s 是表面发射率，强烈依赖于极化和观测方向 μ，与表面温度 T_s 关联小. t_0 是从地表到卫星的垂直透过率，T 是大气温度. 积分中权重函数的 $K(z,\mu)$ 的表达式为

$$K(z,\mu)=\left[1+[1-\varepsilon_s(\mu)]\left(\frac{t_0}{t}\right)^{2/\mu}\right]\frac{\mathrm{d}t^{1/\mu}}{\mathrm{d}z}, \tag{7.1.34}$$

并且满足

$$\int_0^\infty K(z,\mu)\mathrm{d}z=1-\varepsilon_s(\mu)t_0^{1/\mu}-[1-\varepsilon_s(\mu)]t_0^{2/\mu}. \tag{7.1.35}$$

因为垂直透过率 t_0 接近 1(见图 1.5)，因此可作近似 $T\approx T_0$. 方程(7.1.33)式等号右边第二项可忽略，则根据(7.1.35)式对(7.1.33)式的积分项进行计算，整理得到

$$T_b(\mu)\approx T_s\{1-[1-\varepsilon_s(\mu)]t_0^{2/\mu}\}. \tag{7.1.36}$$

设 V 为柱积分水汽含量，即可降水量；W 为柱积分液态水含量；β_v 为水汽质量吸收系数；β_w 为云滴质量吸收系数；τ_{O_2} 为小的氧气光学厚度. 将这些设定应用于(7.1.36)式得到

$$t_0^{2/\mu}\approx\exp\left[-\frac{2}{\mu}(\beta_v V+\beta_w W+\tau_{O_2})\right]\approx\frac{T_s-T_b(\mu)}{[1-\varepsilon_s(\mu)]T_s}, \tag{7.1.37}$$

再取对数形式

$$\beta_v V+\beta_w W\approx-\frac{\mu}{2}\ln\frac{T_s-T_b(\mu)}{[1-\varepsilon_s(\mu)]T_s}-\tau_{O_2}. \tag{7.1.38}$$

许多工作(例如：Grody et al,1980；Wilheit et al,1980)假设 T_s 为常数(例如 280 K)，ε_s 也是常数，因此 V 和 W 与 $\mu\ln(280-T_b)$ 是近似线性关系. (7.1.38)式应用于 22 GHz 和 31 GHz 亮温可以得到统计关系为：

$$V=a_0+a_1\mu\ln(280-T_{22})+a_2\mu\ln(280-T_{31}), \tag{7.1.39a}$$

$$W=b_0+b_1\mu\ln(280-T_{22})+b_2\mu\ln(280-T_{31}), \tag{7.1.39b}$$

其中，系数 a_i 和 $b_i(i=0,1,2)$ 可以由精确的辐射传输模式计算获得，也可以与实际测量统计对比获得. 需要说明的是，不像水汽，液态水反演值很难有类比的实测真值；因此，不能评估液态水反演的精度.

自从苏联 Kosmos 243 卫星搭载第一台能够实现大气可降水和云中液态水观测任务的微波辐射计后(Gurvich et al,1970)，一直到现在，拥有 22.235 GHz 和 31 GHz 通道的微波辐射计几乎是卫星的常备载荷之一. 随着新的微波通道的加入，微波探测的领域也不断在拓宽.

2. 线性反演法

(7.1.39a)和(7.1.39b)式是水汽和液态水含量与亮温的非线性关系，包含有对数关系. 因此，为方便应用，有必要研究出一个水汽和液态水含量与亮温的线性关系的参数化方程组. 不失一般性，考虑 $\mu=1$ 时的向下垂直探测，由(7.1.33)式并略去等号右边第二项，整理得到某一微波频率探测的亮温为

$$T_b=T_u+t_0[\varepsilon_s T_s+(1-\varepsilon_s)T_d], \tag{7.1.40}$$

其中 T_u 和 T_d 分别是大气向上辐射和大气向下辐射，表示为

$$T_u=\int_0^\infty T(z)\frac{\partial t(z,\infty)}{\partial z}\mathrm{d}z, \tag{7.1.41a}$$

$$T_d=\int_\infty^0 T(z)\frac{\partial t(0,z)}{\partial z}\mathrm{d}z, \tag{7.1.41b}$$

其中的大气透过率定义为

$$t(z_1,z_2)=\exp\left[-\int_{z_1}^{z_2}\beta(z)\mathrm{d}z\right]. \tag{7.1.42}$$

应用于整层大气透过率表示为

$$t_0=t(0,\infty)=\exp\left[-\int_0^{\infty}\beta(z)\mathrm{d}z\right]. \tag{7.1.43}$$

对(7.1.40)式进行变换，

$$T_b=T_s[a-bt_0^2(1-\varepsilon_s)], \tag{7.1.44}$$

其中

$$a=1+\int_0^{\infty}[1-t(z,\infty)]\frac{T(z)}{T_s}\mathrm{d}z, \tag{7.1.45a}$$

$$b=1-\int_0^{\infty}[1-t(z,\infty)]\frac{T(z)}{t(z,\infty)T_s}\mathrm{d}z. \tag{7.1.45b}$$

从图1.6的微波光谱发现，在频率低于40 GHz，大气整层透过率 $t_0\approx1$，于是(7.1.45a)和(7.1.45b)式表示的 a 和 b 两系数近似为1.(7.1.44)式进行简化后，亮温近似为

$$T_b\approx T_s[1-t_0^2(1-\varepsilon_s)]. \tag{7.1.46}$$

透过率 t_0 与水汽、液态水和氧气有关，即是三者透过率的乘积，

$$t_0=t_v\cdot t_w\cdot t_{O_2}. \tag{7.1.47}$$

对于频率在22 GHz和31 GHz的情况，水汽、液态水和氧气的透过率为

$$t_v\approx\exp(-V/V_0),\quad t_w\approx\exp(-W/W_0),\quad t_{O_2}\approx1, \tag{7.1.48}$$

其中，V_0 和 W_0 是因通道不同而不同的经验常数.

(7.1.48)式代入(7.1.46)式，即为

$$T_b\approx T_s\{1-\exp[-2(V/V_0+W/W_0)](1-\varepsilon_s)\}. \tag{7.1.49}$$

因为 $-2(V/V_0+W/W_0)\ll1$，则

$$T_b\approx\varepsilon_sT_s+2(V/V_0+W/W_0)(1-\varepsilon_s)T_s. \tag{7.1.50}$$

如果是陆地，ε_s 变化复杂，但在海洋上变化小，可假定为常数. 选22 GHz和31 GHz两个独立通道，应用(7.1.50)式得到反演的线性方程为

$$V=a_0+a_1T_{22}+a_2T_{31}, \tag{7.1.51a}$$

$$W=b_0+b_1T_{22}+b_2T_{31}, \tag{7.1.51b}$$

其中，a_i 和 $b_i(i=0,1,2)$ 是与选定的微波频率、表面温度、表面发射率，以及经验参数 V_0 和 W_0 有关的系数. 它们可以由探空资料求 V，云情定出 W，根据辐射传输方程模拟计算 T_b，进行回归得到；也可以在已知大气廓线时，根据一组已知的亮温以及水汽含量和液态水含量样本，用统计方法确定.

7.2 湿度垂直廓线

使用 M 个测量通道的辐射值使用(6.3.29)式进行星下点湿度廓线的计算，(6.3.29)式中积分项改为对透过率的积分，表达式为

$$I_i=B_i(p_s)t_i(p_s)+\int_{t_i(p_s)}^{1}B_i(p)\mathrm{d}t_i(p),\quad i=1,2,\cdots,M. \tag{7.2.1}$$

使用分部积分后,(7.2.1)式变形为

$$I_i = B_i(p_t) + \int_{B_i(p_t)}^{B_i(p_s)} t_i(p)\mathrm{d}B_i(p), \tag{7.2.2}$$

其中,$B_i(p_t)$是大气层顶(气压为 p_t)处相应温度下的普朗克函数,此时单色透过率 $t_i(p_t)=1$. 类似(6.3.39)式,以迭代形式改写(7.2.2)式,得到

$$\tilde{I}_i - I_i^{(n)} = I_i^{(n+1)} - I_i^{(n)} = \int_{B_i(p_t)}^{B_i(p_s)} [t_i^{(n+1)}(p) - t_i^{(n)}(p)]\mathrm{d}B_i(p), \tag{7.2.3}$$

使用泰勒一阶近似,(7.2.3)式中积分项中透过率差与水汽光学质量 $u(p)$的差异有关,即

$$t_i^{(n+1)}(p) - t_i^{(n)}(p) = [u_i^{(n+1)}(p) - u^{(n)}(p)]\left[\frac{\partial t_i(p)}{\partial u(p)}\right]^{(n)}. \tag{7.2.4}$$

将(7.2.4)式代入(7.2.3)式得到

$$\tilde{I}_i - I_i^{(n)} = \int_{B_i(p_t)}^{B_i(p_s)} [u_i^{(n+1)}(p) - u^{(n)}(p)]\left[\frac{\partial t_i(p)}{\partial u(p)}\right]^{(n)} \mathrm{d}B_i(p), \tag{7.2.5}$$

假设 $u_i^{(n+1)}(p)/u^{(n)}(p)$与气压无关,则(7.2.5)式变形为

$$\tilde{I}_i - I_i^{(n)} = \frac{u_i^{(n+1)}(p) - u^{(n)}(p)}{u^{(n)}(p)} \int_{B_i(p_t)}^{B_i(p_s)} u^{(n)}(p)\left[\frac{\partial t_i(p)}{\partial u(p)}\right]^{(n)} \mathrm{d}B_i(p). \tag{7.2.6}$$

由此得到水汽光学质量的迭代控制方程为

$$u_i^{(n+1)}(p) = u^{(n)}(p)\left[1 + \frac{\tilde{I}_i - I_i^{(n)}}{\Gamma_i^{(n)}}\right], \tag{7.2.7}$$

其中

$$\Gamma_i^{(n)} = \int_{B_i(p_t)}^{B_i(p_s)} u^{(n)}(p)\left[\frac{\partial t_i(p)}{\partial u(p)}\right]^{(n)} \mathrm{d}B_i(p), \tag{7.2.8}$$

且光学质量 $u(p)$和比湿 $q(p)$的关系为

$$u^{(n)}(p) = \frac{1}{g}\int_0^p q^{(n)}(p)\mathrm{d}p, \quad q^{(n)}(p) = g\frac{\partial u^{(n)}(p)}{\partial p}, \tag{7.2.9}$$

其中,g 为重力加速度.

根据(7.2.7)式和(7.2.9)式,可以得到水汽比湿的迭代计算方程为

$$q_i^{(n+1)}(p) = q^{(n)}(p)\left[1 + \frac{\tilde{I}_i - I_i^{(n)}}{\Gamma_i^{(n)}}\right]. \tag{7.2.10}$$

因为每一个通道都可以获得一条湿度廓线,因此,真实廓线的最佳估计是各个通道获得的廓线的加权平均,即

$$q^{(n+1)}(p) = \frac{\sum_{i=1}^{M} q_i^{(n+1)}(p)K_i(p)}{\sum_{i=1}^{M} K_i(p)}, \tag{7.2.11}$$

其中,根据(7.2.5)式,第 i 个通道的核函数定义为

$$K_i(p) = \frac{\partial t_i(p)}{\partial u^{(n)}(p)}\mathrm{d}B_i(p). \tag{7.2.12}$$

这是 Smith(1970)在提出的温度迭代法时,同时得到的大气湿度的物理迭代法. 单独进行大气湿度廓线反演的迭代法,则首先要求大气温度廓线已知,配合红外水汽探测通道的实测辐射值,可实现大气湿度廓线的反演. Smith 迭代法虽然从红外波段推出,但可适用于从近红外到微波波段探测的大气湿度反演. Smith 湿度迭代法的步骤如下:

(1) 给定初始估计大气湿度廓线 $q(p)$,即 $q^{(n)}(p)$,$n=1$.

(2) 应用(7.2.9)式计算 $u^{(n)}(p)$,使用(7.2.1)式计算 $I_i^{(n)}$,$i=1,2,\cdots,M$.

(3) 对每个气压层,使用(7.2.12)式计算权重函数 $K_i(p)$,使用(7.2.10)式计算$q_i^{(n+1)}(p)$.

(4) 计算新的湿度廓线估计值 $q(p)$,即使用(7.2.11)式计算 $q^{(n+1)}(p)$.

(5) 依步骤(2)～(4)进行迭代,直到解收敛,即可获得最终的湿度廓线解.

实际应用中,大气湿度廓线往往和温度廓线同时反演,例如同步物理反演法可同时实现温度和湿度的反演.业务中湿度廓线的反演,既使用统计法,也使用同步物理反演法.

7.3 土壤湿度

土壤湿度也即土壤含水量或土壤含水率,是衡量土壤含水多少或干湿程度的物理量,常用单位有%,g/kg,g/cm^{3}等.土壤湿度主要有质量含水量、体积含水量、土壤储水量和相对含水量等几种表示方式.质量含水量指土壤中所含水质量与烘干土质量的比值;体积含水量指单位体积土壤中水分的体积;土壤储水量则指一定面积一定土层厚度的土壤中的含水量相当于相同面积下水层的厚度,常用水层毫米数表示;相对含水量指土壤含水量占田间持水量的百分数.卫星遥感获得的土壤湿度通常是质量含水量或体积含水量.

早期卫星遥感土壤湿度采用可见、近红外和红外波段,这些方法不是直接感应土壤水分,而是首先通过遥感获得中间变量,再建立此中间变量与土壤湿度的关系.近几十年发展的微波遥感技术,可直接捕获土壤的介电性能,而土壤介电性能很大程度上取决于土壤含水量.土壤介电常数的实部会从干燥土壤时的4变化到水的80,因此可从微波遥感观测资料中提取土壤含水量的信息.微波遥感不受光照和气候条件的限制,能穿透云层,对植被覆盖物和松散层等也具有一定的透射力,因而适合土壤湿度大面积动态监测.表7.1总结了不同遥感手段估计土壤湿度的一些特征.这些遥感手段的主要差异在于:使用不同的波段,使用不同的辐射源、感应器对土壤的不同探测响应以及这些响应与土壤湿度的不同物理关系等.相对而言,广泛使用的是热红外和微波探测土壤湿度技术,短波波段的光学技术较少被提及.下文将主要介绍热红外和被动微波遥感探测土壤湿度的原理和方法.

表7.1 地表土壤湿度遥感对比(Engman,1991;Moran et al,2004)

波 段	观测特性	优 势	局 限
光学	土壤反射	高空间分辨率,区域大	有限的表面穿透深度,云污染,其他一些噪声源
热红外	表面温度	高空间分辨率,区域大,物理概念清楚	有限的表面穿透深度,云污染,气象条件和植被的干扰
微波(被动)	亮温,电介质特性,土壤温度	大气噪声低,一定的表面穿透深度,物理概念清楚	低空间分辨率,表面粗糙度和植被的干扰
微波(主动)	后向散射系数,电介质特性	大气噪声低,一定的表面穿透深度,高空间分辨率,物理概念清楚	有限的幅宽,表面粗糙度和植被的干扰

7.3.1 热红外遥感

热红外遥感土壤湿度选择的电磁波段位于3.5～14 μm,通过探测土壤表面温度来估计土壤湿度.代表性的方法有热惯量法和三角法.

1. 热惯量法

热惯量(TI)是对物质温度变化的一种量度,是表示物质热惰性(阻止物质温度变化)大小的物理量.高热惯量的物体,对温度的变化阻力大,反之亦然,所以热惯量的大小决定了地表温度变化的快慢.热惯量 TI(单位:$J/(m^2 \cdot K \cdot s^{1/2})$)的定义为

$$\mathrm{TI} = \sqrt{K\rho c}, \tag{7.3.1}$$

其中,ρ 为土壤密度,单位为 kg/m^3;c 为土壤比热,单位为 $J/(kg \cdot K)$;K 为土壤热传导系数,单位为 $J/(m \cdot s \cdot K)$.

热惯量法监测土壤水分含量一般包括三步:一是建立表面土壤热惯量与土壤表面温度等参量的关系;二是通过卫星遥感数据与土壤表面温度等参量的联系,确定土壤热惯量;三是建立土壤湿度与表层土壤热惯量关系模型,确定土壤湿度.

建立表面土壤热惯量与土壤表面温度等参量的关系,一般采用均匀土壤的一维热传导方程进行推导,一维热传导方程表达式为

$$\rho c\frac{\partial T}{\partial t} = K\frac{\partial^2 T}{\partial z^2}, \tag{7.3.2}$$

其中,T 为距土壤表面深度为 z 处的土壤温度,单位为 K;t 是时间,单位为 s;其余变量说明与(7.3.1)式相同.

对(7.3.2)式的求解需要给定边条件,一般形式的边条件为

$$-K\frac{\partial T}{\partial z}\bigg|_{z=0} = (1-r)St\cos\theta + \varepsilon F_{\mathrm{d}} - F_{\mathrm{u}} - H - E, \tag{7.3.3}$$

其中,r 为地表反射率,S 为大气层顶太阳辐射,t 为大气透过率,θ 为太阳天顶角,ε 为地表发射率;F_{d} 为大气向下长波辐射,F_{u} 为地表发射长波辐射,H 为地表到大气的感热通量,E 为地表到大气的潜热通量.

通常对(7.3.3)式的条件进行简化后,再对(7.3.2)式求解,得到的热惯量和温度变化等因素的关系比较复杂,难以应用.因此,改进的热惯量,即表观热惯量(ATI)被应用于土壤湿度的遥感(Price,1985,Tramutoli et al,2001;Verstraeten et al,2006),其表达式为

$$\mathrm{ATI} = \frac{1-r_{\mathrm{b}}}{\Delta T}, \tag{7.3.4}$$

其中,r_{b} 为宽波段地表反射率,可由卫星可见光和近红外通道的反射率得到,ΔT 是地表温度日较差,可由卫星的热红外窗区通道探测的地表昼夜温差得到.

在获得表观热惯量后,土壤湿度 W_{s}(体积含水量)可以通过与表观热惯量的线性或非线性关系得到,例如线性经验公式为

$$W_{\mathrm{s}} = a_0 + a_1 \cdot \mathrm{ATI}, \tag{7.3.5}$$

其中,a_0 和 a_1 是经验统计系数.

热惯量法简单易于应用,有清楚的物理意义,并能达到一定的土壤湿度反演精度.但是这个方法只能用于裸地或植被覆盖较少的地区.

2. 三角技术

为了解决有植被覆盖的土壤湿度的反演问题,需要选用卫星能够反演得到的反映植被状况的参量,例如植被指数.地表温度、植被指数与土壤湿度有复杂的关系,根据地表温度和植被

指数来确定土壤湿度的方法称为温度/植被指数法. 对给定区域，通过资料的分析发现，土壤湿度 W_s、归一化差分植被指数 NDVI 和地表温度 T_s 之间存在唯一一种“通用三角”(universal triangle)的关系(Carlson et al，1994；Gillies et al，1997). 这个结果后来被土壤-植被-大气传输模式(SVAT)的理论研究所证实.

定义

$$T^* = \frac{T_s - T_{s0}}{T_{sm} - T_{s0}}, \tag{7.3.6}$$

$$\mathrm{NDVI}^* = \frac{\mathrm{NDVI} - \mathrm{NDVI}_0}{\mathrm{NDVI}_m - \mathrm{NDVI}_0}, \tag{7.3.7}$$

其中，下标 m 和 0 分别表示最大和最小值. 图 7.3 表示了在横坐标为 T^*，纵坐标为 NDVI^* 的坐标系中，土壤湿度、地表温度和 NDVI 的通用三角关系(Chauhan，2003).

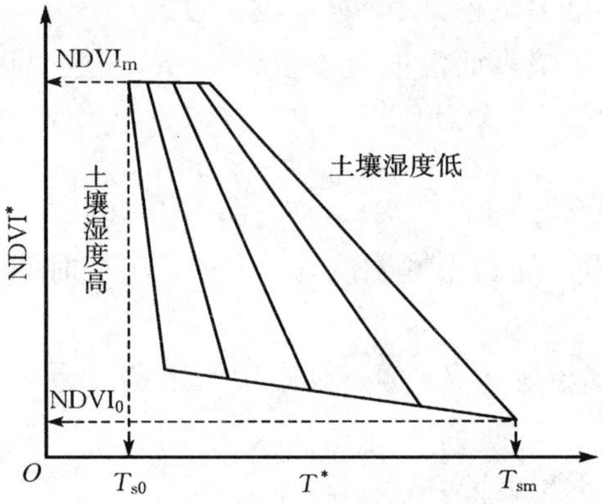

图 7.3　土壤湿度、地表温度和 NDVI 的通用三角关系示意图
(此为修正后的图，原图 NDVI_0 不在最小值处)

土壤湿度 W_s 与 T^* 和 NDVI^* 的关系，可以用 n 次多项式表示(Carlson et al，1994)，

$$W_s = \sum_{i=0}^{n}\sum_{j=0}^{n} a_{ij}\,\mathrm{NDVI}^{*i}\,T^{*j}, \tag{7.3.8a}$$

其中，a_{ij} 是经验回归系数. 若使用二次多项式，(7.3.8a)式的表达式为

$$\begin{aligned} W_s = {} & a_{00} + a_{10}\mathrm{NDVI}^* + a_{20}\mathrm{NDVI}^{*2} + a_{01}T^* + a_{02}T^{*2} + a_{11}\mathrm{NDVI}^*T^* \\ & + a_{22}\mathrm{NDVI}^{*2}T^{*2} + a_{12}\mathrm{NDVI}^*T^{*2} + a_{21}\mathrm{NDVI}^{*2}T^*. \end{aligned} \tag{7.3.8b}$$

温度/植被指数法是三角技术中的代表性方法之一，这种三角法技术还有许多变形方案，例如：温度植被干旱指数(TVDI)法(Sandholt et al，2002)，植被指数/辐射温度法(Kustas et al，2003)等，这里不再一一列举.

总之，热红外波段探测土壤湿度(热惯量法、三角法)有非常清楚的物理意义，但有一定的局限，例如有限的表面穿透深度和云污染等. 这些方法通常是经验性的，并依赖于当地包括风速、气温和湿度等气象条件，因此，这些方法会因时间和地表状况不同会有变化.

7.3.2　被动微波遥感

不同于光学和热红外土壤湿度遥感探测，微波辐射有一定的穿透深度. (6.1.1)式是红外波段吸收深度和波长的关系，同样适用于微波对土壤的穿透深度(penetration depth). 图 7.4 给出了不同微波波段、不同砂土土壤湿度(体积百分比)情况下的微波穿透深度(Njoku et al,

1996). 从表面发射辐射角度讲，穿透深度相当于在这个深度以上的土壤中，63%的辐射从土壤表面发射出去. 从图7.4可以看到基本情况，在1.5 GHz频率处，当土壤从湿变干时，穿透深度大致在10 cm到1 m的范围；而在30 GHz，则在下限低于1 mm，到上限高于1 cm的范围变化. 穿透深度是一个重要的指示量，因为穿透深度厚度的土壤层的湿度和温度显著影响土壤发射辐射. 微波波段中，低频(长波)比高频(短波)在探测土壤湿度中更有优势，因为低频比高频有较大的穿透深度，可以感应较深土壤的湿度和温度变化.

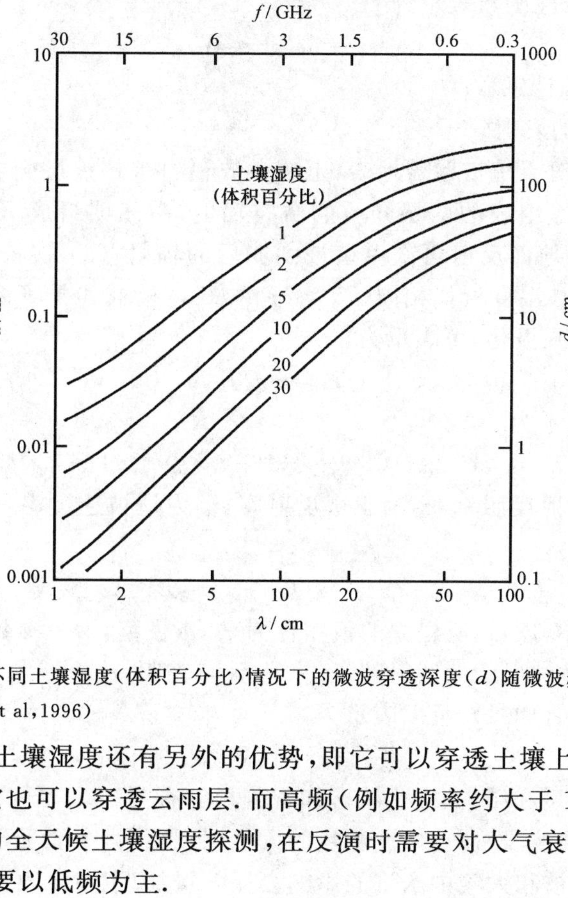

图7.4 不同波段、不同土壤湿度(体积百分比)情况下的微波穿透深度(d)随微波频率(f)或波长(λ)的变化关系(Njoku et al, 1996)

使用低频微波探测土壤湿度还有另外的优势，即它可以穿透土壤上面的植被层，并几乎很少受大气条件影响，即它也可以穿透云雨层. 而高频(例如频率约大于15 GHz)则受大气效应影响，限制了微波仪器的全天候土壤湿度探测，在反演时需要对大气衰减进行订正. 下面叙述的理论和反演方法将主要以低频为主.

1. 地表微波辐射传输

a. 裸露地表的发射

对于非常光滑的地表，在不考虑辐射透射的情况下，土壤微波发射率 ε_p 与土壤镜面反射率 r_{sp}^* 的关系为

$$\varepsilon_p = 1 - r_{sp}^* = 1 - | r_p(e_s, \theta) |^2, \tag{7.3.9}$$

其中，下标p表示垂直极化(V)或水平极化(H)之一，反射系数 r_p 可以从介电常数 e_s 和视角 θ 通过Fresnel方程[$r_p = r_p(e_s, \theta)$]得到. 对于土壤，e_s 主要取决于土壤含水量，与土壤组成结构特征关联不大.

地表发射率同时也受到地表粗糙度的影响，地表粗糙度会增加土壤发射率，但也影响微波穿透深度. 考虑粗糙度时，选用与粗糙度有关的三个参数 Q, h 和 N，则p极化状态下的土壤反射率表示为(Wang et al, 1981)

$$r_{sp} = [(1-Q)r_{sp}^* + Qr_{sq}^*]\exp[-h\cos^N(\theta)], \tag{7.3.10}$$

其中,下标 p 和 q 表示不同的极化状态. 对低频波段(1～20 GHz),$N=0$(Wang et al,1983). 在 L 波段(1～2 GHz),Q 也可以忽略. 因此,在 L 波段,从(7.3.9)式和(7.3.10)式得到

$$\varepsilon_p = 1 - r_{sp}^* \exp(-h). \tag{7.3.11}$$

(7.3.11)式是土壤粗糙度效应对土壤发射率的 h 参数订正. 对于裸露土壤,体积土壤湿度 W_s 是发射率 ε_p 的单调递减函数. 如果在观测期间,土壤的粗糙度条件没有变化,则发射率随土壤湿度的变化可用线性函数表示为

$$\varepsilon_p = a_0 - a_1 W_s, \tag{7.3.12}$$

其中,a_0 和 a_1 是经验统计系数.

b. 植被覆盖地表的发射

在低频微波波段,对于植被覆盖地表,土壤微波辐射被植被层削弱,同时植被也增加了额外的发射. 由植被和土壤组成的两层介质的微波辐射,由三项组成:(1) 植被直接向上辐射;(2) 植被向下的辐射经地面反射再次由植被削弱后的辐射;(3) 被植被削弱后的土壤向上辐射. 如果假设土壤和植被温度近似相同($T_s \approx T_{soil} \approx T_v$),植被和土壤系统的亮度温度 T_{bp}(p=V 或 H,代表垂直或水平极化)可表示为

$$T_{bp} \approx \varepsilon_p T_s, \tag{7.3.13}$$

其中,等效发射率 ε_p 表示为

$$\varepsilon_p = (1-\omega_p)(1-t_p)(1+t_p r_{sp}) + (1-r_{sp})t_p, \tag{7.3.14}$$

其中,ω_p 为植被单次散射反照率,r_{sp} 为土壤反射率,t_p 为植被透过率,是植被光学厚度 τ_p 和观测角的函数,表示为

$$t_p = \exp(-\tau_p/\cos\theta). \tag{7.3.15}$$

由(7.3.13)～(7.3.15)式所建立的模型称为 τ～ω 模型,两个参数 τ 和 ω 分别反映了植被对辐射的衰减特征和植被层中的散射特征. 一些研究表明,τ_p 和总植被水含量 W_c(kg/m^2)成线性关系(Jackson et al,1991),可以表示为

$$\tau_p = b_p W_c, \tag{7.3.16}$$

其中,b_p 参数与植被类型和结构、极化状态和观测角等有关.

如果使用高频微波波段,被动微波测量的大气层顶辐射,主要受土壤、植被和大气的影响. 土壤辐射相对减小,植被和大气中水汽的影响会显著增加. 卫星接收到的辐射包含 5 部分:(1) 直接向上的大气辐射;(2) 经植被和大气削弱的地表辐射;(3) 经植被和大气削弱的向下大气辐射和宇宙背景辐射;(4) 经大气削弱的植被向上辐射;(5) 经植被和大气削弱的被地表反射的植被向下辐射(Kerr et al,1990).

2. 统计反演

很多算法是通过建立探测信息与地表特征经验关系,若以函数 F 表示地表特征等与探测亮温的经验关系,则

$$x_j = F_j^{-1}(T_{b1}, T_{b2}, \cdots, T_{bM}), \tag{7.3.17}$$

其中,$T_{bi}(i=1,2,\cdots,M)$ 是微波遥感器探测的 i 个亮度温度,对应于一定的观测角、不同极化状态和不同频率. x_j 是第 j 个地表相关变量,例如土壤湿度或地面温度等. 实际应用中,主要通过探测亮温获得的微波发射率以及微波植被指数,来订正土壤粗糙度和植被效应,并获得土壤湿度.

对于裸露土壤,(7.3.12)式表示的土壤发射率和土壤湿度的线性关系,在大多数情况下证明是有效的.但是,需要足够的地面探测数据来确定系数 a_0 和 a_1.在得到系数 a_0 和 a_1 后,通过(7.3.12)式可以求得土壤湿度

$$W_s = \frac{a_0 - \varepsilon_p}{a_1} \approx \frac{a_0}{a_1} - \frac{1}{a_1}\frac{T_b}{T_s}, \tag{7.3.18}$$

其中,T_s 是估计的地表温度,发射率 ε_p 被归一化亮温(即 T_b/T_s)代替.

在植被覆盖区域,在进行土壤湿度的统计回归反演时,必须考虑亮温和土壤湿度关系中的植被效应.研究表明,当土壤湿度为 $0.1 \sim 0.4\ m^3/m^3$ 时,T_b 和土壤湿度 W_s 近似为线性关系(Theis et al,1984;Wang,1985).线性关系在坐标系中的斜率和截距是植被特性和探测参数的函数,其中植被特性包括植被类型和含水量等,探测参数包括探测角、极化特性和探测频率等.

通常采用植被指数来消除植被效应的影响,植被指数可以从微波探测亮温数据计算获得,也可以从光学探测系统中获得,例如归一化植被指数 NDVI.这种植被指数形式较多,前期降水指数(API)是比较典型的一个,最终土壤湿度 W_s 是通过 API 与土壤湿度 W_s 的经验关系获得的.

使用扫描多通道微波辐射计 SMMR 和改进的高分辨率辐射计 AVHRR 资料,美国南部大平原半干旱区的 API 的计算表达式为(Choudhury et al,1987,1988)

$$\mathrm{API} = \frac{a + b\mathrm{NDVI} - T_{bH}(6.6\ \mathrm{GHz})}{c + d\mathrm{NDVI}}, \tag{7.3.19}$$

其中,a,b,c 和 d 是统计系数(下同),NDVI 由 AVHRR 计算获得,$T_{bH}(6.6\ \mathrm{GHz})$是 SMMR 中 6.6 GHz 通道水平极化亮温.根据这一关系,可以确定 4 个等级的土壤湿度.

这种关系随后拓展到 SSM/I 高频微波,应用于美国玉米和小麦种植带地区.使用 SSM/I 中 19.3 GHz 和 37.0 GHz 通道构造的 API 形式为(Teng et al,1993)

$$\mathrm{API} = \frac{a + b\Delta T_b(37.0\ \mathrm{GHz}) - T_{bH}(19.3\ \mathrm{GHz})}{c + d\Delta T_b(37.0\ \mathrm{GHz})}, \tag{7.3.20}$$

其中,$\Delta T_b = T_{bV} - T_{bH}$是垂直和水平极化亮温差.根据这一关系确定的茂密植被区的土壤湿度,效果一般.因此,对于茂密植被区,需要低于 19.3 GHz 频率的通道进行探测.

单独使用 SMMR 中 6.6 GHz 通道,可以进行稀疏到茂密植被区的土壤探测.API 的经验形式为(Ahmed,1995)

$$\mathrm{API} = a - b[T_{bV}(6.6\ \mathrm{GHz}) + T_{bH}(6.6\ \mathrm{GHz})] - c[T_{bV}(6.6\ \mathrm{GHz}) - T_{bH}(6.6\ \mathrm{GHz})]^d, \tag{7.3.21}$$

其中,等式右边非线性项包含了对植被效应的订正.

除了使用实时观测的资料,统计方法也可使用模式模拟的数据集.根据观测的土壤湿度数据等,可以模拟获得不同观测角、不同极化频率下的微波亮度温度.土壤湿度和微波指数的线性关系,可以通过模拟数据集统计得到.通过模式模拟的数据集可以获得全球尺度上、有效的土壤湿度统计算法,

3. 正向模型反演

正向模型反演是通过微波辐射传输模型(例如辐射传输方程),在不同的地表特征参数下进行微波亮温计算,直到获得与观测亮温一致的计算结果后,即可确定待求的地表特征参数.如果辐射传输方程以函数 F 表示,它用来模拟一定观测角和极化频率下的 M 个微波亮温 T_{bi},

$i=1,2,\cdots,M$. 函数 F 包含 N 个包括土壤湿度等状态变量 x_j, $j=1,2,\cdots,N$. 正向模型的一般形式表示为

$$T_{\mathrm{b}i} = F_i(x_1, x_2, \cdots, x_N; s_{1i}, s_{2i}, \cdots, s_{Li}) + \varepsilon_i, \tag{7.3.22}$$

其中，$s_{ki}(k=1,2,\cdots,L; i=1,2,\cdots,M)$是观测限制参数，$\varepsilon_i$ 是模拟和观测亮温的残余方差. 正向模型反演的目标即是确定最小残余方差下的状态变量 x_j, $j=1,2,\cdots,N$. 它包括两个主要环节，一是需要选择确定正向模型 F，二是选择使残余方差最小化的方法.

正向模型一般可分为 3 类. 第一类是统计模型，这种正向模型是通过实测数据或模拟数据建立的，其形式是能够把输入和输出联系起来的一个易于反演的经验或者半经验关系式. 由于其始发于实测数据或模式模拟，因而只要实测数据和计算模式精确，则计算的精度相对较高. 相对来说，由模式模拟数据集得到的统计模型，往往比传统的使用实测数据建立的统计模型反演效果要好. 第二类是参数化模型，它是一种半经验模型. 模型的参数通过与实测数据比较后定标得到，在参数化过程中需要先验知识. 如在低频通道(1～10 GHz)常用到的 $\tau\sim\omega$ 模型，这个模型是从辐射传输方程的一阶近似解得到的，需要较多的输入参数. 第三类为物理模型，是基于对辐射传输过程的物理描述建立的，模型参数直接与地表属性相关. 这类模型适用于当频率超过一定范围，多次散射变得相对重要，半经验模型无法适用的地表土壤水分反演.

在选定正向模型并获得模拟的亮温后，就需要选择使残余方差最小化的方法以确定模拟亮温和实测亮温是否接近(如果二者差别较大，则需要调整状态变量使用正向模型重新计算亮温). 这个过程是通过使得损失函数达到最小值实现的，包含有亮温变化和状态变量变化的损失评价函数 $\chi^2(x_1, x_2, \cdots, x_N)$的形式为

$$\chi^2(x_1, x_2, \cdots, x_N) = \sum_{i=1}^{M} \frac{1}{2\sigma_i^2}\left[G_i(x_1, x_2, \cdots, x_N; s_{1i}, s_{2i}, \cdots, s_{Li}) - \widetilde{T}_{\mathrm{b}i}\right]^2 + \sum_{j=1}^{N} \frac{1}{2\zeta_j^2}(x_j - \bar{x}_j)^2, \tag{7.3.23}$$

其中，$\widetilde{T}_{\mathrm{b}i}$是第 i 个通道观测亮温，σ_i 是第 i 个通道的观测误差，$\bar{x}_j$ 和 ζ_j 是第 j 个状态变量 x_j 的平均值和标准差. 一些迭代最小算法，例如准牛顿法、Levenberg-Marquardt 法和 Brent 法等，可以使(7.3.23)式表示的函数值快速收敛达到最小(Press et al, 1986).

对正向模型反演算法性能的评估一般有以下 3 步：(1) 使用正向模型模拟一组参考的亮温数据，用其代表地表真实的亮温值；(2) 考虑到辐射计测量和定标时的误差，向参考亮温值加入随机的高斯噪声，用其代表传感器观测的亮温值；(3) 根据模拟得到的亮温观测数据，进行地表参数的反演. 这种方法存在一个很明显循环，即既使用该模型模拟亮温，又使用该模型反演地表参数. 不过，这种模拟的方法对不同传感器配置(入射角、极化和频率)的反演算法的评估比较还是十分有效的.

a. 两参数同时反演

微波遥感除了可以提供多频率、多角度的观测之外，还可以提供不同极化方式的数据，这种多极化的特点是微波遥感所特有的. 而不同极化的微波辐射对地表参数的响应都不一样，应用中常利用这种水平和垂直极化的差异来对地表参数进行反演，并实现两参数的同时反演.

应用于 SMMR 的两参数反演，使用 6.6 GHz 水平极化亮温，可同时反演土壤湿度和植被光学厚度(Van de Griend et al, 1994; Owe et al, 2001)，而 SSM/I 高频微波(19.4 GHz，双极化)可同时反演土壤湿度和土壤温度(Wen et al, 2005)，但在正向模式中需要考虑大气的

效应.

应用于 SMMR 的两参数反演方案(Owe et al,2001),植被参数通过微波极化差异指数计算获得. 微波极化差异指数(MPDI)定义为

$$\mathrm{MDPI} = \frac{T_{\mathrm{bV}} - T_{\mathrm{bH}}}{T_{\mathrm{bV}} + T_{\mathrm{bH}}}. \tag{7.3.24}$$

研究表明,在 37 GHz 时,MPDI 主要受植被影响,受地表辐射影响较小,因此 MPDI 被认为是计算植被密度的理想指数. 而在 6.6 GHz 时,MPDI 不仅包含植被信息,还含有许多土壤辐射信息. 因此,选择 37 GHz 的垂直、水平极化亮温计算 MPDI,并用于植被光学厚度的计算,计算表达式为

$$\tau = a_0 \ln(a_1 \mathrm{MPDI} + a_2), \tag{7.3.25}$$

其中,经验系数 a_0,a_1 和 a_2 由土壤介电常数的 8 次多项式统计得到(Owe et al,2001).

不考虑地表粗糙度($h=0$),并且取单次散射反照率的平均值($\omega=0.06$),地面温度 T_s 可由实测气象资料或模式数据给出. 把式(7.3.25)代入 $\tau\sim\omega$ 模型(7.3.13)~(7.3.15)式,植被项表示为 MPDI(37 GHz)和土壤介电常数的函数后,实际上未知项变量只剩土壤反射率(或发射率)了. 因为水平极化亮温对土壤湿度较敏感,所以使用水平极化亮温来确定水平极化状态的土壤发射率. 土壤发射率可通过 Fresnel 方程确定,但未知参数是土壤介电常数.

由于植被光学厚度和土壤发射率的函数均包含介电常数,因此土壤湿度反演问题最终变成如何求解介电常数的问题了. 这可通过使用 Brent 法(Press et al,1986)的非线性迭代算法,用正向反演方法求解水平极化下的辐射传输方程($\tau\sim\omega$ 模型)解决. 如果分析模拟亮温和观测亮温,发现模拟亮温已经收敛,即可确定土壤介电常数. 利用确定的介电常数,代入土壤介电模型(Wigneron et al,1995),并辅以土壤物理特征,即可最终确定土壤湿度,并同时获得植被光学厚度.

b. 三参数同时反演

三个参数同时反演的算法主要随着一些新的星载传感器的发展而发展起来,在 AMSR/E 还没上天之前,围绕着 AMSR/E 的算法和验证工作已经展开了,最终美国 Njoku 等人的算法成为 AMSR/E 土壤水分反演的标准算法(Njoku et al,1999). 该算法选择 $\tau\sim\omega$ 模型作为正向模型,通过迭代的方法来实现正向模型计算亮温值与传感器观测值拟合误差最小,由此得到要反演的地表参数. 该算法在半干旱地区可以达到预期的精度,能较好地反演出土壤水分以及植被和地面温度的变化. 土壤湿度和海洋盐度(SMOS)卫星上搭载 L 波段多角度二维合成孔径微波辐射计(1.4 GHz,多角度:$\theta=0\sim55°$),其土壤湿度反演也采用 3 参数反演(Wigneron et al,2000).

AMSR/E 土壤湿度反演算法利用 6.92,10.65,18.7 GHz 双极化 6 个通道的亮温同时反演 3 个参数(土壤湿度 W_s、土壤温度 T_s、植被含水量 W_c). 基本思路为:反演参数对于亮温的敏感度存在差异,对于某个待反演的参数,如果其他参数不变,其敏感度只是频率和极化状态的函数. 本着这一思路,首先给定反演参数一个基值,例如土壤湿度 $W_{s0}=0.15\ \mathrm{g/cm^3}$,地表温度 $T_{s0}=40℃$,植被含水量为 0,同其它已知参数一起代入正向模型($\tau\sim\omega$ 模型),模拟出每个通道亮温值. 对于状态参量 $\boldsymbol{x}=\{W_s, T_s, W_c\}$,模拟亮温 $F_i(\boldsymbol{x})$ 和观测亮温 $\widetilde{T}_{bi}$ 的权重差异平方和 χ^2 必须达到最小,

$$\chi^2 = \sum_{i=1}^{6}\left[\frac{\widetilde{T}_{bi} - F_i(\boldsymbol{x})}{\sigma_i}\right]^2, \tag{7.3.26}$$

其中，σ_i 表示第 i 个通道的测量误差，式中除以它的目的就是为了将其作为一权重因子，更好地体现各个通道对参数的敏感性. χ^2 达到最小值，是通过 Levenberg-Marquardt 算法(Press et al,1986)迭代实现的. 这种算法收敛速度快，反演结果较好. 但当像元含有雪盖、水体或者当某个参数敏感度较低时，其反演效果较差.

最终，AMSR/E 反演的土壤湿度产品，必须进行质量评估和验证. 评估包括产品的绝对误差，以及它们时空变化的合理性. 产品的误差主要来源于：(1) 地表性质差异引起的误差. (2) 不同频率在不同区域的穿透深度不一样，但在实际反演中未考虑其引起的误差，尤其在土壤湿度和温度剖面存在较大差异的区域. (3) 植被覆盖浓密，掩盖了地表辐射所带来的土壤湿度反演的误差. (4) 输入参数的误差传递. 在正向反演模型中，输入参数如地表粗糙度、植被的单次散射反照率和光学厚度等的不确定性将会在反演中传递，会影响到反演参数的精度.

地面验证的最大的困难在于 AMSR/E 像元的尺度较大(≈50 km)，要在一个这么大的区域内在卫星过境的同时进行有关地面土壤湿度、地面温度和植被生物量等参数的实测试验，是比较困难和不现实的. 因此常用的验证方法有两种，一种是数据同化方法，即通过将地面离散的采样点与水文模型结合进行数据同化，将同化模型得到的输出结果与通过遥感反演得到的值进行比较验证反演产品的合理性. 例如，土壤水分和地表温度的验证一般就采用数据同化的方法来完成. 另一种方法是与其它星载传感器类似的产品进行比较，例如植被含水量，就可以与 MODIS 传感器反演的叶面积指数产品比较来验证. 同时，使用比 AMSR/E 更高分辨率的数据，如 MODIS 数据等，有助于确定 AMSR/E 像元内的地表性质差异的影响.

习 题

7.1 简述近红外通道反演可降水量的一般原理，使用的近红外通道的中心波长是多少？

7.2 反演晴空海面温度的分裂窗技术，也用来反演晴空可降水量，请说明其原理，并讨论可能的误差因素.

7.3 假设晴空大气水平均一，地表温度和发射率在相邻视场 a 和 b 内不同. 推导分裂窗通道大气透过率比值与两视场地表发射率比值及亮温差异的关系(Kleespies 等，1990)：

$$\frac{t_2}{t_1} = \frac{\varepsilon_1}{\varepsilon_2}\frac{T_2^a - T_2^b}{T_1^a - T_1^b},$$

其中，下角标 1 和 2 分别表示 11，12 μm 通道.

7.4 分裂窗通道(11 μm 和 12 μm)观测晴空海域的亮温分别是 291 K 和 282 K，两通道的的水汽吸收系数分别是 0.2，0.5 $cm^2 \cdot g^{-1}$. (1) 如果对于 12 μm 通道的平均大气温度为 257 K，估计大气可降水量；(2) 如果对于 5×5 视场，12 μm 通道观测的亮温变化是 11 μm 通道亮温变化的一半，估计大气可降水量.

7.5 微波反演可降水量和液态水一般使用哪两个通道？为什么陆地反演相对困难？

7.6 地面微波辐射计对空垂直探测时，利用 22 GHz 和 31 GHz 通道测量亮温 $T_{b,i}$，反演大气柱积分水汽含量 V 和柱积分液态水含量 W，其中 $i=1,2$ 对应于 22 GHz 和 31 GHz 两通道的值. 假设微波辐射计测量值主要受水汽、液态水和氧气的影响. 已知 i 通道水汽质量吸收

系数为 $k_{v,i}$，云滴质量吸收系数 $k_{w,i}$，氧气光学厚度 $\tau_{O,i}$；大气平均温度为 T. 参照卫星遥感 V 和 W 的非线性反演法，可获得地面微波辐射计测量亮温与 V 和 W 的函数关系. 若已知两通道的水汽质量吸收系数分别为 0.0052，0.0021 $m^2 \cdot kg^{-1}$，云滴质量吸收系数分别为 0.087，0.15 $m^2 \cdot kg^{-1}$，氧气光学厚度分别为 0.02 和 0.03，大气平均温度为 280 K，宇宙背景辐射温度为 2.7 K.（1）估计完全干燥大气时微波辐射计探测到的亮温；（2）估计无云潮湿大气（$V=60\ kg \cdot m^{-2}$）时的观测亮温；（3）估计相当厚的非降雨层积云（$W=0.3\ kg \cdot m^{-2}$）情形的观测亮温；（4）推导一个具有 $V=a_0+a_1\ln(T-T_{b,1})+a_2\ln(T-T_{b,2})$ 形式的估计 V 的反演公式，就以上(1)～(3)问中的大气情况反演 V，并与(1)～(3)中的 V 值对比.

7.7 卫星热红外和被动微波遥感地表土壤湿度，两者相比有何差异？

7.8 热惯量法估计地表土壤湿度的三个步骤是什么？热惯量法有何局限？

7.9 被动微波遥感地表土壤湿度，为什么低频比高频更占优势？

7.10 覆盖有一植被冠层的土壤的微波亮温可以表示为

$$T_b = (1-\rho)T_g e^{-\tau} + T_c(1-e^{-\tau}) + \rho T_c(1-e^{-\tau})e^{-\tau},$$

其中，T_g 和 T_c 分别是土壤和植被冠层的温度，ρ 是土壤反射率. 植被冠层的光学厚度 τ 是植被含水量 W_c 的函数，即 $\tau=bW_c$，b 可根据实验确定，在 L 波段（1～2 GHz），$b\approx 0.1\ cm^3 \cdot g^{-1}$. 卫星拂晓（当地时间早晨 6 点）过境时，土壤和植被冠层温度近似等于表面气温 T_a，证明此时微波亮温为

$$T_b = T_a(1-\rho e^{-2\tau}),$$

给定土壤介电常数 $\varepsilon=15$，若其变化 5%，计算微波亮温的变化，并绘制其随植被含水量变化的图形. 根据 Fresnel 公式，土壤反射率与介电常数的关系为 $\rho=[(\sqrt{\varepsilon}-1)/(\sqrt{\varepsilon}+1)]^2$.

第八章　气　　压

这一章介绍使用氧气 A 吸收带反演云顶气压和地面气压的理论和方法. 8.1 节是对氧 A 带的介绍；8.2 和 8.3 节分别介绍云顶气压和地面气压的反演算法.

8.1　氧　A　带

氧气 A 带(O_2-A)是位于 0.758～0.778 μm 的氧气吸收带，中心波长在 0.762 μm. 在 O_2-A 带中，除了氧气外基本没有其他气体的吸收，而氧气在大气中分布均匀、体积混合比恒定(在约 86 km 以下). 在这一波段，太阳辐射只受到氧气吸收的影响，辐射传输路径上氧气含量的多少直接决定了卫星接收到辐射强度的大小. 卫星视场中云顶或地面反射的辐射大小就与云顶高度或地面以上大气中氧气光学厚度存在某种对应关系，而光学厚度则与云顶气压或地面气压有关，由此，利用氧在 O_2-A 带的吸收和后向散射辐射可确定云顶气压或地面气压.

图 8.1 给出了在太阳天顶角 35°、卫星垂直向下探测时模拟的中纬度夏天大气透过率. O_2-A 带实际上是由大量的吸收线组成的. 从图可以看到，在 O_2-A 带，透过率变化范围较大. 根据图 8.1 选择合适的波长可探测云顶和地面气压，甚至选择一组波长，实现大气气压廓线的探测.

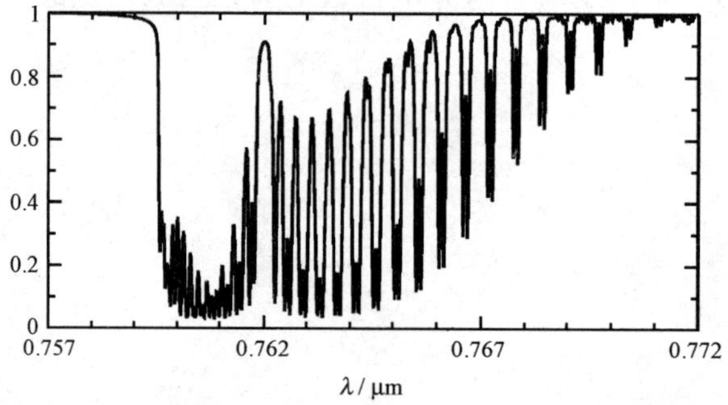

图 8.1　模拟的中纬度夏天大气透过率. 探测条件：太阳天顶角 35°，星下点探测(Kuang et al,2002)

在探测云顶气压的过程中，还需要注意辐射在云顶向下穿透深度的问题. 在云顶高度的计算中，要进行穿透深度的订正. 如前一章所述，穿透深度是入射辐射衰减到 e^{-1} 所经过的距离. 如果只考虑吸收，且吸收系数是常数，则很容易计算穿透深度. 若考虑云，则还需要考虑云中的多次散射，因此前述的定义不再适用. 在云遥感领域，穿透深度需要重新定义. 若在某一深度，云的反射率达到半无限大(semi-infinite)云层反射率的 90%，则认为低于此深度的云层的反射对星载光学仪器的探测影响甚微，因此，此深度可以作为云的穿透深度(Kokhanovsky,2006). 根据近似公式获得的穿透深度的总的变化趋势是，随波长从可见光到短波红外的增加，穿透深度减小；个别波段处也会出现相反的趋势.

图 8.2 是根据近似公式获得 O_2-A 带的穿透深度(光学厚度单位). 探测条件为太阳天顶角 60°，卫星垂直向下探测；云的条件是云中水滴有效半径为 6 μm；不考虑吸收. 在图中，$\lambda=$

0.5 μm处，穿透光学厚度为 100，而在 $\lambda=1\ \mu$m 处，穿透光学厚度约为 50. 若云的消光系数 $\beta=100\ km^{-1}$，则容易得到穿透深度的几何距离. 在 $\lambda=0.5\ \mu$m 处，穿透深度为 1000 m，而在 $\lambda=1\ \mu$m 处，穿透深度约为 500 m.

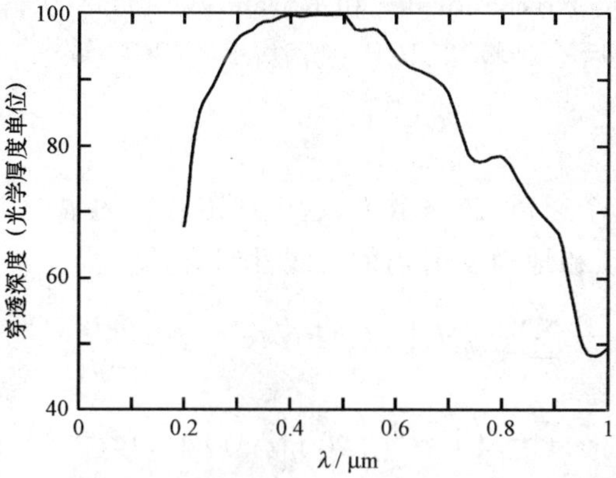

图 8.2 使用近似公式获得 O_2-A 带的穿透深度（光学厚度单位）. 探测条件：太阳天顶角 60°，卫星垂直向下探测. 云中水滴有效半径为 6 μm（Kokhanovsky，2006）

早在 20 世纪 60 年代，O_2-A 带就引起遥感领域研究者的关注，只是在近十年来，由于精细光谱测量技术的突破，O_2-A 带的遥感应用逐渐发展起来. O_2-A 带具有动态范围大、谱线分布规则的特性，能够用来反演云顶气压（高度）、云光学厚度、地表气压、大气压力廓线、高层大气温度廓线、气溶胶廓线和地表反射率等. 可以说，O_2-A 带是一个应用较全面的通道.

目前在轨运行的具备 O_2-A 带探测能力的科学仪器有 SeaWiFS，GOME，POLDER，MERIS，SCIAMACHY 和 TANSO-FTS 等，如表 8.1 所示.

表 8.1 已有的能够覆盖或部分覆盖 O_2-A 带的星载仪器及用途

仪 器	卫 星	发射年份	A 带用途
GOME	ERS-2	1995	云信息
MOS	IRS-P3	1996	大气订正、云和气溶胶信息
SeaWiFS	SEASTAR	1997	大气订正
OSIRIS	Ordin	2001	中高层大气温度信息
SCIAMACHY	ENVISAT	2002	云、气溶胶信息
MERIS	ENVISAT	2002	云信息
GLI	ADEOS-II	2002	大气订正
POLDER	ADEOS-I 和 II/PARASOL	1996 和 2002/2004	云信息、地面气压
GOME-2	MetOp	2006	云信息
OCO	OCO(失败)	2008	云、气溶胶信息和地面气压
TANSO-FTS	GOSAT	2009	云、气溶胶信息和地面气压

8.2 云 顶 气 压

应用 O_2-A 带进行云顶气压的实践应用研究，开始于 20 世纪 90 年代. 德国的 Fischer 等（1991a，b）对 O_2-A 带反演云顶高度进行深入的研究，分析了多种因素对辐射强度、辐射比的影响，并提出两种算法. 目前欧空局 MERIS 仪器的神经网络算法，即在此研究基础上提出. 此外，还有其它的云高业务算法如：Kuze 和 Chance(1994)提出同时得到云顶高度和云量的初始云拟合算法(ICFA)算法；Koelemeijer 等(2001)提出，经 Wang 等人(2008)改进的氧 A 带快速云反演算法(FRESCO)以及 Kokhanovsky 和 Rozanov(2004a)的半分析云反演算法(SACURA)等. 以下主要介绍其中后三种算法：ICFA 算法、FRESCO 算法和 SACURA 算法.

8.2.1 ICFA 算法

对于 O_2-A 带中的第 i 个通道，忽略散射，这个通道获得的辐射 $I(i)$，用辐射传输方程表示为以云量为权重因子的云顶和地面反射辐射的线性组合，即

$$I(i) = \sum_{j=1}^{n} r_{c,ij} N_j \int \psi_i(\nu) F(\nu) \mathrm{e}^{-s\tau(\nu,p_j)} \frac{\mathrm{d}\nu}{\Delta\nu} + r_{s,i}\left(1 - \sum_{j=1}^{n} N_j\right) \int \psi_i(\nu) F(\nu) \mathrm{e}^{-s\tau(\nu,p_s)} \frac{\mathrm{d}\nu}{\Delta\nu}, \tag{8.2.1}$$

其中，下标 c 和 s 表示云和地表，n 是具有不同云顶高度的云型数，$r_{c,ij}$ 是第 i 个通道探测的第 j 类云型的反射率，N_j 是第 j 类云型的云量，$\psi_i(\nu)$是波数 ν 处、通道 i 的光谱响应函数(或称为狭缝函数，slit funciton)，$F(\nu)$是太阳辐射光谱，$\tau(\nu,p)$是气压 p 处到卫星之间的光学厚度(正比于氧气的柱密度)，p_j 是第 j 类云型的云顶气压，p_s 是地表气压，$\Delta\nu$ 是 i 通道光谱宽度，$r_{s,i}$ 是地表反射率，$s=\sec\theta+\sec\theta_0$，$\theta,\theta_0$ 分别是观测角和太阳天顶角. $r_{c,ij}$ 和 $r_{s,i}$ 在具有较窄宽度的通道可以认为是常数，云型可以取现有辐射传输模式的云型，例如 LOWTRAN 或 MODTRAN 等.

当不存在氧气或其他气体吸收且没有散射时，(8.2.1)式表示的通道接收辐射 $I_0(i)$为

$$I_0(i) = \gamma_i \int \psi_i(\nu) F(\nu) \frac{\mathrm{d}\nu}{\Delta\nu}, \tag{8.2.2}$$

其中，

$$\gamma_i = \sum_{j=1}^{n} r_{c,ij} N_j + r_{s,i}\left(1 - \sum_{j=1}^{n} N_j\right), \tag{8.2.3}$$

对于每一个 O_2-A 带中的通道，γ 值假设为常数.

(8.2.1)式等号右边是光谱响应函数的卷积积分，为应用方便，定义 Q 参数为

$$Q(i,p_j) = \pi \int \psi_i(\nu) \mathrm{e}^{-s\tau(\nu,p_j)} \frac{\mathrm{d}\nu}{\Delta\nu}. \tag{8.2.4}$$

假设第 i 通道波段内，$F(\nu)$是常数，则根据(8.2.1)，(8.2.3)和(8.2.4)式，得到卫星探测的反射率为

$$\begin{aligned} r(i,\boldsymbol{p},\boldsymbol{r}_{c,i}\boldsymbol{N}) &= \frac{\pi I(i)}{F(\nu)} \\ &= \sum_{j=1}^{n} r_{c,ij} N_j Q(j,p_j) + r_{s,i}\left(1 - \sum_{j=1}^{n} N_j\right) Q(i,p_s) \\ &= \sum_{j=1}^{n} r_{c,ij} N_j Q(j,p_j) + \left(\gamma_i - \sum_{j=1}^{n} r_{c,ij} N_j\right) Q(i,p_s), \end{aligned} \tag{8.2.5}$$

其中，$\boldsymbol{p}=\{p_1,p_2,\cdots,p_n\}$，$\boldsymbol{r}_{c,i}\boldsymbol{N}=\{r_{c,i1}N_1,r_{c,i2}N_2,\cdots,r_{c,in}N_n\}$.

云参数通过反射率比值的最小方差拟合计算来确定. 若在 O_2-A 带有 M 个通道，则定义 χ^2 函数

$$\chi^2=\frac{1}{M}\sum_{i=1}^{M}\left[\frac{\tilde{r}(i,\boldsymbol{p},\boldsymbol{r}_{c,i}\boldsymbol{N})-r(i,\boldsymbol{p},\boldsymbol{r}_{c,i}\boldsymbol{N})}{\tilde{r}(i,\boldsymbol{p},\boldsymbol{r}_{c,i}\boldsymbol{N})}\right]^2, \tag{8.2.6}$$

其中,$\tilde{r}(i,\boldsymbol{p},\boldsymbol{r}_{c,i}\boldsymbol{N})$和$r(i,\boldsymbol{p},\boldsymbol{r}_{c,i}\boldsymbol{N})$分别是反射率的观测值和根据辐射传输模式获得的计算值.可通过网格搜索最小方差拟合,使得χ^2函数达到最小值,就能确定云参数,即云顶气压和云量.

ICFA算法是在上述理论的基础上建立起来的(Spurr et al,2002).在一种类型云的条件下,辐射计算中增加了包括散射和其他吸收的闭合项,假设它随波长缓慢线性变化.氧气透过率t_λ依赖于路径因子$s=\sec\theta+\sec\theta_0=1/\mu+1/\mu_0$和下界面气压(例如云顶气压或地面气压),并且它可根据精确的逐线积分模式计算获得.云顶和地面的反射率$r_c(\mu,\mu_0)$,r_s,在选择的O_2-A带波段中是常数.地面是朗伯体,而云顶双向反射依赖于入射和观测方向.计算的反射率可写为

$$\begin{aligned}r(\lambda)=&r_c(\mu,\mu_0)N\int\psi(\lambda)t_\lambda(p_c,\mu,\mu_0)\mathrm{d}\lambda\\&+r_s(1-N)\int\psi(\lambda)t_\lambda(p_s,\mu,\mu_0)\mathrm{d}\lambda\\&+\gamma(1-\lambda/\lambda_0),\end{aligned} \tag{8.2.7}$$

其中,N是云量,p_c和p_s分别是云顶气压和地面气压,γ是系数,λ_0是某一参考波长.(8.2.7)式等号右侧第三项为闭合项.

类似(8.2.6)式的χ^2评价函数为

$$\chi^2=\sum_{i=1}^{M}\left[\frac{\tilde{r}(\lambda_i)-r(\lambda_i)}{\sigma(\lambda_i)}\right]^2, \tag{8.2.8}$$

其中,$\sigma(\lambda_i)$是测量值$\tilde{r}(\lambda_i)$的测量误差.需要选择合适的拟合参数$\{N,p_c,r_c,r_s,\gamma\}$,使得χ^2函数值最小,即可同时获得云顶气压和云量.

上述计算的反射率与拟合参数是非线性的,研究显示,要确定两个或多个拟合参数的唯一解是有一定难度的.为了获得主要拟合参数(p_c和N)的合理结果,ICFA做了进一步假设:

(1) 定义新的线性拟合参数P_1,P_2和P_3,$P_1=r_c(\mu,\mu_0)N$,$P_2=r_s(1-N)$,$P_3=\gamma$.

(2) 根据经验公式给出云顶气压,即

$$p_c=a+b[1-\cos(2\varphi)], \tag{8.2.9}$$

其中,a和b为常数,φ为纬度.

(3) 云顶反射率$r_c(\mu,\mu_0)$可以从气候资料获得,或者根据辐射传输模式的近似解获得,则云量为

$$N=\frac{P_1}{r_c(\mu,\mu_0)}. \tag{8.2.10}$$

在这些假设基础上,计算的反射率表示为

$$r(\lambda)=P_1\langle t_c(\lambda,\mu,\mu_0)\rangle+P_2\langle t_s(\lambda,\mu,\mu_0)\rangle+P_3(1-\lambda/\lambda_0), \tag{8.2.11}$$

其中,$\langle\rangle$表示透过率对响应函数的卷积积分.(8.2.11)是关于P_1,P_2和P_3的线性函数,根据线性函数的最小方差回归可以获得唯一的拟合参数,从(8.2.10)可以获得云量,并同时从(8.2.9)式得到云顶气压.实际线性函数的最小方差回归是通过SVD拟合算法实现的(Press et al,1986).

8.2.2 FRESCO算法

FRESCO算法的基本思路是由Koelemeijer等人(2001)提出的,可由图8.3来说明.图8.3显示了GOME测量的高云和低云两种云在O_2-A带的归一化反射率谱,是以没有吸收的

0.758 μm 处的反射率为基值进行归一化的. 从图中可以看到,由于氧气的吸收,反射率明显降低. 反射率主要决定于云量、云的光学厚度(或者反射率)和地表反射率. 反射率还依赖于云顶气压,这取决于云顶之上氧气的柱密度. 因此,比之高云,低云在 O_2-A 带有较低的反射率,或者说有较深的反射率"谷". 理论上,从反射率谱可以获得云量和云光学厚度的信息,而云顶气压则可从 O_2-A 带反射率谱"谷的深度"获得.

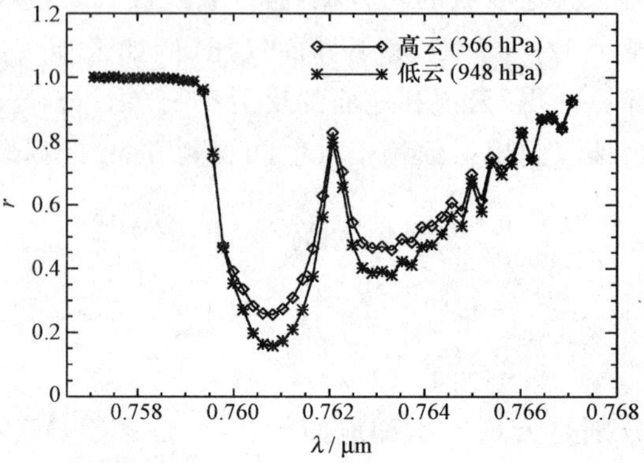

图 8.3 GOME 测量两种云的 O_2-A 带反射率谱. 反射率已以 0.758 μm 处的值为基值进行了归一化(Wang et al,2008)

在 FRESCO 算法中,使用了三个波段,即 0.758～0.759 μm(无吸收)、0.760～0.761 μm(强吸收)和 0.765～0.766 μm(无吸收),每个波段包含有 GOME 的 5 个反射率测量值. FRESCO 算法就是基于比较这三个波段测量和计算的反射率来实现的.

计算部分有云的像元点的反射率时,如果 N 是云量,则$(1-N)$是晴空区的百分比,计算反射率是云区和晴空反射率以所占像元面积百分比为权重的和. 为简化反演过程,忽略分子散射、气溶胶散射和吸收、在云中和云下的氧气的吸收. 假设云顶和地表都是朗伯反射体,只考虑云顶或地表以上氧气的吸收,以及云顶或地表的反射. 算法中考虑了辐射的两种传输方式,见图 8.4,即从太阳到地表再到卫星,以及从太阳到云顶再到卫星.

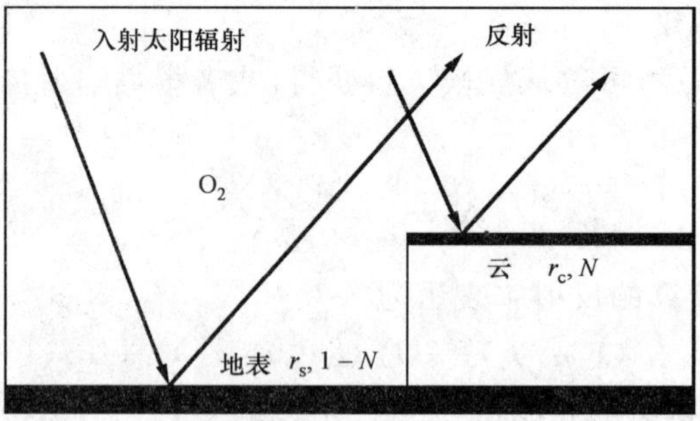

图 8.4 有云像元点的 FRESCO 算法中的辐射传输路径. 云和地表都假设为朗伯反射体. 考虑两条传输路径:(1) 从太阳到地表再到卫星,(2) 从太阳到云再到卫星

计算氧气透过率时,需要考虑球面分层大气情况下的氧气光学厚度. 再将透过率对响应函数进行卷积积分,获得波段的卷积透过率. 最终在波段 λ 计算的反射率表达式可写为

$$r(\lambda) = Nr_c t_c(\lambda, p_c, \theta, \theta_0) + (1-N) r_s t_s(\lambda, p_s, \theta, \theta_0), \quad (8.2.12)$$

其中,r_c 和 r_s 分别为云顶和地面的反射率,t_c 和 t_s 是经过响应函数卷积积分后的透过率,N 为云量.

给定 r_c，r_s 和 p_s 的值，可以根据非线性最小二乘法，通过变化 p_c 和 N，使得计算和观测的 3 个波段的反射率差异达到最小，即可同时获得云顶气压和云量. 在反演时，采用的是 Levenberg-Marquardt(L-M)非线性最小二乘法. 实际反演得到的云量并非物理云量，是包含了云光学厚度的有效云量.

改进的 FRESCO 算法(简称为 FRESCO+)，是在 FRESCO 算法基础上，加入了单次散射修正(Wang et al,2008)，相应的辐射传输示意图见图 8.5. 模拟计算的反射率同样写为像元点中云区部分和晴空部分贡献的和，即

$$r = Nr_c t_c + NR_c + (1-N)r_s t_s + (1-N)R_s, \tag{8.2.13}$$

其中，R 是单次瑞利散射反射率；t 是包括了 O_2 吸收和瑞利散射的透过率，它是太阳和观测天顶角、波长和高度的函数，需要预先计算出来；r_c 假设为 0.8；r_s 可从气候资料中获得(Koelemeijer et al,2003;Fournier et al,2006). 地表气压根据地表海拔高度计算. 氧气透过率根据精确的逐线积分方法计算，并使用仪器响应函数进行卷积积分. 瑞利散射的修正是一个小而显著的量，特别是在几乎全晴像元的反射率 R 的计算中尤其显著. 因为单次散射，在 0.76 μm 处的反射率要比只有地表或云反射时的反射率要大，但在 0.758 μm 处反射率略小. 和氧气透过率一样，瑞利散射反射率也要预先计算出来.

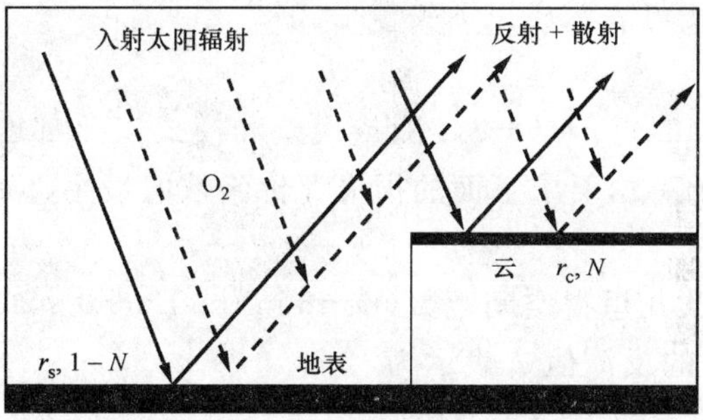

图 8.5 在 FRESCO+中使用的大气辐射传输示意图(Wang et al,2008). 云和地表都假设为朗伯反射体. 考虑 3 条传输路径：(1) 从太阳到地表再到卫星，(2) 从太阳到云再到卫星，(3) 通过单次瑞利散射，从太阳到大气再到卫星. 其中实线表示(1)+(2)，虚线表示(3). 在前向模式对反射率的模拟计算中，三条路径上都考虑 O_2 吸收和瑞利散射对辐射的削弱

8.2.3 SACURA 算法

根据不同云顶高度 O_2-A 带的反射率函数 r 的差异，半分析云反演算法(SACURA)可确定云顶高度 h(并可转化为云顶气压)(Kokhanovsky et al, 2004b; Rozanov et al, 2004a, 2004b). 图 8.6 显示了太阳天顶角 60°星下点探测时在 O_2-A 带中不同云高的反射率光谱，图中显示在 O_2 吸收带中心，云反射率对云顶高度的变化非常敏感.

为了得到云顶高度 h，假设大气上界的反射率可以表示为假想云顶高度 h_0 的泰勒级数展开形式，即

$$r(h) = r(h_0) + \sum_{i=1}^{\infty} a_i (h-h_0)^i, \tag{8.2.14}$$

其中，$a_i = r^{(i)}(h_0)/i!$，$r^{(i)}(h_0)$是 r 在 h_0 处的 i 阶偏导数. 研究发现，函数 $r(h)$在较宽范围内随 h 是线性变化(Kokhanovsky et al, 2004a)，因此，可忽略(8.2.14)式中的非线性项，即

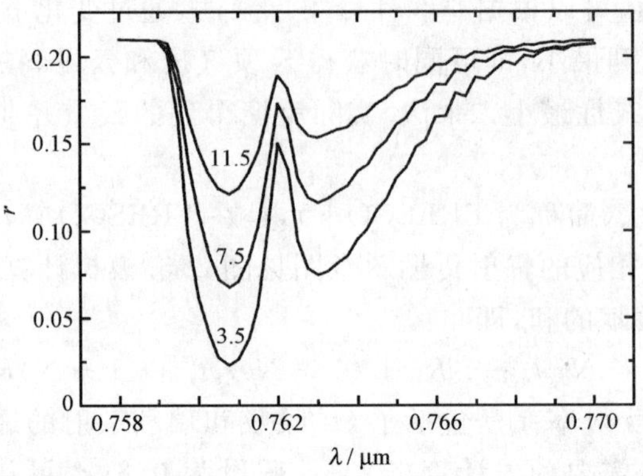

图 8.6　根据辐射传输模式 SCIATRAN 模拟的 3.5，7.5，11.5 km 高度云在 O_2-A 带的反射率光谱(Kokhanovsky et al，2006)．其中云厚为 250 m，云光学厚度为 10(原图含 0.5，3.5，5.5，7.5，9.5，11.5 km 六个高度的光谱曲线)

$$r(h)=r(h_0)+r'(h_0)(h-h_0), \tag{8.2.15}$$

其中，$r'(h_0)=\partial r/\partial h|_{h=h_0}$．如果在 O_2-A 带卫星遥感器探测获得 M 个波段的反射率 r，可将实测的反射率表示为 M 个元素的矢量，即 $\tilde{\boldsymbol{r}}=\{\tilde{r}(\lambda_1),\tilde{r}(\lambda_2),\cdots,\tilde{r}(\lambda_M)\}$，同样 r 的一阶导数等也表示成矢量．(8.2.15)式可表示成以下矢量形式

$$\boldsymbol{y}=\boldsymbol{a}x, \tag{8.2.16}$$

其中，$\boldsymbol{y}=\tilde{\boldsymbol{r}}-\boldsymbol{r}(h_0)$，$\boldsymbol{a}=\boldsymbol{r}'(h_0)$，$x=h-h_0$．测量误差和模式误差都已包含在(8.2.16)式中．得到(8.2.16)式反演问题的解 $\hat{x}$，要求下面的损失评价函数值最小(Rodgers，2000)

$$\chi^2=\|\boldsymbol{y}-\boldsymbol{a}x\|^2, \tag{8.2.17}$$

其中，$\|\ \|$ 为相应维数的欧几里得空间范数(norm in the Euclid space of the correspondent dimension)．函数 χ^2 最小时的反演值 $\hat{x}$ 表示为

$$\hat{x}=\frac{\boldsymbol{a}\cdot\boldsymbol{y}}{\boldsymbol{a}\cdot\boldsymbol{a}}=\frac{\sum_{i=1}^{M}a_i y_i}{\sum_{i=1}^{M}a_i^2}, \tag{8.2.18}$$

其中，M 是光谱通道数，反射率使用测量值．

因此，已知卫星遥感器几个通道探测的反射率函数 $\tilde{r}(\lambda)$、模式计算的反射率函数 r 和其在 $h=h_0$ 处的一阶导数 r'，云顶高度值可从(8.2.18)式获得，即 $h=\hat{x}+h_0$．h_0 的值使用 1 km 的值，这是典型的低云的值(Feigelson，1981)．总之，SACURA 算法的主要假设是反射率 r 与云顶高度 h 的关系是，反射率 r 可以表示为 $x=h-h_0$ 的线性函数．

8.3　地面气压

尽管表面气压(地面和海面气压)是一个重要的气象参数，但在当前卫星遥感探测中的研究和应用很少．随着 O_2-A 带研究的兴起，一些科学家开始寻求通过 O_2-A 带测量的差异来获取表面气压(Barton et al，1986；Mitchell et al，1987)．若大气层顶的辐射来自表面反射，则这个辐射量依赖于传输路径上的氧气吸收和表面气压．表面气压估计的最大不确定性是大气中气溶胶散射，相对来说，云顶气压的估计不确定性更大，因为需要考虑云中多次散射，而且要求的精度也较低;而为了天气预报模式使用,估计的表面气压的精度则需要达到 1～2 hPa.

8.3.1 差分吸收比值法

反演表面气压的差分吸收比值算法,是基于氧气在 0.76 μm 对太阳辐射的吸收. 对太阳吸收的强弱,与辐射传输路径上相关吸收物质的含量有关,吸收物质量增加,则透过率降低. 使用一个强吸收通道和一个或几个弱吸收通道的差分吸收技术,是一个估计物质含量的广泛使用的遥感算法,例如,反演大气可降水量或其他痕量气体. 但是,因为氧气在大气中是处于完全混合状态,估计的氧气量依赖于辐射传输路径.

1. 基本理论

一理想的探测反射辐射的辐射计,可以探测氧气吸收带不同波数 $\nu_0,\nu_1,\cdots$ 时的反射辐射. 考虑非散射大气,若地表为朗伯面,某一波数 ν_i 时反射到卫星辐射计的辐射亮度为

$$I(i) = \pi^{-1} F\cos\theta_0 r e^{-m\tau_i}, \tag{8.3.1}$$

其中,F 为大气层顶的太阳辐照度,θ_0 为太阳天顶角,r 为地表反射率,τ_i 为波数 ν_i 时的大气光学厚度,m 是倾斜路径大气质量因子,即 $m=|\sec\theta_0|+|\sec\theta|$,$\theta$ 为卫星天顶角. 如果波数 ν_0, $\nu_1,\cdots$ 足够近,则可以认为在这些波段,太阳辐照度和地表反射率都相同,因此,对两个波数探测的辐射亮度比值

$$\gamma_i = I(i)/I(0) = \exp[-m(\tau_i - \tau_0)] \tag{8.3.2}$$

只与因子 m 和波数 ν_i,ν_0 处的光学厚度差有关. 对于确定的卫星探测,因子 m 可以计算获得,因此,从辐射亮度比值可以直接获得光学厚度差异,即

$$\Delta\tau = \tau_i - \tau_0. \tag{8.3.3}$$

O_2-A 带处于近红外波段,因此相对较小的瑞利散射和红外发射都可以忽略. 同时,其他气体(例如水汽)的吸收也可以忽略. 因此,光学厚度差异 $\Delta\tau$ 与 O_2 密度廓线 $N(z)$(单位 mol・m^{-3})有关,

$$\Delta\tau = \int_0^\infty [k(\nu_i,p,T) - k(\nu_0,p,T)]N(z)\mathrm{d}z, \tag{8.3.4}$$

其中,$k(\nu,p,T)$(单位为 m^2・mol^{-1})为 O_2 吸收系数,可以从实验室测量获得;p 和 T 是不同高度 z 时对应的气压和温度;光学厚度差异 $\Delta\tau$ 是经过吸收系数差异权重后的 O_2 密度廓线 $N(z)$ 的高度积分,依赖于气压和温度.

若令

$$u = \int_0^\infty N(z)\mathrm{d}z \tag{8.3.5}$$

表示 O_2 柱含量(单位 mol・m^{-2}),$n(z)$表示归一化后的 O_2 参考密度廓线,即满足

$$\int_0^\infty n(z)\mathrm{d}z = 1, \tag{8.3.6}$$

同时,令 $\varepsilon(z)$表示实际与参考廓线的偏差,则

$$N(z) = un(z)[1+\varepsilon(z)], \tag{8.3.7}$$

且

$$\int_0^\infty n(z)\varepsilon(z)\mathrm{d}z = 0, \tag{8.3.8}$$

由此容易得到

$$\Delta\tau = A_i u(1 + B_i), \tag{8.3.9}$$

其中，A_i 是以参考廓线作为权重函数的吸收系数差异的高度积分，即

$$A_i = \int_0^\infty [k(\nu_i, p, T) - k(\nu_0, p, T)] n(z) \mathrm{d}z, \tag{8.3.10}$$

B_i 也是类似的对 $\varepsilon(z)$ 的权重积分，即

$$B_i = A_i^{-1} \int_0^\infty [k(\nu_i, p, T) - k(\nu_0, p, T)] n(z) \varepsilon(z) \mathrm{d}z. \tag{8.3.11}$$

通常情况下，B_i 是小于 1 的小量. 以上公式显示，光学厚度差异 $\Delta\tau$ 主要依赖于 O_2 柱含量(也即依赖于地表气压)，对 O_2 密度廓线与参考廓线的差异的依赖性较弱.

在这种理想的没有散射的大气状况下，依赖一对波数通道的探测可以确定 O_2 柱含量，最终可从 O_2 柱含量获得表面气压.

在实际研究和应用中，通过 O_2 光学厚度差异来确定 O_2 密度廓线是非常复杂的. 不仅有保证探测的光学仪器面临的技术问题，而且有以上理论所假设忽略的一些过程，例如云和气溶胶的散射等过程. 此外，也需要可靠的 O_2 光学参数和大气温度廓线等辅助资料.

2. MERIS 算法

中分辨率成像光谱仪(MERIS)搭载于环境卫星 ENVISAT 上，有 0.4～1.0 μm 的 15 个通道，其中 3 个位于 O_2-A 带附近(10，11 和 12 通道)，见表 8.2.

表 8.2 用于地面气压反演的 MERIS 通道中心波长和带宽(FWHM)

通 道	中心波长/(10^{-3} μm)	带宽/(10^{-3} μm)	主要用途
10	753.75	7.5	云光学厚度，云顶气压参考
11	761.875	3.75	云顶气压
12	778	10	气溶胶，植被

在明亮陆地表面的晴空条件下，MERIS 探测的太阳辐射主要来自表面的反射，辐射从太阳到达地表并经地表反射到卫星. 此路径上氧气的光学厚度主要与地面气压有关，可用来进行表面气压的反演.

0.76 μm 的大气透过率中包含有氧气光学厚度的信息，它可近似从 O_2-A 带吸收通道(MERIS 的 11 通道)和非吸收通道探测的辐射量的比值获得，这个比值为

$$\gamma = I_{11}/I_0, \tag{8.3.12}$$

其中，I_0 是虚拟的无吸收时的测量辐射，可近似以 O_2-A 带前后的窗区通道(10 和 12 通道)探测的辐射插值得到.

Lindstrot 等(2009)使用的算法，是在辐射传输模拟和人工神经网络方法的基础上进行的. 使用的辐射传输模式是矩阵算法模式(MOMO)(Fischer et al，1984；Fell et al，2001)，其中模拟计算中使用了 2004 版 HITRAN 分子吸收数据集，这个数据集提供了主要大气成分的吸收线的形状和强度等参数.

人工神经网络(ANN)技术在遥感领域已广泛应用，经过合理的训练和应用，ANN 算法能成为卫星遥感反演中快速而精确的工具. 在 MERIS 反演表面气压中，使用的人工神经网络是多层感知器(MLP)，包含了 3 层和 200 个隐藏的神经元；使用 MOMO 的模拟作为 ANN 的训练数据，在热带、中纬度夏季、中纬度冬季和副极地夏季四种大气模式下，进行模拟和学习训练. 神经网络的输入参数包括：窗区辐射 I_0、辐射比 γ、MERIS 的 11 通道的中心波长、气溶胶

光学厚度和探测的几何参数;输出参数就是地面气压.

8.3.2 表观气压反演法

地球反射的极化和方向性仪器(POLDER)首次搭载于日本1996年发射升空的先进的地球观测卫星(ADEOS)上,其探测氧气吸收的两个通道的谱宽分别是10,40 nm.图8.7给出了O_2-A的透过率和POLDER滤波器随波数的变化,可见,两个通道几乎全部覆盖了氧气吸收带.

POLDER探测的反射率r是分子散射r_M、气溶胶散射r_A和表面反射的和,写为

$$r = r_M + r_A + r_s t_a, \tag{8.3.13}$$

其中,r_s是表面反射率,t_a是大气透过率(包括直射和漫射).对于这里考虑的通道,t_a主要是氧气吸收造成的.表面反射率r_s取决于表面特征,但经过POLDER的两个通道滤波后的平均值几乎相等.为了减小表面反射率的影响,通常使用两通道反射率的比值.首先要去除掉分子散射的影响.气溶胶反射有许多不确定性,因此定义两通道反射率的比值时,只对分子散射进行订正.经过分子散射订正后的两通道反射率比值γ为,

$$\gamma = \frac{(r - r_M)_n}{(r - r_M)_b}, \tag{8.3.14}$$

其中,下标n和b代表POLDER的窄带和宽带通道.

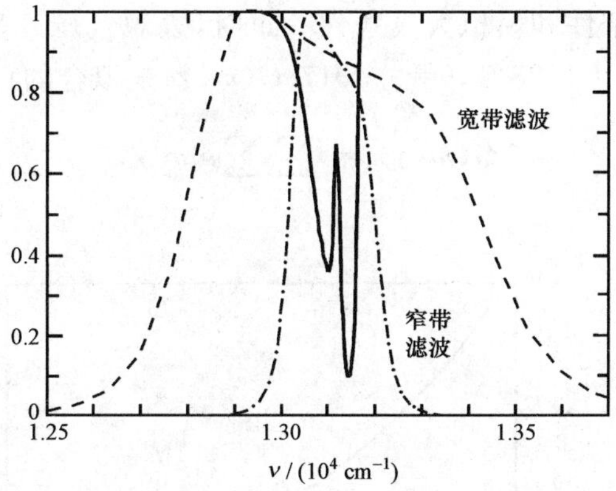

图8.7 氧吸收带的透过率(实线)和POLDER光谱滤波器(虚线)(Bréon et al,1996).透过率包括了向下和向上的双向路径

对于表面反射比气溶胶反射大得多的情况,$\gamma \approx (t_a)_n/(t_a)_b$.这时,对于给定大气,比值$\gamma$主要依赖于表面气压和大气质量$m = 1/\mu_0 + 1/\mu$,其中$\mu_0$和$\mu$分别是太阳和探测天顶角的余弦.

Bréon和Bouffiés(1996)对于无气溶胶时的中纬夏天大气条件下的反射率比值γ与表面气压p_s的关系进行了模拟计算.图8.8是模式中涉及的4个过程:(1) 直接透射和地表反射,(2) 大气中分子和气溶胶的单次散射,(3) 大气中单次散射后经地表反射,再直接透射到卫星,(4) 直接透射到地表并反射后,再经大气单次散射.(8.3.2)式右边前两项包括过程(2),而第三项则包括过程(1),(3)和(4).在各个过程反射率计算的基础上,最后模拟的通道反射率为

$$r=\frac{\int_{\nu_1}^{\nu_2}[r_{(1)}+r_{(2)}+r_{(3)}+r_{(4)}]F(\nu)\psi(\nu)\mathrm{d}\nu}{\int_{\nu_1}^{\nu_2}F(\nu)\psi(\nu)\mathrm{d}\nu},\tag{8.3.15}$$

其中，$F(\nu)$是大气层顶入射太阳辐射，$\psi(\nu)$是 POLDER 的窄带或宽带通道的光谱响应函数.

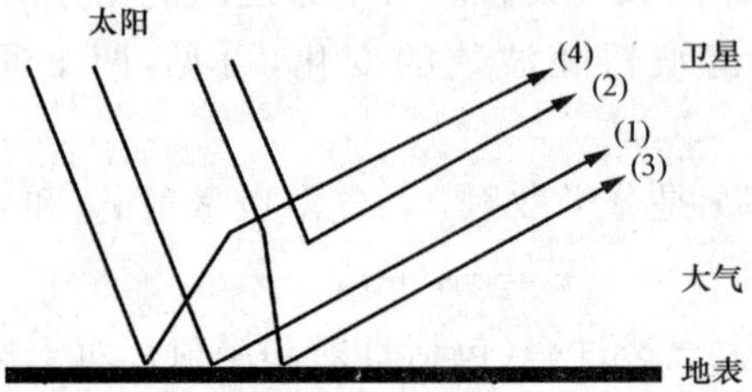

图 8.8 模式模拟中涉及的 4 个过程：(1) 直接透射和地表反射，(2) 大气中分子和气溶胶的单次散射，(3) 大气中单次散射后经地表反射，再直接透射到卫星，(4) 直接透射到地表并反射后，再经大气单次散射

模式模拟表明 γ 与 mp_s^2 有确定的函数关系，见图 8.9. 根据图示曲线关系，可设法从 m 和 γ 估计 p_s 的函数关系. Bréon 等发现的函数关系为

$$p_a=p_0\left[\frac{a\exp(-b\gamma)+G(m,\gamma)}{m}\right]^{1/2},\tag{8.3.16}$$

其中，p_a 为表观气压(apparent pressure)，是根据模拟确定的表面气压，与实际表面气压差异较小. 特别是当实际大气条件和模拟大气条件一致时，表观气压几乎等于实际表面气压. $p_0=1013\,\mathrm{hPa}$，a 和 b 是常数，$a=1728.1$，$b=9.4017$. $G(m,\gamma)$是拟合的订正函数，其表达式为

$$G(m,\gamma)=\sum_{i=0}^{2}\sum_{j=0}^{2}a_i^j m^i\gamma^j,\tag{8.3.17}$$

其中，a_i^j 系数见表 8.3.

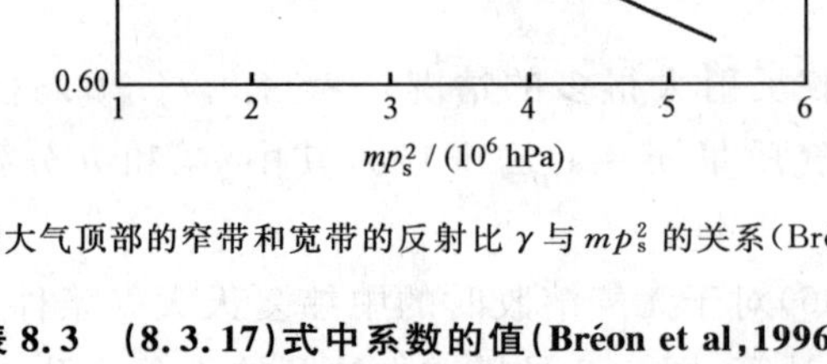

图 8.9 计算的大气顶部的窄带和宽带的反射比 γ 与 mp_s^2 的关系(Bréon et al, 1996)

表 8.3 (8.3.17)式中系数的值(Bréon et al, 1996)

	i		
j	0	1	2
0	4.714	−4.243	0.541
1	−11.562	11.445	−1.479
2	7.174	−7.813	1.021

习　题

8.1　简述氧 A 带的特征，为什么可以利用氧 A 带实现云顶气压或地面气压的反演？

8.2　绘图说明改进的氧 A 带快速云反演算法(FRESCO)反演云顶气压的基本原理.

8.3　叙述反演地面气压的差分吸收比值算法的基本原理.

8.4　地面气压可以通过测量大气柱空气质量或某均一混合气体(例如 O_2)质量来确定. 若星下探测的辐射计在 O_2 吸收带 60 GHz 的翼区取两频段，频率分别为 f_1 和 f_2，其中 f_1 靠近吸收带中心，其吸收系数受传输路径 O_2 变化的影响大，而 f_2 在翼区边缘，其吸收系数很少受 O_2 变化的影响. 若两频段的地面反射率近似相等，且其他大气成分(主要是水汽)的透过率可由其他频段估计出来. 试通过适当的假设条件，给出反演地面气压的具体方法(Peckham 等,1983).

8.5　若气压廓线是气压随几何高度的垂直分布，讨论卫星遥测气压廓线的可能性.

第九章 降 雨

目前卫星主要通过红外与可见光扫描辐射计、被动微波辐射计和星载主动雷达等遥感降雨，根据不同仪器所处波段的光谱特征来进行降雨检测、判别降雨类型、估算地表雨率以及获取与降雨相关的水凝物垂直分布等. 本章将主要讨论降雨检测和地表雨率估算，其中 9.1 节讨论利用可见/红外波段、微波波段进行的降雨检测；9.2 节介绍可见和红外技术估计表面雨率；9.3 节是微波技术估计地表雨率的介绍.

9.1 降雨检测

和云检测类似，降雨检测也就是确定卫星像元是降雨或无降雨. 根据卫星探测波段，降雨检测用到的波段主要是可见光/红外检测和微波降雨检测，使用的主要方法是阈值法.

卫星降雨检测方法获得的结果需要与实测地基降雨测量等进行对比，常用的两个指标参数是降雨检测概率(POD)和降雨错判率(FAR)，定义为

$$\mathrm{POD}=\frac{R_{\mathrm{R}}}{N_{\mathrm{R}}+R_{\mathrm{R}}}, \tag{9.1.1}$$

$$\mathrm{FAR}=\frac{R_{\mathrm{N}}}{R_{\mathrm{N}}+R_{\mathrm{R}}}, \tag{9.1.2}$$

其中，R 和 N 为卫星判断的一个区域的有雨和无雨的像元点数，下标 R 和 N 表示实测(常规地基降雨测量、地面雷达或其他测量)为有雨和无雨(见图 9.1). 错判 R_{N} 是实测无降雨而卫星判断有降雨，漏判 N_{R} 是实测有降雨而卫星判断无降雨，有(无)雨正判是实测降雨有无与卫星判断降雨有无一致.

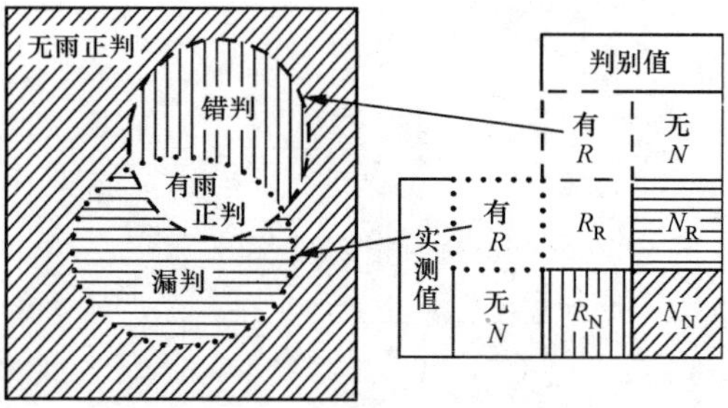

图 9.1 卫星遥感判别降雨

还使用一些参数，对降雨检测进行评估. 例如，能力评分(HK)(Cheng et al，1995)和(HSS)(Conner et al，1998)、成功指数(CSI)(Cheng et al，1995)、预兆评分(ETS)(Behrangi et al，2010)等等.

9.1.1 可见/红外波段

可见/红外波段对降雨的检测实质是借助降雨云的外在特性，即卫星探测的可见光云反射率、红外云顶亮温与降雨云的关系，来确定降雨云的范围.

1. 双光谱方法

根据卫星可见光云图和红外云图上降雨云的不同特征，进行降雨区的识别. 在可见光云图上，降雨云反射率高，云图较亮；而在红外云图上，降雨云的云顶温度低，云图表现得也较亮. 这种双光谱方法侧重进行降雨区的识别，但因为使用了可见光云图，所以不适用于晚上. 此外，这

种方法不易处理一些降雨量小的云，例如层云，尽管在可见光云图它显示亮色调，但在红外云图上却因为云顶温度高而显示暗色调.

Lovejoy 和 Austin(1979)用双光谱统计判别降雨做法如下. 首先准备所研究区域中有雨、无雨两种情况下的二维直方图，横纵坐标分别是可见光和红外灰度等级(或反射率和亮度温度等级)，每个卫星像元点通过对比相应的雷达降雨观测赋予有雨和无雨信息，并累积统计到对应的可见光和红外灰度等级的格点上，获得有雨和无雨的像元点数. 第二步是计算降雨概率，是每个格点上降雨像元点数和这个格点上总像元点数(降雨像元点和非降雨像元点数的和)的比值. 最后一步是计算不同降雨概率下的损失函数(即不正确分类像元点的比例)，即

$$\Phi = \frac{R_{\mathrm{N}} + N_{\mathrm{R}}}{R + N} = \frac{R_{\mathrm{N}} + N_{\mathrm{R}}}{R_{\mathrm{R}} + R_{\mathrm{N}} + N_{\mathrm{R}} + N_{\mathrm{N}}}. \tag{9.1.3}$$

损失函数最小时，可确定降雨概率阈值，并最终获得降雨区对应的可见光和红外灰度等级格点，即满足这些灰度等级的像元点判别为有降雨.

使用双光谱资料和聚类方法，也可实现降雨像元点的识别. Tsonis 和 Isaac(1985)分了 3 类情况，即降雨云区、非降雨云区和晴空区(陆地和水面)，其中降雨类根据雷达资料确定. 研究表明，这种方法的 POD 和 FAR 分别为 66%和 37%，80%的像元点分类正确.

2. *多光谱方法*

GOES 多光谱降雨算法(GMSRA)中使用了多光谱对对流降雨进行检测(Ba et al, 2001). 使用了 5 个通道，包括可见光通道(0.65 μm)、近红外通道(3.9 μm)、水汽通道(6.7 μm)和红外窗区通道(11,12 μm). 在白天，对非降雨云的剔除，包括使用了对卷云的云顶温度的空间梯度(这个判别对任何时间都适用)、以及从 3.9 μm 测量获得的云顶粒子有效半径等参数. 云的反射率大于 0.40 的云进行检测，且云滴有效半径阈值为 15 μm 作为降雨云的下限. 在夜间，只有云顶温度低于 230 K 的云才进行检测.

使用卫星红外资料，从活跃冷对流云中剔除非降雨的卷云，采用两个参数，即温度梯度 G 和坡度参数 S(Adler et al,1988)，表达式为

$$G = \overline{T} - T_{\mathrm{m}}, \tag{9.1.4}$$

$$S = 0.568(T_{\mathrm{m}} - 217), \tag{9.1.5}$$

其中，T_{m} 是 25×25 像元点窗口的局地最小值，$\overline{T}$是当前分析像元点周围 6 个像元点的平均温度.

与对流降雨相联系的是较大的 G 值，而 G 值较小预示着平缓的温度变化并与窗口中存在卷云有关. 因此，当 $G<S$ 时，像元点归类为非降雨的卷云，将被剔除. 这个判据对于任何时间和云顶温度低于 250 K 的云都适用. 对云顶温度低于 220 K 的像元点，计算 11 μm 和 6.7 μm 两通道的亮温差. 这个亮温差如果是负值，即认为是上冲云顶(Tjemkes et al,1997)，因而归类为降雨像元点.

在白天，使用可见光通道和 3.9 μm 通道进行检测. 对于光学厚度较厚的云，经验确定的可见光通道反射率(通过观测辐射、太阳常数、可见光通道光谱响应函数和太阳天顶角等计算获得)的阈值为 0.40，低于此值的像元点为非降雨像元点. 若分析像元点可见光反射率大于 0.40，则 3.9 μm 通道云的透过率可以忽略. 假设云顶是朗伯体表面，r 是 3.9 μm 通道的反射率，则云的发射率为 $1-r$. 因此，3.9 μm 通道观测的辐射 I 可写为

$$I = \frac{rF_0}{\pi} + (1-r)I_{\mathrm{c}}, \tag{9.1.6}$$

其中，F_0 是 3.9 μm 通道的太阳辐射通量密度，I_c 是 3.9 μm 通道云顶温度为 T_c 时的等效黑体的热辐射亮度. 从(9.1.6)式解出反射率 r 为

$$r = \frac{I - I_c}{\frac{F_0}{\pi} - I_c}, \tag{9.1.7}$$

其中，3.9 μm 通道云顶温度为 T_c 的估计使用分裂窗统计方法(Wu et al,1999). 在获得 T_c 值后，使用普朗克函数可计算 I_c，则可从(9.1.7)式求得 r 值.

3.9 μm 通道云顶粒子有效半径依赖于反射率 r，它们之间对应关系可以通过辐射传输模式计算出来(Rosenfeld et al,1994). 研究显示，有效半径大于 15 μm 的像元点，对应云顶包含有天气雷达可探测到的降雨的水凝物，可以划分为降雨点.

其他一些有代表性的降雨云的识别方法，包括神经网络方法(Capacci et al,2005；Chadwick et al,2010)、聚类方法(李万彪等，2001；Behrangi et al,2009)和云物理参数法(Nauss et al,2006；Roebeling et al,2009)等. 云物理参数法将在本章的 9.2 节中介绍.

9.1.2 微波波段

降雨是大气中唯一的微波辐射的散射物质，其他成分只对微波吸收. 因此，如果散射信息可以获得，即可实现对降雨云的检测.

Spencer 等(1989)使用了极化订正亮温进行降雨检测. SSM/I 是以近 50°的天顶角对地进行圆锥扫描，根据图 9.2，从水面发射的辐射是高度极化的. 不考虑散射，根据本章 9.3 节(9.3.7)式，对于水平和垂直极化，卫星感应器探测的亮度温度分别为

$$T_{bH} \approx T_a\left[1 + \varepsilon_{sH}\left(\frac{T_{sH}}{T_a} - 1\right)t - (1 - \varepsilon_{sH})t^2\right], \tag{9.1.8a}$$

$$T_{bV} \approx T_a\left[1 + \varepsilon_{sV}\left(\frac{T_{sV}}{T_a} - 1\right)t - (1 - \varepsilon_{sV})t^2\right], \tag{9.1.8b}$$

其中，下标 H 和 V 分别表示水平和垂直极化. T_a 和 t 没有表示极化的下标，是因为大气没有散射组分，对水平和垂直极化有相同的效应.

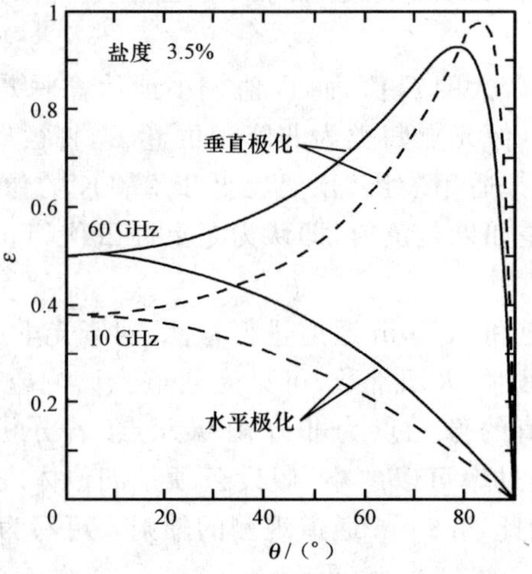

图 9.2 平滑海表的发射率(ε)是天顶角(θ)的函数(Kidder,1979)

根据(9.1.8a)和(9.1.8b)式，对于所有 t 值($0\leqslant t\leqslant 1$)，做出相应的 T_{bH} 和 T_{bV} 的关系曲线，见图 9.3 中的实线(非散射线). 虽然 T_{bH} 和 T_{bV} 的关系不是线性的，但是非常近似为一直线.

如果大气中加入非散射物质，观测的亮温应该沿非散射线变化. 但是，如果大气中加入散射粒子(降雨)，观测亮温点将离开非散射线. 因为散射降低了亮温，有降雨时观测的亮温点将位于非散射线和非极化线之间(见图 9.3).

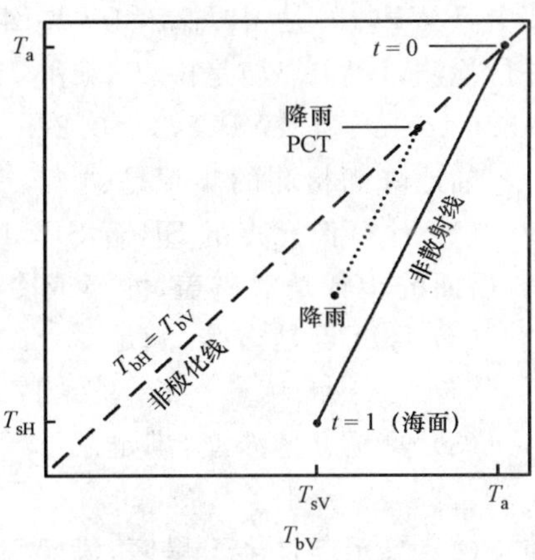

图 9.3 确定极化订正温度(PCT)的示意图 (Spencer et al,1989)

Spencer 等(1989)引入极化订正亮温(PCT)，是降雨点到非散射线的距离量度，并和降雨率有线性关系. 为了获得 PCT，只需通过观测点(T_{bV}，T_{bH})作平行于非散射线的直线(图 9.3 中的点虚线)，其与非极化线的交点对应的温度即是 PCT. 因为大气中增加了云滴和水汽等吸收物质，观测亮温将沿平行于非散射线的方向变化. 对 SSM/I 的 85 GHz 的资料研究后，Spencer 等(1989)计算得到

$$\mathrm{PCT} = 1.818T_{bV} - 0.818T_{bH}. \tag{9.1.9}$$

当 PCT<255 K 时，即可判识为降雨云.

Grody(1991)使用散射指数等进行降雨检测. 根据下垫面的微波辐射特性将下垫面划分为吸收类物质和散射类物质，其中，散射类物质除了降雨之外，还有陆地上的积雪、沙漠、半干旱土地和海洋上的海冰等. SSM/I 的 85 GHz 对散射类物质非常敏感，而非散射类物质的 85 GHz 亮温可以用 19 GHz 和 22 GHz 低频通道亮温来估算. 定义 85 GHz 通道散射指数 SI，它是 85 GHz 估算亮温与实际观测亮温的差，即

$$\mathrm{SI} = F - T_{b85V}, \tag{9.1.10}$$

$$F = a_0 + a_1 T_{b19V} + a_2 T_{b22V} + a_3 T_{b22V}^2, \tag{9.1.11}$$

其中，F 为 85 GHz 通道估算亮温，T_{b85V}，T_{b19V} 和 T_{b22V} 分别表示 85，19，22 GHz 的垂直极化亮温，系数 a_i($i=0,1,2,3$)通过对 SSM/I 全球数据集进行统计获得.

如果 SI>10 K，则下垫面为散射类物质. Grody 通过对积雪、沙漠和洋面等地区观测资料的统计分析，得到判别积雪和沙漠的方法，进一步提取出海陆降雨云. Ferraro 等(1998)对分类进行了更为详细的统计和订正，其介绍的 NESDIS 算法中，包括有海洋和陆地下垫面，除使用 SI 参数外，还使用了其他一些判别参数.

在 NESDIS 算法中，洋面降雨检测的步骤是：

(1) 计算像元点的 SI，若 SI>10 K，则该像元点可能是液态/固态降雨，也可能是海冰.

(2) 对海冰进行检测，判据为

$$T_{b22V} < 44 + 0.85T_{b19V}, \tag{9.1.12}$$

$$T_{b22V} > 264 \quad 和 \quad T_{b22V} - T_{b19V} < 2. \tag{9.1.13}$$

若(9.1.12)式和(9.1.13)式其中一个成立，则该像元点判别为海冰.

(3) 使用发射特征对(2)的判别进行修正，通过计算液水含量(LWP)来确定是否有雨. LWP 的计算公式为(Weng et al,1994)

$$\mathrm{LWP}(19) = -2.7[\ln(290 - T_{b19V}) - 2.84 - 0.4\ln(290 - T_{b22V})], \tag{9.1.14a}$$

$$\mathrm{LWP}(37) = -1.15[\ln(290 - T_{b37V}) - 2.99 - 0.32\ln(290 - T_{b22V})], \tag{9.1.14b}$$

其中，LWP(19)是由 T_{b19V} 和 T_{b22V} 组合计算的液态水含量，可对相对于 T_{b37V} 饱和的中到大雨进行检测，LWP(37)是由 T_{b37V} 和 T_{b22V} 组合计算的液水含量，对小雨进行检测. 如果 LWP(19) $>0.6\,\mathrm{kg/m^2}$ 和 LWP(37) $>0.2\,\mathrm{kg/m^2}$ 二者之一成立，则像元点有降雨.

陆地降雨检测的步骤是：

(1) 计算像元点的 SI，若 SI>10 K，则该像元点可能是降雨、雪盖、沙漠或冷半干旱区. 所以，后面的步骤是对雪盖、沙漠或冷半干旱区像元点的检测.

(2) 像元点是雪盖，满足

$$T_{b22V} > 175 + 0.49T_{b85V} \quad 和 \quad T_{b22V} < 264. \tag{9.1.15}$$

(3) 像元点是沙漠，满足

$$T_{b19V} - T_{b19H} > 20. \tag{9.1.16}$$

(4) 像元点是半干旱区，满足

$$T_{b85V} > 253 \quad 和 \quad T_{b19V} - T_{b19H} > 7. \tag{9.1.17}$$

9.2　可见/红外技术估计地表雨率

可见光/红外技术，通过云的反射太阳辐射(或云顶亮温)与降雨的间接关系，定性或定量估计降雨强度. 过去的二十多年中，已经发展和试验了许多可见/红外反演降雨方法，并取得了一定的成功.

可见/红外反演技术，基本上可分为云指数方法、生命史方法和云物理特性法等. 这些方法的可移植性不强，即在特定区域和时间获得的反演关系，在其他地方或时间不一定成立.

9.2.1　云指数方法

云指数方法，是最先提出的从空间估计降雨的技术. 此技术依赖于卫星探测对云的分类，以及覆盖给定区域与云量、云型和持续时间对应的降雨概率(或降雨率)的假设条件. 因此，这种方法是假设降雨与云的上表面结构特性有关系. 但是，在对流云条件下，云的垂直结构特征与水平分布特征同样对降雨有影响. 垂直结构特征与云顶亮温有关，即高云顶对应着冷亮温.

一般的云指数方法，是建立降雨指数(PI)与云表面面积比(或维持时间比)的关系，即

$$\mathrm{PI} = a_0 + \sum_{i=1}^{n} a_i f_i, \tag{9.2.1}$$

其中，云的类型数为 n，每一类型的所占研究区域面积的百分比(或覆盖时间比)为 f_i，a_0 和 a_i ($i=1,2,\cdots,n$)为经验系数. 面积比可通过阈值法确定，时间比可通过使用连续的卫星图像间隔确定. 例如，给定亮温阈值 T_0，当亮温 $T_b<T_0$ 时可确定云区，即可确定云的面积比. 如果条件允许，与卫星可见光图像有关的云面积比或时间比信息，也可加入到(9.2.1)式等号右边的项中.

为了确定(9.2.1)式的系数，需要确定 PI 与实际降雨的关系. 最简单适用的关系是，以实际降雨(例如：常规地面雨量计和雷达测雨独立样本)作为 PI 值，与卫星资料确定的云面积进行比较和统计分析，也就是要选择合适的亮温阈值 T_0，以及调整经验系数 a_0 和 a_i. a_i 中还可以包括每种云降雨概率或降雨率的信息. (9.2.1)式计算的 PI 即可代表降雨率，但一些科研工作者还是更习惯于降雨指数这一称呼.

这种技术的一个问题是高层非降雨云(例如卷云)带来的误差，因此需要有相应的判别方法. 此外，卫星反演值代表一定空间上的瞬时观测，而常规探测的是在某一地点一段时间的累积降雨.

一种代表性的云指数法，是 Arkin 和 Meisner(1987)建立的 GOES 降雨指数法(GPI)，他们发现雷达估计降雨与红外云图上低于 235 K 冷云区的面积有很大的相关性，因而使用了红外亮温 235 K 为阈值，使用 $3\,\mathrm{mm\cdot h^{-1}}$的降雨率，来估计区域大致为 2.5°×2.5°经纬度的热带降雨. GPI 的表达式为

$$\mathrm{GPI} = 3f\Delta t, \tag{9.2.2}$$

其中，GPI 为估计的区域平均雨量(mm)，f 为温度低于阈值的面积比例，Δt 是对应于 f 的时间(Δt 取以小时为单位的数值，例如使用连续 3 小时的卫星图像，则 $\Delta t=3$).

Follansbee 和 Oliver(1975)提出了使用持续时间来估计降雨的插值技术，这种方法使用一天两次的极轨卫星云图资料，对 12 小时锋面降雨进行估计. 他们使用的公式是

$$R_{12} = 0.0075DR_{\mathrm{m}}, \tag{9.2.3}$$

其中，R_{12}是 12 小时中的降雨量；D 是锋面系统降雨云区的持续时间(小时)；R_{m} 是正常情况下的月降雨量，可从气候资料求得；0.0075 是经验常数. 图 9.4 给出了锋面系统移动过程中，在卫星云图上确定 D 的示意图. 锋面系统基本上由圆形(上部 1/3 区域)和矩形(中下部 2/3 区域)组成. 矩形中部移速为中速，即开始的前边界与 12 小时后云区的后边界相接. 矩形下部移动速度快，是矩形中部速度的 2 倍，而上部圆形区移动慢，是矩形中部速度的 1/2. 根据各部分的移动速度，即可确定锋面系统经过地区的降雨持续时间 D，即图 9.4 中所表示的数字(单位是小时).

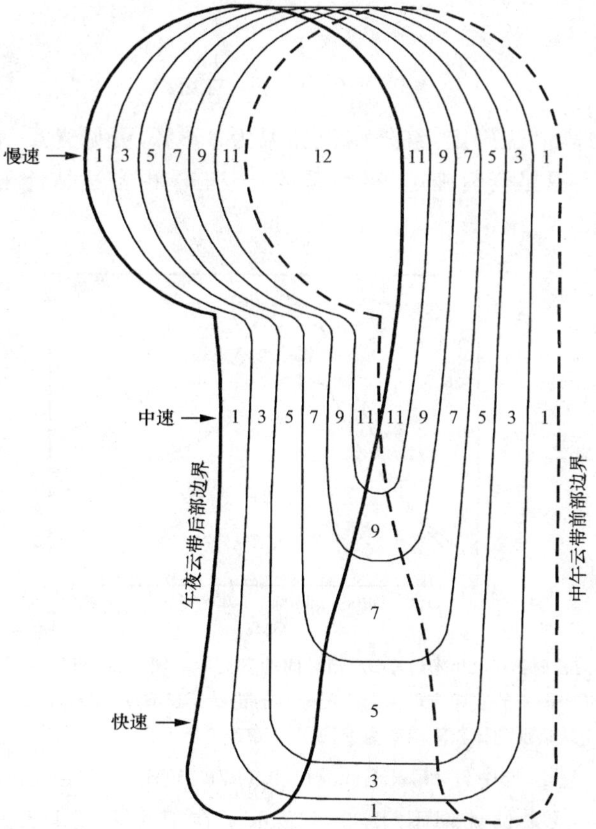

图 9.4　插值技术确定锋面云系降雨持续时间 D 的示意图(Follansbee,1976). 粗实线是锋面系统在午夜的轮廓，虚折线是锋面系统经过 12 小时后在中午的位置，细实线和数字表示了降雨覆盖区和降雨持续时间 D

9.2.2　生命史方法

生命史方法使用静止气象卫星资料，可提供每小时一次(或半小时一次)的连续观测，可监测到降雨系统的连续演变过程，主要适用于对流系统.

观测已经证实，与某种云相关的降雨总量，也与云的演化过程有关. 因此，在可见/红外云图上呈现相同特征的两种云，也会产生不同的降雨量，这取决于这两种云是在发展还是削弱.

和云指数法类似，在生命史方法中，降雨指数是云面积的函数，云面积可由小于某给定阈值亮温确定. 此外，云的演化过程也是要考虑的，降雨指数与连续两次观测云面积随时间的变化有关. 用公式表示降雨指数为

$$\mathrm{PI} = a_0 + a_1 A(T_\mathrm{b}) + a_2 \frac{\mathrm{d}A(T_\mathrm{b})}{\mathrm{d}t}, \tag{9.2.4}$$

其中，$T_\mathrm{b} < T_0$(阈值). 同样，和云指数法类似，需要建立 PI 与实际雨率的关系. 除了使用红外亮温确定云区面积及其随时间变化外，使用可见光反射率也可确定.

Stout 等人(1979)通过分析孤立雷暴中的卫星云面积和雷达估计雨率的关系(见图 9.5)，建立了类似(9.2.4)的云生命史方法. 从图 9.5 中看到，降雨达到最大值后(图中的虚线 2)，云面积滞后 1 个半小时才达到最大(图中虚线 1 和实线). 体积降雨率 R(单位：$\mathrm{m^3/s}$)与卫星云面积的关系可表示为

$$R = a_0 A + a_1 \frac{\mathrm{d}A}{\mathrm{d}t}, \tag{9.2.5}$$

其中，卫星云面积 A 由阈值法确定，红外阈值亮温为 253 K，可见光反射率阈值为 0.45. $\mathrm{d}A/\mathrm{d}t$ 由半小时一次的 GOES 卫星资料确定. 经验系数 a_0 和 a_1 由雷达估计雨率和卫星面积(及其变化)通过统计拟合得到.

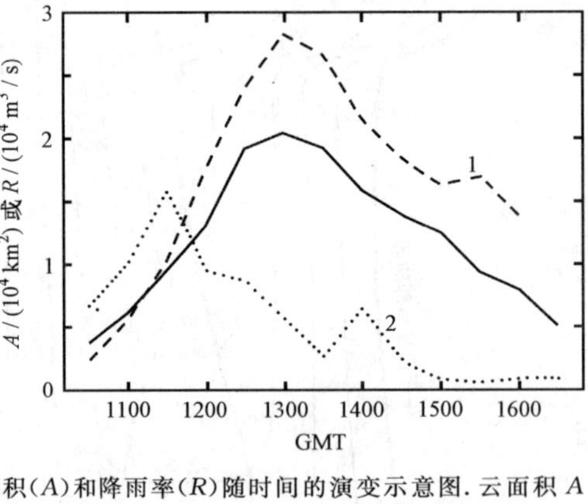

图 9.5　典型雷暴的云面积(A)和降雨率(R)随时间的演变示意图. 云面积 A 由 GOES 卫星的可见光和红外云图确定，其中图中的实线为可见光云图确定的雷暴面积演变，虚线 1 是由红外云图确定的雷暴面积演变. 地面雷达估计的体积降雨率为 R，见图中虚线 2

Griffith-Woodley 云生命史法(Griffith et al，1976；Woodley et al，1980)，则通过卫星云面积和雷达回波面积的关系来估计降雨. 图 9.6 显示了在卫星云图上及相对应的雷达回波上理想化的云面积的演变示意图，雷达回波面积与对流性降雨有关，卫星云面积可由阈值法确定. 从图 9.6 可以看到，雷达回波面积和卫星云面积有一定的对应关系，根据实际资料进行拟合，降雨云雷达回波面积 A_e 和卫星红外云面积 A_c 的关系见图 9.7 中的三条曲线. 由卫星云面积

A_c 确定的雷达回波面积 A_e，可简单由下面函数表示

$$A_e = f[A_c(t)] = f(A_c, A_m), \tag{9.2.6}$$

其中，A_m 是降雨云演变过程中红外云图确定的最大面积，相当于对应于图 9.6 中的 A_{c4}. 根据雷达回波估计体积降雨量的关系为

$$R = aA_e, \tag{9.2.7}$$

其中，a 是由雷达回波面积和雷达体积降雨确定的经验系数. 由(9.2.6)式和卫星云面积估计雷达回波面积，然后由(9.2.7)式估计体积降雨率.

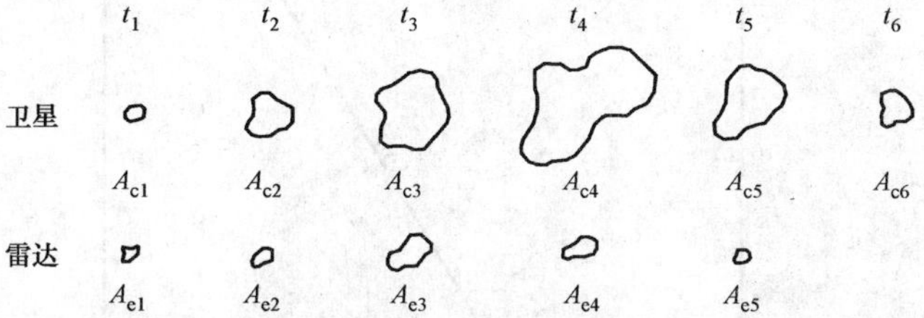

图 9.6 在卫星云图上及相对应的雷达回波上理想化的云面积的演变示意图(Griffith et al,1978)

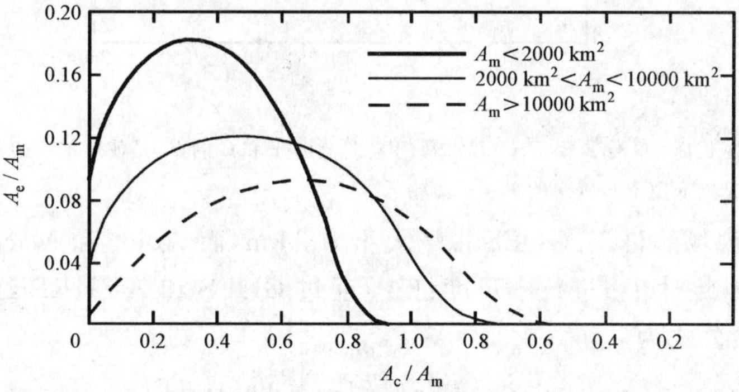

图 9.7 降雨云雷达回波面积 A_e 和卫星红外云面积 A_c 的关系(Griffith et al,1978). 其中 A_m 是降雨云演变过程中红外云图确定的最大面积，对应于图 9.6 中的 A_{c4}. 三条曲线是实际资料的近似拟合关系

9.2.3 云物理特性法

为了提高可见光和红外卫星资料估计降雨的技术，有必要在反演过程中使用已知的云的物理特性. 其中云模型可以建立云物理特性与降雨的关系，即通过云模型的模拟计算，可以获得降雨与可见光和红外测值的关系. 此外，降雨估计中考虑的云的物理特性还包括：云的生长因素、云顶结构、云凝结水量和云热力学相态等.

1. CST 法

最简单的是一维云模型，Adler 和 Mack(1984)研究了一维云模型模拟云顶温度-雨率关系的能力，发现一维云模型可以模拟云顶温度-雨率的关系. 随后，Adler 和 Negri(1988)使用上述一维云模型和 GOES 卫星红外资料，对热带降雨进行估计，这种方法他们称为对流-层状技术(CST). 这个方法分为 6 步，其中 1—5 步描述的是对流降雨，第 6 步描述的是层状降雨.

第一步，确定是否存在雷暴或对流增强区. 寻找研究区域 GOES 红外亮温的最小值 T_m，如果最小值出现在多个红外像元点上，则这些点上存在雷暴或对流增强区. 红外亮温的最小值必须小于 253 K.

第二步，根据(9.1.4)式计算对应于每一个 T_m 处的温度梯度参数 G，主要目的是为了在

下一步去除薄、冷的非降雨卷云.

第三步,进行卷云和雷暴的区分.通过使用雷达和可见光云图,建立了在 S-T 平面上区分薄卷云和对流的经验判据,即确定了一区分线(见图 9.8),其表达式即(9.1.5)式,并可确定每一个 T_m 处的坡度参数 S.若 $G>S$,则 T_m 处归类为对流核,否则归类为薄卷云.

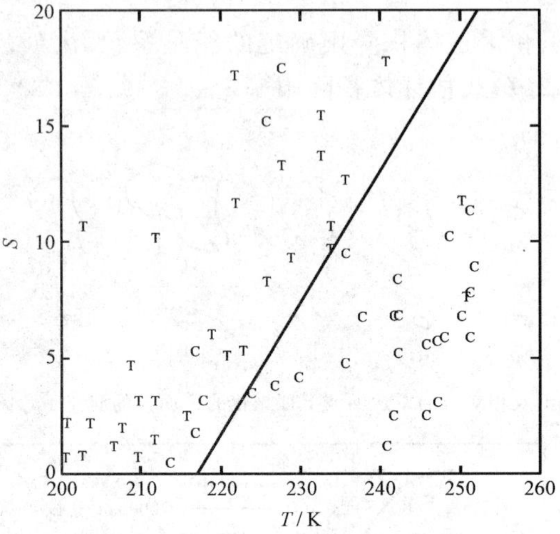

图 9.8　在 S-T 平面上区分薄卷云(C)和雷暴(T).图上标 T 和 C 的点,是使用单一的温度最小值 T_m,使用雷达和可见光通道资料确定的雷暴和薄卷云

第四步是卫星视场的订正.GOES 视场大小为 8 km,而 Adler 和 Mack(1984)的云模型的水平网格为 1 km.因此对 T_m 进行小尺度订正,通过 GOES 和 AVHRR 红外资料对雷暴云顶的对比,得到的经验公式为

$$T_c = 0.717T_m + 56.6, \tag{9.2.8}$$

其中,T_c 为订正后(小尺度)的云顶温度.

第五步,根据云模型确定云顶温度对应的雨率和雨区面积.一维云模型确定了不同云顶温度下对应的对流核平均雨率 R 和对流雨面积 A,线性拟合的经验公式如下

$$R = 74.89 - 0.266T_c, \tag{9.2.9}$$

$$A = \exp(15.27 - 0.0465T_c). \tag{9.2.10}$$

第六步,使用层状亮温阈值,区分出云砧层状云区.若没有赋予对流降雨值,则赋予 2 mm/h 的层状雨率.

以上是在反演降雨过程中使用的简单的一维云模型的一种方法,显然为了获得更精确的卫星反演结果,精确的三维云模型是最好的选择.

2. GOES 相关算法

自 20 世纪 70 年代后期,NOAA/NESDIS 开始使用 GOES 云图进行业务卫星降雨估计,开始很大程度上是依赖于人机相互的暴洪分析者算法(IFFA)(Scofield,1987),随后进入完全自动的自动估计量算法(AE)(Vicente et al,1998).水估计量算法(HE)(Scofield et al,2003)是从 2002 年开始使用的当前的 NESDIS 业务算法.这些方法都是局限于使用一个 GOES 红外通道,多通道降雨估计(Ba et al,2001)也是一个选项.

早期的 Scofield 和 Oliver(1977)发展的可见-红外技术,成为 NESDIS 业务估计对流降

雨，特别是大雨的方法，称为 Scofield-Oliver 方法或 IFFA 法(Scofield，1987). IFFA 法使用增强的、半小时一次的 GOES 红外云图(使用 MB 增强曲线，见图 3.9)，只适用于对流云降雨. 该方法的主要依据是，在可见光云图上色调亮的云比暗的云产生较大的降雨；可见光云图上明亮、红外云图上冷的对流云区增大着的比不增大的产生较大降雨；减弱消亡的对流云产生小降雨或没有降雨；在红外云图上冷的对流云比暖的对流云产生较大的降雨，云顶温度由冷变暖的云产生小的降雨或没有降雨；当发生积雨云合并时，产生较大的降雨等.

IFFA 法第一步是确定云系统中的对流活跃区. 主要确定依据是，活跃区在密集 IR 温度梯度的云砧附近，或在具有均匀 IR 温度梯度的云砧中心附近；活跃区有上冲云顶；在活跃区上面的云砧部分亮、纹理清晰；活跃区在低层流入区附近或是强雷达回波区等. 第二步是计算半小时基本雨量 R_b，这是最复杂的一步. 首先根据增强红外云图中不同等级的云顶温度，赋予不同云区半小时雨量；然后分析是否具有云区辐散、上冲云顶、云区合并和饱和环境等因素，对半小时雨量分别进行调整. 第三步是计算半小时对流降雨总雨量. 考虑两个因素，即风暴速度因子和水汽订正因子(MCF). 风暴速度因子 s，当风暴静止时为 1，快速为 0.25. 水汽订正因子 $\mathrm{MCF}=V\times r$，其中可降水量 V 单位是英寸(inch)，相对湿度 r 的取值范围为 0～1. 最终半小时降雨量为 $R=R_b\times s\times \mathrm{MCF}$.

AE 法主要着眼于使用时空分辨率高的红外窗区云顶温度对对流降雨的估计，在估计中，考虑环境水汽和云发展、云顶结构等云物理特征(Vicente et al，1998). 首先，自动估计量法根据云顶温度(10.7 μm 亮温)和雷达估计雨量的非线性、幂指数回归统计关系，计算雨率. 随后，自动估计量法使用美国环境预报国家中心(NCEP)模式产生的大气可降水量和相对湿度数据，分析环境水汽，并对雨率做相应调整. 最后，用两组额外的试验，来筛选非降雨像元点. 第一，假设降雨与显示上冲云顶发展的云相联系，用半小时一次的连续卫星红外云图可以指示云系统的发展和衰弱. 第二，使用单次红外云图上云顶温度有限差分析，作为对雨率的梯度订正因子. 这个因子，可以区分云系统中上冲云顶和下沉区的暖核. 前面介绍的 CST 方法中，也使用了空间梯度分析，去除薄、非降雨的卷云.

通过自动和人工筛选对流降雨，获得最大降雨率和对应的最冷红外云顶亮温的匹配数据. 降雨率来自美国 5 cm 和 10 cm 业务雷达，通过雷达反射率-雨率的指数关系获得. 从 195 K 到 260 K 中 1 K 间隔的平均雷达估计雨率见图 9.9 中的方块点，图 9.9 中实线代表雷达雨率 R(单位：mm/h)与云顶温度 T(单位：K)的拟合关系曲线，曲线方程为

$$R = 1.1183\times 10^{11}\exp(-3.6382\times 10^{-2}T^{1.2}), \tag{9.2.11}$$

其中，在回归拟合计算中，降雨和非降雨像元点都包括在内.

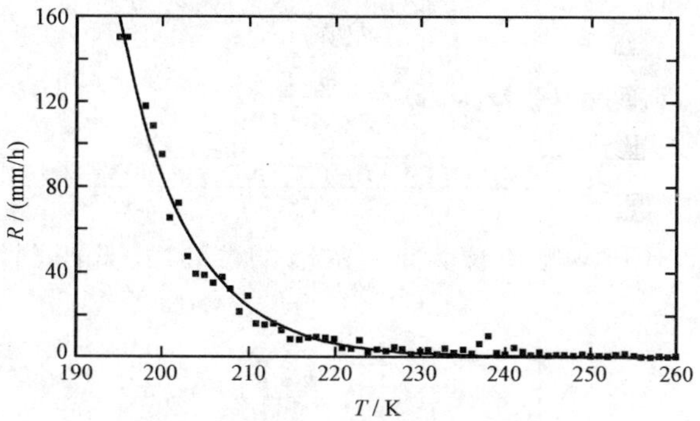

图 9.9　雷达估计的平均雨率和红外云顶温度的关系(Vicente et al，1998)

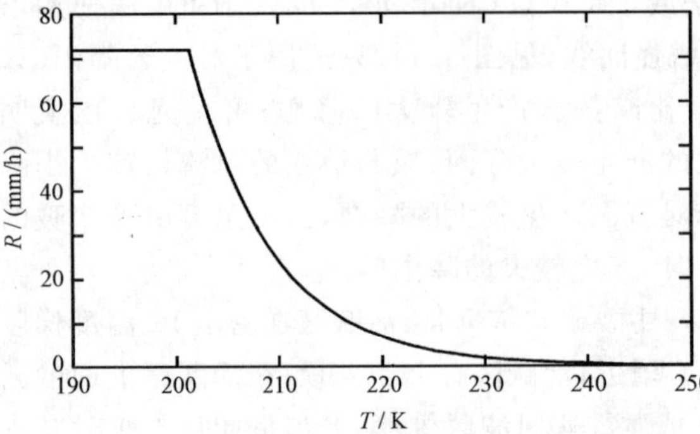

图 9.10 AE 法中的雨率和红外云顶温度的指数拟合曲线,最大雨率限制在 72.0 mm/h

环境水汽订正因子(MCF),是地面到 500 hPa 可降水量、地面到 500 hPa 平均相对湿度两者的乘积. MCF 的经验值范围为 0.0~2.0,若 MCF 显著小于 1.0,则是干燥环境;若 MCF 大于 1.0,则环境非常湿. 从(9.2.13)式计算的卫星雨率,需要乘以 MCF 进行环境水汽订正. 但是在 AE 法中,需要考虑 2 个规则. (1) 如果 $T<210$ K,并且 MCF>1.0,这时环境水汽已经相对很高,计算的雨率不需要进行 MCF 订正;(2) 如果 $T<200$ K,雨率要限制在 72.0 mm/h(见图 9.10),这近似于美国 4 km×4 km 网格内发现的最大雨率.

云生长率订正因子,用来识别降雨和非降雨像元点. 主要依据是,若一个对流系统的云顶变得更冷和扩大,则对流系统活跃并产生最大的降雨率(Scofield et al, 1977; Griffith et al, 1978);衰退的云或具有冷云顶的云,变暖后会产生小雨或没有降雨(Scofield, 1987). 因此,需要使用连续两次的红外云图,分析雷暴云顶的温度是变冷、变暖和维持不变,以确定雷暴是活跃、衰退或维持不变. 云生长率订正的规则为:(1) 在分析的云图上,如果最冷的红外像元点比之前的云图上要冷,说明对流系统正在加强,最冷的红外像元点对应最强的降雨率. 这种情况下雨率保持不变. (2) 在分析的云图上,最冷的红外像元点比之前云图上的要暖,说明对流系统正在减弱,而且垂直上升运动可能停止. 这种情况下,这些像元点的雨率调整为零. (3) 如果两连续的云图上云顶温度没有变化(在半小时间隔没有发展和衰弱),雨率保持不变.

云顶温度梯度订正因子是通过分析单一红外云图上 3×3 像元点的云顶温度梯度,来确定局地的温度最大或最小值,最终对雨率作出相应订正. 局地最低温度预示活跃对流,其下对应降雨. 因此,要在中心为 $P_0(x_0, y_0)$ 的 3×3 像元点区,寻找最高(也即最冷)和最低(最暖)的云顶. 如果云顶表面以 $T=T(x, y)$ 定义,x 和 y 是像元点的坐标,最大和最小可以通过分析 T 的一次和二次导数获得. 在点 $P_0(x_0, y_0)$ 上 T 的二阶导数表示为

$$T_{xx}(x_0, y_0)=\frac{\partial^2 T}{\partial x^2}\approx\left.\frac{T_{i+1,j}-2T_{i,j}+T_{i-1,j}}{(x_i-x_{i-1})^2}\right|_{(x_0, y_0)}, \tag{9.2.12}$$

$$T_{yy}(x_0, y_0)=\frac{\partial^2 T}{\partial y^2}\approx\left.\frac{T_{i,j+1}-2T_{i,j}+T_{i,j-1}}{(y_j-y_{j-1})^2}\right|_{(x_0, y_0)}, \tag{9.2.13}$$

$$T_{xy}(x_0, y_0)=T_{yx}(x_0, y_0)=\frac{\partial^2 T}{\partial x\partial y}$$
$$\approx\left.\frac{T_{i+1,j+1}+T_{i-1,j-1}-T_{i+1,j-1}-T_{i-1,j+1}}{4(x_i-x_{i-1})(y_j-y_{j-1})}\right|_{(x_0, y_0)}, \tag{9.2.14}$$

其中,i 和 j 是云图坐标,x 和 y 是单位为 km 的点的位置. 由此得到海森矩阵(Hessian matrix)的行列式值为

$$H=\begin{vmatrix} T_{xx} & T_{xy} \\ T_{yx} & T_{yy} \end{vmatrix}=T_{xx}T_{yy}-T_{xy}T_{yx}. \tag{9.2.15}$$

根据 H 和 T_{xx} 值,使用云顶温度梯度订正因子对对流雨率的订正规则为:(1) 当 $H>0$ 且

$T_{xx}<0$ 时，P_0 点具有最大温度，显示 P_0 点是相对低的云顶且温度比环境暖，已经确定的雨率调整为 0.(2) 当 $H>0$ 且 $T_{xx}>0$ 时，P_0 点具有最小温度，显示 P_0 点是比环境冷的高云顶，已经确定的雨率不变.(3) 当 $H<0$ 时，P_0 点既不是最大温度，也不是最小温度，显示 P_0 点和环境具有同一的高度和温度，已经确定的雨率调整为 0.(4) 当 $H=0$ 时，P_0 点不能定义为最大或最小温度，这时使用 5×5 像元点阵重复整个过程.若使用 5×5 像元点阵后确定的 P_0 点温度仍然不能定义为最大或最小温度，已经确定的雨率调整为 0.

最终 AE 法获得的雨率是，使用(9.2.11)式的回归方程计算的雨率，再乘以环境水汽订正因子、云生长率订正因子和云顶温度梯度订正因子. AE 法在实施过程不断进行改进，其中重要的是卫星监测对流云的视差角度订正和降雨的地形因素订正(Vicente et al,2002).

HE 法实际上是升级版本的 AE 法，它主要是为了克服 AE 法依赖于雷达降雨的问题，因为卫星估计降雨主要是为了获得雷达和雨量计不能测量的区域.除此之外，HE 还有三个重要改进.(1) 若 10.7 μm 像元点亮温，低于其周围环境的预先设定区域的平均亮温值，则将其定义为有雨像元点.这种方法大大减小了 AE 法存在的雨区过大的问题，也排除了使用雷达进行雨/非雨的区分.因此，HE 法可以应用于雷达覆盖以外的区域，但不影响其精确性.(2) 根据像元点亮温和周围区域亮温平均值的差异，对标准 AE 的雨率曲线进行调整.相对于周围环境最冷的像元点，将被赋予最大雨率.(3) 环境水汽订正中，分别进行可降水量和相对湿度因子的分析，可降水量因子用来调整雨率曲线(高雨率对应高可降水量值)，相对湿度因子订正雨率(干燥区域雨率相应减小).这些订正对嵌入对流的层状云的处理以及冬季降雨的情形有改进，因为这些是典型的相对湿度低值情况.

HE 法首先确定分析的像元点相对于环境的冷暖，使用下面的量

$$Z=-\frac{T-\overline{T}_e}{\sigma_e},\tag{9.2.16}$$

其中，T 是像元点亮温，$\overline{T}_e$ 是周围环境云亮温的平均值，σ_e 是同一环境区域亮温的标准差.具有 $Z>0$ 的像元点则冷于环境，相应的云位于上升气流之上且是活跃对流区，因此被赋予非零雨率.其他像元点假设没有产生降雨.降雨像元点确定以后，根据一些因子赋予像元点雨率值.这些因子包括，亮温 T(根据指数拟合曲线，低 T 值赋予高雨率)、数值天气预报(NWP)的可降水量(高可降水量值对应高雨率)和 Z 值(高 Z 值对应高雨率)等.随后是对雨率的调整，包括，NWP 给出的地面－700 hPa 的平均相对湿度(干燥区雨率降低)、和地形导致的上升和下沉气流因子(上升气流区雨率增大，而下沉气流区相应降低)等.

以上的业务算法都是基于 GOES 单通道进行的，为了利用 GOES 的有效载荷，Ba 和 Gruber(2001)提出了 GOES 多光谱降雨算法(GMSRA)，使用了 GOES 的 5 个通道.(1) 使用可见光通道反射率(>0.4)和 10.7 μm，12 μm 通道亮温差超过 1 K 这两个条件，筛选出薄卷云.(2) 从砧卷云中，使用 6.9 和 10.7μm 亮温差识别上冲云顶.(3) 白天时，从 3.9，10.7 和 12.0 μm 通道的辐射确定 3.9 μm 通道的反射率，这个反射率与云粒子尺度有关.即使具有相对暖的云顶亮温，大粒子(有效半径超过 15 μm)组成的云确定为降雨云.(4) 使用 10.7 μm 通道亮温的变化来推断云的生长率，并筛选出非降雨暖云.

当降雨像元点确定后，根据 10.7 μm 亮温，可以计算出降雨概率和相应的雨率.类似于 AE 法中的 MCF 订正，GMSRA 法中要进行云下蒸发的订正.在夜晚，GMSRA 法使用红外通道进行降雨像元的识别.即，10.7 μm 和 12.0 μm 通道亮温差低于某一阈值，且 3.9 μm 和 10.7 μm 通道亮温差超过某一阈值，则为有雨像元点.

3. CPP-PP 法

云物理特性-降雨特性(CPP-PP)法,是为了使用欧洲第二代静止卫星 MSG 搭载的自旋增强可见光和红外成像仪(SEVIRI)反演降雨,参考 SSM/I 微波降雨反演方法(Wentz et al,1998)提出的(Roebeling et al,2009). 原来的微波方法只适用于水云,因为微波辐射对冰晶散射不显著. CPP-PP 法通过使用凝结水量(CWP),可以进行层状和对流降雨的雨率反演.

除了使用 CWP 外,CPP-PP 法还使用云粒子有效半径(a_e)、云几何高度(ΔH)和云的热力学相态(CPH),这些参数从 SEVIRI 的业务云物理特性反演算法(Roebeling et al,2006)中反演获得. 热力学相态包括水云和冰云.

反演雨率前,首先要区分降雨和非降雨云,这是通过 CWP,a_e 和 CPH 等参数信息来进行判别的. CWP 值大于 150 g/m^2,a_e 值大于 16 μm 的水云像元点标识为降雨,而 CWP 值大于 150 g/m^2 的所有冰云像元点都标识为降雨. 对降雨像元点,雨率 R(单位:mm/h)的计算公式为

$$R = \frac{c}{\Delta H}\left[\frac{\mathrm{CWP} - 125}{125}\right]^{1.6}, \tag{9.2.17}$$

其中,$c=1$ mm/h,云几何高度 ΔH,也即是云中雨柱的高度(单位:km),定义为

$$\Delta H = \frac{T_m - T}{\Gamma_s} + \Delta h, \tag{9.2.18}$$

其中,T 是降雨像元点云顶温度,而 T_m 是此降雨像元点周围 100×100 像元点阵的最大云顶温度,代表了低而薄的云,是云底温度的估计值;$\Gamma_s = 6.0$ K/km,是平均湿绝热减温率;Δh 表示雨柱的最小高度,算法中设置为 0.6 km. 在 SEVIRI 的分辨率情况下,反演的最小雨率依赖于 ΔH,大概在 0.05 mm/h 的量级,而最大雨率限制在 40 mm/h.

9.3 微波技术估计地表雨率

微波(波长 1 mm~1 m,或频率 300~0.3 GHz)比较可见光和红外的优势在于,微波可能穿透云层,直接与液态和固态的水凝物相互作用. 随着 1987 年 SSM/I 的发射升空,许多微波反演降雨的算法开始建立起来.

这些算法可以分为两类. 一种是实用性强、经验性的方法,直接将雨量计观测的雨率与微波亮温建立函数关系,其中 NOAA 算法是一个例子(Ferraro et al,1996). 另一种是物理算法,通过地表和水凝物的发射、吸收和散射过程的物理模型来计算降雨,此外还能提供更多降雨系统的信息,其中廓线算法(GPROF)是有影响的一个例子(Kummerow et al,1996).

图 9.11 显示了地表、云和降雨等发射微波辐射的同时,也吸收和散射来自其他辐射源的微波. 卫星收到的微波辐射是这些相互作用(发射、吸收和散射)后传输的辐射的总和. 微波降雨遥感算法,就是希望能从这些复杂的辐射信息中,从大气地表背景中获得降雨辐射信息,从而获得雨率. 在 22 GHz 以下,雨滴等的吸收过程是影响微波辐射传输的主要机制;雨层之上的冰晶粒子几乎是透明的;微波辐射计直接感应雨层的辐射. 频率高于 60 GHz 时,冰晶的散射占主要地位;微波辐射计感应的只是冰晶粒子的散射辐射且不能看到冰晶下的雨层. 在 22~60 GHz,吸收和散射过程都必须考虑. 因此,使用高频进行降雨估计,必然比使用低频波段更间接. 此外,还必须注意到云滴、水汽和氧气都对微波辐射吸收(但不散射),对根据吸收作用的降雨估计有潜在的干扰.

根据降雨对微波的发射和散射的差异(见图 9.11),还可以将微波降雨算法划分为发射型

算法(例如 Wilheit et al,1991)、散射型算法(例如 Spencer et al,1989)和多通道反演算法(例如,Bauer,2001). 两个过程可以用来监测降雨,雨滴的发射可以使得微波辐射增加,而降雨冰晶粒子的散射使得微波辐射减小. 在水面,水的发射率小(≈0.4)且稳定,因此,使用低频通道(< 22 GHz)通过降雨的发射,可以进行降雨识别和雨率计算. 在陆地,表面具有较大的发射率(0.7～0.9),因此,水凝物的发射不能分离出来. 此时,冰晶粒子的散射导致在高频(> 60 GHz)波段辐射的减小,可以用来监测降雨. 在陆地上,一定要保证地表背景辐射不影响降雨反演.

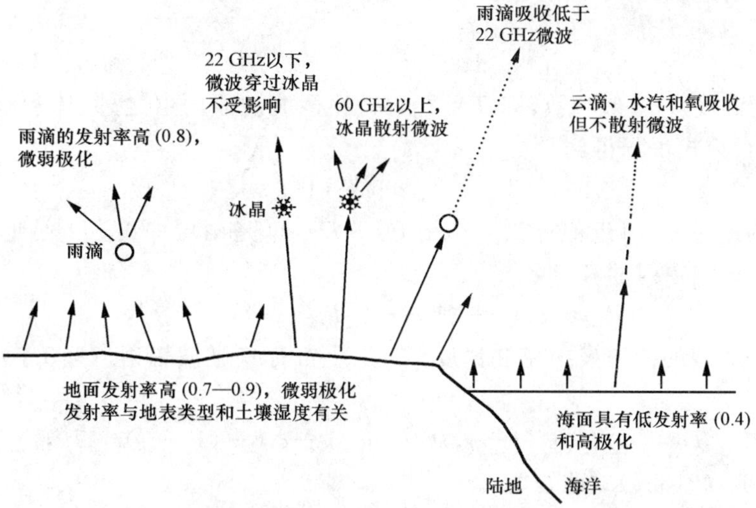

图 9.11 地表、云和降雨等发射微波辐射的同时,也对来自其他辐射源的微波吸收和散射. 卫星收到的微波辐射是这些相互作用后传输的辐射的总和. 微波降雨遥感算法,就是希望能从这些复杂的辐射信息中,从大气地表背景中获得降雨辐射信息,从而获得雨率(Strangeways,2007)

如果假设大气环境和降雨模型,就可以通过辐射传输方程计算不同雨率下的微波亮温. 虽然这种计算强烈依赖于大气条件假设(例如云水含量和云层结构等),但计算结果可以表示降雨条件下亮温的一般特点. 图 9.12 就是一个计算的例子.

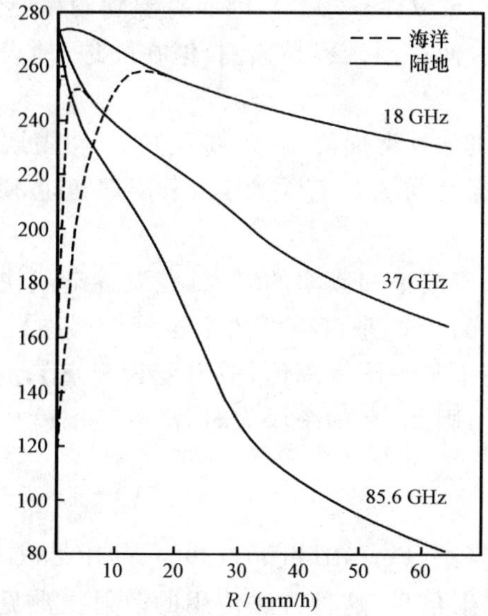

图 9.12 不同微波频率下卫星星下探测时,亮温和雨率的关系(Spencer et al,1989)

在微波波段，使用瑞利-金斯近似，垂直向下探测的微波辐射传输方程简写为

$$\frac{dT_b}{dz}=\beta_a(T-T_b)+\beta_s(\langle T_b'\rangle-T_b), \tag{9.3.1}$$

其中，$\langle T_b'\rangle$是立体角方向权重的平均亮度温度，即

$$\langle T_b'\rangle=\frac{1}{4\pi}\int_{4\pi}T_b'P(\Theta)d\Omega'. \tag{9.3.2}$$

只考虑吸收和发射过程，忽略散射，则(9.3.1)式改写为

$$\frac{dT_b}{dz}=\beta_a(T-T_b). \tag{9.3.3}$$

假设雨层的温度 T 近似常数，即 $T=T_a$，又，在微波波段雨层之外，体积吸收系数 β_a 几乎为零，这样，(9.3.3)式积分得到

$$T_b\approx T_{bs}t+T_a(1-t), \tag{9.3.4}$$

其中，t 是雨层的透过率，可近似写为 $t\approx\exp(-\beta_a D)$，D 是雨层厚度；T_{bs}是地表的亮温，它是地表发射和反射天空辐射的和，即

$$T_{bs}\approx\varepsilon_s T_s+(1-\varepsilon_s)[T_a(1-t)+T_c t], \tag{9.3.5}$$

其中，ε_s 和 T_s 是地表的微波发射率和温度；T_c 是宇宙背景微波辐射.(9.3.5)式代入(9.3.4)式得到

$$T_b\approx\varepsilon_s tT_s+(1-\varepsilon_s)t^2T_c+[1-\varepsilon_s t-(1-\varepsilon_s)t^2]T_a, \tag{9.3.6}$$

忽略其中的 T_c 项，(9.3.6)式改写为

$$T_b\approx T_a\left[1+\varepsilon_s\left(\frac{T_s}{T_a}-1\right)t-(1-\varepsilon_s)t^2\right]. \tag{9.3.7}$$

这个方程代表了低频(<22 GHz)时的微波辐射传输，在低频波段，雨层上的冰晶几乎是透明的.

对于低频波段，从(9.3.7)式可见，当 $t=1$(无雨)时，$T_b=\varepsilon_s T_s$；当 t 减小(雨增大)时，$T_b\to T_a$. 即当 $t\to 0$ 时，云层遮挡了地表辐射，因而亮温只来自雨层辐射 T_a 的贡献. 对于水面，因为水面发射率低，水面背景较冷($\varepsilon_s T_s\approx 150$ K)，因而亮温随雨率迅速增大(见图 9.12). 水面上的雨区与冷背景水面差异明显，使得雨区容易监测. 但在陆地，地表发射率较大，使得亮温随雨率变化小，不利于降雨估计.

从上可知，使用低频波段估计海面降雨，需要预知 β_a 和雨层厚度 D 的信息. 首先，雨率与 β_a 有关，而卫星测量的亮度温度与 $\beta_a D$ 有关，因此云层厚度必须已知；其次，β_a 中云滴和水汽的贡献也必须已知.

从图 9.12 还可看到，随着雨率和频率的增大，亮温逐渐或快速减小，这是因为散射的作用造成的.(9.3.1)式散射项中的$\langle T_b'\rangle$来自很低的宇宙背景微波辐射，小于 T_b，因而无论是海洋还是陆地，随雨率增大(在高于某一雨率阈值，散射变得显著)，亮温减小. 高频对冰晶更敏感，而冰晶发射的补偿几乎没有，因此，在雨率增大时，高频亮温就比低频亮温减小得更快.

9.3.1 SSM/I 算法

NESDIS/ORA 的降雨算法(Ferraro et al，1996)，使用 85 GHz 频率探测降雨时的降雨冰粒子和大雨滴的向上散射辐射信息. 这种方法使用的散射指数见(9.1.10)式的定义.(9.1.11)式中的系数见表 9.1.

表 9.1 SSM/I 降雨算法中散射指数使用的系数(Ferraro et al,1995)

表面类型	a_0	a_1	a_2	a_3
洋面(O)	−174.4	0.72	2.439	−0.005 04
陆地(L)	451.9	−0.44	−1.775	0.005 75

当 SI>10 K 时,雨率 R 可由下面统计关系获得

$$R_L = 0.005\,13 SI_L^{1.947}, \tag{9.3.8a}$$

$$R_O = 0.001\,88 SI_O^{2.034}, \tag{9.3.8b}$$

其中,下标 L 和 O 表示陆地和洋面.

除了以上散射型算法外,在洋面同时也使用发射型算法(Ferraro et al,1995;Ferraro et al,1996).当液态水含量(LWP)大于 0.2 mm 时,洋面的雨率为

$$R_O = 0.0017(100\mathrm{LWP})^{1.736}, \tag{9.3.9}$$

LWP 单位为 mm,其计算表达式为

$$\mathrm{LWP} = -6.723[\ln(290 - T_{b19V}) - 2.85 - 0.405\ln(290 - T_{b22V})]. \tag{9.3.10}$$

9.3.2 AMSU 算法

AMSU 反演降雨是基于雨率 R 与冰水含量(IWP)的经验关系得到的,此经验关系为(Weng et al,2003)

$$R = a_0 + a_1 \mathrm{IWP} + a_2 \mathrm{IWP}^2, \tag{9.3.11}$$

其中,IWP 可由 AMSU-B 的 89 和 150 GHz 通道亮温反演获得.

大多数降雨系统中,雨层高度高于凝结层,并包含有水和冰粒子的混合物.雨层中毫米尺度的冰粒子散射向上辐射,小粒子对高频辐射影响更大,因此需要对不同的降雨类型进行划分,这是通过使用 AMSU 的 183 GHz 水汽探测通道来区分的.研究发现 183±1,183±3 和 183±7 GHz 三个探测通道对不同大气高度的水汽敏感,也能提供固态水凝物的垂直范围信息.183±7 GHz 对低高度的冰粒子敏感,而 183±1 GHz 对深对流时高层大气的大冰粒子敏感.因此,定义云系统的对流指数(CI),来表示对流强弱.它是由一系列 AMSU 183 GHz 亮温差定义的,这些亮温差为

$$\Delta_1 = T_{b\,183\pm1} - T_{b\,183\pm7}, \tag{9.3.12a}$$

$$\Delta_2 = T_{b\,183\pm3} - T_{b\,183\pm7}, \tag{9.3.12b}$$

$$\Delta_3 = T_{b\,183\pm1} - T_{b\,183\pm3}. \tag{9.3.12c}$$

当 $\Delta_2>0$,$\Delta_2>\Delta_1$ 和 $\Delta_2>\Delta_3$ 时,CI=1,此时,降雨系统为弱对流或层状降雨.当 Δ_1,Δ_2 和 Δ_3 都大于 0;且 $\Delta_1>\Delta_2$,$\Delta_1>\Delta_3$ 和 $\Delta_2>\Delta_3$ 时,CI=2,此时降雨系统为中型对流.当 Δ_1,Δ_2 和 Δ_3 都大于 0;且 $\Delta_1>\Delta_2$,$\Delta_1>\Delta_3$ 和 $\Delta_2<\Delta_3$ 时,CI=3,此时降雨系统为强对流.

当 CI=1 或 2 时,雨率为

$$R = 0.322 + 16.504\mathrm{IWP} - 3.342\mathrm{IWP}^2, \tag{9.3.13a}$$

当 CI=3 时,雨率为

$$R = 0.089 + 20.819\mathrm{IWP} - 2.912\mathrm{IWP}^2. \tag{9.3.13b}$$

以上算法几乎可适用于各种降雨系统,最大降雨率限制为 30 mm/h.

9.3.3 TMI 算法

按 TMI(TRMM 的微波成像仪)的陆地降雨算法，而有陆地雨率产品 TRMM-2A12(Gopaland et al,2010). 每一个降雨像元点的降雨由对流降雨和层状降雨组成，若对流概率为 P_c，则雨率表示为

$$R = R_c P_c + R_s(1 - P_c), \tag{9.3.14}$$

其中，R_c 和 R_s 分别为对流降雨和层状降雨雨率.

首先使用 TMI-85 GHz 垂直极化亮温和对应的降雨雷达 PR 的对流或层状降雨雨率，可以获得 R_c 和 R_s 的经验关系为

$$R_c = -0.000\,011\,77T_{b85V}^3 + 0.008\,02T_{b85V}^2 - 1.946T_{b85V} + 182.68, \tag{9.3.15a}$$

$$R_s = -0.0708T_{b85V} + 19.7. \tag{9.3.15b}$$

其次，降雨反演需要估计 TMI 每一个像元中的对流概率 P_c，在降雨算法的第 6 版本中，其估计式为(McCollum et al,2003)

$$P_c = 0.062 + 0.008\,87\mathrm{CPI}, \tag{9.3.16}$$

其中，CPI 为对流百分比指数

$$\begin{aligned}\mathrm{CPI} = &1.11T_{b10V} - 1.24T_{b37V} + 0.45T_{b85V} - 1.25\mathrm{POL}\\ &+ 0.22\mathrm{NPOL} + 1.24\mathrm{STD} + 0.14\mathrm{PIWD} - 84.3,\end{aligned} \tag{9.3.17}$$

其中，T_{b10V}和 T_{b37V}分别是 10 GHz 和 37 GHz 的垂直极化亮温，POL 是 85 GHz 的垂直和水平极化亮温差，NPOL 是 85 GHz 的归一化极化差(Olson et al,2001)，STD 是在约 40 km 尺度的格点上的 85 GHz 亮温标准差(Grecu et al, 2001)，PIWD 是对流-层状云区分算法确定的最小亮温(Prabhakara et al,2000;PIWD 是四位作者姓的第一个字母). 随后发展的降雨算法第 7 版本，对 P_c的计算作了调整(Gopalan et al,2010).

9.3.4 GPROF 算法

GPROF 算法的基础是贝叶斯定理(Bayes' theorem，Lorenc，1986)，首先由 Kummerow 等人 1996 年提出(Kummerow et al，1996，2001)，在 1999 年增加了潜热估计(Olson et al，1999). 此算法目前已在包括 TMI 和 SSM/I 等降雨反演中使用，可同时应用于陆地和海洋.

在算法中，使用云模型并耦合辐射传输模型，计算产生大量降雨/潜热垂直廓线和相应的向上微波辐射的模拟数据集. 给定某一微波感应器多通道的辐射观测值，即可在整个数据集中搜索相同的模拟辐射值；并进而在数据集中得到对应于模拟辐射的反演廓线. 根据贝叶斯定理，GPROF 算法得到的廓线参数估计值 $\boldsymbol{E}[\boldsymbol{x}]$为(Levizzani et al,2007)

$$\boldsymbol{E}[\boldsymbol{x}] = \sum_i \boldsymbol{x}_i \frac{\exp\left\{-0.5\left[\boldsymbol{I}_s(\boldsymbol{x}_i) - \boldsymbol{I}_o\right]^{\mathrm{T}} (\boldsymbol{S}_{\mathrm{I}} + \boldsymbol{O}_{\mathrm{I}})^{-1}\left[\boldsymbol{I}_s(\boldsymbol{x}_i) - \boldsymbol{I}_o\right] + C\right\}}{M}, \tag{9.3.18}$$

其中，对应于模拟的微波辐射指数矢量 $\boldsymbol{I}_s(\boldsymbol{x}_i)$，模式廓线矢量 $\boldsymbol{x}_i$ 包含了所有的参数，包括地表雨率、对流雨率、液态/固态降雨和潜热廓线等. 辐射指数是根据微波感应器不同频率/极化的辐射计算获得的，是归一化的极化和散射指数(Petty，1994). $\boldsymbol{I}_o$ 是感应器观测的辐射指数矢量. $\boldsymbol{S}_{\mathrm{I}}$ 和 $\boldsymbol{O}_{\mathrm{I}}$ 是模拟和观测的微波辐射指数的误差协方差矩阵. 额外的信息，例如感应器视场中对流和层状降雨的面积比例、凝结层高度等，都包含在 C 项中. M 是归一化因子.

GPROF 算法的示意图见图 9.13. 图 9.13 中的右侧显示模拟的感应器视场和模拟的辐射指数矢量，而左边是观测的视场和辐射指数矢量. 观测辐射指数矢量与数据集中每一个模型中的模拟辐射指数矢量对比，二者一致(例如图 9.13 中的模型 1)时模拟值对应的降雨/潜热参数，即可作为 GPROF 算法的估计参数，由此可获得地表降雨雨率值.

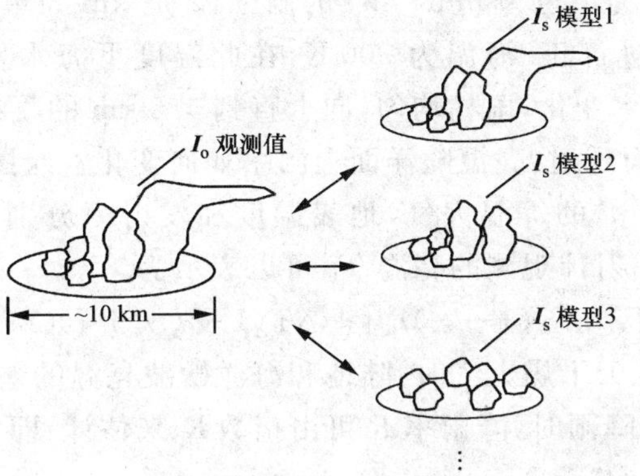

图 9.13　GPROF 算法示意图(Levizzani et al，2007)

习　题

9.1　说明降雨检测概率(POD)和降雨错判率(FAR)的定义.

9.2　叙述利用卫星可见光和红外云图判别降雨区的双光谱方法的步骤.

9.3　如图给出了某一时次卫星红外和可见光通道不同灰度等级对应的无降雨像元点和降雨像元点数，计算降雨概率(指某灰度等级时，降雨像元点数占总像元点数的百分比)分别为 50％和 60％时对应的 FAR，并说明这两个降雨概率相比，哪个可以做降雨概率阈值?

纵轴：红外灰度等级；横轴：可见光灰度等级

1	3	8	5	0	0	0	1
3	2	5	6	2	0	0	0
5	2	6	2	1	0	1	0
2	1	2	4	5	0	1	0
0	0	1	2	0	1	0	0
0	0	0	0	1	0	2	0
0	0	0	0	0	2	0	0
0	0	0	0	3	0	0	0

(a) 无降雨像元点数

纵轴：红外灰度等级；横轴：可见光灰度等级

0	0	0	0	1	0	0	0
0	0	1	0	0	0	0	0
0	0	0	0	1	0	0	0
0	2	3	2	5	0	2	4
0	0	1	2	4	2	5	0
0	0	0	0	5	7	8	2
0	0	0	2	1	8	9	6
0	0	0	0	2	5	7	5

(b) 降雨像元点数

习题 9.3 图　某一时次卫星红外和可见光通道不同灰度等级对应的无降雨像元点和降雨像元点数

9.4　举例说明降雨估计的云指数方法和生命史方法.

9.5　在 GOES 降水估计算法中，环境订正因子如何计算? 云生长率订正规则是什么?

9.6　目前在应用卫星遥测估算降水时最主要的应用通道为微波通道，说明应用卫星微波通道估算降水的基本原理.

9.7　极化订正亮温(PCT)的意义是什么? 如何在遥测降雨时，利用引入的极化订正亮温?

9.8 叙述 TRMM/TMI 的陆地降雨算法的原理.

9.9 简述红外和微波遥测降雨的优缺点.若设计一种结合红外和微波联合遥测降雨的方法,请就使用的卫星、通道、探测原理以及可能存在的问题等加以说明.

9.10 扫描多通道微波辐射计采用 18 GHz 测量洋面降雨.忽略散射,雨的透过率为 $\exp(-0.022Rz)$,其中 R 为单位为 $\mathrm{mm\cdot h^{-1}}$ 的雨强,z 是 km 为单位微波辐射穿过的降雨深度.辐射计扫描角已经做过订正.海温为 300 K,在此温度下海水发射率为 0.5;云中温度按 $6\,\mathrm{K\cdot km^{-1}}$ 的湿绝热减温率变化;雨柱均匀,向上直到 4.5 km 的凝结高度,在此高度之上没有降雨且大气透明.忽略表面反射,亮温随洋面上雨率如何变化?绘图说明.

9.11 若大气为温度 T 的等温大气,地表温度和发射率分别为 T_s 和 ε_s,大气透过率为 t_0.证明卫星搭载的微波辐射计观测的亮温 T_b 可以表示为

$$T_b = T_s[1-(1-\varepsilon_s)t_0^2] + \Delta T(1-t_0)[1+(1-\varepsilon_s)t_0],$$

其中,$\Delta T = T - T_s$.解释无云干燥大气时,陆地和海洋微波亮温的差异.

9.12 星载雷达遥测降雨时,降雨率 R 可由指数 $\tilde{R}$ 来估计,即

$$\tilde{R} = m\tilde{v},$$

其中,m 为单位体积空气中的液态水含量,$\tilde{v}$ 是通过雷达反射率因子估计的降雨最终下落速率,可由下式计算获得

$$\tilde{v} = \frac{\int_0^\infty vD^6 N(D)\mathrm{d}D}{\int_0^\infty D^6 N(D)\mathrm{d}D},$$

其中,v 是直径为 D 的雨滴的最终下落速率,$N(D)$ 是 $D\sim D+\mathrm{d}D$ 范围内雨滴的数密度.假设 $v=\alpha D^{1/2}$,$N(D)=N_0\exp(-\beta D)$,这里 α,β 和 N_0 都是常数.若 R 为实际雨率,计算由指数 $\tilde{R}$ 估计雨率的相对误差 $(R-\tilde{R})/R$.计算时使用积分 $\int_0^\infty D^n\exp(-\beta D)\mathrm{d}D = \Gamma(n+1)\beta^{-n-1}$,其中,$\Gamma(4)=6$,$\Gamma(4.5)=11.63$,$\Gamma(7)=720$,$\Gamma(7.5)=1871.25$.

第十章　辐　射

卫星遥感辐射收支，是为获取用于天气、气候分析和研究的辐射收支参量，包括射入和射出辐射，它们是时间和空间（地理经纬度和距地表高度）的函数. 通常人们对它们与波长的关系不感兴趣，而把辐射分为长波辐射和短波辐射，对这两个长波段的辐射进行测量计算. 卫星探测辐射依赖于距地高度，通常探测的两个高度是大气层顶（对于辐射收支研究，这个高度为 30 km）和地球表面.

这一章将主要介绍大气层顶（TOA）和地球表面辐射收支各分量的卫星遥感算法（见图 10.1），其中 10.1 节涉及大气层顶，包括射出长波辐射和反射短波辐射收支分量；10.2 节是地球表面辐射收支分量，包括向上和向下长波辐射以及向下和反射短波辐射；10.3 节将对卫星遥感潜热通量和感热通量进行简单介绍.

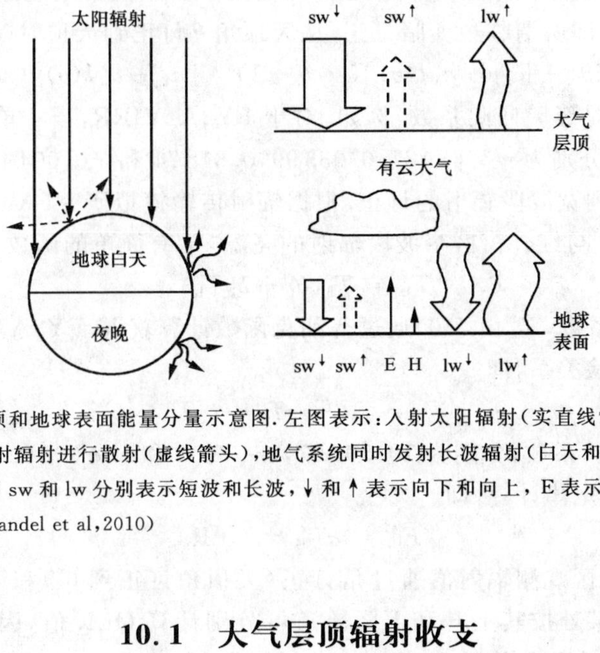

图 10.1　大气层顶和地球表面能量分量示意图. 左图表示：入射太阳辐射（实直线箭头）射向地气系统，地气系统对入射辐射进行散射（虚线箭头），地气系统同时发射长波辐射（白天和夜晚均发射，以弯曲箭头示之）. 右图 sw 和 lw 分别表示短波和长波，↓ 和 ↑ 表示向下和向上，E 表示地表潜热通量，H 表示感热通量.（Kandel et al，2010）

10.1　大气层顶辐射收支

在大气层顶，测量的是长波辐射出射度（也称为射出长波辐射，OLR）$F_{lw}^{\uparrow}$，以及短波辐射出射度（即反射短波辐射）$F_{sw}^{\uparrow}$. 获得这两个辐射量后，可计算短波反射率 r 为

$$r(t,\zeta,\varphi) = \frac{F_{sw}^{\uparrow}(t,\zeta,\varphi)}{F_0\mu_0}, \tag{10.1.1}$$

其中，t 是时间；ζ 和 φ 是地理经、纬度；F_0 是太阳辐射通量密度，它与太阳常数和日地距离有关；μ_0 是太阳天顶角的余弦函数值. 进一步可获得吸收的太阳辐射 F_a 为

$$F_a(t,\zeta,\varphi) = (1-r)F_0\mu_0. \tag{10.1.2}$$

根据射出长波辐射和反射短波辐射，可计算大气层顶的净辐射（收入辐射和支出辐射的差）

F_n 为

$$F_n(t,\zeta,\varphi)=F_a(t,\zeta,\varphi)-F_{lw}^{\uparrow}=F_0\mu_0-F_{sw}^{\uparrow}-F_{lw}^{\uparrow}. \tag{10.1.3}$$

卫星仪器的辐射测量结果是辐亮度，而以上所述的辐射量是辐射通量密度．因此，辐亮度转换为辐射通量密度，是卫星辐射收支反演研究中的一个重要课题．

10.1.1　射出长波辐射

地球射出长波辐射（OLR）是指地-气系统向外太空辐射出去的所有波长的热辐射通量密度，波长集中在 4 μm～∞，是地球辐射收支的参量之一，与地球的天气、气候紧密相关．

1. 窄波段反演

静止和极轨气象卫星在地球辐射的红外波段都设计有窄波段探测通道，由于这些探测通道红外辐射测量值是射出辐射的一部分，且包含了影响射出辐射的主要过程，因此，使用一个或联合几个辐射光谱区的辐射测值可估计射出长波辐射（OLR）．即通过星载窄波段红外辐射仪器，并经过一定的反演模式，可以实现对地球 OLR 的探测．

使用单一红外窗区通道（例如 11.5～12.5 μm）可以计算 OLR（Gruber et al，1983；Ohring et al，1984）．这一通道是目前静止气象卫星和极轨气象卫星的常用通道．首先，对观测的红外辐射进行天顶角订正，即所谓临边变暗订正．从天顶角 θ 订正到天顶时（$\theta=0$）的经验公式为

$$I(0)=I(\theta)+[a_0+a_1I(\theta)](\sec\theta-1)+[a_2+a_3I(\theta)](\sec\theta-1)^2, \tag{10.1.4}$$

其中，$a_i(i=0,1,2,3)$ 是经验回归系数．例如，对于 FY3A/VIRR，当 I 单位为 $\mathrm{mW/(m^2\cdot sr\cdot cm^{-1})}$ 时，这些系数值分别为 −5.629 87，0.085 99，0.318 74 和 −0.004 47（杨军等，2011）．第二步是进行窄波段辐射到宽波段辐射的订正．根据辐射传输模拟研究（Abel et al，1979），宽波段辐射黑体有效温度 T_E 与红外窗区窄波段辐射的亮温 T_b 有简单的函数关系．这个关系为

$$T_E=T_b(b_1+b_2T_b), \tag{10.1.5}$$

其中，b_1 和 b_2 是经验系数，T_b 由 $I(0)$ 通过普朗克函数计算获得．FY3A/VIRR 反演 OLR 时使用了带有常数项的经验关系，即

$$T_E=c_0+c_1T_b+c_2T_b^2, \tag{10.1.6}$$

其中，c_0，c_1 和 c_2 是经验系数，分别为 10.500 07，1.133 33 和 −0.000 917．最后，射出长波辐射可由斯特藩-玻尔兹曼定律计算，即

$$F_{lw}^{\uparrow}=\sigma T_E^4=\mathrm{OLR}. \tag{10.1.7}$$

对于极轨卫星，窗区观测辐射值通过角订正（天顶角订正到 0°）和谱订正（窄波段订正到宽波段）后，相对地球某处按其上升和下降轨道可分别计算 OLR 值，因此每天可有两次观测值．这两次的平均值作为日平均的 OLR 值．

Ellingson 等（1989）开发了多光谱 OLR 估计算法，这个算法使用了高分辨率红外探测器（HIRS）的 4 个窄波段辐射观测值．这个方法也成功地运用于 GOES 的探测器和成像仪等仪器（Ba et al，2003；Lee et al，2004）．使用 M 个红外光谱通道的多光谱 OLR 算法的表达式为

$$\mathrm{OLR}=F_{lw}^{\uparrow}=a_0(\theta)+\sum_{i=1}^{M}a_i(\theta)I_i(\theta), \tag{10.1.8}$$

其中，a_0 和 a_i 是回归系数，θ 是局地天顶角，I_i 是第 i 个通道的辐射测量值．（10.1.8）式显示回归系数和测量辐射都是天顶角 θ 的函数，因此 OLR 是直接从倾斜路径的观测值直接统计获得，不需要预先进行临边变暗订正．使用 HIRS 的 4 个通道是通道 3（14.3～14.7 μm），7（13.1

～13.6 μm)，10(7.9～8.5 μm)和 12 (6.6～6.9 μm)(Ellingson et al，1989). 使用 GOES 探测器计算 OLR 使用了 5 个通道，即通道 2(14.7 μm)，6(12.7 μm)，9(9.7 μm)，10(7.5 μm)和 12(6.5 μm)(Ba 等，2003). 而使用 GOES/ABI 计算 OLR 也使用了 5 个通道，即通道 8(6.15 μm)，10(7.4 μm)，11(8.5 μm)，13(10.35 μm)和 16(13.3 μm)(Lee et al，2010).

2. 宽波段反演

搭载有宽波段仪器的卫星，例如 FY-3A，其搭载的地球辐射探测仪(ERM)，采用的是 0.2～3.8 μm 短波和 0.2～50 μm 全波段的两个宽波段通道进行扫描观测. 短波通道主要观测地气系统反射太阳辐射，全波通道则观测反射太阳辐射与射出长波辐射之和，扣除太阳反射辐射后得到的是地气系统射出长波辐射. 美国地球辐射收支试验(ERBE)卫星上的扫描仪器则包括了 3 个宽波通道，即 0.2～5 μm 短波、5～50 μm 长波和全波段(短波和长波). 既可直接从长波通道直接探测射出长波辐射，也可从全波段辐射扣除短波辐射获得射出长波辐射.

视场目标类型的差异会影响反演的射出长波辐射. 视场的目标类型根据视场的云量和地表类型信息来确定. ERBE 产品的 12 种视场目标分类标准见表 10.1(Barkstrom，1984).

表 10.1 ERBE 反演中使用的 12 种视场目标类型

种 类	视场类型	覆盖云量/(%)
1	晴空海洋	0～5
2	晴空陆地	0～5
3	晴空雪覆盖	0～5
4	晴空沙漠	0～5
5	晴空海洋陆地混合体(海岸)	0～5
6	部分有云的海洋	5～50
7	部分有云的陆地或沙漠	5～50
8	部分有云的海洋陆地混合体	5～50
9	大部分有云的海洋	50～95
10	大部分有云的陆地或沙漠	50～95
11	大部分有云的海洋陆地混合体	50～95
12	阴天	95～100

为了计算 OLR，需要对仪器测量的辐亮度，进行消除仪器光谱响应影响的订正，称为去滤波订正，得到的是去滤波辐亮度数据. 通常是在不同视场目标类型条件下，通过大气辐射传输模拟计算，同时考虑视场观测的几何关系，通过统计分析建立不同视场类型下的光谱订正系数. 根据视场类型和光谱订正系数，消除仪器光谱响应对于大气顶向上长波辐射的影响，得到在大气顶入瞳射出长波辐亮度，即去滤波辐亮度 $I(\varphi,\theta)$，其中 φ 是地理纬度，θ 是观测天顶角，与方位角 ϕ 无关. 于是，射出长波辐射为

$$F_{\mathrm{lw}}^{\uparrow}(\varphi)=2\pi\int_0^{\pi/2} I(\varphi,\theta)\cos\theta\sin\theta\mathrm{d}\theta. \tag{10.1.9}$$

然而卫星观测只有一个方向 θ 上的辐亮度，从(10.1.9)式无法估计 OLR. 为此，定义长波波段各向异性函数(anisotropic function)为

$$\alpha_{\mathrm{lw}}(\varphi,\theta)=\frac{\pi I(\varphi,\theta)}{F_{\mathrm{lw}}^{\uparrow}(\varphi)}, \tag{10.1.10}$$

也称为各向异性辐射因子(AEF)(Clerbaux et al，2003)，或角相关模型(ADM)(Suttles et al，

1988,1989). 在确定了 $\alpha_{\mathrm{lw}}(\varphi,\theta)$后,即可由 $I(\varphi,\theta)$确定 OLR.

10.1.2 反射短波辐射

对于宽波段的扫描器(例如:ERBE 的扫描器),类似估计 OLR 算法,使用短波 ADM 也可计算大气层顶的反射短波辐射通量密度.

从一个视场反射的辐亮度可写为

$$I_{\mathrm{r}}(\theta_{\mathrm{r}},\phi_{\mathrm{r}}) = \int_0^{2\pi}\int_0^{\pi/2} I_{\mathrm{i}}(\theta_{\mathrm{i}},\phi_{\mathrm{i}})\rho(\theta_{\mathrm{r}},\phi_{\mathrm{r}};\theta_{\mathrm{i}},\phi_{\mathrm{i}})\cos\theta_{\mathrm{i}}\sin\theta_{\mathrm{i}}\mathrm{d}\theta_{\mathrm{i}}\mathrm{d}\phi_{\mathrm{i}}, \tag{10.1.11}$$

其中,下标 i 代表入射,下标 r 代表反射,ρ 是双向反射率函数. 对于大气层顶的太阳辐射,I_{i} 来自同一方向(θ_0,ϕ_0),θ_0 和 ϕ_0 是太阳的天顶角和方位角,因此

$$I_{\mathrm{r}}(\theta_{\mathrm{r}},\phi_{\mathrm{r}}) = \mu_0 I_0 \Omega_0 \rho(\theta_{\mathrm{r}},\phi_{\mathrm{r}};\theta_0,\phi_0) = \mu_0 F_0 \rho(\theta_{\mathrm{r}},\phi_{\mathrm{r}};\theta_0,\phi_0), \tag{10.1.12}$$

其中,I_0 是太阳辐射亮度,Ω_0 是太阳立体角,$F_0 = I_0\Omega_0$ 是大气上界太阳辐照度. 反射的辐射出射度为

$$\begin{aligned} F_{\mathrm{sw}}^{\uparrow} = F_{\mathrm{r}}(\theta_0) &= \int_0^{2\pi}\int_0^{\pi/2} I_{\mathrm{r}}(\theta_{\mathrm{r}},\phi_{\mathrm{r}})\cos\theta_{\mathrm{r}}\sin\theta_{\mathrm{r}}\mathrm{d}\theta_{\mathrm{r}}\mathrm{d}\phi_{\mathrm{r}} \\ &= \mu_0 F_0 \int_0^{2\pi}\int_0^{\pi/2} \rho(\theta_{\mathrm{r}},\phi_{\mathrm{r}};\theta_0,\phi_0)\cos\theta_{\mathrm{r}}\sin\theta_{\mathrm{r}}\mathrm{d}\theta_{\mathrm{r}}\mathrm{d}\phi_{\mathrm{r}}. \end{aligned} \tag{10.1.13}$$

由于照到视场上的太阳入射辐射为 $\mu_0 F_0$,反射率 $r = F_{\mathrm{r}}/(\mu_0 F_0)$为

$$r(\theta_0) = \int_0^{2\pi}\int_0^{\pi/2} \rho(\theta_{\mathrm{r}},\phi_{\mathrm{r}};\theta_0,\phi_0)\cos\theta_{\mathrm{r}}\sin\theta_{\mathrm{r}}\mathrm{d}\theta_{\mathrm{r}}\mathrm{d}\phi_{\mathrm{r}}, \tag{10.1.14}$$

(10.1.13)和(10.1.12)式相除,并代入(10.1.14)式,得到

$$F_{\mathrm{sw}}^{\uparrow} = \frac{I_{\mathrm{r}}}{\rho/r} = \frac{\pi I_{\mathrm{r}}}{\pi\rho/r} = \frac{\pi I_{\mathrm{r}}}{\alpha_{\mathrm{r}}}, \tag{10.1.15}$$

其中,α_{r} 是各向异性反射率因子,或短波 ADM. 因此,类似 OLR,预先获得 α_{r} 值,即可根据测量的反射短波辐射亮度 I_{r},来估计反射短波辐射通量密度 $F_{\mathrm{sw}}^{\uparrow}$.

使用窄波段测值估计大气层顶反射太阳辐射 $F_{\mathrm{sw}}^{\uparrow}$,需要计算短波反射率 r 和大气层顶太阳辐照度. 后者需要将太阳常数 S 从日地平均距离 d_0 订正到日地实际距离 d;且与太阳天顶角 θ_0 有关. 即

$$F_{\mathrm{sw}}^{\uparrow} = rS\left(\frac{d_0}{d}\right)^2\cos\theta_0. \tag{10.1.16}$$

为了计算 r,首先需要从卫星窄波段反射率计算短波宽波段反射率. 可从以下线性经验公式得到

$$r_{\mathrm{b}} = a_0 + \sum_{i=1}^{M} a_i r_{\mathrm{n},i}, \tag{10.1.17}$$

其中,下标 b 和 n 分别表示宽波段和窄波段,$i=1,2,\cdots,M$ 为使用的卫星窄波段序号,a_i($i=0,1,\cdots,M$)为经验系数,可从模式(例如:MODTRAN)模拟的窄波段和宽波段反射率统计分析获得. 从卫星探测的辐射亮度计算窄波段反射率可表示为

$$r_{\mathrm{n},i} = \frac{\pi I_i(\theta,\phi;\theta_0,\phi_0)}{S_i\cos\theta_0 d_0^2/d^2}, \quad i = 1,2,\cdots,M, \tag{10.1.18}$$

其中,I_i 为窄波段探测的辐射亮度,θ 和 ϕ 为卫星的天顶角和方位角,S_i 为大气层顶日地平均距离时的相应卫星 i 波段的辐照度. 对于 MODIS,可以用 0.47,0.64,0.85,1.64,2.13 μm 等 5

个窄波通道反射率计算短波宽波段反射率,即

$$r_b = a_0 + a_1 r_{0.47} + a_2 r_{0.64} + a_3 r_{0.85} + a_4 r_{1.64} + a_5 r_{2.13}. \tag{10.1.19}$$

在得到短波宽波段反射率后,使用 ADM 获得宽波段反射率 r,即

$$r = \frac{r_b(\theta, \theta_0, \Delta\phi)}{\alpha(\theta, \theta_0, \Delta\phi)}, \tag{10.1.20}$$

其中,$\Delta\phi = \phi_0 - \phi$ 是相对方位角,$\alpha(\theta, \theta_0, \Delta\phi)$ 是预先已确定的各向异性反射率因子. 获得 r 值后,即可根据(10.1.16)式计算大气层顶的反射太阳辐射. 最后需要注意的是,尽管 r_b 和 r 都是短波宽波段反射率,但 r_b 与卫星观测方位有关,而 r 与之无关.

10.2 地球表面辐射收支

在地球表面,卫星探测的辐射量是向上长波辐射 $F_{lw}^{\uparrow}$、向下长波辐射 $F_{lw}^{\downarrow}$、反射短波辐射 $F_{sw}^{\uparrow}$ 和向下短波辐射 $F_{sw}^{\downarrow}$. 由此,地球表面的净辐射 F_n 为

$$F_n = F_{lw}^{\downarrow} - F_{lw}^{\uparrow} + F_{sw}^{\downarrow} - F_{sw}^{\uparrow}. \tag{10.2.1}$$

10.2.1 向下长波辐射

晴空条件下向下的单色长波通量密度可以表示为

$$F_{\nu,0}^{\downarrow} = -\int_0^{z_t} \pi B_\nu(z') \frac{\partial t_{f\nu}(0, z')}{\partial z'} dz', \tag{10.2.2}$$

其中,$B_\nu(z')$ 是在波数 ν,高度 z' 处温度条件下的普朗克函数,$t_{f\nu}(0, z') \equiv 2\int_0^1 t_\nu(0, z'; -\mu)\mu d\mu$ 为 $0 \sim z'$ 高度间单色通量透过率,z_t 为大气层顶高度. 总存在平均辐射 $\overline{B}_\nu$,使(10.2.2)式变为

$$F_{\nu,0}^{\downarrow} = \pi \overline{B}_\nu [1 - t_{f\nu}(0, z_t)]. \tag{10.2.3}$$

忽略反射,$1 - t_{f\nu}(0, z_t)$ 是大气的单色通量发射率. 平均辐射 $\overline{B}_\nu$ 定义为

$$\overline{B}_\nu = \frac{-\int_0^{z_t} B_\nu(z') \frac{\partial t_{f\nu}(0, z')}{\partial z'} dz'}{1 - t_{f\nu}(0, z_t)}. \tag{10.2.4}$$

(10.2.3)式对整个长波波段的波数域积分,可得到向下总的辐射通量密度

$$F_{lw}^{\downarrow} = \int F_{\nu,0}^{\downarrow} d\nu = \int \pi \overline{B}_\nu [1 - t_{f\nu}(0, z_t)] d\nu. \tag{10.2.5}$$

同样,总存在一个相应于有效发射率 ε_e 的有效温度 T_e,满足

$$\sigma T_e^4 = \int \pi B_\nu(T_e) d\nu \equiv \int \pi \overline{B}_\nu d\nu \tag{10.2.6}$$

和

$$\varepsilon_e = \frac{\int \pi \overline{B}_\nu [1 - t_{f\nu}(0, z_t)] d\nu}{\int \pi \overline{B}_\nu d\nu}. \tag{10.2.7}$$

因此,向下长波总辐射通量密度 $F_{lw}^{\downarrow}$ 等效于有效温度 T_e、有效发射率 ε_e 的灰体大气的辐射,即表示为

$$F_{lw}^{\downarrow} = \varepsilon_e \sigma T_e^4. \tag{10.2.8}$$

NASA 的参数化长波算法(LPLA)(Gupta,1989)与斯特藩-玻尔兹曼定律表示的(10.2.8)式在指数上有差异,即指数是 3.7 而不是 4. 有效辐射温度反映了对流层低层温度结构的变化,而有效发射率与水汽总量有关. 晴空条件下的长波辐射通量密度 $F_{lw}^{\downarrow}$ 写为

$$F_{lw}^{\downarrow} = [a_0 + a_1 \ln V + a_2(\ln V)^2 + a_3(\ln V)^3] T_e^{3.7}, \tag{10.2.9}$$

其中,$T_e = b_s T_s + b_1 T_1 + b_2 T_2$,$T_s$ 是表面温度,T_1 和 T_2 是表面～850 hPa 和 850～700 hPa 两层的温度,V 是可降水量,a 和 b 是回归系数,且 $b_s + b_1 + b_2 = 1$.

当视场中云盖比例为 N 时,向下长波辐射通量密度 $F_{lw}^{\downarrow}$ 写为

$$F_{lw}^{\downarrow} = F_{clr}(1-N) + F_{cld} N, \tag{10.2.10}$$

其中,F_{clr} 和 F_{cld} 分别为晴空和云盖条件下的向下长波辐射通量密度,前者由(10.2.9)式计算. (10.2.10)式也可变形为

$$F_{lw}^{\downarrow} = C_1 + C_2 N, \tag{10.2.11}$$

其中,$C_1 = F_{clr}$,$C_2 = F_{cld} - F_{clr}$,且计算 C_2 的经验关系为

$$C_2 = \frac{T_{cb}^4}{c_0 + c_1 V_{cb} + c_2 V_{cb}^2 + c_3 V_{cb}^3}, \tag{10.2.12}$$

其中,T_{cb} 是视场中云底温度,V_{cb} 是云底以下水汽柱积分含量. 二者皆可通过已获得的卫星遥感产品获得.

美国马里兰大学气候和卫星合作研究所(CICS)算法(Lee et al,2002)包括了线性和非线性经验统计模型. 线性模型中,(10.2.10)式中晴空和云盖条件下的向下长波辐射通量密度 F_{clr} 和 F_{cld} 分别为

$$F_{clr} = a_0 + \sum a_i I_i, \tag{10.2.13a}$$

$$F_{cld}(p_{cb}) = b_0(p_{cb}) + \sum b_i(p_{cb}) I_i, \tag{10.2.13b}$$

其中,a_0 和 a_i,b_0 和 b_i 是回归系数,I_i 是 HIRS 第 i 通道的晴空辐射,p_{cb} 是云底气压. (10.2.13a)和(10.2.13b)式使用的 HIRS 通道有 5(13.97 μm),6(13.64 μm),7(13.35 μm),8(11.11 μm),10(8.16 μm)和 11(7.33 μm) 6 个通道.

非线性模式中,晴空条件下向下长波辐射通量密度为

$$F_{clr} = \sigma T_{b10}^4 \left(a_0 + a_1 \sqrt{\frac{T_{b13}}{T_{b10}}} + a_2 \frac{T_{b13}}{T_{b10}} + a_3 \sqrt{\frac{T_{b13}}{T_{b8}}} + a_4 \sqrt{\frac{T_{b13}}{T_{b7}}} + a_5 \sqrt{T_{b8}} + a_6 T_{b7} + a_7 T_{b8} \right), \tag{10.2.14}$$

其中,T_{b7},T_{b8},T_{b10} 和 T_{b13} 分别是 HIRS 第 7,8,10 和 13(4.57 μm)通道的亮温,a_i($i=0,1,\cdots,7$)是回归系数. 云天条件下向下的云天和晴空辐射通量密度的差(即云辐射强迫),即(10.2.11)式中 C_2,其经验形式类似(10.2.14)式,只是当云底气压低于 600 hPa 时,$\sqrt{T_{b13}/T_{b7}}$,$\sqrt{T_{b8}}$ 和 T_{b7} 项不显著.

$$C_2 = \sigma T_{b10}^4 \left(b_0 + b_1 \sqrt{\frac{T_{b13}}{T_{b10}}} + b_2 \frac{T_{b13}}{T_{b10}} + b_3 \sqrt{\frac{T_{b13}}{T_{b8}}} + b_4 \sqrt{\frac{T_{b13}}{T_{b7}}} + b_5 \sqrt{T_{b8}} + b_6 T_{b7} + b_7 T_{b8} \right), \tag{10.2.15}$$

其中 b_i($i=1,2,\cdots,7$)是回归系数,与云底高度有关.

10.2.2 向上长波辐射

地表向上的长波辐射 $F_{\mathrm{lw}}^{\uparrow}$(单位:W/m^2)可以写为

$$F_{\mathrm{lw}}^{\uparrow} = \varepsilon_{\mathrm{lw}}(T_{\mathrm{s}})\sigma T_{\mathrm{s}}^{4} + [1-\varepsilon_{\mathrm{lw}}(T_{\mathrm{s}})]F_{\mathrm{lw}}^{\downarrow}, \tag{10.2.16}$$

其中,$\varepsilon_{\mathrm{lw}}$是地表长波宽波段发射率,与表面温度 T_{s} 有关.

由(10.2.16)式可见,计算地表向上的长波辐射,需要根据卫星探测获得表面温度(地面温度或海面温度)T_{s} 和向下的长波辐射,此外,需要使用地表发射率谱的数据库,根据理论或经验近似求取长波宽波段发射率.长波宽波段发射率算法:一是表面灰体近似,即发射率与波数无关,可以将灰体发射率近似为长波宽波段发射率 $\varepsilon_{\mathrm{lw}}$.二是使用长波波段平均发射率 $\bar{\varepsilon}_{\mathrm{lw}}$,其计算表达式为

$$\bar{\varepsilon}_{\mathrm{lw}}(T) = \frac{\int_{\mathrm{lw}} \varepsilon_{\nu}\pi B_{\nu}(T)\mathrm{d}\nu}{\int_{\mathrm{lw}} \pi B_{\nu}(T)\mathrm{d}\nu} \approx \frac{\int_{\mathrm{lw}} \varepsilon_{\nu} B_{\nu}(T)\mathrm{d}\nu}{\sigma T^{4}/\pi}, \tag{10.2.17}$$

其中,$B_{\nu}(T)$是波数 ν、温度 T 条件下的普朗克函数.三是使用表面有效发射率,同时考虑表面热辐射和表面反射向下辐射的两个过程.波数 ν 时的有效发射率定义为

$$\varepsilon_{\nu}^{\mathrm{eff}} = \frac{\varepsilon_{\nu}B_{\nu}(T) + (1-\varepsilon_{\nu})F_{\nu}^{\downarrow}}{B_{\nu}(T)}. \tag{10.2.18}$$

根据(10.2.17)式和(10.2.18)式,长波宽波段有效发射率表示为

$$\varepsilon_{\mathrm{lw}}^{\mathrm{eff}}(T) \approx \frac{\int_{\mathrm{lw}} [\varepsilon_{\nu}B_{\nu}(T) + (1-\varepsilon_{\nu})F_{\nu}^{\downarrow}]\mathrm{d}\nu}{\sigma T^{4}/\pi}. \tag{10.2.19}$$

四是使用长波窄波段的发射率统计获得宽波段发射率.例如,采用卫星反演获得的 MODIS 第 29(8.4～8.7 μm),31(10.78～11.28 μm)和 32(11.77～12.27 μm)通道的发射率,可以经过线性统计计算获得表面宽波段发射率(Wang et al,2005)

$$\varepsilon_{\mathrm{lw}} = a_1\varepsilon_1 + a_2\varepsilon_2 + a_3\varepsilon_3, \tag{10.2.20}$$

其中,ε_1,ε_2 和 ε_3 分别是 MODIS 第 29,31 和 32 通道的发射率,a_1,a_2 和 a_3 是回归系数.

10.2.3 向下短波辐射

射向大气层顶的太阳辐射,一部分反射回外太空,另一部分被大气吸收,还有一部分被地表面吸收.可以用能量守恒方程表示为

$$\mu_0 F_0 = r\mu_0 F_0 + F_{\mathrm{a}} + (1-r_{\mathrm{s}})F_{\mathrm{sw}}^{\downarrow}, \tag{10.2.21}$$

其中,$\mu_0 F_0$ 是大气层顶入射太阳辐射通量密度,r 为大气层顶反射率,F_{a} 是大气吸收的辐射,$F_{\mathrm{sw}}^{\downarrow}$是向下到达地表的短波辐射,$r_{\mathrm{s}}$ 是表面反射率.(10.2.21)式包含了散射、地表和云之间的多次反射过程.从(10.2.21)式可以获得向下短波辐射 $F_{\mathrm{sw}}^{\downarrow}$ 为

$$F_{\mathrm{sw}}^{\downarrow} = \frac{(1-r)\mu_0 F_0 - F_{\mathrm{a}}}{1-r_{\mathrm{s}}}. \tag{10.2.22}$$

若假设各向同性反射,即满足 $r\mu_0 F_0 = \pi I$,I 为卫星测量的反射辐射,则(10.2.22)式变形为

$$F_{\mathrm{sw}}^{\downarrow} = \frac{\mu_0 F_0 - \pi I - F_{\mathrm{a}}}{1-r_{\mathrm{s}}}, \tag{10.2.23}$$

其中,$\mu_0 F_0$ 和 πI 是求取 $F_{\mathrm{sw}}^{\downarrow}$重要的两项,可以用此两项为变量建立简单的统计关系估计 $F_{\mathrm{sw}}^{\downarrow}$

(Justus et al,1986).回归关系为

$$F_{\mathrm{sw}}^{\downarrow}=\mu_0F_0(a_0+a_1\mu_0+a_2\mu_0^2)+a_3(\overline{C}^2-C_{\min}^2),\tag{10.2.24}$$

其中,$\overline{C}$和$C_{\min}$分别是GOES可见光辐射观测计数值的平均值和最小值(近似正比于$I^{-1/2}$).

若已知大气层顶到地表的宽波段透过率t,则计算向下短波辐射的表达式为

$$F_{\mathrm{s}}=tS\left(\frac{d_0}{d}\right)^2\cos\theta_0.\tag{10.2.25}$$

GOES/ABI业务(AWG Radiation Budget Application Team,2010)通过辐射传输模式模拟建立大气层顶宽波段反射率r[见(10.1.16)式]与t的关系,来最终确定向下短波辐射.晴天和云天条件下,估计向下短波辐射的反射率-透过率关系见图10.2.图中绘制了随气溶胶和云光学厚度的增加(光学厚度从左向右增加),宽波段通量透过率随卫星反演的大气层顶宽波段反射率的函数关系曲线,晴天和云天条件下的曲线具有不同的坡度.在图中,晴天时0.1的大气层顶反射率对应的透过率值约为0.69,云天时0.5的大气层顶反射率对应的透过率为0.28.

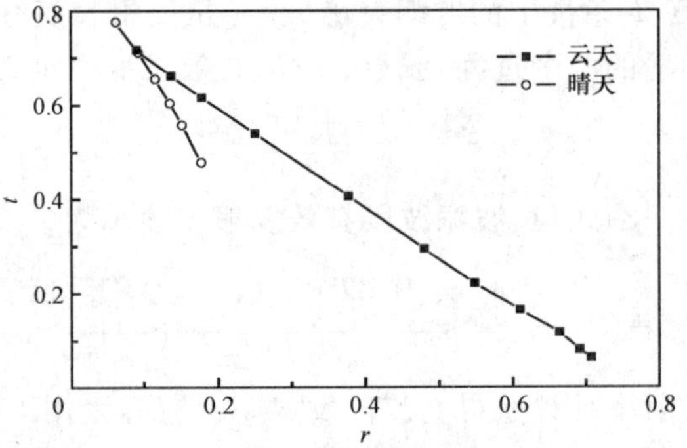

图10.2 估计地表向下短波辐射时,在云天和晴天条件下,使用的反射率(r)和透过率(t)的关系示意图(AWG Radiation Budget Application Team,2010).计算中使用的参数为:$\mu_0=0.6$,水汽和臭氧含量分别为2 g/cm^{2}和0.3 atm-cm,云顶高度5.5 km,云底高度2 km,气溶胶光学厚度为0~1.5,云光学厚度0~80,表面反射率为0

NASA的参数化短波算法(LPSA)(Gupta et al,2001),将(10.2.25)式中的透过率分解为晴空大气透过率t_{a}和云透过率t_{c}两部分,计算向下短波辐射的表达式为

$$F_{\mathrm{sw}}^{\downarrow}=t_{\mathrm{a}}t_{\mathrm{c}}S\left(\frac{d_0}{d}\right)^2\cos\theta_0,\tag{10.2.26}$$

计算结果是向下短波辐射的日平均值.晴空大气透过率t_{a}和云透过率t_{c}为

$$t_{\mathrm{a}}=(1+B)\mathrm{e}^{-\tau(\theta_0)},\tag{10.2.27}$$

$$t_{\mathrm{c}}=0.05+0.95\frac{r_{\mathrm{cld}}-r}{r_{\mathrm{cld}}-r_{\mathrm{clr}}},\tag{10.2.28}$$

其中,B是后向散射项,可由相应的公式计算获得;$\tau(\theta_0)$是太阳天顶角θ_0时的宽波段消光的光学厚度,包含了在晴天大气中所有的吸收和散射过程.r_{cld},r_{clr}和r分别相应于:天顶太阳时($\theta_0=0$),云天、晴天,反射率测量值的日平均.LPSA算法中,输入的参量基本包括可降水量、水汽廓线、太阳天顶角、大气层顶晴天和云天的宽波段短波反射率、云量百分比和ERBE视场类型等.具体如何计算t_{a}和t_{c}两个透过率,请读者参看LPSA报告(Gupta et al,2001).

10.2.4 反射短波辐射

地表反射短波辐射 $F_{sw}^{\uparrow}$是到达地表的向下短波辐射 $F_{sw}^{\downarrow}$与表面反射率 r_s 的乘积,即

$$F_{sw}^{\uparrow} = r_s F_{sw}^{\downarrow}. \tag{10.2.29}$$

因为 $F_{sw}^{\downarrow}$可以从不同算法中获取(见 10.2.3 节),所以 r_s 的获取是求取 $F_{sw}^{\uparrow}$的关键.

最一般的估计 r_s 的方法是最小反射率技术,在卫星观测研究区域一段时间(例如 1 个月)的资料中,获取这段时间中的每个格点的最小反射率.因为一个月的时段中,很少会有某个地方一直被云覆盖的情况,所以最小反射率近似代表晴天的行星反射率.经过大气吸收和散射的订正后,可以反演表面的反射率(例如:Preuss et al,1980).

从卫星测量的宽波段行星反射率 r 也可以估计 r_s.从(10.2.21)式可见,r 和 r_s 是线性关系,因此,有理由假设

$$r_s = a_0 + a_1 r, \tag{10.2.30}$$

将卫星反演的行星反射率转换为表面反射率.(10.2.30)式中的 a_0 和 a_1 是回归系数,Koepke(1989)给出了不同气溶胶、臭氧和水汽浓度下的 a_0 和 a_1 系数表.

LPSA 算法中(Gupta et al,2001),给出了全天空表面反射率计算的经验公式为

$$r_s = r_s^{cld} + (r_s^{clr} - r_s^{cld}) t_c^2, \tag{10.2.31}$$

其中,t_c 是云透过率;r_s^{cld} 和 r_s^{clr} 分别是云天和晴天下的表面反射率,其值和表面类型、照明条件有关(Staylor et al,1990).

在获得 $F_{sw}^{\uparrow}$后,可进一步计算表面吸收的短波辐射为

$$F_{sw}^{a} = F_{sw}^{\downarrow} - F_{sw}^{\uparrow} = (1 - r_s) F_{sw}^{\downarrow}. \tag{10.2.32}$$

10.3 潜热通量和感热通量

不考虑植物的光合作用和热量储存,地表能量通量是闭合的,即地表净辐射量等于土壤热通量、感热通量和潜热通量(也称为蒸散)三项之和.写成表达式为

$$F_n = G + E + H, \tag{10.3.1}$$

其中,F_n,G,E 和 H 分别表示净辐射通量密度、土壤热通量、潜热通量和感热通量,这些量的单位都是 W/m^2.净辐射通量密度可由(10.2.1)式计算获得.

10.3.1 土壤热通量的计算

土壤热通量是用于加热或冷却地表以下土壤的能量,表征了土壤表面与下层大气之间的热交换,主要由土壤热传导率和地表土壤温度梯度决定.很多潜热通量遥感计算模型,首先需要计算土壤热通量,这些计算模型以经验公式为主.

基于归一化植被指数 NDVI 和净辐射通量 F_n 计算 G 的经验公式为(Moran et al,1989)

$$G = 0.583\exp(-2.13\text{NDVI}) F_n. \tag{10.3.2}$$

利用遥感的植被特征的方法在稀疏植被地表上会遇到困难,因为干燥裸露地表上传输到土壤中的热量在净辐射通量中会占有更大的比重,所以 G/F_n 的值还与地表温度有关.另外,地表反射率的变化,可以引起地气热交换和地表温度的变化,并通过水热耦合效应影响土壤热通量.因此,除了使用 NDVI 外,还需要使用地表反射率和地表温度,计算 G 的经验公式为

(Bastiaanssen et al,1998)

$$G=\frac{T_s-273.15}{r_s}(0.0032\bar{r}+0.0062\bar{r}^2)(1-0.978\mathrm{NDVI}^4)F_n, \tag{10.3.3}$$

其中,T_s 和 r_s 为同时刻的地表温度和地表反射率,$\bar{r}$ 为白天平均地表反射率.

此外,考虑到 NDVI 对太阳位置(天顶角和方位角)敏感,以及随土壤反射率而变,所以可以利用土壤调整植被指数来替代 NDVI 进行 G 的计算.经验公式为(Huete,1988)

$$G=\frac{T_s-273.15}{r_s}(0.00028+0.0050\bar{r}+0.0087\bar{r}^2)\times(1-0.978\mathrm{MSAVI}^2)F_n, \tag{10.3.4}$$

其中,MSAVI 为修正的土壤调整植被指数,用来减小土壤背景的影响,计算公式为

$$\mathrm{MSAVI}=\frac{2r_{\mathrm{nir}}+1-\sqrt{(2r_{\mathrm{nir}}+1)^2-8(r_{\mathrm{nir}}-r_{\mathrm{vis}})}}{2}, \tag{10.3.5}$$

其中,r_{vis},r_{nir}分别为可见光和近红外波段地表反射率.

10.3.2 潜热通量和感热通量的计算

潜热通量是表示由于水汽相变,地表向大气传输的能量;感热通量是由于湍流运动从地面向大气传输的能量,其计算往往需要使用遥感方式较难获取的参数,如风速、水汽压、近地面气温和边界层稳定度等,在大范围尺度(区域或大陆)上用遥感手段直接估算感热通量是不合适的.一个可行的方法是先用遥感手段估算潜热通量,然后再根据地表能量平衡计算感热通量.其中,S-SEBI 模型是比较合适的选项之一(Roerink et al,2000),它可以基于卫星遥感探测的地表温度和地表反射率的散点图计算蒸发比率,并计算瞬时潜热通量.

S-SEBI 模型中潜热通量 E 的计算式为

$$E=\Lambda(F_n-G), \tag{10.3.6}$$

其中,Λ 为蒸发比率.

蒸发比率 Λ 根据地表温度和地表反射率散点图推算.图 10.3 为稳定大气状况下 S-SEBI 模型地表温度和地表反射率之间的理论关系图.图中地表温度和地面反射率之间关系斜率的增加和减少都有其物理意义:斜率增加表示受蒸发控制,水分的蒸发使得湿地表维持低温,地表的颜色变得更明亮,因此反射率增大,同时可用来蒸发冷却的水分减少,使得地表温度增大;当地表的水分耗尽,蒸发停止,随后由于地面反射率增大,反射的辐射增加,地表温度又开始减小,蒸发接近于零后,地表温度的变化斜率会随反射率的增加而减小,此时就受到辐射控制.考虑极限情况,图 10.3 斜率为正的虚线表示受蒸发控制,此时潜热通量最大,可忽略感热通量,即“湿线”,而斜率为负的虚线表示受辐射控制,此时感热通量最大,可忽略潜热通量,即“干线”.这样,通过确定散点图的“湿线”和“干线”来获得极限温度 T_E 和 T_H,当温度为 T_E 时潜热达到最大值而感热为零,当温度为 T_H 时感热达到最大值,而潜热为零.两边线之间的点则有不同比例的潜热通量和感热通量.在使用此方法时,要确保选取区域内有足够多的干旱和湿润区存在.通过对“湿线”和“干线”的回归分析,计算出空间任何像元点的极限温度 T_E 和 T_H,即

$$T_H=a_H+b_Hr_0, \tag{10.3.7a}$$

$$T_E=a_E+b_Er_0, \tag{10.3.7b}$$

其中,r_0 为观测像元点的地表反射率.蒸发比率 Λ 为

$$\Lambda = \frac{T_H - T_0}{T_H - T_E}, \tag{10.3.8}$$

其中，T_0 为观测像元点的地表温度. 潜热通量即可利用公式(10.3.6)计算得到.

感热通量基于能量平衡的余项来进行计算，即通过计算净辐射、土壤热通量和潜热通量，根据能量平衡方程(10.3.1)式来推算感热通量 H.

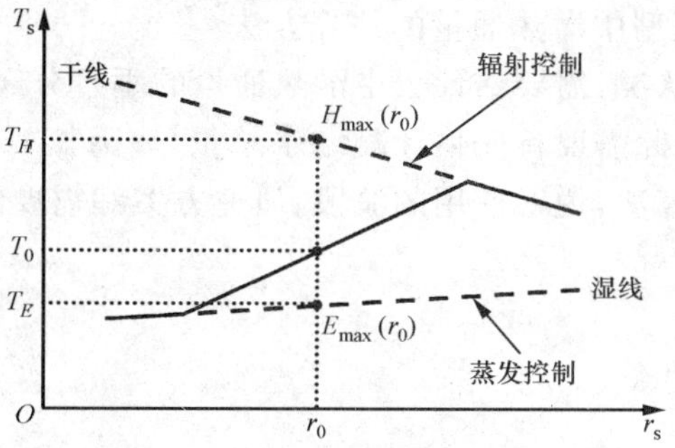

图 10.3 S-SEBI 模型地表温度和地表反射率理论关系图(Roerink et al, 2000)

习 题

10.1 最早用于星载辐射测量的，是一组配对的半径为 a 的球形黑、白传感器. 它们暴露于各种辐射分量之中，包括太阳直接辐射、地气系统反射短波辐射和发射长波辐射. 假定黑色传感器的吸收率为 a_b，且对短波和长波都相同；但白色传感器对短波和长波的吸收率分别是 a_w^s 和 a_w^l. 若黑色和白色传感器测量的辐射平衡温度分别为 T_b 和 T_w，大气层顶太阳直接辐照度为 F，推导地气系统反射短波辐射和发射长波辐射的表达式.

10.2 叙述使用单一红外窗区通道估计 OLR 的基本原理.

10.3 如何使用卫星数据或产品估计地面向上长波辐射?

10.4 一颗位于离地面 1000 km 高度的卫星用于测量地球辐射收支，卫星上搭载的探测器是谐振辐射仪，它朝向地球的圆形窗口上 1 cm^2 的光圈能精确地测量仪器视角包含的入射能量，仪器的视角包括整个地球. (1) 如果地气系统是温度为 300 K 的黑体，探测器收集到的来自地球的辐射功率是多少? (2) 地球的辐射随地表状况和时间变化，如何取样，才能用此探测器测定地球的平均放出辐射通量? 假设可以忽略反射太阳辐射，可以随意移动卫星. (3) 若探测器视角未能覆盖全部地球，如何获得地球的平均放出辐射通量?

10.5 气溶胶辐射强迫 ΔF 定义为大气层顶净辐射通量密度(短波和长波的和)在有无气溶胶条件下的差异，即

$$\Delta F = (F^{\downarrow} - F^{\uparrow})_y - (F^{\downarrow} - F^{\uparrow})_n,$$

其中，下角标"y"和"n"分别表示有和无气溶胶条件，上角标"↓"和"↑"分别表示向下和向上. 下表给出了卫星探测得到的撒哈拉沙漠不同表面反射率条件下，由矿物粒子组成的沙尘气溶胶的辐射强迫. 矿物气溶胶粒子的单散射反照率约为 0.96.

表面反射率	0.32	0.28	0.25	0.17
辐射强迫/(W·m^{-2})	24.35	18.41	15.89	5.53

(1) ΔF 为负值时，意味着地气系统是变暖还是变冷?

(2) 根据表中提供的数据,给出 ΔF 与表面反射率的近似关系.

(3) 若此沙尘气溶胶吹到了大西洋上空,估计此时的气溶胶辐射强迫.

(4) 若沙尘气溶胶换成草原大火生成的煤烟气溶胶,会出现什么结果? 煤烟气溶胶粒子的单散射反照率约为 0.8～0.9.

(5) 分析全球气溶胶辐射强迫的变暖和变冷效应.

10.6 说明 S-SEBI 模型中潜热通量的估算方法.

10.7 了解云的发展状况,需要估计云中潜热通量的垂直分布,而潜热释放与水汽上升过程中的凝结水总量有关,因此需要首先估计凝结水总量(李万彪,2010). 试设计一种遥测云中潜热通量垂直分布的反演算法,说明使用的波段、研究方案和需要解决的关键问题等.

第十一章　大气成分

卫星可以遥测大气微量和痕量成分，例如 O_3，CO_2，CH_4，CO，SO_2 和 NO_2 等，此外还可以遥测大气中的气溶胶. CO_2，CH_4，CO，SO_2 和 NO_2 等的卫星遥感除选择波段的主要差异外，其遥感算法基本与 O_3 类似. 因此，本章将主要介绍 O_3 和气溶胶的遥测，其中 11.1 节介绍臭氧总量的遥感算法；11.2 节讨论臭氧廓线的星下探测和临边探测；11.3 节为 MODIS 气溶胶算法的介绍.

11.1　臭氧总量

臭氧是一种重要的大气微量气体，它吸收了阳光中大部分对生物有害的紫外线，此外，它在电磁波段中的可见光和红外波段也有显著的吸收. 利用臭氧在这些波段的吸收，可以探测大气臭氧总量.

卫星观测是探测大气臭氧总量的重要手段，利用星载紫外、可见光和红外探测器可以获取大气臭氧总量. 配合地基观测可以对卫星臭氧总量产品进行真实性检验.

11.1.1　紫外后向散射探测

太阳紫外辐射通过地球大气再到卫星传感器，要经历一系列辐射传输过程：臭氧等气体的吸收，大气分子、气溶胶和云的散射，具有不同反射率的表面反射以及地球表面和大气之间的多次反射等. 波长大于 310 nm 的紫外辐射，是卫星探测臭氧总量的主要波段，影响该波段紫外后向散射强度的主要因素是大气层顶到地球表面的臭氧总量及其垂直分布，因为臭氧的吸收主要决定了卫星接收的紫外后向散射亮度. 卫星在该波段遥感臭氧总量，就是在该波段(位于臭氧 Huggins 带，300～350 nm)中选取两个吸收差异较大的波长，用于后向散射辐亮度的探测. 根据后向散射辐亮度中两个波长对紫外吸收的差异提取臭氧吸收信息，经过反演获得大气臭氧总量.

大部分臭氧分布于对流层顶以上，而大部分的太阳紫外后向散射来自对流层顶以下(图 11.1). 对流层内很少吸收产生，而臭氧层很少散射产生. 到达卫星的辐射穿过臭氧层两次，每次都要衰减. 卫星仪器观测到的大气层顶后向散射辐亮度，可以写为

$$I(\lambda) = F_0(\lambda) t^m r(\theta_0, \theta, r_s, r_a), \qquad (11.1.1)$$

其中，$F_0(\lambda)$为大气层顶太阳辐照度；$m = \sec\theta_0 + \sec\theta$；$r$ 为表面-对流层大气反射率，依赖于大气散射(r_a)、表面反射(r_s)、太阳天顶角(θ_0)和卫星天顶角(θ). 忽略臭氧吸收系数随温度和气压的变化，透过率 t 与臭氧总量有

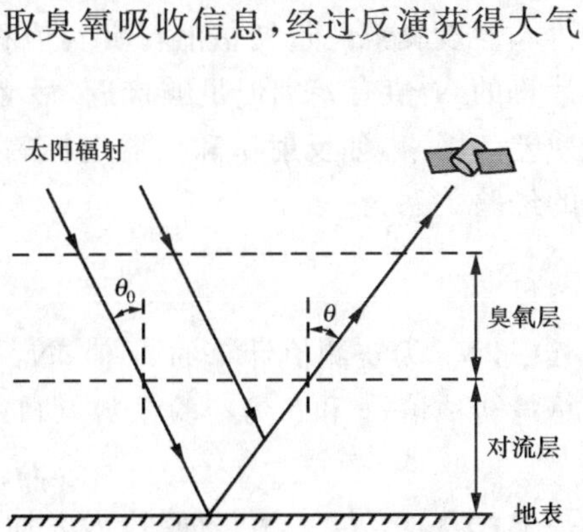

图 11.1　紫外后向散射探测臭氧时辐射传输路径示意图

关,即

$$t = \exp[-k_a(\lambda)\Omega], \tag{11.1.2}$$

其中,$k_a(\lambda)$是臭氧质量吸收系数,Ω 为单位面积气柱中的臭氧质量,即臭氧总量.

在实际利用太阳紫外后向散射反演臭氧或其他痕量气体的时候,通常使用通道辐亮度与太阳辐照度比值的10为底的对数乘以-100,这个值与吸收物质的柱密度近似成正比,定义为 N 值,即

$$N = -100\ \lg(I/F_0), \tag{11.1.3}$$

其中,I 为通道紫外后向散射亮度,F_0 为相同通道的太阳辐照度,乘以100是为了使 N 有一个合理的数值范围.在实际业务反演中,预先采用辐射传输模式进行辐射传输计算,即通过(11.1.1)—(11.1.3)式,利用标准臭氧廓线,计算卫星观测几何条件下的辐亮度,得到臭氧总量与两个臭氧吸收差异较大通道的 N 值及 N 值差数据集.

臭氧总量的反演计算包括两个过程(McPeters et al,1996).首先计算臭氧总量的初估值,这个初估值是根据预先的辐射模拟数据集通过查算表方式获得的,即通过2个臭氧吸收差异较大通道的 N 值差和臭氧总量的关系,通过实际观测与计算的 N 值差做比较求出臭氧总量.随后计算臭氧总量的精确值.除了选择与计算初估值类似的两个通道外,还要选择一个对臭氧不敏感的通道,这些通道初估值计算的 N 值和实际观测的 N 值的差异称为残差.通过残差与臭氧总量的经验关系,建立对于选择的三个通道的联立方程组,求解这个方程组即可获得臭氧总量的精确值.表11.1给出了中国FY3A紫外臭氧总量探测仪(TOU)臭氧总量反演通道的组合方式.其他有类似通道的卫星仪器,例如雨云(Nimbus)系列卫星上搭载的紫外后向散射仪(BUV)、太阳紫外后向散射仪(SBUV)和臭氧总量测绘光谱仪(TOMS)等.

表11.1 FY3A/TOU 臭氧总量反演通道组合方式(杨军等,2011)

臭氧敏感通道/nm	臭氧次敏感通道/nm	反射率通道/nm	适用条件
317.61	331.31	不用	初估值计算
312.59	331.31	360.11	$m\leqslant 1$
317.61	331.31	360.11	$1<m\leqslant 3$
322.40	331.31	360.11	$m>3$

注:$m=\sec\theta_0+\sec\theta$,其中 θ 和 θ_0 分别为卫星和太阳天顶角.

假设臭氧总量初估值与真实值相差不大,用初估值计算出的各通道的 N 值和卫星实测值计算的 N 值有差别但足够接近,后者可以近似为前者的一阶泰勒展开.此外,其他影响 N 值残差的因素,如反射率和仪器定标等,可以假设为与波长呈线性关系.则得到残差与臭氧总量的经验关系为

$$N_m - N_0 = (\Omega - \Omega_0)\left(\frac{dN}{d\Omega}\right)_0 + a + b\lambda, \tag{11.1.4}$$

其中,N_m 为实测值计算的 N 值;N_0 为根据初估值计算的 N 值;Ω 为实际臭氧总量;Ω_0 为臭氧总量初估值;a 和 b 为经验系数.(11.1.4)式可以写为

$$\Delta N_\lambda = s_\lambda(\Omega - \Omega_0) + a + b\lambda, \tag{11.1.5}$$

其中,$\Delta N_\lambda = N_m - N_0$ 为波长为 λ 通道的残差,$s_\lambda = (dN/d\Omega)_0$ 为波长为 λ 通道的臭氧总量 Ω 对 N 值的敏感度.

由于360.11 nm通道大气后向散射辐亮度对臭氧总量不敏感,故 $s_{360}=0$.另外反射率是根

据 360.11 nm 通道计算得到的，故 360.11 nm 通道的残差为 0. 代入(11.1.5)式得到

$$a = -360.11b. \tag{11.1.6}$$

对于臭氧敏感通道，使用(11.1.6)式可将(11.1.5)式写为

$$\Delta N_\lambda = s_\lambda(\Omega - \Omega_0) + b\Delta\lambda, \tag{11.1.7}$$

其中，$\Delta\lambda = \lambda - 360.11\,\mathrm{nm}$. 根据实际观测情况，从表 11.1 中选择一组臭氧敏感通道和次敏感通道组合，假设这两个通道波长为 λ_1 和 λ_2，这样可以用两个通道通过(11.1.7)式建立联立方程组，并解出 Ω，即臭氧总量的精确值为

$$\Omega = \Omega_0 + \frac{\Delta N_1 \Delta\lambda_2 - \Delta N_2 \Delta\lambda_1}{s_1 \Delta\lambda_2 - s_2 \Delta\lambda_1}. \tag{11.1.8}$$

11.1.2 紫外/可见差分光学吸收光谱法

差分光学吸收光谱法(DOAS)最初用于地基光谱仪反演大气痕量气体；用于星载仪器反演臭氧等痕量气体，是始于 1994 年星载的高光谱紫外/可见全球臭氧监测光谱仪(GOME)(Burrows et al,1999;Spurr et al,2002).

经典的 DOAS 法应用比尔定律：

$$I(\lambda) = I_0(\lambda)\exp\left\{-s\left[\sum_i \left(\sigma_i(\lambda)c_i\right) + \beta_{\mathrm{R}}(\lambda) + \beta_{\mathrm{M}}(\lambda)\right]\right\}A(\lambda), \tag{11.1.9}$$

其中，$I_0(\lambda)$是波长为 λ 的入射辐亮度，传输距离 s 后，辐亮度衰减为 $I(\lambda)$，β_{R} 和 β_{M} 是由于传输路径上瑞利散射和米散射造成的消光，σ_i 和 c_i 是第 i 种痕量气体的吸收截面和浓度，$A(\lambda)$是由于仪器和其他效应等影响的订正系数.

为了从(11.1.9)式中确定某特定痕量气体的浓度，需要对影响辐亮度变化的其他因素进行定量估计. DOAS 法中，气溶胶消光、瑞利散射和大多数痕量气体的吸收过程等，显示出较宽或者平滑的光谱特征；而某些痕量气体，则表现出窄波段吸收结构特征. DOAS 法的基础，就是在测量光谱中分离出窄和宽波段光谱结构(图 11.2)，从窄波段光谱特征应用比尔定律，获得特定痕量气体的浓度.

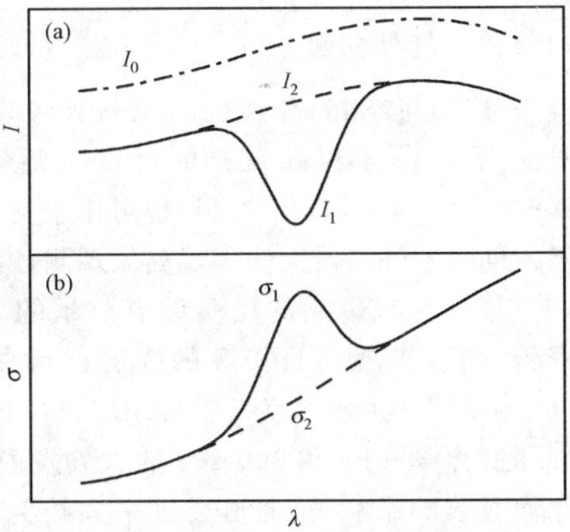

图 11.2 DOAS 原理示意图：I_0 和 σ 经适当的滤波过程分解为窄波(I_1 和 σ_1)和宽波(I_2 和 σ_2)两部分(Platt et al,2008)

图 11.2 显示了一个吸收波段中观测光谱中分离的窄和宽波段结构，吸收截面写为

$$\sigma_i(\lambda) = \sigma_{1i}(\lambda) + \sigma_{2i}(\lambda), \tag{11.1.10}$$

其中，σ_{1i} 表示了吸收波段的快速变化(高频或"差分")，而 σ_{2i} 代表了因瑞利和米散射等的慢速变化(低频). 将(11.1.10)式代入(11.1.9)式并分解为差分吸收的辐射贡献

$$I_1(\lambda) = I_0(\lambda)\exp\left\{-s\sum_i\left[\sigma_{1i}(\lambda)c_i\right]\right\} \tag{11.1.11}$$

和无差分吸收的其他因素导致的辐射贡献

$$I_2(\lambda) = A(\lambda)I_0(\lambda)\exp\left\{-s\left[\sum_i\left(\sigma_{2i}(\lambda)c_i\right) + \beta_{\mathrm{R}}(\lambda) + \beta_{\mathrm{M}}(\lambda)\right]\right\}. \tag{11.1.12}$$

根据分解出的差分吸收的辐射贡献，在一定的条件下，对某种特定的成分，其浓度为

$$c = \frac{\ln[I_1(\lambda)/I_0(\lambda)]}{s\sigma_1(\lambda)}, \tag{11.1.13}$$

即可求得特定成分在大气传输路径 s 中的含量 $C=sc$.

在 GOME 估计臭氧总量的 DOAS 算法中(Spurr et al,2002)，宽波谱结构特征近似以波长的低阶多项式(例如 2 阶)表示，定义

$$y(\lambda) \equiv \ln\frac{I(\lambda)}{I_0(\lambda)} = -\sum_i\left[\sigma_i(\lambda)C_i(s)\right] - \sum_{j=0}^{2}\left[a_j(\lambda-\lambda_0)^j\right], \tag{11.1.14}$$

其中，$I(\lambda)$和 $I_0(\lambda)$分别是星载仪器观测到的波长为 λ 的反射辐亮度和入射到大气层顶的太阳辐射，前者可由仪器探测的反射率计算获得；C_i 为第 i 种痕量成分(其中包括臭氧)在辐射传输路径 s(从太阳到地表，再从地表到卫星仪器)上的含量；a_j 为经验系数；λ_0 为参考波长.

DOAS 算法通过拟合过程获取斜程路径上大气臭氧总量，然后通过大气质量因子转化成垂直路径臭氧总量. 拟合过程中需要选择一个拟合窗口，即特定的光谱带. 对于 GOME 光谱仪估算臭氧总量，选择的光谱带是紫外 323～335 nm(GOME 的通道 2)和可见光 430～535 nm(GOME 的通道 3). 拟合过程通过计算 χ 平方函数的最小值获得大气臭氧总量，χ 平方函数的表达式为

$$\chi^2 = \sum_{i=1}^{M}\left[\frac{y_{\text{mea}}(\lambda_i) - y_{\text{sim}}(\lambda_i)}{\sigma_{\text{mea}}(\lambda_i)}\right]^2, \tag{11.1.15}$$

其中，M 为拟合窗口中的观测波段数，y_{mea} 和 σ_{mea} 是根据卫星观测计算的 y 值和误差，y_{sim} 是模拟计算的 y 值. 拟合过程的目标是使参考臭氧吸收光谱逼近观测光谱(λ_1～λ_M)，通过调整参考光谱中的臭氧含量最终获得真实臭氧总量.

11.1.3 红外探测

从卫星探测的臭氧 9.6 μm 红外吸收带的辐射信息，可以获取臭氧总量(Lefèvre et al,1991; Zhao et al,1994; Neuendorffer,1996). 近年来，利用 GOES 红外成像仪资料(Jin et al,2008)和 MODIS 资料(Borbas et al,2011)也可用于臭氧总量的反演. 虽然红外遥感臭氧的精度不如紫外，但在极夜期间紫外仪器无法实现臭氧观测，因此红外臭氧遥感是唯一的观测手段.

较早的有影响的反演臭氧总量的方法(Lefèvre et al,1991)，首先应用于 TOVS/HIRS2 资料，随后扩展到 GOES 的探测器对臭氧总量的反演. 这种算法除了使用臭氧 9.6 μm 通道外，还使用中心波长为 14.7,13.7,11.1 μm 的 HIRS2 第 2,6 和 8 通道. 2 和 6 通道的测量值对气压高度 60 hPa 和 800 hPa 的大气发射非常敏感，8 通道位于红外窗区. 9.6 μm 波段受臭氧和水汽吸收的影响，其通道透过率大约为 0.5，因此卫星测量的辐射包括了来自地表的部分发射. 臭氧通道(第 9 通道)的透过率 t 可写为

$$t = t_{H_2O}\cdot t_{O_3}, \tag{11.1.16}$$

其中，t_{H_2O}和 t_{O_3} 为臭氧通道中水汽和臭氧透过率. 大气中绝大部分水汽存在于地面 400 hPa 对流层中，而对流层中臭氧发射的红外辐射对卫星测量影响极小. 在 400 hPa 高度以上，可以近似有 $t_{H_2O}=t_{H_2O}(400)=1$. 由此，9.6 μm 通道测量的辐射可由辐射传输方程可以表示为两项：气压高于 400 hPa 的低层大气贡献和气压低于 400 hPa 的上层大气贡献，即

$$I = \left[B(T_s)t_{H_2O}(p_s) + \int_{400}^{p_s} B(T)\frac{dt_{H_2O}(p)}{dp}dp\right]t_{O_3}(400) + \int_0^{400} B(T)\frac{dt_{O_3}(p)}{dp}dp. \tag{11.1.17}$$

为了估计低层大气贡献，需要对 9.6 μm 波段水汽发射进行估计. 9.6 μm 和 11.1 μm 通道的波段平均水汽发射类似，因此可以用 8 通道测量的亮温 T_{b8} 来估计低层大气贡献项. (11.1.17)式即可近似改写为

$$I = B(T_{b8})t_{O_3}(400) + \int_0^{400\text{ hPa}} B(T)\frac{\mathrm{d}t_{O_3}(p)}{\mathrm{d}p}\mathrm{d}p, \tag{11.1.18}$$

其中，普朗克函数 B 等都是针对 9.6 μm 波段计算的.

为了估计上层大气贡献，需要假设一个臭氧层温度 T_{O_3}，即假设 400 hPa 高度以上的上层大气为等温大气，并具有与真实大气一样的 9.6 μm 波段辐射特性，这个等温大气温度即为 T_{O_3}. 在此近似下，(11.1.18)式写为

$$I = B(T_{b8})t_{O_3}(400) + B(T_{O_3})[1 - t_{O_3}(400)]. \tag{11.1.19}$$

由此解出上层大气臭氧透过率为

$$t_{O_3}(400) = \frac{I - B(T_{O_3})}{B(T_{b8}) - B(T_{O_3})}. \tag{11.1.20}$$

臭氧层温度 T_{O_3} 必须用 HIRS2 的其他通道测量值估算，所以首选权重峰值在平流层的通道 2. 此外，在低层对流层的最暖部分的臭氧发射，会给臭氧反演带来误差，因此选用通道 6 和通道 8 来校正这一误差. 因此，臭氧层温度 T_{O_3} 计算的统计式为

$$T_{O_3} = a_0 + a_1T_{b2} + a_2T_{b6} + a_3T_{b8} + a_4T_{b9}, \tag{11.1.21}$$

其中，系数 $a_0 \sim a_4$ 可以使用辐射传输模式模拟统计获得. 模式模拟显示臭氧总量 Ω 与 $t_{O_3}(400)$，T_{O_3} 的统计关系为

$$\Omega = b_0 - b_1\ln[t_{O_3}(400)] + b_2T_{O_3}, \tag{11.1.22}$$

其中，$b_0 \sim b_2$ 为统计系数. 根据(11.1.22)式计算上层大气的臭氧总量，最后的整个大气的臭氧总量必须加上对流层臭氧总量气候平均值(25 DU). 当对流层上部有云时，即满足 $T_{b8} - T_{O_3} <$ 20 K 时，则不能计算臭氧总量.

根据红外辐射传输方程，还可以使用类似温度廓线反演的迭代法进行臭氧总量计算(李万彪，1992；Zhao et al，1994). 将普朗克函数对温度进行泰勒展开，再对传输方程中的积分项进行分部积分. 在卫星天顶角 θ 情况下，将 HIRS 探测器 9.6 μm 通道观测亮温 T_b 与用第 n 次估计的臭氧廓线计算的亮温 $T_b^{(n)}$ 相减，得到

$$T_b - T_b^{(n)} = \int_0^{p_s}\left[t(p) - t^{(n)}(p)\right]Q(p)\mathrm{d}\ln p, \tag{11.1.23}$$

其中，上标“(n)”表示第 n 次迭代估计值，$t(p)$为气压 p 到卫星的透过率，$Q(p)$的表达式为

$$Q(p) = \frac{\partial B(T)/\partial T}{\partial B(T_b)/\partial T}\frac{\partial T}{\partial \ln p}. \tag{11.1.24}$$

引用水汽反演迭代法的数学推导(Smith，1970)，可以类似建立起 9.6 μm 通道观测亮温 T_b 与臭氧分压 $p_3(p)$(单位：毫微巴，即 10^{-9} bar，1 bar$=10^5$ Pa)之间的关系式为：

$$T_b - T_b^{(n)} = \int_0^{p_s}\ln\frac{p_3(p)}{p_3^{(n)}(p)}W^{(n)}(p)\mathrm{d}\ln p, \tag{11.1.25}$$

其中，

$$W^{(n)}(p) = \frac{\partial B(T)/\partial T}{\partial B(T_b)/\partial T}\frac{\partial T}{\partial \ln p}\frac{\partial t(p)}{\partial \ln p_3^{(n)}(p)}. \tag{11.1.26}$$

根据(11.1.25)式，假定实际的臭氧廓线与它的第 n 次估计值成比例，则对于大气中每一

气压层 $p_i(i=1,2,\cdots,N)$，有

$$\gamma^{(n)}=\frac{p_3(p_i)}{p_3^{(n)}(p_i)}=\exp\frac{T_b-T_b^{(n)}}{\int_0^{p_s}W^{(n)}(p)\mathrm{dln}p}. \tag{11.1.27}$$

由此得到臭氧分压 $p_3(p_i)(i=1,2,\cdots,N)$的迭代关系为

$$p_3^{(n+1)}(p_i)=p_3^{(n)}(p_i)\cdot\gamma^{(n)}. \tag{11.1.28}$$

对上式进行多次迭代，直到$|T_b-T_b^{(n)}|<\delta$，δ 相当于仪器噪声水平，例如 $\delta=0.2$ K. 也就是说，当臭氧通道测量的亮温和计算的亮温值之差接近仪器噪声水平时，迭代过程即可终止. 大气臭氧总量可通过对第 n 次迭代估计的臭氧廓线 $p_3^{(n)}(p)$直接积分获得，即

$$\Omega=0.78961\int_0^{p_s}p_3^n(p)\mathrm{d}\ln p. \tag{11.1.29}$$

积分后获得的臭氧总量的单位是 Dobson. 因为臭氧廓线是 N 层，实际求解(11.1.29)式积分就要化成求和运算.

在使用以上迭代法时，需要预先知道大气温度、湿度廓线，臭氧初始廓线以及臭氧和水汽的透过率. 大气温度、湿度廓线使用 HIRS 的产品，臭氧和水汽的透过率已在许多传输模式中给出计算结果，臭氧初始廓线则使用 HIRS 的二氧化碳 1～4 通道和 9.6 μm 臭氧通道亮温统计获得. 因为 HIRS 的二氧化碳 1～4 通道权重函数的峰值位于 30～400 hPa，它们探测的亮温反映了对流层上部与平流层内的热力结构，因此，这些通道的亮温值与臭氧含量之间存在相当好的相关性. 在建立 HIRS 二氧化碳 1～4 通道和 9.6 μm 臭氧通道亮温与各气压层臭氧含量的线性统计关系后，根据这些通道观测的亮温即可求得各气压层上的臭氧含量，即初始臭氧廓线.

在迭代过程中，臭氧廓线的极大值高度并没有改变. 为了尽可能接近于实际大气情况，在臭氧初始廓线建立之后，需对它向上或向下移动 Δp 气压层. Δp 由根据初始廓线计算的 9.6 μm 通道亮温 $T_{b,cal}$和 9.6 μm 臭氧通道观测亮温 $T_{b,mea}$计算得到，即

$$\Delta p=a+b(T_{b,cal}-T_{b,mea}), \tag{11.1.30}$$

其中，a 和 b 为统计系数.

通过扰动形式的辐射传输方程，使用物理法也可以求取臭氧总量，类似(11.1.30)式也需要对初始廓线进行峰值调整. HIRS 获取臭氧总量的业务算法，则是分别计算平流层上层和下层的臭氧总量. 其中，平流层上层的臭氧可用模式直接计算，而平流层下层用 9.6 μm 通道观测辐射计算(Menzel，2006).

11.2　臭氧廓线

和探测臭氧总量类似，探测臭氧含量垂直廓线也利用了臭氧在紫外、可见光和红外的吸收波段.

11.2.1　星下探测

紫外波段臭氧含量垂直廓线的遥测，是利用臭氧吸收太阳紫外辐射的能力随波长显著变化的特性，通过不同紫外通道对大气紫外后向散射辐射的观测，获得大气不同高度层上的臭氧含量. 波长小于 290 nm 的紫外辐射，由于高层大气臭氧的强烈吸收，导致到达 30 km 高度以下

大气的紫外辐射大大减少. 因此,卫星从大气层顶获取的波长小于 290 nm 的紫外后向散射辐射,主要含有 30 km 高度以上高度层臭氧含量信息. 臭氧对波长为 290～340 nm 的紫外辐射的吸收能力较弱,紫外辐射往往可以进入深层大气. 卫星探测的 290～340 nm 的紫外后向散射辐射,主要含有 30 km 高度以下高度层臭氧含量信息(Bhartia et al,1996). 图 11.3 显示了对应紫外波段的几个波长,单次散射的贡献函数随高度的分布,基本可以看到以上分析的特点. 卫星上搭载的紫外臭氧垂直探测器,一般在 250～340 nm 光谱范围内设置多个不同波长通道,通过这些通道探测数据的组合和计算,就可获得从地表到大气层顶不同高度层的臭氧含量,得到臭氧含量垂直廓线.

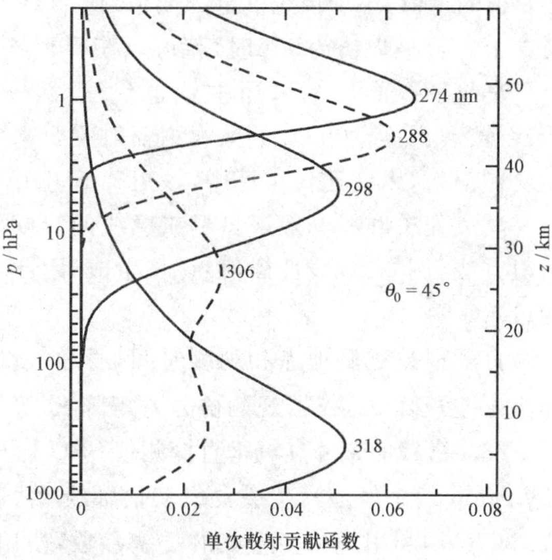

图 11.3 单次散射的贡献函数(Bhartia,2002),计算值是单次散射辐亮度 I_s 随高度变化相对于总辐射亮度 I 的比值,即 $(dI_s/d\ln p)(1/I)$

考虑一种简单的情况,即没有散射、且大气光学厚度足够大不能看到地表时,某波长 λ 处卫星探测到的大气层顶的辐射可用辐射传输方程表示为

$$I(\lambda) = \int_0^{p_s} B(\lambda, p) \frac{dt(\lambda, p)}{d\ln p} d\ln p. \tag{11.2.1}$$

应用于多个卫星通道,这个方程可以写为向量形式

$$\boldsymbol{y} = F(\boldsymbol{x}), \tag{11.2.2}$$

其中,$\boldsymbol{x}$ 是反演计算的目标向量,例如臭氧廓线各层臭氧含量值组成的向量;$\boldsymbol{y}$ 是测量向量,例如多个卫星通道测值值组成的向量. F 是二者之间的转换矩阵函数,根据(11.2.1)式给出的函数形式计算获得.

用牛顿迭代法,将(11.2.2)式对猜想的第 n 次迭代解 $\boldsymbol{x}_n$ 进行泰勒展开,即

$$\boldsymbol{y} = F(\boldsymbol{x}_n) + \frac{\partial F}{\partial x}(\boldsymbol{x} - \boldsymbol{x}_n) + o[(\boldsymbol{x} - \boldsymbol{x}_n)^2], \tag{11.2.3}$$

忽略高阶项后,将上式改写为

$$\boldsymbol{y} \cong \boldsymbol{y}_n + \boldsymbol{K}_n(\boldsymbol{x} - \boldsymbol{x}_n), \tag{11.2.4}$$

其中,$\boldsymbol{y}_n$ 是使用 $\boldsymbol{x}_n$ 的计算值,$\boldsymbol{K}_n$ 称为核矩阵.

使用先验信息 $\boldsymbol{x}_0$(来源于经验和历史资料,大多存在于试验以前,$\boldsymbol{x}_0$ 协方差矩阵为 $\boldsymbol{S}_x$),可得到(11.2.4)式解 $\boldsymbol{x}$ 的迭代形式为(Rodgers,1976)

$$\boldsymbol{x}_{n+1} = \boldsymbol{x}_0 + \boldsymbol{S}_x\boldsymbol{K}_n^{\mathrm{T}}(\boldsymbol{K}_n\boldsymbol{S}_x\boldsymbol{K}_n^{\mathrm{T}} + \boldsymbol{S}_e)^{-1}[\boldsymbol{y} - \boldsymbol{y}_n - \boldsymbol{K}_n(\boldsymbol{x}_0 - \boldsymbol{x}_n)], \tag{11.2.5}$$

其中,$\boldsymbol{x}_{n+1}$ 是第 n 次($n \geqslant 1$)迭代计算的反演值向量;$\boldsymbol{x}_0$ 和 $\boldsymbol{x}_1$ 分别为先验值向量和初始值向量;$\boldsymbol{S}_e$ 为仪器观测值 $\boldsymbol{y}$ 的协方差矩阵,表示由于仪器观测精度造成的误差;$\boldsymbol{K}_n$ 是第 n 次计算得到的核矩阵.

根据(11.2.5)式进行的迭代,开始于先验值向量 $\boldsymbol{x}_0$ 和给定的初始值向量 $\boldsymbol{x}_1$,当反演值收敛时,迭代过程结束,并获得最终反演值 $\boldsymbol{x}_0 = \boldsymbol{x}_{n+1}$. 基本规则是,两次连续迭代反演值的差与其协

方差根的比值，小于预先设定的阈值. 例如对于 $\boldsymbol{x}$ 的第 i 个元素，这个比值为 $|x_{n+1,i}-x_{n,i}|/S_{x_i}$. 当这个比值最大值为 1%时，就可以获得很好的结果(Bhartia，2002).

臭氧廓线的反演采用牛顿迭代法(Newtonian iteration)(Rodgers，1976；Bhartia et al，1996；黄富祥等，2008). 卫星观测辐射主要来自大气对紫外辐射的单次散射、多次散射以及表面反射辐射，因此迭代计算中，核矩阵 $\boldsymbol{K}$ 由单次散射、多次散射和反射核矩阵组成.

臭氧先验廓线一般来自臭氧廓线的气候数据库，利用观测时间和像元经纬度通过一定的插值方法(例如：双线性插值)计算生成. 因此，臭氧廓线的迭代反演的具体步骤如下(杨军等，2011)：

首先根据观测地点和观测时间，通过气候数据库生成先验信息，包括先验臭氧廓线 $\boldsymbol{x}_0$ 及其协方差矩阵 $\boldsymbol{S}_x$，仪器观测协方差矩阵 $\boldsymbol{S}_e$ 等. 第二步，利用选择的紫外波段几个通道(例如，中国 FY3A 搭载的紫外臭氧垂直探测仪 SBUS 进行臭氧廓线反演时，选用了 312.5，317.5，331.2，339.8 nm 四个通道)，生成臭氧初估廓线 $\boldsymbol{x}_1$，以及在用辐射计算模式进行辐射计算时的一些参数. 第三步，利用第二步生成的一些参数，使用辐射计算模式分别就单次散射、多次散射和反射辐射进行计算. 并将计算向量和观测向量放入迭代计算方程(11.2.5)式，进行第一次迭代计算，得到计算向量 $\boldsymbol{x}_2$. 第四步，对迭代计算结果进行收敛性判断，如果不收敛，则进入下一次迭代计算；如果收敛则迭代结束，即可获得迭代计算结果，即反演的臭氧廓线. 图 11.4 显示了臭氧廓线的反演原理简单示意图.

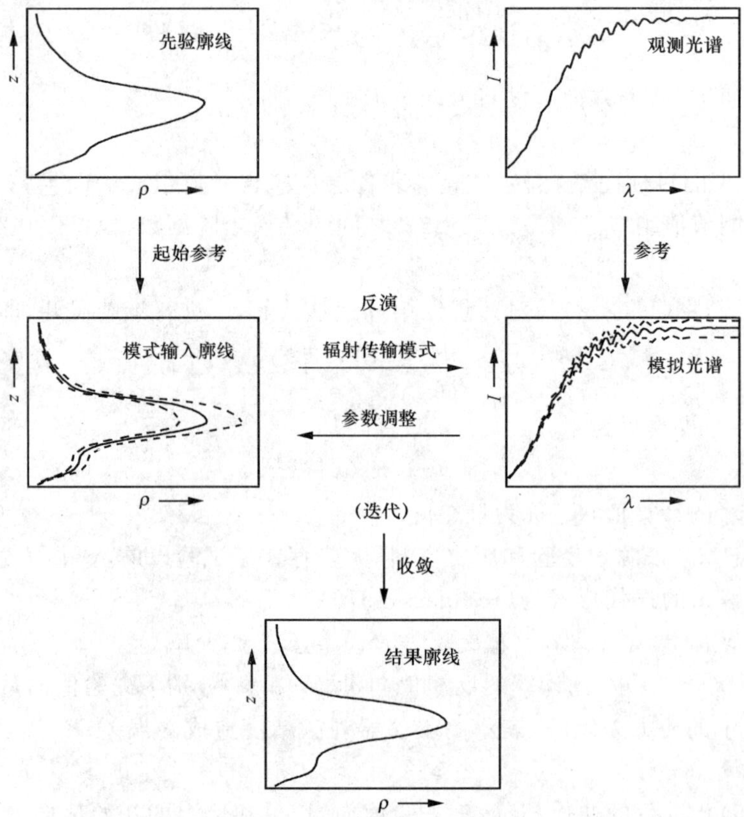

图 11.4　臭氧廓线的反演原理示意图(Gottwald et al，2011)

11.2.2 临边和掩星探测

若辐射仪或光谱仪的视角是水平的，它接收来自较薄的高度层光路上的大气辐射(见图11.5)，这种临边观测获得痕量气体廓线的一般方法称为临边探测. 一系列卫星实验已经使用了这种方法反演中层大气，尤其是平流层的痕量成分廓线，包括臭氧廓线.

图 11.5 中的光路可用最接近于地表的切向高度 h 来表示. 卫星探测的若是红外波段，则接收的辐射来自大气的发射辐射；若是紫外或可见光波段，则辐射来自太阳辐射在光路上的散射. 对于红外临边探测，因为大气密度和气压随高度快速递减，所以发射辐射主要在切点之上几千米的范围内，可以获得高垂直分辨率；另外，接收的辐射都来自大气，不存在下垫面的影响. 但对于紫外或可见光临边探测，卫星仪器接收的辐射可以来自下垫面(地表和云)的散射辐射，因此比红外临边探测技术相对复杂.

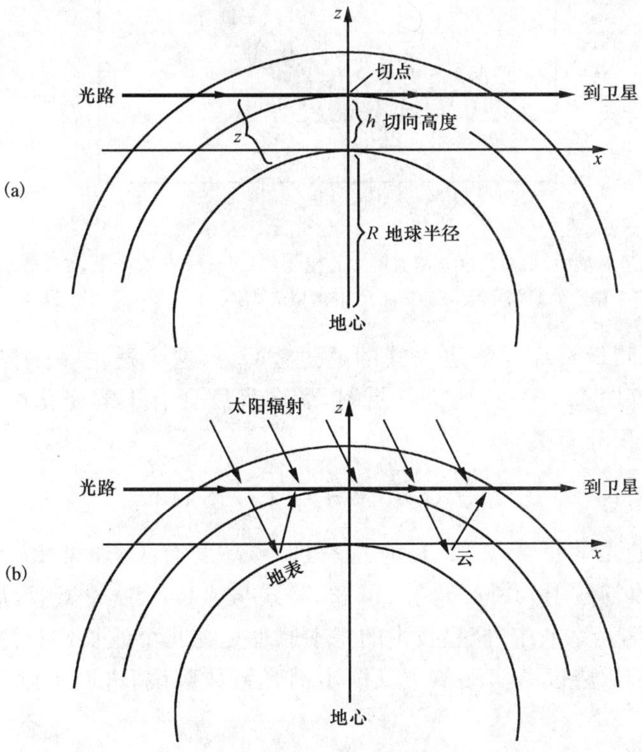

图 11.5 临边探测示意图

(a) 红外波段；(b) 紫外和可见光波段

临边探测中，红外临边探测的辐射传输方程易于获得. 对于处于局地热力学平衡的无散射大气来说，基本辐射传输方程可以表示为

$$I_\lambda = \int_0^\infty B_\lambda[T(z)]K_\lambda(h,z)\mathrm{d}z, \tag{11.2.6}$$

其中，$K_\lambda(h,z)$为权重函数.

在紫外或可见光探测波段，卫星仪器还可以在太阳(或月亮)相对于卫星升起或落下时，从空间通过扫描太阳(或月亮)圆盘进行测量，这种特殊的临边观测获得痕量气体廓线的方法称为太阳(或月亮)掩星法(solar or lunar occultation). 环境卫星(ENVISAT)上搭载的大气制图扫描成像吸收光谱仪(SCIAMACHY)是一种典型的可以进行太阳掩星探测的仪器.它的扫描程序包括两部分,即等待太阳和跟随太阳(见图 11.6).在轨道参数预先计算的基础上,SCIAMACHY 在日出地平线不久,就开始扫描估计的日出区域.当太阳几何中心上升到 17.2 km 的切向高度时(图 11.6 中 $t=0$ s),太阳跟踪器将调整仪器视场正对太阳.卫星上升速度和仪器对日盘的上下扫描速率都预先计算获得,在 16 次上下扫描后,切向高度大约为 100 km.在这个高度,光路在垂直方向上调整到日盘的最亮点.通常情况下,仪器还要继续扫描,直到 300 km 的切向高度.

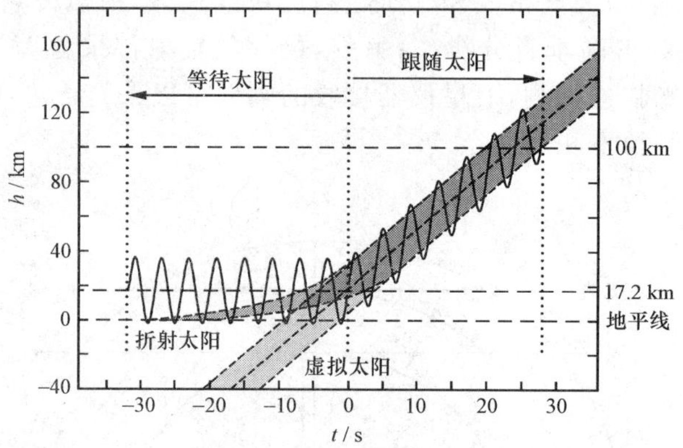

图 11.6　太阳掩星测量中,切向高度 h 随时间 t 的变化(Meyer et al,2005).实线表示 SCIAMACHY 视场的运动,阴影区显示的是折射太阳和地平线下虚拟太阳

掩星法的基本探测量是穿过临边大气的透过率(t_λ),这个透过率是光路上最接近于地表的切向高度 h 的函数(图 11.5).因为大气折射,切向高度会有小的变化可进行订正.透过率与沿光路上消光系数的积分有关,即

$$-\ln[t_\lambda(h)] = \tau_\lambda = \int_{-\infty}^{\infty} \beta_e(\lambda)\mathrm{d}x, \tag{11.2.7}$$

其中,τ_λ 是沿光路上的光学厚度,$\beta_e(\lambda)$是消光系数,与高度有关,通常由 O_3、NO_2、瑞利分子和气溶胶等的消光(吸收加散射)共同组成.(11.2.7)式与(11.2.6)式类似,痕量气体和气溶胶的信息包含在积分中的消光系数中.掩星技术的基本原理是在几个波长进行测量,通过将(11.2.7)式写成有限差分形式,从透过率实测值中反演出消光系数廓线,进而可以获得不同痕量气体和气溶胶的廓线.

可以将(11.2.6)式和(11.2.7)式改写成

$$\boldsymbol{y} = F(\boldsymbol{x}) + \varepsilon_y, \tag{11.2.8}$$

其中,$\boldsymbol{y}$ 为卫星探测器 m 通道测量值组成的向量;$\boldsymbol{x}$ 为状态向量,为待反演的 n 个大气状态参数组成,例如组成大气臭氧垂直廓线的 n 个大气臭氧含量;ε_y 为观测误差(测量值为正态分布,且协方差为 $\boldsymbol{S}_y$).

根据(11.2.8)式反演臭氧廓线的问题,实际上就变成了一个数学问题.有两种方法被用于臭氧廓线的反演中,即全局拟合(GF)技术和最优估计(OE)技术.GF 法通常使用最小二乘法进行拟合,反演的向量解 $\boldsymbol{x}$ 应使评价函数

$$\chi^2_{\mathrm{GF}} = [\boldsymbol{y} - F(\boldsymbol{x})]^{\mathrm{T}} \boldsymbol{S}_y^{-1} [\boldsymbol{y} - F(\boldsymbol{x})] \tag{11.2.9}$$

的值达到最小.其中,上标 T 表示矩阵的转置.

在许多情况下，根据(11.2.9)式的最小值不能获得稳定的反演解.需要对(11.2.8)式的求解进行条件约束，在求解时加入先验信息，这种方法称为最优估计.若先验臭氧廓线为 $\boldsymbol{x}_0$ 且其协方差为 $\boldsymbol{S}_0$，则最优估计反演向量解 $\boldsymbol{x}$ 时，使得下式达到最小

$$\chi_{\mathrm{OE}}^2=[\boldsymbol{y}-F(\boldsymbol{x})]^{\mathrm{T}}\boldsymbol{S}_y^{-1}[\boldsymbol{y}-F(\boldsymbol{x})]+(\boldsymbol{x}-\boldsymbol{x}_0)^{\mathrm{T}}\boldsymbol{S}_0^{-1}(\boldsymbol{x}-\boldsymbol{x}_0). \tag{11.2.10}$$

由此得到 OE 方法的一种迭代解，类似(11.2.5)式.

OE 和 GF 法反演臭氧廓线时，适合于卫星仪器在连续光谱上的测量(Meyer et al,2005; Amekudzi et al,2005).臭氧廓线也用分立的几个通道来测量反演，这些通道设置于臭氧吸收带的内部(吸收强)和边缘(吸收弱)，常用的是三个波长的测量值，即位于吸收带中心一个和两翼各一个.例如，使用查普斯(Chappuis)吸收带时，选用的位于吸收带中心波长为 $\lambda_1=600$ nm、位于吸收带翼区的两个波长为 $\lambda_2=525$ nm 和 $\lambda_3=675$ nm.使用三个分立波长的测量进行臭氧廓线反演的方法称为三元法(triplet method)(Flittner et al,2000; von Savigny et al,2005; Rozanov et al,2007).

反演臭氧廓线的三元法可简单分为三步.首先，对三个波长在不同切向高度的测量辐射进行标准化，将测量辐射除以某一参考切向高度处测量的辐射，即对某一波长 λ，在切向高度 h 处测量辐射 I 标准化后的辐射参数为

$$I_{\mathrm{n}}(\lambda,h)=\frac{I(\lambda,h)}{I(\lambda,h_{\mathrm{ref}})}, \tag{11.2.11}$$

其中，h_{ref} 为参考切向高度，取值一般在 40～50 km.对辐射进行标准化处理，可以减小地面和云的影响.其次，由标准化后的辐射参数构建查普斯反演向量，它是由不同切向高度的辐射参数组成的，在某一切向高度 h_i 处

$$y(h_i)=\frac{I_{\mathrm{n}}(\lambda_1,h_i)}{\exp\{0.5[\ln I_{\mathrm{n}}(\lambda_2,h_i)+\ln I_{\mathrm{n}}(\lambda_3,h_i)]\}}, \tag{11.2.12}$$

其中，$i=1,2,\cdots,N$. N 为在反演中使用的切向高度数.(11.2.12)式获得的 y 值，表示了强吸收效应与弱吸收平均效应的比值，这个值保持了对臭氧变化的敏感性，但大大减小了气溶胶的影响(Flittner et al,2000).查普斯反演向量不是唯一的，还有其他一些形式.三元法的最后一步，是利用前面叙述的 OE 法反演臭氧廓线.表 11.2 列举了部分卫星临边和掩星探测臭氧廓线算法的波段、适用范围和参考文献.

表 11.2 卫星临边和掩星探测臭氧廓线

选择的波段/nm	适用的范围	算 法	参考文献
240～310(选择波长)	中层	临边	Rohen et al,2008
240～675	平流层，中层	临边	Sonkaew et al,2009
525,600,675	平流层	临边	Flittner et al,2000 von Savigny et al,2005
525～590	平流层	临边	Doicu et al,2002 Rozanov et al,2007 Lichtenberg et al,2010
520～595	平流层	太阳掩星	Meyer et al,2005
510～560	平流层	月亮掩星	Amekudzi et al,2005

11.3　气　溶　胶

人类感兴趣的大多数气溶胶分布于对流层内，且越靠近地面浓度越大(标高约为 2～3 km)，其中粒子半径约为 0.1～2.5 μm 的气溶胶，对降水、能见度和人类健康影响较大. 气溶胶的物理和化学特性取决于它们的源和生成过程. 细粒子气溶胶(粒子半径 0.1～1.0 μm)由非常细的气溶胶粒子凝聚形成，或直接产生于不完全的燃烧过程中. 粒子半径大于 1.0 μm 的称为粗粒子气溶胶，主要形成于地球表面的机械侵蚀过程，包括海盐粒子和被风吹起的土壤沙尘粒子等. 可以用对数正态分布模式描述气溶胶粒子谱的分布，细粒子和粗粒子气溶胶分布模式分别称为细模式和粗模式，细模式也称为累积模式. MODIS 气溶胶业务反演算法中，就使用了气溶胶的细模式和粗模式.

气溶胶模式的确定是卫星遥感反演气溶胶特性(例如：光学厚度)的关键问题之一，另一关键问题是地表反射噪声的影响. 为了解决这些问题，已经创立了许多反演算法，这些反演算法往往结合卫星仪器的特点(Kokhanovsky et al,2007). 对某些卫星仪器对气溶胶的遥感，往往不止一种算法. 例如：MODIS 的气溶胶反演算法包括暗目标法、BEAR 算法、深蓝法和 MAIAC 法，其中最后一种方法最复杂(Lyapustin et al,2008). 本节将主要介绍 MODIS 的气溶胶反演算法.

11.3.1　暗目标算法

为了使用 MODIS 的可见光和近红外波段反演气溶胶特性，必须克服地表反射噪声的影响，为此选择暗目标(dark targets)建立反演算法. 在洋面，除耀斑区(见 6.1.4 节的介绍)海洋表面反射率在蓝光和绿光波段较高外，其他区域包括近红外波段都很低，因此，洋面是很好的暗目标. 而陆地的可见光反射率变化大，需要选择暗目标进行反演.

1. 海洋气溶胶

海洋气溶胶光学厚度的反演以查算表方法为基础，即将一组气溶胶模式和海洋表面参数输入到辐射传输模式中，通过计算获得大气层顶 MODIS 光谱通道的反射率，然后将观测的相应通道的反射率与查算表中事先计算的值对比，使用最小二乘法找到匹配的气溶胶模式，然后计算出气溶胶光学厚度(Levy et al,2009).

算法中气溶胶模式由 4 种细模式和 5 种粗模式组成，模式参数包括谱分布的标准差、粒子有效半径和折射指数. 其中，谱分布函数采用双模式对数正态分布描述，可表示为

$$n(a)=\frac{\mathrm{d}N(a)}{\mathrm{d}\ln a}=\sum_{i=1}^{2}\frac{\mathrm{d}N_i(a)}{\mathrm{d}\ln a}=\sum_{i=1}^{2}\frac{N_{0,i}}{\sigma_i\sqrt{2\pi}}\exp\left[-\frac{(\ln a-\ln a_{\mathrm{m},i})^2}{2\sigma_i^2}\right],\quad(11.3.1)$$

其中，$i=1$ 和 2，指气溶胶的模式，即细模式和粗模式；a 为粒子半径，σ_i 为第 i 种模式分布的标准差，$a_{\mathrm{m},i}$ 为第 i 种模式分布的粒子平均半径，$N_{0,i}$ 为单位体积中第 i 种模式分布粒子数，$N_i(a)$ 为单位体积中半径为 a 的第 i 种模式分布气溶胶粒子数.

在确定气溶胶模式后，通过辐射传输模式建立查算表时需要设置一些参数. 包括：(1) 每一种模式的气溶胶总含量，由 0.55 μm 波长的光学厚度描述. 纯分子大气光学厚度为 0.0，沙尘爆发等非常混浊大气为 3.0，再考虑 4 个中间值：0.2，0.5，1.0 和 2.0，其它值在它们之间线性内插得到. (2) 选取 9 个太阳入射角(即天顶角)，分别为 6°，12°，24°，36°，48°，54°，60°，66°和

72°.(3) 选取13个卫星观测天顶角(0°～72°,间隔6°).(4) 选取16个太阳/卫星相对方位角(0°～180°,间隔12°).(5) 在通道设置上,因为MODIS第3通道(0.47 μm)的反射率相对海洋色素浓度变化大,因此选择1,2,4～7共6个通道(0.55～2.13 μm)进行查算表的反射率计算.

在进行气溶胶反演时,首先需要去云和去耀斑处理.去云是通过空间变化检测(Martins et al,2002)、独立的可见和近红外判据,以及MODIS云检测的红外判据联合完成.之所以不直接使用MODIS的标准云检测方案,一方面,可见光通道检测可误将浓气溶胶判识为云,这可能遗漏海洋上重要气溶胶事件;另一方面,红外通道检测可遗漏低纬度的暖云,并判识为无云,这可能导致气溶胶产品中有云污染.去耀斑处理要避开太阳耀斑区.定义耀斑角为

$$\theta_{\mathrm{g}} = \arccos(\cos\theta_0\cos\theta + \sin\theta_0\sin\theta\cos\phi), \tag{11.3.2}$$

其中,θ_0,θ 和 ϕ 分别是太阳天顶角、卫星天顶角和太阳与卫星之间的相对方位角.当 $\theta_{\mathrm{g}} > 40°$ 时,可以认为避开了耀斑的影响并进行反演.

反演时是按20×20像元阵(即400个像元点,分辨率500 m)组成的单元(分辨率10 km)进行的,需要对400个像元点进行去云、去耀斑和去数据(最暗和最亮点各去除25%)等处理过程,确定可以适合反演的像元点,这些像元点的平均反射率作为单元的反射率.

反演要求确定一个细模式和一个粗模式,即去确定由4种细模式和5种粗模式确立的20种组合,哪一种组合可以最好地去模拟MODIS通道观测的反射率(都是0.55 μm波长气溶胶光学厚度 $\tau_{0.55}$ 的函数).反射率使用 η 作为权重对每个模式的反射率进行加权平均,即

$$r_\lambda(\tau_{0.55}) = \eta r_\lambda^{\mathrm{f}}(\tau_{0.55}) + (1-\eta) r_\lambda^{\mathrm{c}}(\tau_{0.55}), \tag{11.3.3}$$

其中,$r_\lambda(\tau_{0.55})$,$r_\lambda^{\mathrm{f}}(\tau_{0.55})$ 和 $r_\lambda^{\mathrm{c}}(\tau_{0.55})$ 分别为加权平均反射率、纯细模式和纯粗模式的反射率,对应于同一个气溶胶光学厚度 $\tau_{0.55}$.对由1种细模式和1种粗模式组成的20种模式组合,反演过程就是要找寻 $\tau_{0.55}$ 和 η 的最佳值,使得拟合偏差 χ 最小.χ 定义为

$$\chi = \sqrt{\sum_{i=1}^{6}\left[N_i\left(\frac{\tilde{r}_i - r_i}{\tilde{r}_i - r_{i,\mathrm{R}} + 0.01}\right)^2\right] \Big/ \sum_{i=1}^{6} N_i}, \tag{11.3.4}$$

其中,$i=1,2,\cdots,6$ 为选择的6个通道序号,N_i 为第 i 个通道处理单元的可以适合反演的像元点数,$\tilde{r}_i$ 为处理单元的MODIS第 i 个通道的实测反射率,r_i 是通过(11.3.3)式计算的反射率,$r_{i,\mathrm{R}}$ 是瑞利散射贡献的反射率.0.01是为了防止在一些晴空条件时,波长较长的通道计算时除零带来的问题(Tanré et al,1997).

根据(11.3.4)式可以得到20种气溶胶组合模式解的 χ 值,使得 χ 值最小的组合(对应 $\tau_{0.55}$ 和 η 值)就是最佳解.因为解不唯一,所以要找寻 $\chi<3\%$ 时所有解的平均作为平均解.如果没有 $\chi<3\%$ 的解,则选择其中最佳的3个解进行平均.一旦解确定下来,选择的气溶胶组合就确定为实际存在的气溶胶模式,由此可获得相应的气溶胶参数,包括光学厚度和有效半径等.

2. 陆地气溶胶

NASA于2006年推出的版本号为5.2的MODIS气溶胶算法中,陆地气溶胶的算法做了重大改进,主要包括地表反射率的计算、粗细粒子气溶胶结合的气溶胶模式和光学厚度海拔高度订正(Levy et al,2009).以下是这个版本算法的主要介绍.

在某一波长 λ,大气层顶的向上反射率可写为

$$r(\theta_0,\theta,\phi) = r_{\mathrm{a}}(\theta_0,\theta,\phi) + \frac{t(\theta_0)t(\theta)r_{\mathrm{s}}(\theta_0,\theta,\phi)}{1 - s r_{\mathrm{s}}(\theta_0,\theta,\phi)}, \tag{11.3.5}$$

其中,θ_0,θ 和 ϕ 是太阳天顶角、观测天顶角和相对方位角,r_{a} 是大气路径反射率,$t(\theta_0)$ 和 $t(\theta)$ 是

向下和向上的大气透过率，s 是大气后向散射比，r_s 是地面反射率.

(11.3.5)式表示，波长为 λ，定位为(θ_0,θ,ϕ)的大气层顶的单色反射率，包含了没有与地表相互作用的大气散射辐射(即大气路径反射)，以及大气与地表反射相互作用向上的反射辐射[(11.3.5)式右边第2项]. 从传感器视场外的环境反射进入视场的辐射忽略不计. (11.3.5)式右边各项都是气溶胶类型和光学厚度的函数，其第二项依赖于地表反射. 因此，从 r 中提取气溶胶信息，涉及两个关键问题，即确定地表反射率和气溶胶模式.

MODIS 陆地气溶胶的反演主要使用了通道1(0.66 μm)、通道3(0.47 μm)和通道7(2.1 μm)的观测. 大量的飞机观测试验表明(Kaufman et al,1997a,1997b)，MODIS 通道1和通道3的地表反射率与通道7的表观反射率，在密集植被地区甚至较暗土壤地区(暗目标)，呈现良好的线性关系，而且通道7的观测基本不受气溶胶的影响. 因此利用通道7的观测识别暗目标，并得到通道1和通道3在暗背景下的反射率，由此可解决确定地表反射率的问题.

当通道7观测的像元表观反射率 $r_{2.1}$ 满足 $0.01\leqslant r_{2.1}\leqslant 0.25$ 时，该像元可以认为是暗像元. 暗像元中，通道7的地表反射率，与通道1和通道3的地表反射率可用经验关系写为

$$r_{s,0.66}=a_0+a_1 r_{s,2.1}, \tag{11.3.6a}$$

$$r_{s,0.47}=b_0+b_1 r_{s,2.1}, \tag{11.3.6b}$$

其中，系数 a_0,a_1,b_0,b_1 与散射角和短波红外波段(1.24 μm 和 2.1 μm)的归一化植被指数有关，此植被指数受气溶胶影响较小.

对于陆地气溶胶模式的确定，MODIS 的第一代算法先假设为大陆型气溶胶，然后计算红光、蓝光波段的单次散射路径辐射的比值以获得气溶胶类型(Kaufman et al,1997a). 第二代的多通道反射率反演算法则类似海洋气溶胶模式的确定方法. 类似于海洋算法中的细模式和粗模式的组合(11.3.3)式，陆地算法也用细模式和粗模式组合计算，并与观测的通道反射率进行对比. 陆地气溶胶的细模式和粗模式两类中，每类也包括多个模式. 假设 2.1 μm 通道的反射率中包含有地表和气溶胶信息，可见光波段地表反射率则由(11.3.6a)和(11.3.6b)式确定. 三个通道(0.66 μm，0.47 μm 和 2.1 μm)的观测信息同时包含了气溶胶和地表信息，包含了三个参数，即 $\tau_{0.55}$，η 和 $r_{s,2.1}$.

查算表的构建方法和海洋气溶胶反演中的是类似的，使用现有的一些软件(例如 6S)，设定不同的观测几何参数、气溶胶参数、观测波段和地表信息等，即可由模拟计算(11.3.5)式获得. 计算查算表的参数包括：(1) 7种气溶胶光学厚度(由 0.55 μm 波长的光学厚度描述，$\tau_{0.55}=0.0,0.25,0.5,1.0,2.0,3.0$ 和 5.0)；(2) 9个太阳入射角(即天顶角)，分别为 0°，6°，12°，24°，36°，48°，54°，60°和 66°；(3) 16个卫星观测天顶角(0°～65°，间隔约为 6°)；(4) 16个太阳/卫星相对方位角(0°～180°，间隔 12°)；(5) 计算通道，为 MODIS 第1,3和7通道，中心波长分别为0.66 μm，0.47 μm 和 2.1 μm；(6) 地表反射率取 0，0.1 和 0.25 三个值. 查算表构建过程中，假定像元的海拔高度为 0. 为获得各像元的实际气溶胶光学厚度，根据实际海拔，还需要对查算表中计算出来的气溶胶光学厚度进行海拔订正.

反演过程是对 13 个 η 值($-0.1,0.0,0.1,\cdots,0.9,1.0$ 和 1.1)进行的，根据 $\tilde{r}_{0.47}-r_{0.47}=0$ 来确定 $\tau_{0.55}$ 和 $r_{s,2.1}$. 其中 $\tilde{r}_{0.47}$ 和 $r_{0.47}$ 分别是 MODIS 第3通道观测反射率和根据(11.3.5)式计算的反射率. 根据 $\tilde{r}_{0.66}-r_{0.66}$ 的最小值来选择 η 值. 最终除了获得气溶胶的光学厚度 $\tau_{0.55}$ 值外，还可获得 η，$r_{s,2.1}$ 和 ε 值.

11.3.2 BEAR 算法

BEAR 算法是德国不来梅大学环境物理研究所开发,称为不来梅气溶胶反演算法(BAER).虽然它是针对 SeaWiFS 设计的,但可以应用于 MODIS 对气溶胶的反演(Lee et al,2006).BEAR 算法通过辐射传输计算,对不同气溶胶模式,建立气溶胶反射率与气溶胶光学厚度相对应的查算表.因此,BEAR 算法也是以查算表为基础.

为了从大气层顶反射率中分离出气溶胶反射率,其他因素例如瑞利散射和表面反射等必须从测量中剔除.根据(11.3.5)式,大气反射率项包含有瑞利路径反射和气溶胶反射.气溶胶反射率 r_A 可以表示为

$$r_A = r - r_R - \frac{t(\theta_0)t(\theta)r_s(\theta_0,\theta,\phi)}{1 - sr_s(\theta_0,\theta,\phi)}, \tag{11.3.7}$$

其中,除 r_R 外,其他符号说明与(11.3.5)式相同;r_R 为包括多次散射在内的瑞利路径反射率,它与像元点表面气压和观测波长有关(Bucholtz,1995),

$$r_R = a\lambda^{-(b+c\lambda+d/\lambda)}\frac{p(z)}{p_0}, \tag{11.3.8}$$

其中,z 为像元点海拔高度,p_0 为标准大气压,a,b,c,d 是常数.

地表反射率的计算要考虑混合像元.含有植被和裸露土壤的混合像元的地表反射率,由植被和裸露土壤的反射率的线性混合模式获得,表示为

$$r_s(\lambda) = Cr_v(\lambda) + (1 - C)r_{bs}(\lambda), \tag{11.3.9}$$

其中,$r_s(\lambda)$为混合像元地表反射率;$r_v(\lambda)$和 $r_{bs}(\lambda)$分别为纯植被和裸露土壤的反射率;C 为植被覆盖率.对于 MODIS 探测,可使用修正后的去气溶胶植被指数(AFRI)估计.修正 AFRI 根据 MODIS 第 2 通道(0.855 μm)和第 7 通道(2.1 μm)探测的反射率计算,表达式为

$$\text{AFRI} = \frac{r_{0.855} - 0.71r_{2.1}}{r_{0.855} + 0.71r_{2.1}} = C. \tag{11.3.10}$$

实际反演中,在获得 MODIS 的反射率信息后,通过 MODIS 的云掩码产品剔除云的影响;根据各像元点海拔高度的辅助资料,进行瑞利路径反射率的计算;根据修正的 AFRI 和线性混合模式计算地表反射率;经过这些步骤后,即可通过(11.3.7)式计算得到气溶胶反射率,并通过查算表获得对应通道的气溶胶光学厚度.对所选择的 MODIS 通道,当计算气溶胶光学厚度的均方差小于或等于 0.01 时,解收敛.否则,需要调整表面反射率,重复以上相关过程直到解收敛(von Hoyningen-Huene et al,2003).最终,获得 0.55 μm 波长的气溶胶光学厚度.

11.3.3 深蓝算法

前面介绍的 MODIS 反演气溶胶的暗目标法,不适用于明亮的地表,例如沙漠和一些城市地区.这些地表在蓝光通道(例如:MODIS 中 412 nm 的通道 8,470 nm 的通道 3)探测时,则表现为暗目标,因此可利用使用蓝光通道的信息来反演沙漠和一些城市地区的气溶胶,这种技术称为深蓝(deep blue)算法(Hsu et al,2004,2006).

图 11.7 显示了 490 nm 波长,在不同气溶胶光学厚度 τ_a 和单散射反照率 ω 下,模拟大气层顶表观反射率(大气+地表)和地表反射率的关系.如果气溶胶没有吸收(对应 ω=1.00 的虚线),则在明亮地表时(地表反射率增大),有气溶胶和无气溶胶(图中实线)时表观反射率的差异会减小.如果气溶胶吸收太阳光(对应 ω=0.96 和 0.91 的虚线),有气溶胶时会使亮(地表

反射率大)的地表变暗(表观反射率变小),也会使暗的地表变亮.在临界点(图中垂直点虚线所指),表观反射率不受气溶胶的影响,因此在临界点处反演气溶胶会有巨大的误差.蓝光通道对明亮地表探测的表观反射率,会因吸收型气溶胶的出现而降低;因此,从蓝光通道的探测信息中分离出气溶胶信息,即可实现气溶胶的反演.

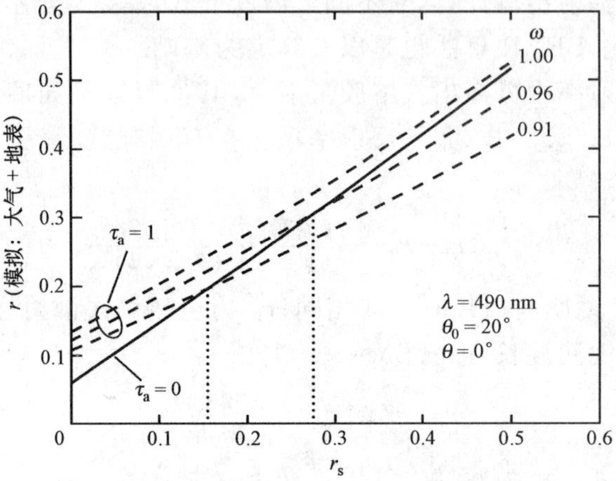

图 11.7　不同气溶胶光学厚度 τ_a 和单散射反照率 ω 下,模拟大气层顶表观反射率(r)(大气+地表)和地表反射率(r_s)的关系.实线为无气溶胶情况,三条虚线为 $\tau_a=1$ 的情况,垂直的点虚线指向表面反射率的临界点,在此地表反射率和所对应的 ω 条件下,卫星探测不到存在的气溶胶(Hsu et al,2004)

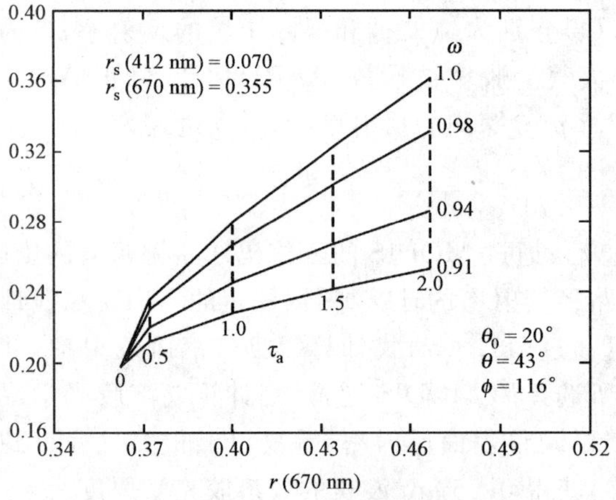

图 11.8　模拟的 412,670 nm 通道的表观反射率,是气溶胶光学厚度 τ_a 和单散射反照率 ω(412 nm)的函数;490 nm 和 670 nm 通道模拟结果与此类似(Hsu et al,2004)

深蓝算法也是以查算表的形式实现的.与太阳天顶角 θ_0、卫星天顶角 θ、太阳/卫星相对方位角 ϕ、表面反射率 r_s、气溶胶光学厚度 τ_a 和单散射反照率 ω 等有关的 412,490,670 nm 三个通道的反射率预先根据辐射传输模式计算获得,以查算表的形式给出.图 11.8 是一个示例,显示了模拟的 412,670 nm 通道的表观反射率,与气溶胶光学厚度 τ_a、单散射反照率 ω(412 nm)的函数关系,图中也给出了卫星探测的几何条件和地表反射率.

算法中的气溶胶模式包括沙尘型和烟气型,表 11.3 列出了这两类气溶胶的相关特征.卫星视场中存在沙尘和烟气组成的混合型气溶胶时,在波长 λ 通道,卫星接收到的辐射亮度可以表示为

$$I(\theta_0,\theta,\phi) = \eta I_d(\theta_0,\theta,\phi) + (1-\eta) I_s(\theta_0,\theta,\phi), \qquad (11.3.11)$$

其中,I_d 和 I_s 分别是沙尘和烟气气溶胶的辐射亮度,η 和 $(1-\eta)$ 是沙尘和烟气气溶胶对总辐射的贡献比.图 11.9 由烟气型和沙尘型组成的不同混合型气溶胶条件下,模拟的 412,490 nm 通道的表观反射率与气溶胶光学厚度 τ_a 的关系.从图可以看到,两个通道反射率组合,可以很好地区分不同辐射权重比[烟气:沙尘$=(1-\eta):\eta$]的混合型气溶胶.

表 11.3　深蓝算法中使用的气溶胶模型的特征(Hsu et al,2004)

气溶胶类型	τ_{412}/τ_{470}	τ_{490}/τ_{470}	折射指数(412 nm)	折射指数(490 nm)	ω(412 nm)	ω(490 nm)
沙尘	1.00	1.00	1.55－0.020i	1.55－0.008i	0.91	0.96
烟气	1.30	0.92	1.55－0.022i	1.55－0.026i	0.90	0.89

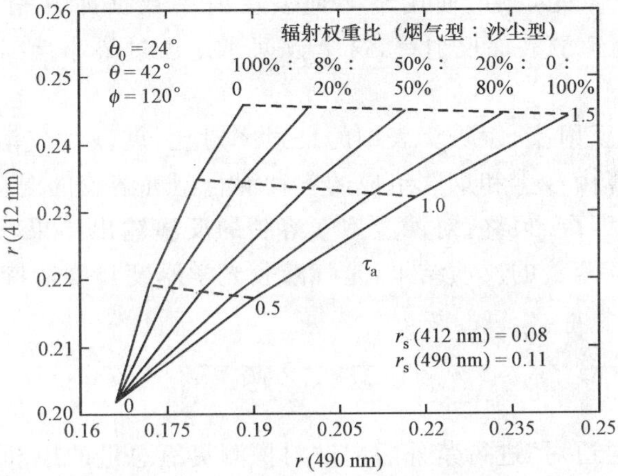

图 11.9　由烟气型和沙尘型组成的不同混合型气溶胶条件下模拟的 412,490 nm 通道的表观反射率,是气溶胶光学厚度 τ_a 的函数(Hsu et al,2004)

深蓝算法反演气溶胶的流程见图 11.10,算法主要使用了 412,490,670 nm 三个通道(对于 MODIS 为 412,470,650 nm)用于反演.算法首先对卫星通道探测辐射进行地形高程瑞利散射订正,即在卫星观测的几何条件下,计算像元点实际表面气压和海平面气压情况下的瑞利散射所导致的辐射差,加到像元点观测的辐射亮度上进行订正.随后,进行云筛选,有云的像元点不进行反演计算.云筛选主要使用两个参量进行,一是使用 412 nm 通道探测的 3×3 像元阵的辐射方差,二是气溶胶吸收指数(AI).选用 412 nm 通道,是因为这个通道与其他长波长通道

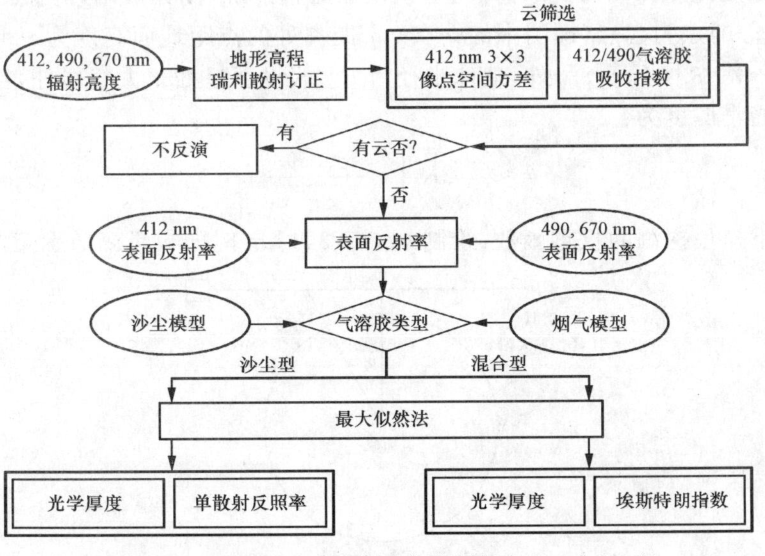

图 11.10　深蓝(deep blue)算法的流程图(Hsu et al,2006)

相比对地表探测较暗，使得晴空和云区的差异更明显. 使用 AI 是为了从云中识别厚沙尘层，使用 412 nm 和 490 nm 通道的反射率，其表达式为

$$\mathrm{AI}=-100\left[\lg\left(\frac{\tilde{r}_{412}}{\tilde{r}_{490}}\right)-\lg\left(\frac{r_{412}}{r_{490}}\right)\right], \tag{11.3.12}$$

其中，$\tilde{r}$ 为卫星通道测量的反射率，r 为假设为瑞利散射大气时计算的反射率.

在云筛选去除有云像元点后，使用晴空地表反射率数据库并根据地理位置，查找确定 412，490，670 nm 三个通道的表面反射率，这个数据库是通过最小反射率技术（Koelemeijer et al，2003）预先确定的.

将卫星通道测量的反射率，跟查算表中的反射率对比，就获得气溶胶反演参数. 这个过程是使用最大似然法，计算由沙尘和烟气组成的各种混合型气溶胶的混合比，直到计算的反射率与卫星测量值达到最佳匹配. 最终，对沙尘型气溶胶的反演输出结果，是气溶胶光学厚度和单散射反照率；对混合型气溶胶的反演结果，是气溶胶光学厚度和埃斯特朗指数.

习　　题

11.1　简述利用"通道对"进行紫外后向散射探测臭氧总量的原理.

11.2　简述差分光学吸收光谱法（DOAS）探测臭氧总量的原理.

11.3　若使用包括 9.6 μm 红外探测、温度和湿度垂直探测以及窗区探测的亮温数据（例如 HIRS），进行线性统计反演臭氧总量，如何选择参加反演的相应通道？你预估哪些通道亮温可以用于反演臭氧总量？说明理由.

11.4　简述紫外臭氧垂直探测仪反演臭氧廓线的原理和步骤.

11.5　就辐射源、观测物理量、观测时间限制、时间和空间（垂直、水平）分辨率以及提高这些分辨率的方法等方面，说明卫星一般的天底遥测（如 FY3 或 FY2 卫星）、临边探测和掩星探测的特征.

11.6　如图是掩星探测几何示意图，卫星仪器对辐射源（例如太阳）的探测路径上，以距地面最低高度为 z_0 的点为起点（即图中的 0 点），x 距离处的点距地面高度为 $z=z(x)$，大气体积吸收系数为 $\beta_a(z)=\beta_a[z(x)]$. 另外，地球半径为 R_e，假设卫星处于大气层外，且 $z\ll R_e$. 证明沿探测路径大气光学厚度为：

$$\tau\approx\sqrt{2R_e}\int_{z_0}^{\infty}\frac{\beta_a(z)}{\sqrt{z-z_0}}\mathrm{d}z,$$

并给出此情形下掩星探测的权重函数，绘制 $z_0=0,2,4$ km 时的权重函数示意图.

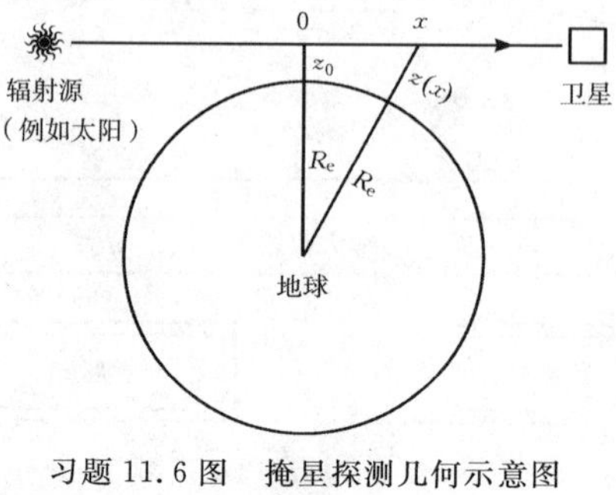

习题 11.6 图　掩星探测几何示意图

11.7 假定球面大气的密度为$\rho(z)=\rho_0 e^{-z/H}$，其中z是距地面高度，ρ_0和H是常数. 若在切向高度z_0时进行临边探测，计算探测路径大气光学质量，并与垂直向下探测时z_0高度以上的大气光学质量比较. 若$z_0=12$ km，$H=6$ km，行星半径为6000 km，计算两种情况下，大气光学质量之比.

11.8 大气体积吸收系数β随高度z的关系为$\beta=\beta_0 e^{-bz}$，证明掩星探测时亮度I的变化为

$$\Delta \ln I = -\beta_0 e^{-bz_0}\sqrt{\frac{2\pi R_e}{b}},$$

其中，z_0为切向高度，R_e为地球半径，对于可见光辐射，晴空状态下的大气气溶胶满足$1/b\approx 3$ km和$1/\beta_0\approx 14$ km. 估计透射光亮度减少为入射亮度1/10时的z_0值.

11.9 说明MODIS暗目标算法中海洋气溶胶参数(例如光学厚度和有效半径)的反演原理.

11.10 MODIS暗目标算法如何判别陆地暗目标?

11.11 MODIS暗目标算法，不能对陆地亮目标点进行气溶胶参数反演，但深蓝算法中却可以实现，为什么?

11.12 地面附近气溶胶影响大气能见度，试讨论如何通过反演气溶胶参数，进而获得大气能见度信息，给出具体的研究方案.

11.13 由平流层气溶胶和气体实验卫星(SAGE Ⅱ)获得25 km高度层的消光系数反演值，385，525，1020 nm通道的消光系数分别为0.011 47，0.006 38，0.001 09 km^{-1}. 假设大气在标准状况下1020 nm的分子消光系数为0.000 83 km^{-1}，大气标高为8.5 km，在25 km处温度为227 K. 在25 km处，臭氧消光系数在最高和最低波长处数值小可以忽略，在525 nm波长处其值为0.0008 km^{-1}. (1) 求三个波长处气溶胶消光系数. (2) Ångström提出气溶胶消光系数与辐射波长的关系为$\beta=C\lambda^{-\alpha}$，对于确定的气溶胶类型，C和α是常数. 使用可见光和近红外通道探测数据估计气溶胶Ångström系数α.

11.14 SAGE Ⅲ使用两个通道的掩星观测估计臭氧总量，其中一个通道波长$\lambda_1=449$ nm，位于臭氧弱吸收波段；另一通道波长$\lambda_2=602$ nm，位于臭氧查普斯(Chappuis)吸收带的中心. 对于某一特定的切向高度，透过率$t(\lambda)=I(\lambda)/I_0(\lambda)$的值分别为0.97和0.74. 忽略气溶胶消光，瑞利散射光学厚度与波长的4次方成反比，且已知两波长对应的臭氧吸收截面分别为1.8398×10^{-22} cm^2和5.3668×10^{-21} cm^2. 估计探测路径上单位截面积气柱中的臭氧分子数，并转化为以DU为单位的臭氧总量(1 DU$=2.687\times10^{16}$ cm^{-2}).

11.15 在遥感气溶胶研究中，常常避开太阳耀斑区. 在卫星云图上，太阳耀斑可能被误认为什么? 太阳位于(130°E，23.5°N)的上空，试问FY-2E(星下点位于105°E的赤道上空)探测到的太阳耀斑中心(镜面反射点)在何处?

11.16 MODIS遥测海洋气溶胶需要去除云的污染，为什么不能直接使用MODIS的标准云检测算法?

11.17 作者编著本书的过程中，听闻到业界的一些说法：(1) 现在研究人员已不再研究反演算法了，而是进行卫星资料和产品的应用研究；(2) 业务单位招新人更侧重卫星资料和产品的集成，而将卫星反演外包给软件公司去做；(3) 反演算法研究已经毫无用处了，因为数值天气预报可以直接同化卫星观测的亮温等数据，而不需要卫星的反演产品. 你在学完大气遥感课程后，对此有何看法?

参考文献

李红林,李万彪.2008.MODIS近红外资料反演大气水汽总含量[J].北京大学学报(自然科学版),44(1):121—128.

李万彪.1992.气象卫星遥感东亚大气臭氧的研究[D].硕士学位论文.北京:北京大学.

李万彪.1995.气象卫星遥感海温和海冰研究[D].博士学位论文.北京:北京大学.

李万彪,刘盈辉,朱元竞,等.1998.GMS-5红外资料反演大气可降水量[J].北京大学学报(自然科学版),34(5):631—638.

李万彪,陈勇,朱元竞,等.2001.利用热带降雨测量卫星的微波成像仪观测资料反演陆地降水[J].气象学报,59(5):591—600.

李万彪.2010.大气物理——热力学与辐射基础[M].北京:北京大学出版社.

刘喆,韩志刚,赵增亮,等.2006.利用ATOVS反演产品分析"云娜"台风[J].应用气象学报,17(4):473—477.

黄富祥,赵明现,杨昌军,等.2008.风云三号卫星紫外臭氧垂直廓线反演算法及对比反演试验[J].自然科学进展,18(10):1136—1142.

黄意玢,董超华.2002.用940 nm吸收带测量水汽总量[J].气象科技,30(1):24—27.

漆成莉.2004.FY-3A气象卫星红外分光计透射率计算及大气参数模拟反演试验[D].硕士学位论文.北京:中国气象科学研究院.

邱红,谷松岩,朱元竞,等.2004.星载微波估计热带气旋中心气压的研究[J].电波科学学报,19(4):393—398.

许健民,张其松.2006.卫星风推导和应用综述[J].应用气象学报,17(5):574—582.

张培昌,王振会.1995.大气微波遥感基础[M].北京:气象出版社.

杨军,董超华,卢乃锰,等.2009.中国新一代极轨气象卫星—风云三号[J].气象学报,67(4):501—509.

杨军,董超华,卢乃锰,等.2011.新一代风云极轨气象卫星业务产品及应用[M].北京:科学出版社.

尹跃,李万彪,姚展予,等.2009.利用FY-2C资料对西北太平洋海域云分类的研究[J].北京大学学报(自然科学版),45(2):257—263.

Abel P G, Gruber A. 1979. An improved model for the calculation of longwave flux at 11 μm[M]. NOAA Tech. Rep. NESS 106.

Ackerman S A, Smith W L, Spinhirne J, et al. 1990. The 27—28 October 1986 FIRE IFO cirrus case study: spectral properties of cirrus clouds in the 8—12 micron window[J]. Monthly Weather Review, 118: 2377—2388.

Ackerman S A, Strabala K, Menzel W P, et al. 2006. Discriminating clear-sky from cloud with MODIS algorithm theoretical basis document (MOD35)[M]. Version 5.0.

Adler R F, Mack R A. 1984. Thunderstorm cloud height-rainfall rate relations for use with satellite estimation techniques[J]. Journal of Applied Meteorology, 23: 280—296.

Adler R F, Negri A J. 1988. A satellite technique to estimate tropical convective and stratiform rainfall[J]. Journal of Applied Meteorology, 27: 30—51.

Ahmed N U. 1995. Estimating soil moisture from 6.6 GHz dual polarization, and/or satellite derived vegetation index[J]. International Journal of Remote Sensing, 16(4): 687—708.

Amekudzi L K, Bracher A, Meyer J, et al. 2005. Lunar occultation with SCIAMACHY: first retrieval results [J]. Advances in Space Research, 36: 906—914.

Andrews D G. 2010. An introduction to atmospheric physics, second edition [M]. New York: Cambridge University Press.

Anthony R G, Jedlovec G J, Fuelberg H E. 1993. A technique for deriving column-integrated water content using VAS split-window data[J]. Journal of Applied Meteorology, 32: 1226—1241.

Arkin P A, Meisner B N. 1987. The relationship between large-scale convective rainfall and cold cloud over the western hemisphere during 1982—84[J]. Monthly Weather Review, 115: 51—74.

AWG Radiation Budget Application Team. 2010. GOES-R advanced baseline imager (ABI) algorithm theoretical basis document for downward shortwave radiation (surface), and reflected shortwave radiation (TOA) (Version 2.0)[M].

Ba M B, Gruber A. 2001. GOES multispectral rainfall algorithm (GMSRA) [J]. Journal of Applied Meteorology, 40: 1500—1514.

Ba M B, Ellingson R G, Gruber A. 2003. Validation of a technique for estimating OLR with the GOES sounder [J]. Journal of Atmospheric and Oceanic Technology, 20: 79—89.

Bader M J, Forbes G S, Grant J R, et al. 1995. Images in weather forecasting-a practical guide for interpreting satellite and radar imagery[M]. Cambridge: Cambridge University Press.

Bankert R L, Tag P M. 2002. An automated method to estimate tropical cyclone intensity using SSM/I imagery [J]. Journal of Applied Meteorology, 41: 461—472.

Barkstrom B R. 1984. The earth radiation budget experiment (ERBE)[J]. Bulletin of the American Meteorological Society, 65: 1170—1185.

Barton I J, Scott J C. 1986. Remote measurements of surface pressure using absorption in the oxygen A band [J]. Applied Optics, 25: 3502—3507.

Bastiaanssen W G M, Menenti M, Feddes R A, et al. 1998. A remote sensing surface energy balance algorithm for land (SEBAL), 1. formulation[J]. Journal of Hydrology, 212/213: 198—212.

Bauer P. 2001. Over-ocean rainfall retrieval from multisensory data of the tropical rainfall measuring mission, part I: design and evaluation of inversion databases[J]. Journal of Atmospheric and Oceanic Technology, 18: 1315—1330.

Baum B A, Soulen P F, Strabala K I, et al. 2000. Remote sensing of cloud properties using MODIS airborne simulator imagery during SUCCESS, 2. cloud thermodynamic phase[J]. Journal of Geophysical Research, 105: 11781—11792.

Becker F, Li Z L. 1990. Towards a local split window method over land surface[J]. International Journal of Remote Sensing, 11: 369—393.

Behrangi A, Hsu K, Imam B, et al. 2009. Evaluating the utility of multispectral information in delineating the areal extent of precipitation[J]. Journal of Hydrometeorology, 10: 684—700.

Behrangi A, Hsu K, Imam B, et al. 2010. Daytime precipitation estimation using bispectral cloud classification system[J]. Journal of Applied Meteorology and Climatology, 49(5): 1015—1031.

Bennartz R, Fischer J. 2001. Retrieval of columnar water vapour over land from backscattered solar radiation using the medium resolution imaging spectrometer[J]. Remote sensing of Environment, 78: 274—283.

Bevington P R. 1969. Data reduction and error analysis for the physical sciences[M]. New York: McGraw-Hill Book Company.

Bhartia P K, McPeters R D, Mateer C L, et al. 1996. Algorithm for the estimation of vertical ozone profile from the backscattered ultraviolet (BUV) technique[J]. Journal of Geophysical Research, 101: 18793—18806.

Bhartia P K. 2002. OMI algorithm theoretical basis document, volume II, OMI ozone products[M]. ATBD-OMI-02, Version 2.0.

Borbas E E, Seemann S W, Kern A, et al. 2011. MODIS atmospheric profile retrieval algorithm theoretical basis document[M]. Version 7. University of Wisconsin-Madison.

Bréon F, Bouffiés S. 1996. Land surface pressure estimate from measurements in the oxygen A absorption band [J]. Journal of Applied Meteorology, 35: 69—77.

Brown O B, Minnett P J. 1999. MODIS infrared sea surface temperature algorithm-algorithm theoretical basis document[M]. Ver 2.0, under contract number NAS5-31361. University of Miami.

Brown R A. 2000. On satellite scatterometer model functions[J]. Journal of Geophysical Research, 105(D23): 29195—29205.

Brueske K F, Velden C S. 2003. Satellite-based tropical cyclone intensity estimation using the NOAA-KLM series advanced microwave sounding unit (AMSU) [J]. Monthly Weather Review, 131: 687—697.

Bucholtz A. 1995. Rayleigh-scattering calculations for the terrestrial atmosphere[J]. Applied Optics, 34: 2765—2773.

Burrows J P, Weber M, Buchwitz M, et al. 1999a. The global ozone monitoring experiment (GOME): mission concept and first scientific results[J]. Journal of the Atmospheric Sciences, 56: 151—175.

Capacci D, Conway B J. 2005. Delineation of precipitation areas from MODIS visible and infrared imagery with artificial neural networks[J]. Meteorological Applications, 12: 291—305.

Carlson T, Gillies R, Perry E. 1994. A method to make use of thermal infrared temperature and NDVI measurements to infer surface soil water content and fractional vegetation cover[J]. Remote Sensing Reviews, 9: 161—173.

Chadwick R S, Grimes D I F, Saunders R W, et al. 2010. The TAMORA algorithm: satellite rainfall estimates over West Africa using multi-spectral SEVIRI data[J]. Advances in Geosciences, 25: 3—9.

Chahine M T. 1970. Inverse problems in radiative transfer: determination of atmospheric parameters[J]. Journal of the Atmospheric Sciences, 27: 960—967.

Chahine M T. 1974. Remote sounding of cloudy atmospheres, I. the single cloud layer[J]. Journal of the Atmospheric Sciences, 31: 233—243.

Chahine M T. 1975. An analytical transformation for remote sensing of clear-column atmospheric temperature profiles[J]. Journal of the Atmospheric Sciences, 32, 1946—1952.

Chahine M T. 1982. Remote sensing of cloud parameters [J]. Journal of the Atmospheric Sciences, 39: 159—170.

Chauhan N S. 2003. Spaceborne soil moisture estimation at high resolution: a microwave-optical/IR synergistic approach[J]. International Journal of Remote Sensing, 24(22): 4599—4622.

Cheng M, Brown R. 1995. Delineation of precipitation areas by correlation of METEOSAT visible and infrared data with radar data[J]. Monthly Weather Review, 123: 2743—2757.

Chesters D, Uccellini L W, Robinson W D. 1983. Low level water vapor fields from the VISSR atmospheric sounder (VAS) split window channels[J]. Journal of Climate and Applied Meteorology, 22: 725—743.

Chi C Y, Li F K. 1988. A comparative study of several wind estimation algorithms for spaceborne scatterometers[J]. IEEE Transactions on Geoscience and Remote Sensing, 26: 115—121.

Choudhury B J, Tucker C J, Golus R E, et al. 1987. Monitoring vegetation using Nimbus-7 scanning multichannel microwave radiometer's data[J]. International Journal of Remote Sensing, 8(3): 533—538.

Choudhury B J, Golus R E. 1988. Estimating soil wetness using satellite data[J]. International Journal of Remote Sensing, 9: 1251—1257.

Clerbaux N, Dewitte S, Gonzarlez L, et al. 2003. Outgoing longwave flux estimation: Improvement of angular modelling using spectral information[J]. Remote Sensing of the Environment, 85: 389—395.

Cocks S B, Johnson I, Edson R, et al. 1999. Techniques for incorporating SSM/I imagery into Dvorak tropical cyclone intensity estimates[M]//American Meteorological Society. Preprints of the 23th conference on hurricanes and tropical meteorology. Dallas, Texas, 584—587.

Coll C, Caselles V, Sobrino A, et al. 1994. On the atmospheric dependence of the split-window equation for land surface temperature[J]. International Journal of Remote Sensing, 15:105—122.

Conner M D, Petty G W. 1998. Validation and intercomparison of SSM/I rain rate retrieval methods over the continental United States[J]. Journal of Applied Meteorology, 37:679—700.

Deb S K, C M Kishtawal, P K Pal, et al. 2008. A modified tracer selection and tracking procedure to derive winds using water vapor imagers[J]. Journal of Applied Meteorology and Climatology, 47:3252—3263.

Dennis J E JR, Schnabel R B. 1983. Numerical methods for unconstrained optimization and nonlinear equations [M]. New Jersey: Prentice-Hall, Inc.

Derrien M, Lavanant L, Gléau H L. 1988. Retrieval of the cloud top temperature of semi-transparent clouds with AVHRR[M]//Proceedings of IRS'88, Lille, France, 199—202.

Dew G, Holmlund K. 2000. Investigations of cross—correlation and Euclidian distance target matching techniques in the MPEF environment[M]//Proceedings of the fifth international winds workshop, Lorne, Australia: EUMETSAT, 235—243.

Doicu A, Schreier F, Hess M. 2002. Iteratively regularized Gauss-Newton method for atmospheric remote sensing[J]. Computer Physics Communications, 148:214—226.

Dvorak V F. 1975. Tropical cyclone intensity analysis and forecasting from satellite imagery[J]. Monthly Weather Review, 103:420—430.

Dvorak V F. 1984. Tropical cyclone intensity analysis using satellite data[M]. NOAA Technical Report 11.

Eck T F, Holben B N. 1994. AVHRR split window temperature differences and total precipitable water over land surfaces[J]. International Journal of Remote Sensing, 15:567—582.

Edson R T, Lander M A. 2002. Evaluation of microwave imagery in the life cycle of tropical cyclones[M]//American Meteorological Society. Preprints of the 25th conference on hurricanes and tropical meteorology. San Diego, California, 477—478.

Edson R T. 2004. Uses of microwave imagery as a supplement to the Dvorak technique, an integrated technique [M]//American Meteorological Society. Preprints of the 26th conference on hurricanes and tropical meteorology. Miami, Florida, 220—221.

Ellingson R G, Yanuk D J, Lee H-T, et al. 1989. A technique for estimating outgoing longwave radiation from HIRS radiance observations[J]. Journal of Atmospheric and Oceanic Technology, 6:706—711.

Emery W J, Yu Y, Wick G A, et al. 1994. Correcting infrared satellite estimates of sea surface temperature for atmospheric water vapor attenuation[J]. Journal of Geophysical Research, 99:5219—5236.

Engman E T. 1991. Application of microwave remote sensing of soil moisture for water resources and agriculture[J]. Remote sensing of Environment, 35:213—226.

Escobal P R. 1965. Methods of orbit determination[M]. New York : John Wiley and Sons.

Feigelson E M. 1981. Radiation in a cloudy atmosphere[M]. Leningrad: Gidrometeoizdat.

Fell F, Fischer J. 2001. Numerical simulation of the light field in the atmosphere-ocean system using the matrix-operator method[J]. Journal of Quantitative Spectroscopy and Radiative Transfer, 3:351—388.

Ferraro R R, Marks G F. 1995. The development of SSM/I rain-rate retrieval algorithms using ground-based radar measurements[J]. Journal of Atmospheric and Oceanic Technology, 12:755—770.

Ferraro R R, Weng F, Grody N C, et al. 1996. An eight-year (1987—1994) time series of rainfall, clouds, water vapor, snow cover, and sea-ice derived from SSM/I measurements[J]. Bulletin of the American Meteorological Society,77:891—905.

Ferraro R R,Smith E A,Berg W,et al. 1998. A screening methodology for passive microwave precipitation retrieval algorithms[J]. Journal of the Atmospheric Sciences,55:1583—1600.

Fischer J,Grassl H. 1984. Radiative transfer in an atmosphere-ocean system: an azimuthally dependent matrix-operator approach[J]. Applied Optics,23:1035—1039.

Fischer J,Grassl H. 1991a. Detection of cloud-top height from backscattered radiances within the oxygen A-band,part 1: theoretical study[J]. Journal of Applied Meteorology,30:1245—1259.

Fischer J,Cordes W,Schmitz-Peiffer A,et al. 1991b. Detection of cloud-top height from backscattered radiances within the oxygen A-band,part 2: measurements[J]. Journal of Applied Meteorology,30:1260—1267.

Flittner D E,Bhartia P K,Herman B M. 2000. O_3 profiles retrieved from limb scatter measurements: theory [J]. Geophysical Research Letters,27:2061—2064.

Follansbee W A,Oliver V J. 1975. A comparison of infrared imagery and video pictures in the estimation of daily rainfall from satellite data[M]. NOAA Tech. Memo. NESS 62,Washington,DC.

Follansbee W A. 1976. Estimation of daily precipitation over China and USSR using satellite imagery[M]. NOAA Tech. Memo. NESS 81,Washington,DC.

Fournier N,Stammes P,de Graaf M,et al. 2006. Improving cloud information over deserts from SCIAMACHY oxygen A-band measurements[J]. Atmospheric Chemistry and Physics,6:163—172.

França G B,Cracknell A P. 1994. Retrieval of land and sea surface temperature using NOAA-11 AVHRR data in north-eastern Brazil[J]. International Journal of Remote Sensing,15:1695—1712.

Frouin R,Deschamps P Y,Lecomte P. 1990. Determination from space of atmospheric total water vapor amounts by differential absorption near 940 nm: theory and airborne verification[J]. Journal of Applied Meteorology,29:448—459.

Gao B C,Goetz A. 1990. Determination of total column water vapor in the atmosphere at high spatial resolution from AVIRIS data using spectral curve fitting and band ratioing techniques[J]. Proceedings of SPIE, 1298:138—149.

Gillies R,Carlson T,Kustas W,et al. 1997. A verification of the "triangle" method for obtaining surface soil water content and energy fluxes from remote measurements of the normalized difference vegetation index (NDVI) and surface radiant temperature[J]. International Journal of Remote Sensing,18:3145—3166.

Goodberlet M A,Swift C T,Wilkerson J C. 1990. Ocean surface wind speed measurements of the special sensor microwave/imager(SSM/I)[J], IEEE Transactions on Geoscience and Remote Sensing,28(5):823—828.

Gopalan K,Wang N-Y,Ferraro R R,et al. 2010. Status of the TRMM 2A12 land precipitation algorithm[J]. Journal of Atmospheric and Oceanic Technology,27:1343—1354.

Gottwald M,Bovensmann H. 2011. SCIAMACHY-exploring the changing earth's atmosphere[M]. Dordrecht, Netherlands:Springer.

Grecu M,Anagnostou E. 2001. Overland precipitation estimation from TRMM passive microwave observations [J]. Journal of Applied Meteorology,40:1367—1380.

Green R O,Eastwood M L,Sarture C M,et al. 1998. Imaging spectroscopy and the airborne visible/infrared imaging spectrometer (AVIRIS) [J]. Remote sensing of Environment,65:227—248.

Griffith C G,Woodley W L,Browner S,et al. 1976. Rainfall estimation from geosynchronous satellite imagery during daylight hours[M]. NOAA Tech. Rep. ERL 356-WMO 7,Boulder,Colorado.

Griffith C G,Grube P G,Martin D W,et al. 1978. Rainfall estimation from geosynchronous satellite imagery-visible and infrared studies[J]. Monthly Weather Review,106:1153—1171.

Grody N G,Gruber A,Shen W. 1980. Atmospheric water content over the tropical Pacific derived from the

Nimbus-6 scanning microwave spectrometer[J]. Journal of Applied Meteorology,19:986—996.

Grody N C. 1991. Classification of snow cover and precipitation using the special sensor microwave/imager (SSM/I) [J]. Journal of Geophysical Research,96:7423—7435.

Gruber A,Ruff I,Earnest C. 1983. Determination of the planetary radiation budget from TIROS-N satellites [M]. NOAA Tech. Rep. NESDIS 3,Washington,DC.

Gupta S K. 1989. A parameterization for longwave surface radiation from sun-synchronous satellite data[J]. Journal of Climate,2:305—320.

Gupta S K,Kratz D P,Stackhouse Jr P W,et al. 2001. The Langley parameterized shortwave algorithm (LPSA) for surface radiation budget studies (Version 1. 0)[M]. NASA/TP-2001-211272.

Gurvich A S,Demin V V. 1970. Determination of the total moisture content in the atmosphere from measurements on the Cosmos 243 satellite[J]. Atmospheric and Oceanic Physics,6:453—457.

Harris R,Barrett E C. 1978. Toward an objective nephanalysis[J]. Journal of Applied Meteorology, 17: 1258—1266.

Hawkins H F,Rubsam D T. 1968. Hurricane Hilda, 1964,II. structure and budgets of the hurricane on October 1[J]. Monthly Weather Review,96:617—636.

Hsu N C,Tsay S C,King M D,et al. 2004. Aerosol properties over bright-reflecting source regions[J]. IEEE Transaction of Geoscience and Remote Sensing,42(3):557—569.

Hsu N C,Tsay S C,King M D,et al. 2006. Deep blue retrievals of Asian aerosol properties during ACE-Asia [J]. IEEE Transaction of Geoscience and Remote Sensing,44(11):3180—3195.

Huete A R. 1988. A soil-adjusted vegetation index (SAVI) [J]. Remote Sensing of Environment,25:295—309.

Jackson T J,Schmugge T J. 1991. Vegetation effects on the microwave emission of soils[J]. Remote sensing of environment,36:203—212.

Jedlovec G J. 1990. Precipitable water estimation from high-resolution split window radiance measurements[J]. Journal of Applied Meteorology,29:863—877.

Jelenak Z,Mavor T P,Connor L,et al. 2005. Validation of ocean wind vector retrievals from WindSat polarimetric measurements[M]//Frouin R J, Kawamura H, Pan D. Active and passive remote sensing of the oceans. SPIE Proceedings,5656:111—121.

Jin Xin,Jun Li,Christopher C,et al. 2008. Retrieval of total column ozone from imagers onboard geostationary satellites[J]. IEEE Transactions on Geoscience and Remote Sensing,46(2):479—488.

Justus C G,Paris M V,Tarpley J D. 1986. Satellite measured insolation in the United States, Mexico and South America[J]. Remote Sensing of the Environment,20:57—83.

Kandel R,Viollier M. 2010. Observation of the Earth's radiation budget from space[J]. Comptes Rendus Geoscience,342:286—300.

Kaplan L D. 1959. Inference of atmospheric structure from remote radiation measurements[J]. Journal of the Optical Society of America,49:1004—1007.

Kaufman Y J,Gao B-C. 1992. Remote sensing of water vapor in the near IR from EOS/MODIS[J]. IEEE Transactions on Geoscience and Remote Sensing,30:871—884.

Kaufman Y J,Tanré D,Remer L,et al. 1997a. Operational remote sensing of tropospheric aerosol over the land from EOS-MODIS[J]. Journal of Geophysical Research,102:17051—17068.

Kaufman Y J,Wald A E,Remer L A. et al. 1997b. The MODIS 2. 1-μm channel correlation with visible reflectance for use in remote sensing of aerosol[J]. IEEE Transactions on Geoscience and Remote Sensing,35: 1286—1298.

Kerr Y H,Njoku E G. 1990. A semiempirical model for interpreting microwave emission from semiarid land surfaces as seen from space[J]. IEEE Transactions on Geoscience and Remote Sensing, 28: 384—393.

Kerr Y H, Lagouarde J P, Imbernon J. 1992. Accurate land surface temperature retrieval from AVHRR data with use of an improved split window algorithm[J]. Remote Sensing of Environment, 41: 197—209.

Kidder S Q. 1979. Determination of tropical cyclone surface pressure and winds form satellite microwave data [M]. Atmospheric science paper no. 307. Fort Collins, Colorado: Colorado State University.

Kidder S Q, Gray W M, Vonder Haar T H. 1980. Tropical cyclone outer surface winds derived from satellite microwave sounder data[J]. Monthly Weather Review, 108(2): 144—153.

Kidder S Q, Vonder Haar T H. 1995. Satellite meteorology, an introduction[M]. San Diego, California : Academic Press.

Kidder S Q, Goldberg M D, Zehr R M, et al. 2000. Satellite analysis of tropical cyclones using the advanced microwave sounding unit (AMSU)[J]. Bulletin of the American Meteorological Society, 81: 1241—1259.

Kilpatrick K A, Podesta G P, Evans R. 2001. Overview of the NOAA/NASA advanced very high resolution radiometer pathfinder algorithm for sea surface temperature and associated matchup database[J]. Journal of Geophysical Research, 106(C5): 9179 —9197.

King J I F. 1956. The radiative heat transfer of planet earth[M]//Van Allen J A. Scientific use of earth satellites. Ann Arbor, Michigan: University of Michigan Press, 133—136.

Kleespies T J, McMillin L M. 1990. Retrieval of precipitable water from observations in the split window over varying surface temperature[J]. Journal of Applied Meteorology, 29: 851—862.

Koelemeijer R B A, Stammes P, Hovenier J W, et al. 2001. A fast method for retrieval of cloud parameters using oxygen A band measurements from the global ozone monitoring experiment[J]. Journal of Geophysical Research, 106: 3475—3490.

Koelemeijer R B A, de Haan J F, Stammes P. 2003. A database of spectral surface reflectivity in the range 335—772 nm derived from 5. 5 years of GOME observations[J]. Journal of Geophysical Research, 108 (D2), 4070, doi: 10. 1029/2002JD002429.

Koepke P. 1989. Removal of atmospheric effects from AVHRR albedos[J]. Journal of Applied Meteorology, 28: 1341—1348.

Kokhanovsky A A, Rozanov V V. 2004a. The physical parameterization of the top-of-atmosphere reflection function for a cloudy atmosphere-underlying surface system: the oxygen A-band case study[J]. Journal of Quantitative Spectroscopy and Radiative Transfer, 85: 35—55.

Kokhanovsky A A, Rozanov V V, von Hoyningen-Huene W, et al. 2004b. The determination of a cloud altitude using SCIAMACHY on board ENVISAT[J]. IEEE Geoscience and Remote Sensing Letters, 1: 211—214.

Kokhanovsky A A. 2006. Cloud optics[M]. Dordrecht, Netherlands: Springer.

Kokhanovsky A A, Rozanov V V, Vountas M, et al. 2006. Semi-analytical cloud retrieval algorithm for SCIAMACHY/ENVISAT[M]. Algorithm theoretical basis document. Institute of Environmental Physics, University of Bremen, Bremen, Germany.

Kokhanovsky A A, Breon F-M, Cacciari A, et al. 2007. Aerosol remote sensing over land: a comparison of satellite retrievals using different algorithms and instruments[J]. Atmospheric Research, 85: 372—394.

Kuang Z, Margolis J S, Toon G C, et al. 2002. Spaceborne measurements of atmospheric CO_2 by high-resolution NIR spectrometry of reflected sunlight: an introductory study[J]. Geophysical Research Letters, 29: 1716—1720.

Kummerow C, Olson W S, Giglio L. 1996. A simplified scheme for obtaining precipitation and vertical hydrometer profiles from passive microwave sensors[J]. IEEE Transactions on Geoscience and Remote Sensing, 34: 1213—1232.

Kummerow C, Hong Y, Olson W S, et al. 2001. The evolution of the Goddard profiling algorithm (GPROF) for rainfall estimation from passive microwave sensors[J]. Journal of Applied Meteorology, 40: 1801—1820.

Kustas W P, Moran M S, Norman J M. 2003. Evaluating the spatial distribution of evaporation [M]//Potter T D, Colman B R. Handbook of weather, climate and water: atmospheric chemistry, hydrology and societal impacts. Hoboken, New Jersey: John Wiley & Sons, Inc, 461—492.

Kuze A, Chance K V. 1994. Analysis of cloud top height and cloud coverage from satellites using the O_2 A and B bands[J]. Journal of Geophysical Research, 99: 14481—14491.

Lee H-T, Ellingson R G. 2002. Development of a non-linear statistical method for estimating the downward longwave radiation at the surface from satellite observations [J]. Journal of Atmospheric and Oceanic Technology, 19: 1500—1515.

Lee H-T, Heidinger A, Gruber A, et al. 2004. The HIRS outgoing longwave radiation product from hybrid polar and geosynchronous satellite observations[J]. Advances in Space Research, 33: 1120—1124.

Lee H-T, Laszlo I, Gruber A. 2010. ABI earth radiation budget upward longwave radiation: TOA (outgoing longwave radiation)[M]. Algorithm Theoretical Basis Document.

Lee K H, Kim Y J, von Hoyningen-Huene W, et al. 2006. Influence of land surface effects on MODIS aerosol retrieval using the BAER method over Korea [J]. International Journal of Remote Sensing, 27: 2813—2830.

Lefèvre F, Cariolle D, Muller S, et al. 1991. Total ozone from the TIROS operational vertical sounder during the formation of the 1987 'ozone hole'[J]. Journal of Geophysical Research, 96: 12893—12911.

Levizzani V, Bauer P, Turk F J. 2007. Measuring precipitation from space: EURAINSAT and the future[M]. Netherlands: Springer.

Levy R, Remer L, Tanré D, et al. 2009. Algorithm for remote sensing of tropospheric aerosol over dark targets from MODIS: collections 005 and 051[M]. Revision 2, MODIS algorithm theoretical basis document.

Lichtenberg G, Bovensmann H, Van Roozendael M, et al. 2010. SCIAMACHY offline level 1b-2 processor algorithm theoretical baseline document (ENV-ATB-QWG-SCIA-0085) [M]. Technical Document, SQWG/DLR-IMF.

Lindstrot R, Preusker R, Fischer J. 2009. The retrieval of land surface pressure from MERIS measurements in the oxygen A band[J]. Journal of Atmospheric and Oceanic Technology, 26: 1367—1377.

Liou K N. 2002. An introduction to atmospheric radiation, second edition [M]. San Diego: Academic Press.

Long D G, Chi C Y, Li F K. 1988. The design of an onboard digital Doppler processor for a spaceborne scatterometer[J]. IEEE Transactions on Geoscience and Remote Sensing, 26(6): 869—878.

Lorenc A C. 1986. Analysis methods for numerical weather prediction[J]. Quarterly Journal of the Royal Meteorological Society, 112: 1177—1194.

Lovejoy S, Austin G L. 1979. The delineation of rain areas from visible and IR satellite data for GATE and mid-latitudes[J]. Atmosphere-Ocean, 17: 77—92.

Lyapustin A, Wang Y. 2008. MAIAC: multi-angle implementation of atmospheric correction for MODIS, algorithm theoretical basis document (ver. 1.0)[M].

Martin S. 2004. An introduction to ocean remote sensing[M]. Cambridge: Cambridge University Press.

Martins J V, D Tanré, L Remer, et al. 2002. MODIS Cloud screening for remote sensing of aerosol over oceans using spatial variability[J]. Geophysical Research Letters, 29(12), 10.1029/2001GL013252.

McClain E P, Pichel W G, Walton C C. 1985. Comparative performance of AVHRR-based multichannel sea surface temperatures[J]. Journal of Geophysical Research, 90(C6): 11587—11601.

McCleese D J, Wilson L S. 1976. Cloud top height from temperature sounding instruments[J]. Quarterly Journal of the Royal Meteorological Society,102:781—790.

McCollum J,Ferraro R R. 2003. Next generation of NOAA/NESDIS TMI, SSM/I, and AMSR-E microwave land rainfall algorithms[J]. Journal of Geophysical Research,108,8382,doi:10. 1029/2001JD001512.

McMillin L M,Dean C. 1982. Evaluation of a new operational technique for producing clear radiances[J]. Journal of Applied Meteorology,12:1005—1014.

McPeters R D,Bhartia P K,Krueger A J,et al. 1996. Nimbus-7 total ozone mapping spectrometer (TOMS) data products user's guide[M]. NASA Reference Publication.

Menzel W P,Smith W L,Stewart T R. 1983. Improved cloud motion wind vector and altitude assignment using VAS[J]. Journal of Climate and Applied Meteorology,22:377—384.

Menzel W P. 2006. Remote sensing applications with meteorological satellites[M]. Madison,Wisconsin:University of Wisconsin.

Merrill R T. 1995. Simulations of physical retrieval of TC thermal structure using 55-GHz band passive microwave observations from polar-orbiting satellites[J]. Journal of Applied Meteorology,34:773—787.

Meteorological Satellite Center. 1979. The simplified mapping equation of VISSR image data from geostationary meteorological satellite (GMS)[M]. Technical note, no. 1, March 1979. Meteorological Satellite Center (Japan).

Meyer J,Bracher A,Rozanov A,et al. 2005. Solar occultation with SCIAMACHY: algorithm description and first validation[J]. Atmospheric Chemistry and Physics,5:1589—1604.

Mitchell R M,O'Brien D M. 1987. Error estimates for passive satellite measurement of surface pressure using absorption in the A band of oxygen[J]. Journal of the Atmospheric Sciences,44:1981—1990.

Moran M S,Jackson R D,Raymond L H,et al. 1989. Mapping surface energy balance components by combining Landsat thematic mapper and ground-based meteorological data[J]. Remote Sensing of the Environment, 30:77—87.

Moran M S,Peters-Lidard C D,Watts J M,et al. 2004. Estimating soil moisture at the watershed scale with satellite-based radar and land surface models[J]. Canadian Journal of Remote Sensing,30:805—826.

Naderi F M,Freilich M H,Long D G. 1991. Spaceborne radar measurement of wind velocity over the ocean-an overview of the NSCAT scatterometer system[J]. Proceedings of the IEEE,79:850—866.

Nakajima T,King M D. 1990. Determination of the optical thickness and effective particle radius of clouds from reflected solar radiation measurements,part I: theory[J]. Journal of the Atmospheric Sciences,47:1878—1893.

Nauss T,Kokhanovsky A A. 2006. Discriminating raining from non-raining clouds at mid-latitudes using multispectral satellite data[J]. Atmospheric Chemistry and Physics,6:5031—5036.

Neuendorffer A C. 1996. Ozone monitoring with TIROS-N operational vertical sounders[J]. Journal of Geophysical Research,101(D13):18807—18828.

Nieman S J,Schmetz J,Menzel W P. 1993. A comparison of several techniques to assign heights to cloud tracers [J]. Journal of Applied Meteorology,32:1559—1568.

Nieman S J,Menzel W P,Hayden C M,et al. 1997. Fully automated cloud-drift winds in NESDIS operations [J]. Bulletin of the American Meteorological Society,78:1121—1133.

Njoku E G,Entekhabi D. 1996. Passive microwave remote sensing of soil moisture[J]. Journal of Hydrology, 184:101—129.

Njoku E G,Li L. 1999. Retrieval of land surface parameters using passive microwave measurements at 6—18 GHz[J]. IEEE Transactions on Geoscience and Remote Sensing,37(1):79—93.

Ohring G,Gruber A,Ellingson R G. 1984. Satellite determinations of the relationship between total longwave radiation flux and infrared window radiance[J]. Journal of Climate and Applied Meteorology, 23: 416—425.

Olander T L, Velden C S, Turk M A. 2002. Development of the advanced objective Dvorak technique (AODT)-current progress and future directions[M]//American Meteorological Society. Preprints of the 25th conference on hurricanes and tropical meteorology. San Diego, California, 585—586.

Olander T L, Velden C S. 2007. The advanced Dvorak technique: continued development of an objective scheme to estimate tropical cyclone intensity using geostationary infrared satellite imagery[J]. Weather and Forecasting, 22: 287—298.

Olson W S, Kummerow C D, Hong Y, et al. 1999. Atmospheric latent heating distributions in the Tropics derived from satellite passive microwave radiometer measurements[J]. Journal of Applied Meteorology, 38: 633—664.

Olson W S, Hong Y, Kummerow C D, et al. 2001. A texture-polarization method for estimating convective-stratiform precipitation area coverage from passive microwave radiometer data[J]. Journal of Applied Meteorology, 40: 1577—1591.

Ottlé C, Vidal-Madjar D. 1992. Estimation of land surface temperature with NOAA9 data[J]. Remote Sensing of Environment, 40: 27—41.

Ottlé C, Outalha S, Francois C, et al. 1997. Estimation of total water vapor content from split-window radiance measurements[J]. Remote sensing of Environment, 61: 410—418.

Owe M, de Jeu R, Walker J. 2001. A methodology for surface soil moisture and vegetation optical depth retrieval using the microwave polarization difference index[J]. IEEE Transactions on Geoscience and Remote Sensing, 39(8): 1643—1654.

Peckham G E, C Gatley, D A Flower. 1983. Optimizing a remote sensing instrument to measure atmospheric surface pressure[J]. International Journal of Remote Sensing, 4: 465—478.

Petty G W. 1994. Physical retrievals of over-ocean rain rate from multichannel microwave imager. part I: theoretical characteristics of normalized polarization and scattering indices[J]. Meteorology and Atmospheric Physics, 54: 79—99.

Petty G W. 2004. A first course in atmospheric radiation[M]. Madison, Wisconsin : Sundog Publishing.

Phillips D L. 1962. A technique for the numerical solution of certain integral equations of the first kind[J]. Journal of the Association for Computing Machinery, 9: 84—97.

Piepmeier J R, Gasiewski A J. 2001. High-resolution passive polarimetric microwave mapping of ocean surface wind vector fields[J]. IEEE Transactions on Geoscience and Remote Sensing, 39(3): 606—622.

Platt U, Stutz J. 2008. Differential optical absorption spectroscopy: principles and applications[M]. Heidelberg: Springer-Verlag Berlin Heidelberg.

Prabhakara C, Icovazzi Jr R, Weinman J A, et al. 2000. A TRMM microwave radiometer rain rate estimation method with convective and stratiform discrimination[J]. Journal of the Meteorological Society of Japan, 78: 241—258.

Prata A J. 1993. Land surface temperature derived from the advanced very high resolution radiometer and the along-track scanning radiometer 1. theory[J]. Journal of Geophysical Research, 98: 16689—16702.

Press W H, Flannery B P, Teukolsky S A, et al. 1986. Numerical recipes—the art of scientific computing[M]. Cambridge: Cambridge University Press.

Preuss J H, Geleyn J F. 1980. Surface albedos derived from satellite data and their impact of forecast models [J]. Archiv für Meteorologie, Geophysik und Bioklimatologie, Series A, 29: 345—356.

Price J C. 1984. Land surface temperature measurements from the split window channels of the NOAA 7 advanced very high resolution radiometer[J]. Journal of Geophysical Research,89:7231—7237.

Price J C. 1985. On the analysis of thermal infrared imagery: the limited utility of apparent thermal inertia[J]. Remote sensing of Environment,18:59—73.

RAMMB:GOES 3. 9 μm channel tutorial[EB/OL]. http://rammb. cira. colostate. edu/training/tutorials/goes_39um/default. asp.

Reynolds R W,Smith T M. 1994. Improved global sea surface temperature analyses using optimum interpolation[J]. Journal of Climate,7:929—948.

Robinson W D,Chesters D,Uccellini L W. 1986. Optimized retrievals of precipitable water fields from combinations of VAS satellite and conventional surface observations[J]. Journal of Geophysical Research, 91: 5305—5318.

Rodgers C D. 1976. Retrieval of atmospheric temperature and composition from remote measurements of thermal radiation[J]. Reviews of Geophysics and Space Physics,14:609—624.

Rodgers C D. 2000. Inverse methods for atmospheric sounding: theory and practice[M], Singapore:World Scientific.

Roebeling R A,Feijt A J,Stammes P. 2006. Cloud property retrievals for climate monitoring: implications of differences between SEVIRI on METEOSAT-8 and AVHRR on NOAA-17[J]. Journal of Geophysical Research,111,D20210,doi:10. 1029/2005JD006990.

Roebeling R A,Holleman I. 2009. SEVIRI rainfall retrieval and validation using weather radar observations[J]. Journal of Geophysical Research,114,D21202,doi:21210. 21029/22009JD012102.

Roerink G J,Su Z,Menenti M. 2000. S-SEBI: a simple remote sensing algorithm to estimate the surface energy balance[J]. Physics and Chemistry of the Earth,25:147—157.

Rohen G J,von Savigny C,Kaiser J W,et al. 2008. Ozone profile retrieval from limb scatter measurements in the Hartley bands: further retrieval details and profile comparisons[J]. Atmospheric Chemistry and Physics,8:2509—2517.

Rosenfeld D,Gutman G. 1994. Retrieving microphysical properties near the tops of potential rain clouds by multi spectral analysis of AVHRR data[J]. Atmospheric Research,34:259—283.

Rossow W B,Schiffer R A. 1991. ISCCP cloud data products[J]. Bulletin of the American Meteorological Society,71:2—20.

Rouffies S,Breon F M, Tanre D,et al. 1997. Atmospheric water vapor estimate by a differential absorption technique with the POLDER instrument[J]. Journal of Geophysical Research,102:3831—3841.

Rozanov A,Eichmann K-U,von Savigny C,et al. 2007. Comparison of the inversion algorithms applied to the ozone vertical profile retrieval from SCIAMACHY limb measurements[J] . Atmospheric Chemistry and Physics,7:4763—4779.

Rozanov V V,Kokhanovsky A A. 2004a. Semi-analytical cloud retrieval algorithm as applied to the cloud top altitude and the cloud geometrical thickness determination from top of atmosphere reflectance measurements in the oxygen absorption bands[J]. Journal of Geophysical Research, 109, D05202, doi: 10. 1029/2003JD004104.

Rozanov V V,Kokhanovsky A A,Burrows J P. 2004b. The determination of cloud altitudes using GOME reflectance spectra: multilayered cloud systems[J]. IEEE Transactions on Geoscience and Remote Sensing, 42:1009—1017.

Sandholt I,Rasmussen K,Andersen J. 2002. A simple interpretation of the surface temperature/vegetation index space for assessment of surface moisture status[J]. Remote Sensing of Environment,79:213—224.

Schlapfer D,Borel C C,Keller J,et al. 1998. Atmospheric precorrected differential absorption technique to retrieve columnar water vapor[J]. Remote Sensing of Environment, 65:353—366.

Schmetz J, Holmlund K, Hoffman J, et al. 1993. Operational cloud-motion winds from Meteosat infrared images [J]. Journal of Applied Meteorology, 32:1206—1224.

Scofield R A, Oliver V J. 1977. A scheme for estimating convective rainfall from satellite imagery[M]. NOAA Tech. Memo. NESS 86.

Scofield R A. 1987. The NESDIS operational convective precipitation estimation technique[J]. Monthly Weather Review, 115:1773—1792.

Scofield R A, Kuligowski R J. 2003. Status and outlook of operational satellite precipitation algorithms for extreme-precipitation events[J]. Weather and Forecasting, 18:1037—1051.

Segelstein D J. 1981. The complex refractive index of water[D]. MS Thesis, University of Missouri, Kansas City, Missouri.

Setvák M, Doswell III C A. 1991. The AVHRR channel 3 cloud top reflectivity of convective storms[J]. Monthly Weather Review, 119:841—847.

Smith W L. 1970. Iterative solution of the radiative transfer equation for the temperature and absorbing gas profile of an atmosphere[J]. Applied Optics, 9:1993—1999.

Smith W L, Woolf H M, Jacob W J. 1970. A regression method for obtaining real time temperature and geopotential height profiles from satellite spectrometer measurements and its application to Nimbus-III 'SIRS' observations[J]. Monthly Weather Review, 98:582—603.

Smith W L, Woolf H M. 1976. The use of eigenvectors of statistical co-variance matrices for interpreting satellite sounding radiometer observations[J]. Journal of the Atmospheric Sciences, 33:1127—1140.

Smith W L, Platt C M R. 1978. Comparison of satellite-deduced cloud heights with indications from radiosonde and ground-based laser measurements[J]. Journal of Applied Meteorology, 17:1796—1802.

Smith W L, Woolf H M, Schreiner A J. 1985. Simultaneous retrieval of surface and atmospheric parameters: a physical and analytically direct approach[M]//Deepak A, Fleming H E, Chahine M T. Advances in remote sensing retrieval methods, Hampton, Virginia: A. Deepak Publishing, 221—232.

Snyder W, Wan Z, Zhang Y, et al. 1997. Thermal infrared (3—14 Am) bidirectional reflectance measurements of sands and soils[J]. Remote Sensing of Environment, 60:101—109.

Sobrino J A, Li Z, Stoll M, et al. 1994. Improvements in the split window technique for land surface temperature determination[J]. IEEE Transactions on Geoscience and Remote Sensing, 32:243—253.

Sobrino J A, Raissouni N, Simarro J, et al. 1999. Atmospheric water vapor content over land surfaces derived from the AVHRR data: application to the Iberian Peninsula[J]. IEEE Transactions on Geoscience and Remote Sensing, 37:1425—1434.

Sonkaew T, Rozanov V V, von Savigny C, et al. 2009. Cloud sensitivity studies for stratospheric and lower mesospheric ozone profile retrievals from measurements of limb-scattered solar radiation[J]. Atmospheric Measurement Techniques, 2:653—678.

Spencer R W, Goodman H M, Hood R E. 1989. Precipitation retrieval over land and ocean with SSM/I. part I: identification and characteristics of the scattering signal[J]. Journal of Atmospheric and Oceanic Technology, 6:254—273.

Spencer R W, Braswell W D. 2001. Atlantic tropical cyclone monitoring with AMSU-A: estimation of maximum sustained wind speeds[J]. Monthly Weather Review, 129:1518—1532.

Spurr R, Thomas W, Loyola D. 2002. GOME level 1 to 2 algorithms description, DLR technical note[M]. ER-TN-DLR-GO-0025, Rev. 3/A, Oberpfaffenhofen, Germany.

Staylor W F, Wilber A C. 1990. Global surface albedos estimated from ERBE data[M]. American Meteorological Society. Preprints, seventh conference on atmospheric radiation. San Francisco,California,231—236.

Stout J E,Martin D W,Sikdar D N. 1979. Estimate GATE rainfall with geosynchronous satellite images[J]. Monthly Weather Review,107:585—598.

Stowe L L,McClain E P,Carey R,et al. 1991. Global distribution of cloud cover derived from NOAA/AVHRR operational satellite data[J]. Advances in Space Research,3:51—54.

Stowe L L,Davis P A,McClain E P. 1999. Scientific basis and initial evaluation of the CLAVR-1 global clear/cloud classification algorithm for the advanced very high resolution radiometer[J]. Journal of Atmospheric and Oceanic Technology,16:656—681.

Strabala K I,Ackerman S A,Menzel W P. 1994. Cloud properties inferred from 8—12 micron data[J]. Journal of Applied Meteorology,33:212—229.

Strangeways I. 2007. Precipitation: theory, measurement and distribution[M]. Cambridge : Cambridge University Press.

Sun D,Pinker R T,Basara J B. 2004. Land surface temperature estimation from the next generation of geostationary operational environmental satellites GOES M-Q [J]. Journal of Applied Meteorology, 43: 363—372.

Susskind J,Rosenfield J,Reuter D,et al. 1984. Remote sensing of weather and climate parameters from HIRS2/MSU on TIROS-N[J]. Journal of Geophysical Research,89:4677—4697.

Suttles J T,Green R N,Minnis P,et al. 1988. Angular radiation models for the earth-atmosphere system,vol. I,shortwave models[M]. NASA Ref. Pub.

Suttles J T,Green R N,Smith G L,et al. 1989. Angular radiation models for the earth-atmosphere system, vol. II,longwave radiation[M]. NASA Ref. Pub.

Tanré D,Kaufman Y J,Herman M,et al. 1997. Remote sensing of aerosol properties over oceans using the MODIS/EOS spectral radiances[J]. Journal of Geophysical Research,102(D14):16971—16988.

Teng W L,Wang J R,Doraiswamy P C. 1993. Relationship between satellite microwave radiometric data,antecedent precipitation index,and regional soil moisture[J]. International Journal of Remote Sensing,14(13): 2483—2500.

Theis S W,Blanchard B J,Newton R W. 1984. Utilization of vegetation indices to improve microwave soil moisture estimates over agricultural lands[J]. IEEE Transactions on Geoscience and Remote Sensing,22:490—496.

Tjemkes S A,van de Berg L,Schmetz J. 1997. Warm water vapor pixels over high clouds as observed by Meteosat[J]. Beitraege zur Physik der Atmosphaere,70:15—21.

Tokuno M,Kumabe R. 1996. Satellite nephanalysis information chart(SNIC)[J]. 气象卫星セソター技术报告特别号,119—123.

Tramutoli V,Claps P,Marella M,et al. 2001. Feasibility of hydrological application of thermal inertia from remote sensing[M]//Mugnai A,Guzzetti F,Roth G. Proceedings 2nd plinius conference on mediterranean storms. Perugia,Italy:GNDCI Pub.

Tsonis A A,Isaac G A. 1985. On a new approach for instantaneous rain area delineation in the midlatitudes using GOES data[J]. Journal of Climate and Applied Meteorology,24:1208—1218.

Twomey S. 1963. On the numerical solution of Fredholm integral equations of the first kind by the inversion of the linear system produced by quadrature[J]. Journal of the Association for Computing Machinery,10: 97—101.

Van de Griend A A,Owe M. 1994. Microwave vegetation optical depth and inverse modelling of soil emissivity using Nimbus/SMMR satellite observations[J]. Meteorology and Atmospheric Physics,54:225—239.

Velden C S, Goodman B M, Merrill R T. 1991. North Pacific tropical cyclone intensity estimation from NOAA polar-orbiting satellite microwave data[J]. Monthly Weather Review, 119: 159—168.

Velden C S, Olander T L, Zehr R M. 1998. Development of an objective scheme to estimate tropical cyclone intensity from digital geostationary satellite infrared imagery[J]. Weather and Forecasting, 13: 172—186.

Verstraeten W W, Veroustraete F, van der Sande C J, et al. 2006. Soil moisture retrieval using thermal inertia, determined with visible and thermal spaceborne data, validated for European forests[J]. Remote Sensing of Environment, 101: 299—314.

Vesperini M, Breon F M, Tanre D. 1999. Atmospheric water vapor content from spaceborne POLDER measurements[J]. IEEE Transactions on Geoscience and Remote Sensing, 37: 1613—1619.

Vicente G A, Scofield R A, Menzel W P. 1998. The operational GOES infrared rainfall estimation technique[J]. Bulletin of the American Meteorological Society, 79: 1883—1898.

Vicente G A, Davenport J C, Scofield R A. 2002. The role of orographic and parallax corrections on real time high resolution satellite rainfall rate distribution [J]. International Journal of Remote Sensing, 23: 221—230.

von Hoyningen-Huene W, Freitag M, Burrows J B. 2003. Retrieval of aerosol optical thickness over land surfaces from top-of-atmosphere radiance[J]. Journal of Geophysical Research, 108: 4260—4280.

von Savigny C, Rozanov A, Bovensmann H, et al. 2005. The ozone hole break-up in September 2002 as seen by SCIAMACHY on ENVISAT[J]. Journal of the Atmospheric Sciences, 62: 721—734.

Walton C C, Pichel W G, Sapper J F, et al. 1998. The development and operational application of nonlinear algorithms for the measurement of sea surface temperatures with the NOAA polar-orbiting environmental satellites[J]. Journal of Geophysical Research, 103(C12): 27999—28012.

Wan Z, Dozier J. 1996. A generalized split-windows algorithm for retrieving land surface temperature from space[J]. IEEE Transactions on Geoscience and Remote Sensing, 34: 892—905.

Wan Z, Zhang Y, Zhan Q, et al. 2002. Validation of the land-surface temperature products retrieved from Terra moderate resolution imaging spectroradiometer data[J]. Remote Sensing of Environment, 83: 163—180.

Wang J R, Choudhury B J. 1981. Remote sensing of soil moisture content over bare fields at 1.4 GHz frequency [J]. Journal of Geophysical Research, 86: 5277—5282.

Wang J R, O'Neill P E, Jackson T J, et al. 1983. Multifrequency measurements of the effects of soil moisture, soil texture, and surface roughness[J]. IEEE Transactions on Geoscience and Remote Sensing, 21(1): 44—51.

Wang J R. 1985. Effect of vegetation on soil moisture sensing observed from orbiting microwave radiometers [J]. Remote Sensing of Environment, 17: 141—151.

Wang K Z, Wan P, Wang M, et al. 2005. Estimation of surface long wave radiation and broadband emissivity using moderate resolution imaging spectroradiometer (MODIS) land surface temperature/emissivity products[J]. Journal of Geophysical Research, 110, D11109, doi: 10.1029/2004JD005566.

Wang P, Stammes P, van der A R, et al. 2008. FRESCO+: an improved O_2 A-band cloud retrieval algorithm for tropospheric trace gas retrievals[J]. Atmospheric Chemistry and Physics, 8: 6565—6576.

Warren S G, Brandt R E. 2008. Optical constants of ice from the ultraviolet to the microwave: a revised compilation[J]. Journal of Geophysical Research, 113, D14220, doi: 10.1029/2007JD009744.

Wen J, Jackson T J, Bindlish R, et al. 2005. Retrieval of soil moisture and vegetation water content using SSM/I data over a corn and soybean region[J]. Journal of Hydrology, Special section(6): 854—863.

Weng F, Grody N C. 1994. Retrieval of cloud liquid water using the special sensor microwave imager (SSM/I) [J]. Journal of Geophysical Research, 99: 25535—25551.

Weng F, Zhao L, Ferraro R R, et al. 2003. Advanced microwave sounding unit cloud and precipitation algorithms[J]. Radio Science, 38: 8068—8079.

Wentz F J, Peteherych S, Thomas L A. 1984. A model function for ocean radar cross-sections at 14.6 GHz[J]. Journal of Geophysical Research, 89(C3): 3689—3704.

Wentz F J, Spencer R W. 1998. SSM/I rain retrievals within a unified all-weather ocean algorithm[J]. Journal of the Atmospheric Sciences, 55: 1613—1627.

Wentz F J, Meissner T. 2000. AMSR ocean algorithm[M], Version 2, report number 121599A-1. Santa Rosa, California.

Westwater E R. 1972. Microwave emission from clouds[M]. NOAA technical report ERL 219-WPL 18. Boulder, Colorado: Environmental Research Laboratories.

Wigneron J-P, Chanzy A, Calvet J-C, et al. 1995. A simple algorithm to retrieve soil moisture and vegetation biomass using passive microwave measurements over crop fields[J]. Remote Sensing of Environment, 51: 331—341.

Wigneron J-P, Waldteufel P, Chanzy A, et al. 2000. Two-dimensional microwave interferometer retrieval capabilities of over land surfaces (SMOS Mission)[J]. Remote Sensing of Environment, 73: 270—282.

Wilheit T T. 1979. A model for the microwave emissivity of the ocean's surface as a function of wind speed[J]. IEEE Transactions on Geoscience Electronics, 17: 244—249.

Wilheit T T, Chang A T C. 1980. An algorithm for retrieval of ocean surface and atmospheric parameters from the observations of the scanning multichannel microwave radiometer[J]. Radio Science, 15: 525—544.

Wilheit T T, Chang A T C, Chiu L S. 1991. Retrieval of monthly rainfall indices from microwave radiometric measurements using probability distribution functions[J]. Journal of Atmospheric and Oceanic Technology, 8: 118—136.

WMO. 2008. Guide to meteorological instruments and methods of observation[M]. WMO-No. 8, 7th ed. Geneva: Chairperson, Publications Board.

Woodley W L, Griffith C G, Griffin J S, et al. 1980. The inference of GATE convective rainfall from SMS-1 imagery[J]. Journal of Applied Meteorology, 19(4): 388—408.

Wu X, Menzel W P, Wade G S. 1999. Estimation of sea surface temperature using GOES-8/9 radiance measurements[J]. Bulletin of the American Meteorological Society, 80: 1127—1138.

Zehr R. 1989. Improving objective satellite estimates of tropical cyclone intensity[M]//American Meteorological Society. Preprints of the 18th conference on hurricanes and tropical meteorology. San Diego, California, J25—J28.

Zhao Bolin, Li Wanbiao, Zhu Yuanjing. 1994. Study on atmospheric ozone in East Asia with satellite observation [J]. Advances in Atmospheric Sciences, 11(1): 27—35.

英文缩略词

缩略词	英文全称	参考中文名称
ABI	Advanced Baseline Imager(GOES)	先进基线成像仪
ADEOS	Advanced Earth Observing Satellite	先进地球观测卫星
ADM	Angular dependence model	角关系模型
ADT	Advanced Dvorak Technique	改进的 Dvorak 技术
AE	Auto-estimator	自动估计量算法
AEF	Anisotropic emission factor	各向异性辐射因子
AFRI	Aerosol free vegetation index	去气溶胶植被指数
AI	Absorbing aerosol index	吸收气溶胶指数
AMSR-E	Advanced Microwave Scanning Radiometer for EOS	先进微波扫描辐射计
AMSU	Advanced Microwave Sounding Unit	先进微波探测装置
ANN	Artificial Neural Network	人工神经网络
AODT	Advanced Objective Dvorak Technique	改进的客观 Dvorak 技术
API	Antecedent Precipitation Index	前期降水指数
ASCAT	Advanced Scatterometer	先进散射计
ATI	Apparent Thermal Inertia	表观热惯量
ATS	Applications Technology Satellite	应用技术卫星
AVHRR	Advanced Very High Resolution Radiometer	先进极高分辨率辐射计
AVIRIS	Airborne Visible Infrared Imaging Spectrometer	机载可见红外成像光谱仪
BAER	Bremen Aerosol Retrieval	不来梅气溶胶反演算法
BF	Banding feature number	条带特性数
BUV	Backscatter Ultraviolet	紫外后向散射仪
CCC	Central cloud cover pattern	中心云盖型
CDO	Central dense overcast pattern	中心密蔽型
CF	Central feature number	中心特性数
CI	Current intensity number	现时强度数
CI	Convective Index	对流指数
CICS	Cooperative Institute for Climate and Satellites	气候和卫星合作研究所
CMIS	Conical-scanning Microwave Imager/Sounder	锥形扫描微波成像仪/探测器
CPH	Cloud Thermodynamic Phase	云热力学相态
CPI	Convective Percent Index	对流百分比指数
CPP-PP	Cloud physical properties-precipitation properties	云物理-降水特性算法
CPSST	Cross-Product Sea Surface Temperature	交叉海温算法
CSC	Cloud System Center	云系中心
CSI	Critical Success Index	临界成功指数
CST	Convective-stratiform Technique	对流-层状降雨估计技术

（续 表）

缩略词	英文全称	参考中文名称
CWP	Condensed Water Path	凝结水路径(含量)
DOAS	Differential Optical Absorption Spectroscopy	差分光学吸收光谱法
DoD	United States Department of Defense	美国国防部
DT	Data T-number	资料 T 数
ECT	Equator crossing time	过赤道时间
ENVISAT	Environmental Satellite	环境卫星
EOS	Earth Observing System	地球观测系统卫星
ERBE	Earth Radiation Budget Experiment	地球辐射收支试验仪器
ERBS	Earth Radiation Budget Satellite	地球辐射收支卫星
ERM	Earth Radiation Measurer (FY3)	地球辐射监测仪
ERS	European Remote Sensing satellite	欧洲遥感卫星
ESA	European Space Agency	欧洲空间局
ETS	Equitable Threat Score	预兆评分
EUMETSAT	European Organisation for the Exploitation of Meteorological Satellites	欧洲气象卫星开发组织
FAR	False-alarm Ratio	错判率
FOV	Field of View	视场
FRESCO	Fast Method for Retrieval Scheme for Clouds from the Oxygen A Band	氧 A 带云快速反演算法
FT	Final T-number	最终 T 数
FWHM	Full Width at Half Maximum	半宽度(极大值半处的全宽度)
FY	Feng Yun	风云卫星
GF	Global fit	全局拟合
GLI	Global Imager	全球成像仪
GMS	Geostationary Meteorological Satellite	地球静止气象卫星
GMSRA	GOES Multispectral Rainfall Algorithm	GOES 多光谱降雨算法
GNOS	GNSS Occultation Sounder	无线电掩星探测仪
GNSS	Global Navigation Satellite System	全球导航卫星系统
GOES	Geostationary Operational Environmental Satellite	地球静止业务环境卫星
GOME	Global Ozone Monitoring Experiment	全球臭氧监测试验仪器
GOSAT	Greenhouse Gases Observing Satellite	温室气体观测卫星
GPI	GOES Precipitation Index	GOES 降雨指数
GPROF	Goddard profiling	Goddard 廓线算法
GPS	Global Positioning System	全球定位系统
HE	Hydro-estimator	水估计量算法
HEO	High Earth Orbit	高地球轨道
HIRS	High resolution Infrared Radiation Sounder	高分辨率红外辐射探测器
HITRAN	High Resolution Transmission	高分辨率分子透射吸收数据库
HK	Hansen and Kuiper skill score	Hansen 和 Kuiper 能力评分
HSS	Heidke skill score	Heidke 能力评分
ICFA	Initial Cloud Fitting Algorithm	初始云拟合算法
IFFA	Interactive Flash Flood Analyzer	人机交互暴洪分析者算法

（续 表）

缩略词	英文全称	参考中文名称
IPO	Integrated Program Office	综合计划办公室
IPS	Indian Remote Sensing Satellite	印度遥感卫星
IRAS	Infrared Atmospheric Sounder (FY3)	红外分光计
IWP	Ice Water Path	冰水路径(含量)
JAXA	Japan Aerospace Exploration Agency	日本太空发展署
LEO	Low Earth Orbit	低地球轨道
LOWTRAN	Low Resolution Atmospheric Transmission	低分辨率大气透过率模式
LPLA	Langley parameterized longwave algorithm	Langley 参数化长波算法
LPSA	Langley parameterized shortwave algorithm	Langley 参数化短波算法
LST	Land Surface Temperature	陆面温度
LWP	Liquid Water Path	液水路径(含量)
MCF	Moisture-correction Factor	水汽订正因子
MCSST	Multichannel Sea Surface Temperature	多通道海温算法
MEO	Medium Earth Orbit	中地球轨道
MERIS	Medium Resolution Imaging Spectrometer	中分辨率成像光谱仪
MERSI	Medium Resolution Spectral Imager (FY3)	中分辨率光谱成像仪
MET	Model Expected T-number	模型期望 T 数
MetOp	Meteorological Operational Satellite Programme	气象业务卫星
MLP	Multilayer Perception(ANN)	多层感知器
MODIS	Moderate Resolution Imaging Spectroradiometer	中分辨率成像光谱辐射计
MODTRAN	Moderate Resolution Atmospheric Transmission	中分辨率大气透过率模式
MOMO	Matrix Operator Model	矩阵算法模式
MOS	Modular Optoelectronic Scanner	可调光电子扫描仪
MPDI	Microwave Polarization Difference Index	微波极化差异指数
MSAVI	Modified soil-adjusted vegetation index	修正的土壤调整植被指数
MSG	Meteosat Second Generation Satellite	第二代欧洲静止气象卫星
MSLP	Minimum sea level pressure	最小海面气压
MSU	Microwave Sounding Unit	微波探测装置
MSW	Maximum sustained wind	最大持续风速
MWHS	Microwave Atmospheric Humidity Sounder (FY3)	微波湿度计
MWRI	Microwave Radiation Imager (FY3)	微波成像仪
MWTS	Microwave Atmospheric Temperature Sounder (FY3)	微波温度计
NASA	National Aeronautics and Space Administration	美国国家航空航天局
NCEP	National Centers for Environmental Prediction	美国国家环境预报中心
NDVI	Normalized Difference Vegetation Index	归一化差分植被指数
NEΔT	Noise equivalent temperature Difference	噪声等效温度差
NESDIS	National Environmental Satellite, Data, and Information Service	美国国家环境卫星、数据与信息服务中心
NLSST	Non-Linear Sea Surface Temperature	非线性海温算法
NPOESS	National Polar-orbiting Operational Environmental Satellite System	美国国家极轨业务环境卫星

（续 表）

缩略词	英文全称	参考中文名称
NSCAT	NASA Scatterometer	NASA 散射计
OCO	Orbiting Carbon Observatory	轨道碳观测卫星
ODT	Objective Dvorak Technique	客观 Dvorak 技术
OE	Optimal estimation	最优估计
OLR	Outgoing Longwave Radiation	射出长波辐射
ORA	Office of Research and Applications(NESDIS)	NESDIS 研究和应用办公室
OSIRIS	Optical Spectrograph and Infrared Imager System	光学分光和红外成像系统
PCT	Polarization-corrected Brightness Temperature	极化订正亮温
PI	Precipitation Index	降雨指数
POD	Probability of Detection	检测概率
POLDER	Polarization and Directionality of the Earth's Reflectances	地球反射的极化和方向性仪器
PR	Precipitation Radar	降雨雷达
PT	Pattern T-number	模型 T 数
QuikSCAT	Quick Scatterometer	快速散射计
RAMMB	Regional and Mesoscale Meteorology Branch (NOAA/NESDIS)	区域和中尺度气象分部
SACURA	Semianalytical Cloud Retrieval Algorithm	半分析云反演算法
SASS	Seasat-A Satellite Scatterometer	Seasat-A 卫星散射计
SBUS	Solar Backscatter Ultraviolet Sounder (FY3)	紫外臭氧垂直探测仪
SBUV	Solar Backscatter Ultraviolet	太阳紫外后向散射仪
SCIAMACHY	Scanning Imaging Absorption Spectrometer for Atmospheric Chartography	大气制图扫描成像吸收光谱仪
SCIATRAN	Radiative Transfer Model for SCIAMACHY and GOME	为 SCIAMACHY 和 GOME 开发的辐射传输模式
SeaWiFS	Sea-viewing Wide Field-of-view Sensor	海洋广角感测仪
SEM	Space Environment Monitor (FY3)	空间环境监测仪
SEVIRI	Spinning Enhanced Visible and Infrared Imager	扫描增强可见光和红外成像仪
SI	Scattering Index	散射指数
SIM	Solar Irradiation Monitor (FY3)	太阳辐射监测仪
SMMR	Scanning Multichannel Microwave Radiometer	扫描多通道微波辐射计
SMOS	Soil Moisture and Ocean Salinity Satellite	土壤湿度和海洋盐度卫星
S-SEBI	Simplified surface energy balance index	简化的地表能量平衡指数
SSM/I	Special Sensor Microwave/Imager	特殊微波成像仪
SSMI/S	Special Sensor Microwave Imager/Sounder	特殊微波成像仪/探测器
SSMR	Scanning Multichannel Microwave Radiometer	扫描多通道微波辐射计
SST	Sea Surface Temperature	海面温度
SVAT	Soil Vegetation Atmosphere Transfer Model	土壤-植被-大气传输模式
TI	Thermal Inertia	热惯量
TIROS	Television Infrared Observation Satellite	电视红外观测卫星
TM/ETM$^+$	Thematic Mapper/Enhanced Thematic Mapper plus	专题绘图仪/增强型专题绘图仪
TMI	TRMM Microwave Imager	TRMM 微波成像仪

（续 表）

缩略词	英文全称	参考中文名称
TOMS	Total Ozone Mapping Spectrometer	臭氧总量测绘光谱仪
TOP	Top of the atmosphere	大气层顶
TOU	Total Ozone Mapping Unit (FY3)	紫外臭氧总量探测仪
TRANSO-FTS	Thermal and Near infrared Sensor for Carbon Observations-Fourier Transform Spectrometer	热红外和近红外碳监测仪-傅里叶变换光谱仪
TRMM	Tropical Rainfall Measuring Mission	热带降雨测量卫星
TVDI	Temperature Vegetation Dryness Index	温度植被干旱指数
VAS	VISSR Atmospheric Sounder	VISSR 大气探测器
VIRR	Visible and Infrared Radiometer (FY3)	可见光红外扫描辐射计
VISSR	Visible and Infrared Spin Scan Radiometer	可见光和红外自旋扫描辐射计
WMO	World Meteorological Organization	世界气象组织
WS	Wind Scatterometer	风散射计
WVSST	Water Vapor Sea Surface Temperature	水汽海温算法

物 理 常 数

普适物理常数

真空中光速	$c=2.99793\times10^{8}\ \mathrm{m\cdot s^{-1}}$
斯特藩-玻尔兹曼(Stefan-Boltzmann)常数	$\sigma=5.6696\times10^{-8}\ \mathrm{W\cdot m^{-2}\cdot K^{-4}}$
维恩(Wien)位移常数	$b=2897.9\ \mu\mathrm{m\cdot K}$
玻尔兹曼(Boltzmann)常数	$k=1.3806\times10^{-23}\ \mathrm{J\cdot K^{-1}}$
普朗克(Planck)常数	$h=6.6262\times10^{-34}\ \mathrm{J\cdot s}$
万有引力常数	$G=6.67259\times10^{-11}\ \mathrm{N\cdot m^{2}\cdot kg^{-2}}$
勒让德多项式二阶展开系数	$J_2=1.08263\times10^{-3}$

太阳、地球和月球

太阳常数	$S=1366\pm3\ \mathrm{W\cdot m^{-2}}$
太阳平均半径(日盘)	$R_s=6.96\times10^{5}\ \mathrm{km}$
日-地距离(平均)	$d_0=1.496\times10^{8}\ \mathrm{km}$
日-地距离(近日点时)	$d=1.47\times10^{8}\ \mathrm{km}$
日-地距离(远日点时)	$d=1.52\times10^{8}\ \mathrm{km}$
地球质量	$m_e=5.97370\times10^{24}\ \mathrm{kg}$
地球自转角速度	$\omega=7.292115\times10^{-5}\ \mathrm{rad\cdot s^{-1}}$
地球自转周期	$T=8.6164\times10^{4}\ \mathrm{s}$
地球公转周期	$T=3.1557\times10^{7}\ \mathrm{s}$
地球偏心率	$e=8.1819\times10^{-2}$
地球半径(平均)	$R_e=6370.949\ \mathrm{km}$
地球半径(赤道)	$R_e=6378.077\ \mathrm{km}$
地球半径(极地)	$R_e=6356.577\ \mathrm{km}$
地-月距离(平均)	$d_0=3.844\times10^{5}\ \mathrm{km}$
地-月距离(近地点时)	$d=3.567\times10^{5}\ \mathrm{km}$
地-月距离(远地点时)	$d=4.063\times10^{5}\ \mathrm{km}$
月球半径	$R_m=1737.10\ \mathrm{km}$
标准地面重力加速度	$g_0=9.80665\ \mathrm{m\cdot s^{-2}}$

地 球 大 气

标准大气压	$p_0=1013.25\ \mathrm{hPa}=1\ \mathrm{atm}$
干空气气体常数	$R_d=287.06\ \mathrm{J\cdot kg^{-1}\cdot K^{-1}}$